超深井大修技术实践与应用

张炜 田疆 吴文明 / 著

Practice and Application of Super Deep Well Overhaul Technology

中国矿业大学出版社
·徐州·

内 容 提 要

中国石油化工股份有限公司西北油田分公司是中国石化上游第二大原油生产企业。塔河油田为西北油田分公司下属单位,位于塔里木盆地北部沙雅隆起阿克库勒凸起南部,是以奥陶系碳酸盐岩油藏为主的油田,是我国第一个古生界海相大油田。西北油田分公司工程技术人员以"敢为人先、创新不止"的"塔河精神",不断攻克生产技术难题,形成了一系列缝洞型油藏配套石油工程技术,成功破解了碳酸盐岩油藏勘探开发这一世界级难题,为塔河油田快速、高效开采提供了有力保障。本书主要包括深井打捞、套损修复、绕障侧钻、坍塌处理、稠油处理、水平井二次完井技术的典型案例分析以及大修管理模式、综合评价体系介绍等内容,是根据工程技术人员多年在复杂事故井处理过程中积累的丰富经验精心编写而成的,汇集了西北石油人的心血与智慧。

本书可供相关专业的研究人员借鉴、参考,也可供广大教师教学和学生学习使用。

图书在版编目(CIP)数据

超深井大修技术实践与应用 / 张炜,田疆,吴文明著. —徐州:中国矿业大学出版社,2021.6
ISBN 978-7-5646-5040-7

Ⅰ.①超… Ⅱ.①张… ②田… ③吴… Ⅲ.①超深井—井大修 Ⅳ.①TE358

中国版本图书馆 CIP 数据核字(2021)第 106162 号

书　　名	超深井大修技术实践与应用 (Chaoshenjing Daxiu Jishu Shijian yu Yingyong)
著　　者	张　炜　田　疆　吴文明
责任编辑	何晓明
出版发行	中国矿业大学出版社有限责任公司 (江苏省徐州市解放南路　邮编 221008)
营销热线	(0516)83884103　83885105
出版服务	(0516)83995789　83884920
网　　址	http://www.cumtp.com　E-mail:cumtpvip@cumtp.com
印　　刷	苏州市古得堡数码印刷有限公司
开　　本	787 mm×1092 mm　1/16　印张 21.75　字数 542 千字
版次印次	2021 年 6 月第 1 版　2021 年 6 月第 1 次印刷
定　　价	238.00 元

(图书出现印装质量问题,本社负责调换)

序

石油工程现场实践的生动案例,是工程技术发展的支撑,更是技术人员能力提升的源泉。系统全面地总结现场实践案例,是每一位工程技术人员的基本职责所在。

塔河油田奥陶系碳酸盐岩油藏是世界上少有的特大型缝洞型油藏,除了有着复杂的储层特征外,还具有埋藏深(5 500～7 000 m)、原油超稠(10 万～100 万 Pa·s/50 ℃)、高含硫化氢(1 万～10 万 ppm)的特点。油藏在开发过程中极易发生裸眼坍塌、复杂落鱼、套损套变等复杂井况,制约油藏的开采。经过 20 多年的攻关与实践,塔河油田形成了系列的井下作业技术和管理评价方法,包括复杂落鱼打捞、套损套变修复、井壁坍塌防治、斜井水平井作业等技术,有力支撑了油田的高效开发。

《超深井大修技术实践与应用》一书汇集了塔河油田井下作业技术人员的心血与智慧,相信本书的出版能够为广大井下作业技术人员提供有益的借鉴。

中国工程院院士、油气田开发地质专家

2021 年 4 月

前 言

井筒完整性是油田高效开发的根本保障。油田随着开发年限的增加,井况越来越多,也越来越复杂,塔河油田的情况亦是如此。为了系统总结前期修井案例,为后期实践提供参考,更为减少因经验不足而导致的额外费用增加,促使我们编写《超深井大修技术实践与应用》一书。

我们根据修井作业的类型,从上千井次的现场实践中优选出具有代表性的案例,并加以分析、总结,以期为以后的生产实践提供有用的借鉴。全书共分为八章,前六章分别介绍了深井打捞、套损修复、绕障侧钻、坍塌处理、稠油处理以及水平井二次完井技术的典型案例;后两章分别介绍了大修管理模式和综合评价体系等内容。

本书由张炜、田疆、吴文明负责组织编写,蒲发军、张佳、黄明良、苟斌、王磊等技术人员提供了大量的基础素材,并参与了相关章节案例的分析工作。全书由田疆统稿与审定。在本书编写过程中还得到了曾经组织开展现场实践的领导与技术专家的大力支持,在此表示深深的谢意。

限于编写人员水平,加之不同人对各案例认识和分析的角度不同,书中疏漏之处在所难免,恳请读者批评指正。

著 者

2021 年 4 月

目　录

第一章　深井打捞处理技术 …………………………………………………… 1
第一节　管、杆类打捞处理技术 ……………………………………………… 1
第二节　绳索、工具打捞处理技术 …………………………………………… 58

第二章　深井套损修复处理技术 ……………………………………………… 75
第一节　套管修复技术 ………………………………………………………… 75
第二节　套管封固工艺技术 …………………………………………………… 102

第三章　修井机侧钻处理技术 ………………………………………………… 131

第四章　长裸眼垮塌防治技术 ………………………………………………… 189

第五章　超稠油堵塞处理技术 ………………………………………………… 240

第六章　水平井二次完井处理技术 …………………………………………… 287

第七章　井下作业管理模式探索与实践 ……………………………………… 310
第一节　信息化系统研发与应用 ……………………………………………… 310
第二节　现场风险管控体系建设 ……………………………………………… 316
第三节　未来技术发展方向展望 ……………………………………………… 321

第八章　大修评价体系建设 …………………………………………………… 325
第一节　井下作业评价现状 …………………………………………………… 325
第二节　井下作业评价方法研究 ……………………………………………… 329
第三节　井下作业综合评价体系构建 ………………………………………… 332

参考文献 ………………………………………………………………………… 340

第一章　深井打捞处理技术

油田井下打捞作业是维护井身、改善油井出油、解决井下事故、维持井筒畅通的一种非常规作业措施，属于一类专门的科学范畴。随着石油工业高速发展，深井钻井日益增多，与之相适应的深井打捞作业逐渐增加。由于深井的特殊性，其施工难度大，很容易出现井下事故，如不选取正确的打捞工具和打捞方法，不但无法捞获落物，甚至会将井下打捞情况复杂化，因此深井打捞作业将成为一个重要的研究方向。

第一节　管、杆类打捞处理技术

一、技术概述

管、杆类打捞是一种多见的井下作业。在油田开发生产过程中，针对管、杆类落井影响井筒畅通的故障，通过使用特制工具将落物从井筒中捞出的技术称为管、杆类打捞处理技术。

管、杆类打捞施工前应具备的前提条件如下：一是清楚钻井和采油资料，弄清井的结构及套管情况，明确有无早期落物等；二是清楚造成落物的原因，落物落井后有无变形等情况；三是清楚打捞时可能达到的最大负荷，加固井架和绷绳坑。另外，考虑到捞住落物后，若井下遇卡，应有预防和解卡措施等。

1. 管类打捞

管类打捞物主要是油管类、钻杆类落物。现场常见的管类落物经常处于被卡的状态。卡钻的方式有多种，主要有砂卡、盐卡、垢卡、灰（水泥凝固）卡、小件落物卡等。对于不同的卡钻形式，要根据实际情况选择合理的处理工具。对于没有打捞通道（空间）的，要采取套铣、磨铣工艺创造打捞通道，便于打捞工具进入实施打捞。

管类落物常用打捞工具有母锥、公锥、捞矛、卡瓦打捞筒等。

2. 杆类打捞

杆类打捞主要是抽油杆类，也有加重杆和仪表等其他杆类。油管内打捞断脱的抽油杆相对简单，如抽油杆脱扣时，可下抽油杆对扣打捞或下卡瓦打捞筒进行打捞，如果打捞不成功，还可以进行起油管作业处理。套管内打捞相对复杂，因为套管内径大、杆类细长、刚度小、易弯曲和拔断，落井形状复杂，当落物在井下被压实而无法捞获时，需用套铣筒或磨鞋磨铣，并用磁铁打捞器打捞碎屑。

杆类落物常用打捞工具有带拨钩引鞋卡瓦打捞筒、活页打捞器、捞钩等。

3. 管、杆类打捞基本步骤

(1) 落实井下落物情况，主要是落物的位置和形状等。

(2) 依据落物情况及落物与套管环形空间大小，选择合适的打捞工具。

(3) 编写施工设计和安全措施，按要求送审，经批准后，按施工设计进行打捞处理，下井前要画示意图。

(4) 打捞作业时操作要平稳,遵循"不破坏鱼顶①、不损坏井身结构、不使打捞复杂化"的原则。在试探鱼顶时,应缓慢下放管柱,观察拉力表读数变化。

(5) 对打捞上来的落物要进行分析,总结经验,并针对故障成因提出改进措施。

二、应用实例

本部分介绍了塔河油田深井打捞处理的 8 口井的管、杆类打捞典型实例和在作业过程中积累的经验与技术成果。

(一) 管类打捞实例分析

1. JH114 井油管打捞实例

(1) 基础数据

JH114 井是新疆维吾尔自治区阿克苏地区沙雅县塔里木乡 5 号构造的一口开发井,井身结构为 3 级,完井方式为裸眼射孔酸压完井,初期 5 mm 油嘴自喷生产,油压 20 MPa,日产液 170.4 m³,日产油 161.9 t,含水 0.5%,日产气 16 600 m³。JH114 井基础数据详见表 1-1。

表 1-1 JH114 井基础数据表

井别	直井	完井层位	O_1y
完钻时间	2003.07.02	完井井段	5 715.78～5 804.82 m
固井质量	良	13 3/8″套管下深	1 200.26 m
完钻井深	5 880 m	9 5/8″套管下深	5 459.29 m
人工井底	5 804.82 m	裸眼段长	343.24 m

井内落鱼:管柱组合自上而下依次为 3 1/2″油管 21 根＋变丝＋2 7/8″油管 1 根＋2 7/8″油管短节 1 根＋2 7/8″油管 2 根＋7″水力锚＋2 7/8″油管 30 根＋KCK344-138 型封隔器＋2 7/8″截流器＋2 7/8″喇叭口,鱼顶深度 5 199.16 m。

(2) 事故经过

2005 年 7 月 28 日,该井换管柱修井施工。关井前,5 mm 油嘴油压 1.05 MPa、套压 3.85 MPa,日产液 11 m³,不含水,该井累计产油 6.76 万 t、产气 545 万 m³。8 月 2 至 5 日解封封隔器,反复活动管柱无法解封,经过倒扣形成落鱼。

JH114 井井身结构如图 1-1 所示。倒扣起出油管如图 1-2 所示。

(3) 施工难点

该井属于深井事故,打捞难点主要有以下两点:

① 该井裸眼段长 343.24 m,封隔器解封比较困难,有可能造成井下情况复杂化。

② 封隔器解封后,井筒压井液漏失情况可能变化,要注意井控风险。

(4) 打捞思路

思路 1:先使用对扣工具进行倒扣打捞,再根据鱼顶情况选取外捞工具造扣打捞;若处

---

① 鱼顶指落鱼的顶端。落鱼是指井下的落物,特指因事故留在井内的钻具。

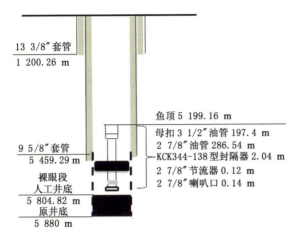 

图 1-1　JH114 井井身结构示意图　　　　图 1-2　倒扣起出油管

理不成功,则选用内捞工具进行处理;若再处理不成功,则视情况进行套铣处理。

思路 2:先使用外捞工具进行接箍部分打捞;若处理不成功,则采取内捞工具进行造扣打捞;若再处理不成功,则视鱼顶情况进行套铣处理。

经过打捞人员分析、讨论,认为采取思路 1 更为稳妥,主要原因有以下两个方面:

① 目前井内的鱼顶是母扣 3 1/2″油管,从钻具起出情况分析,内丝扣完好,对扣后再实施倒扣打捞可以缩短井底落鱼长度,同时鱼顶换成 2 7/8″油管有利于工具选取和实际操作。

② 带封隔器管串无法解封,原因主要是裸眼段在酸压改造过程中封隔器胶筒扩张无法回缩,同时近井存在环空岩屑埋住、卡死的情况,若直接使用外捞工具进行接箍部分打捞,易造成鱼顶损伤等复杂情况。

(5) 工具选取

考虑处理后期打捞作业,本次施工选用了 3 种打捞工具、2 种辅助工具和 1 种套铣工具,具体如下:

① 可退式卡瓦打捞筒

工具原理:当可退式卡瓦打捞筒捞获落鱼后,上提钻具,卡瓦外螺旋锯齿形锥面与筒体内相应的齿面有相对位移,将落鱼卡紧捞出。如图 1-3、图 1-4 所示。

技术参数:ϕ144 mm×1.02 m 可退式卡瓦打捞筒,前端为 ϕ144 mm 引鞋。

图 1-3　打捞筒规格　　　　　　　　图 1-4　卡瓦结构

② 母锥

工具原理:当母锥套住管状落物一端之后,加适当的钻压并转动钻具,迫使打捞螺纹挤压吃入落鱼外壁进行造扣。当所造之扣能承受一定的拉力和扭矩时,可采取上提或倒扣的办法将落物全部或部分捞出。造扣为挤压吃入,不产生切屑。如图 1-5、图 1-6 所示。

技术参数：φ145 mm×0.92 m 母锥，打捞范围 90～130 mm。

图 1-5　母锥规格

图 1-6　母锥结构

③ 对扣捞矛

工具原理：下井前将卡瓦转至打捞位置最上部，当工具进入鱼腔时，卡瓦被压缩，产生一定程度的外胀，使卡瓦贴紧落鱼内壁。上提钻具时，芯轴与卡瓦上的锯齿形螺纹互相吻合，并使卡瓦产生径向力，咬住落鱼内壁从而实现打捞。需要退出捞矛时，给予芯轴一定的下击力，使卡瓦与芯轴上的锯齿形螺纹脱开，再正转钻具 2～3 圈，使卡瓦与芯轴产生相对位移，促使卡瓦沿芯轴锯齿形螺纹向下运动，与释放环端面接触。上提钻具时不产生径向力，卡瓦随芯轴退出落鱼。如图 1-7、图 1-8 所示。

技术参数：φ(64～82) mm×φ141 mm×0.76 m，前端为 φ46 mm，水眼 20 mm。

图 1-7　对扣捞矛规格

图 1-8　对扣捞矛结构

④ 平底磨鞋

工具原理：平底磨鞋是一种用 YD 合金或耐磨材料去研磨井下落物的工具。它依靠其底面上的 YD 合金或耐磨材料，在钻压的作用下吃入并磨碎落物，磨屑随循环液带出地面。YD 合金由硬质合金颗粒及焊接剂（打底焊条）组成，在转动过程中对落物进行切削。采用钨钢粉作为耐磨材料的工具，有利于采用较大的钻压对落物表面进行研磨。如图 1-9、图 1-10 所示。

技术参数：φ130 mm×0.44 m，水眼 20 mm。

图 1-9　平底磨鞋规格

图 1-10　平底磨鞋结构

⑤ 震击器

工具原理：震击器是解除卡钻事故的有效工具。当需要震击器上击作业时，在地面施加足够的预拉力，工具内锁紧机构解锁，释放钻柱储能，震击器冲锤撞击砧座，储存在钻柱内的拉伸应变能迅速转变成动能，并以应力波的形式传递到卡点，使卡点处产生一个远远超过预拉力的张力，使受卡钻柱向上滑移。经过多次震击，受卡钻柱脱离卡点区域。震击器下击作业与此类似。如图 1-11、图 1-12 所示。

技术参数：ϕ130 mm×4.85 m。外壳整体由上缸体、中缸体、下接头组成。内有芯轴、活塞、震击垫、冲管，在外壳内做上下相对运动。

图 1-11 震击器规格

图 1-12 震击器结构

⑥ 套铣筒

工具原理：套铣筒是用来清除井下管柱与套管之间各种脏物的工具。其可以套铣环形空间的水泥、坚硬的沉砂、石膏及碳酸钙结晶，主要由套铣管和套铣头组成。如图 1-13、图 1-14 所示。

技术参数：ϕ146 mm×0.5 m 套铣头＋ϕ126 mm×37.43 m 套铣管。

图 1-13 套铣管

图 1-14 套铣头

（6）打捞过程

经过打捞 20 趟、套铣 2 趟、磨铣 2 趟，最终捞获全部落鱼，处理井筒至 5 729.60 m，符合后期施工条件。JH114 井打捞施工重点工序见表 1-2。

表 1-2 JH114 井打捞施工重点工序

序号	重点施工内容	使用工具	打捞趟数	打捞情况	捞出落鱼量/m	现场照片
1	下对扣管柱打捞	油管短节	1 趟	对扣打捞，捞获落鱼为 3 1/2″油管 21 根＋变丝＋2 7/8″油管 1 根＋2 7/8″油管短节 1 根＋2 7/8″油管 2 根＋7″水力锚＋2 7/8″油管 8 根。剩余落鱼：2 7/8″油管 22 根＋KCK344-138 型封隔器＋2 7/8″截流器＋2 7/8″喇叭口，鱼顶位置 5 505.37 m	306.21	
2	下卡瓦打捞筒打捞	卡瓦打捞筒	1 趟	卡瓦打捞筒（卡瓦牙 88.9 mm）＋震击器管柱。剩余落鱼：2 7/8″油管 22 根＋KCK344-138 型封隔器＋2 7/8″截流器＋2 7/8″喇叭口，鱼顶位置 5 505.37 m	0	
3	下卡瓦打捞筒打捞	卡瓦打捞筒	3 趟	卡瓦打捞筒（卡瓦牙 92 mm）＋震击器管柱，捞获 2 7/8″油管 9 根＋油管母接箍 2 根。剩余落鱼：鱼顶为 2 7/8″油管公头；残余落鱼：2 7/8″油管 13 根＋KCK344-138 型封隔器＋2 7/8″截流器＋2 7/8″喇叭口，鱼顶位置 5 593.50 m	88.13	

表 1-2(续)

序号	重点施工内容	使用工具	打捞趟数	打捞情况	捞出落鱼量/m
4	下母锥打捞	母锥	1趟	母锥+反扣钻杆,捞获2 7/8″钻杆1根。剩余落鱼:鱼顶为2 7/8″油管母头;残余落鱼:2 7/8″油管12根+KCK344-138型封隔器+2 7/8″截流器+2 7/8″喇叭口,鱼顶位置5 602.40 m	8.9
5	下倒扣捞矛打捞	倒扣捞矛	1趟	倒扣捞矛(ϕ64 mm卡牙)+2 7/8″钻杆,捞获2 7/8″油管1根,油管下部为公接箍。剩余落鱼:鱼顶为2 7/8″油管母头;残余落鱼:2 7/8″油管11根+KCK344-138型封隔器+2 7/8″截流器+2 7/8″喇叭口,鱼顶位置5 611.93 m	9.53
6	下母锥打捞	母锥	2趟	母锥+反扣钻杆。剩余落鱼:鱼顶为2 7/8″油管母头;残余落鱼:2 7/8″油管11根+KCK344-138型封隔器+2 7/8″截流器+2 7/8″喇叭口,鱼顶位置5 602.40 m	0
7	下套铣筒套铣	套铣筒	2趟	套铣筒4根+反扣钻杆,套铣至5 621.66 m。剩余落鱼:鱼顶为2 7/8″油管母头;残余落鱼:2 7/8″油管11根+KCK344-138型封隔器+2 7/8″截流器+2 7/8″喇叭口,鱼顶位置5 602.40 m	0
8	下母锥打捞	母锥	2趟	母锥+反扣钻杆,捞获4根2 7/8″油管。剩余落鱼:鱼顶为2 7/8″油管母头;残余落鱼:2 7/8″油管7根+KCK344-138型封隔器+2 7/8″截流器+2 7/8″喇叭口,鱼顶位置5 650.32 m	47.92
9	下磨铣管柱	平底磨鞋	1趟	下探遇阻位置5 645.36 m	0
10	下母锥打捞	母锥	2趟	母锥+反扣钻杆,捞获1根2 7/8″油管。剩余落鱼:鱼顶为2 7/8″油管母头;残余落鱼:2 7/8″油管6根+KCK344-138型封隔器+2 7/8″截流器+2 7/8″喇叭口,鱼顶位置5 659.93 m	9.61

表 1-2(续)

序号	重点施工内容	使用工具	打捞趟数	打捞情况	捞出落鱼量/m	现场照片
11	下磨铣管柱	平底磨鞋	1趟	下探遇阻位置5 651.12 m	0	
12	下母锥打捞	母锥	4趟	母锥+反扣钻杆,捞获4根2 7/8″油管。剩余落鱼:鱼顶为2 7/8″油管母头;残余落鱼:2 7/8″油管2根+KCK344-138型封隔器+2 7/8″截流器+2 7/8″喇叭口,鱼顶位置5 702.57 m	42.64	
13	下母锥+套铣筒打捞	母锥+套铣筒	2趟	母锥+套铣筒+反扣钻杆,捞获1根2 7/8″油管。剩余落鱼:鱼顶为2 7/8″油管母头;残余落鱼:2 7/8″油管1根+KCK344-138型封隔器+2 7/8″截流器+2 7/8″喇叭口,鱼顶位置5 712.10 m	9.53	
14	下对扣管柱打捞	油管短节	1趟	捞获2 7/8″油管1根+KCK344-138型封隔器+2 7/8″截流器+2 7/8″喇叭口	17.5	

(7) 经验认识

① 本井使用钻具打捞,能够及时调整工具使用,最终获得成功。作业过程中每次打捞或套铣后的分析到位,对井内的情况判断是正确的,其间未造成工具落井的情况,没有使井内情况复杂化。

② 本井作业共计采用了5种打捞工艺、1种套铣处理工艺和1种磨铣处理工艺,具体为:

a. 油管倒扣打捞工艺:该工艺使欲倒扣的油管在上提拉力的作用下正好处于中和点的位置,这样这根油管处于既不受拉又不受压的状态;然后对解卡管柱施加反向扭矩,扭矩通过解卡管柱作用在欲倒开的管柱接箍上,使该管柱卸扣与被卡管柱脱开,上提倒扣打捞管柱,将倒开的管柱取出。本井在最初采取对扣打捞方式时,成功换去3 1/2″油管鱼顶,打捞出306.21 m落鱼,为后续打捞创造了有利条件。

b. 可退式卡瓦打捞筒打捞工艺:该工艺操作简单、易实施,但打捞范围较小。由于落鱼时间较长,内外壁已形成腐蚀结垢,落鱼内外径已发生变化,因此该工艺在本井使用4

趟仅成功 1 趟。

c. 倒扣捞矛打捞工艺:油管内被类似水泥块的物质堵死,不宜采用对扣捞矛打捞工艺。

d. 母锥打捞工艺:该工艺是一种专门从油管等管状落物外壁进行造扣打捞的工艺。当工具下至落鱼顶 1~2 cm 时,开循环泵冲洗,并逐渐下放工具至鱼顶,观察泵压变化。如泵压突然上升,指重表悬重下降,说明鱼顶进入母锥内,此时可以进行造扣打捞。该工艺在本井施工 11 趟,累计处理成功 7 趟、捞获落鱼 109.02 m,打捞成功率较高,但受入鱼长度短的影响,每次捞获长度受限。

e. 母锥+套铣筒打捞工艺:该工艺将母锥加工在套铣筒的后部,通过套铣筒修复鱼顶,同时方便将落鱼引入母锥进行造扣打捞。从实际应用情况来看,该打捞工艺比单一使用母锥打捞更具有优势。

f. 套铣筒处理工艺:该工艺是一种清除井下管柱与套管之间各种脏物的工艺方法,可以套铣环形空间的水泥、坚硬的沉砂、石膏及碳酸钙结晶,但套铣管入井后要连续作业。套铣作业入鱼时一定要细心操作,套铣入鱼困难时不能采取硬铣的方法,否则易使鱼顶破坏或铣鞋损坏。

g. 磨铣修鱼顶工艺:磨铣修鱼顶是修井的一道工序,利用平底磨鞋可以磨碎钻头、牙轮、通径规、卡瓦牙、冲管、钻具接头、深井泵配件、封隔器、配水器以及较长的钻具等落物。

(8) 综合评价

① 修井方案评价

a. 确定因素集 U:

$U=\{$修井成功率(x_1),修井成本(x_2),修井作业效率(x_3),修井劳动强度$(x_4)\}$

b. 确定权重集 A:

$A=\{$修井成功率(0.4),修井成本(0.3),修井作业效率(0.2),修井劳动强度$(0.1)\}$

c. 确定评语目录集 V:

$$V=\{优秀(v_1),良好(v_2),合格(v_3),不合格(v_4)\}$$

其中 v 取值 0~1 之间,优秀为 $v \geqslant 0.8$,良好为 $0.4 \leqslant v < 0.8$,合格为 $0.2 < v < 0.4$,不合格为 $v \leqslant 0.2$。

d. 确定单因素评价矩阵 $\boldsymbol{R}$:

按照以上评价原则,由施工人员、技术人员进行评价打分,确定单因素评价矩阵 $\boldsymbol{R}$。

$$修井成功率=\{0.4,0.3,0.3,0.2\}$$
$$修井成本=\{0.2,0.3,0.1,0.3\}$$
$$修井劳动强度=\{0.3,0.3,0.2,0.4\}$$
$$修井作业效率=\{0.2,0.2,0.2,0.1\}$$

$$\boldsymbol{R}=\begin{bmatrix} 0.4 & 0.3 & 0.3 & 0.2 \\ 0.2 & 0.3 & 0.1 & 0.3 \\ 0.3 & 0.3 & 0.2 & 0.4 \\ 0.2 & 0.2 & 0.2 & 0.1 \end{bmatrix}$$

e. 综合评价计算:

$$B = AR = (0.4 \quad 0.3 \quad 0.2 \quad 0.1) \begin{bmatrix} 0.4 & 0.3 & 0.3 & 0.2 \\ 0.2 & 0.3 & 0.1 & 0.3 \\ 0.3 & 0.3 & 0.2 & 0.4 \\ 0.2 & 0.2 & 0.2 & 0.1 \end{bmatrix}$$

计算得： (0.3, 0.3, 0.2, 0.3)＝1.1

(合格,合格,不合格,合格)

用1.1除以各因素项归一化计算,得：

(0.28,0.27,0.20,0.24)

从中可以看出,该井作业过程总体评价为合格。

② 经济效益评价

通过盈亏平衡点(Break Even Point,简称BEP)分析项目成本与收益的平衡关系。计算方法如下：

$$效益盈亏平衡点 = \frac{单井次直接费用投入}{吨油价格 - 吨油增量成本}$$

$$投入产出比 = \frac{单井直接费用投入 + 增量成本}{措施累计增产油量 \times 吨油价格}$$

JH114井经济效益评价结果见表1-3。

表1-3　JH114井经济效益评价结果

直接成本					
修井费/万元	427	工艺措施费/万元	/	总计费用/万元	599.79
材料费/万元	82.9	配合劳务费/万元	89.89		
增量成本					
吨油运费/元	/	吨油处理费/元	105.3	吨油价格/元	3 907
吨油税费/元	674	原油价格/美元折算	636.3	增量成本合计/万元	1 146
产出情况					
日增油/t	23.1	有效期/d	221	累计增油/t	6 188
效益评价					
销售收入/万元	1 995	吨油措施成本/(元/t)	923	投入产出比	1∶3.3
措施收益/万元	948	盈亏平衡点产量/t	1 183	评定结果	有效

2. JH001井油管打捞实例

(1) 基础数据

JH001井是阿克库勒凸起西北斜坡上的一口开发井,井身结构为4级,完井方式为裸眼酸压完井,原油黏度14 850 mPa·s(80 ℃),投产初期6 mm油嘴反掺稀生产,油压9.6 MPa,日产液62 t,日产油56 t,含水9.7%,生产过程中一直零星见水。JH001井基础数据详见表1-4。

表 1-4　JH001 井基础数据表

井别	直井	完井层位	O_2yj
完钻时间	2008.06.10	完井井段	6 494.17～6 553 m
固井质量	合格	13 3/8″套管下深	497.73 m
完钻井深	6 553 m	9 5/8″套管下深	4 497.34 m
人工井底	6 553 m	7″套管下深	6 438.04 m

井内落鱼：管柱组合自上而下依次为 3 1/2″油管 217 根＋CYB-70/44TH 型抽稠泵泵筒＋3 1/2″加公×2 7/8″加公 1 根＋3 1/2″EUE 油管 10 根＋混配器 1 根＋3 1/2″EUE 筛管 10 根＋3 1/2″EUE 油管 2 根＋丝堵，鱼顶为 3 1/2″EUE 油管母扣，鱼顶深度不详。

(2) 事故经过

2011 年 6 月 14 日，该井检泵修井施工。关井前 CYB-70/44TH 型抽稠泵深 2 405.12 m，工作制度 3.4 m×3 次/min，日掺稀量 15 m³，日产液 11 m³，不含水，机抽期间电流高、光杆滞后严重。上修采取反循环节流压井，泵入密度为 1.25 g/cm³ 的盐水 10 m³ 后出口见水，油、套压同升同降，分析认为油管 200～300 m 处断脱或穿孔，起原井管柱后发现 35 根处断脱。

JH001 井井身结构如图 1-15 所示。起出油管断口如图 1-16 所示。

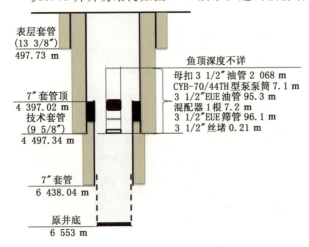

图 1-15　JH001 井井身结构示意图　　　　图 1-16　起出油管断口

(3) 施工难点

该井属于深井事故，打捞难点主要有以下三点：

① 该井的鱼顶位置不详，需要首先确定落鱼状态及位置，为后期打捞做准备。若鱼顶位于上部 9 5/8″套管内，在施工过程中存在工具尺寸大于防喷器主通径的情况。

② 该井实测原油黏度 14 850 mPa·s(80 ℃)，井筒上部已被稠油全部堵塞，因此稠油处理是否得当是打捞成功与否的关键。

③ 该井硫化氢气体浓度大于 60 000 ppm(10^{-6})，施工中要综合考虑硫化氢风险和井控风险。

(4) 打捞思路

思路 1：先处理上部稠油堵塞，下入外捞工具尝试打捞并判断鱼顶位置，根据试捞结果决定是否下入打铅印工具,根据探查结果选取合适的外捞工具进行处理;若处理不成功,则采取内捞工具进行造扣打捞;若再处理不成功,则视鱼顶情况进行套铣处理。

思路 2:先处理上部稠油堵塞,选取外捞工具直接进行打捞处理;若处理不成功,则采取内捞工具进行造扣打捞;若再处理不成功,则视鱼顶情况进行套铣处理。

经过打捞人员分析、讨论,认为采取思路 1 更为稳妥,主要原因有以下两个方面:

① 目前鱼顶是母扣 3 1/2″油管,从起出情况分析,丝扣处已损坏,且井筒已被稠油堵塞,鱼顶位于井筒上部可能性较大,因此需要先处理稠油,再进行探查处理。

② 上部套管为 9 5/8″套管,内通径 234.5 mm,在工具选取上需要落实鱼顶的状态和位置,工具选择上存在工具尺寸大于防喷器主通径的情况,实际操作过程中需要进行穿换作业。

(5)工具选取

考虑处理后期打捞作业,本次施工选用了 2 种打捞工具、1 种探查工具,具体如下:

① 可退式卡瓦打捞筒

工具原理:当可退式卡瓦打捞筒捞获落鱼后,上提钻具,卡瓦外螺旋锯齿形锥面与筒体内相应的齿面有相对位移,将落鱼卡紧捞出。如图 1-17、图 1-18 所示。

技术参数:ϕ143 mm×0.94 m 可退式卡瓦打捞筒,前端为 ϕ143 mm 引鞋。

图 1-17　打捞筒规格

图 1-18　卡瓦结构

② 母锥

工具原理:当母锥套住管状落物一端之后,加适当的钻压并转动钻具,迫使打捞螺纹挤压吃入落鱼外壁进行造扣。当所造之扣能承受一定的拉力和扭矩时,可采取上提或倒扣的办法将落物全部或部分捞出。造扣为挤压吃入,不产生切屑。如图 1-19、图 1-20 所示。

技术参数:ϕ180 mm×0.43 m 母锥,打捞范围 80~95 mm。

图 1-19　母锥规格

图 1-20　母锥结构

③ 平底铅印

工具原理:铅印是用于了解落鱼准确深度、了解落鱼鱼顶形状、检查套管内径变形形状的工具。铅的硬度比钢铁小得多,且铅的塑性好。在加压状态下钢铁鱼顶与铅体发生挤压,在铅体上印下鱼顶形状的痕迹,这种痕迹称为铅印。平底铅印主要由接头体和铅印组成。铅印中心有循环孔,可以循环压井液。接头体在浇铸铅印的部位有环形槽,以便固定铅印。如图 1-21、图 1-22 所示。

技术参数:ϕ200 mm×0.47 m,前端铅模为水眼 40 mm。

图 1-21 平底铅印规格   图 1-22 平底铅印结构

(6)打捞过程

经过 5 趟打捞、1 趟打铅印探查、2 趟处理井筒稠油,最终捞获全部落鱼,处理井筒至 6 553 m,符合后期施工条件。JH001 井打捞施工重点工序见表 1-5。

表 1-5 JH001 井打捞施工重点工序

序号	重点施工内容	使用工具	打捞趟数	打捞情况	捞出落鱼量/m	现场照片
1	试捞	可退式卡瓦打捞筒	1 趟	组下卡瓦打捞筒钻具,2 141.57 m 处遇阻,加压 6 t 下行困难,分析为稠油所致,反复试探 3 次均无变化。剩余落鱼:3 1/2″油管 217 根+CYB-70/44TH 型抽稠泵泵筒+3 1/2″加公×2 7/8″加公 1 根+3 1/2″EUE 油管 10 根+混配器 1 根+3 1/2″EUE 筛管 10 根+3 1/2″EUE 油管 2 根+丝堵	0	
2	处理稠油	钻杆	1 趟	正循环:使用稀油正循环洗井,泵压迅速上升至 18 MPa,停泵压力落零,开泵泵压迅速上升至 20 MPa,停泵压力落零。反挤:使用稀油反挤,泵入量 20 m³,泵压 0 MPa,排量 400 L/min,继续使用密度为 1.14 g/cm³ 压井液反挤,泵入量 60 m³,泵压 0 MPa,漏失压井液 60 m³	0	
3	铅印探查	平底铅印	1 趟	穿换 ϕ200 mm 铅印入井,下放管柱加压 8 t,在 2 124.6 m 遇阻复探 3 次位置无变化,起钻检查,印痕显示鱼头不居中,偏向套管壁。剩余落鱼:3 1/2″油管 217 根+CYB-70/44TH 型抽稠泵泵筒+3 1/2″加公×2 7/8″加公 1 根+3 1/2″EUE 油管 10 根+混配器 1 根+3 1/2″EUE 筛管 10 根+3 1/2″EUE 油管 2 根+丝堵	0	

表 1-5(续)

序号	重点施工内容	使用工具	打捞趟数	打捞情况	捞出落鱼量/m	现场照片
4	母锥打捞	母锥	1趟	穿换φ180 mm母锥入井,下放管柱至2 124.6 m遇阻,捞获3 1/2″EUE油管31根。剩余落鱼:3 1/2″油管186根+CYB-70/44TH型抽稠泵泵筒+3 1/2″加公×2 7/8″加公1根+3 1/2″EUE油管10根+混配器1根+3 1/2″EUE筛管10根+3 1/2″EUE油管2根+丝堵,鱼顶为3 1/2″母接箍	284.83	
5	处理稠油	钻杆	1趟	正循环:正循环油管解堵,泵入8 m³时泵压为0~40 MPa,泵入6 m³时泵压降至0 MPa,漏失压井液8 m³,油管实现畅通。反挤:套管平推密度为1.14 g/cm³压井液,泵入量20 m³,泵压3~5 MPa,排量400 L/min,漏失压井液20 m³,套管实现畅通	0	
6	下卡瓦打捞筒打捞	可退式卡瓦打捞筒	1趟	组下φ143 mm卡瓦打捞筒入井,下放管柱至2 409.43 m遇阻,捞获3 1/2″EUE油管42根。剩余落鱼:3 1/2″油管144根+CYB-70/44TH型抽稠泵泵筒+3 1/2″加公×2 7/8″加公1根+3 1/2″EUE油管10根+混配器1根+3 1/2″EUE筛管10根+3 1/2″EUE油管2根+丝堵,鱼顶为3 1/2″母接箍	399.42	
7	下卡瓦打捞筒打捞	可退式卡瓦打捞筒	1趟	组下φ143 mm卡瓦打捞筒入井,下放管柱至2 810.85 m遇阻,捞获3 1/2″EUE油管144根+CYB-70/44TH型抽稠泵+3 1/2″加公×2 7/8″加公+3 1/2″EUE油管10根+混配器1根+3 1/2″EUE筛管10根+3 1/2″EUE油管2根+3 1/2″丝堵	1 589.68	

(7)经验认识

① 本井通过正循环和反挤组合方式处理井筒内的稠油堵塞,在井筒畅通后优选打捞工具,最终打捞成功。打捞过程中能够及时处理稠油堵塞,在落实鱼顶深度及状态后,对井内的情况判断是正确的,其间未造成工具落井的情况,没有使井内情况复杂化。

② 本井作业共计采用了2种打捞工艺、1种探查工艺和1种稠油处理工艺,具体为:

a. 母锥打捞工艺:该工艺在处理9 5/8″套管内的落鱼时充分考虑了通径大小和鱼顶状态,在本井施工1趟,累计处理成功1趟、捞获落鱼284.83 m,打捞获得成功。

b. 可退式卡瓦打捞筒打捞工艺:在9 5/8″套管内的落鱼打捞成功的基础上,可以判断鱼顶位于7″套管内,因此选择更换卡瓦打捞筒是合适的。该工艺在本井施工3趟,累计处理成功2趟、捞获落鱼1 989.1 m,打捞成功率较高。

c. 打铅印探查工艺:为了能顺利打捞出井下落物,应对鱼顶形状进行清楚的了解,才能正确地选择打捞工具。现场采取铅模打印的方法来确定鱼顶的形状及鱼顶深度,并根据印痕分析井下落物情况及落物与套管环形空间的大小,以便选择合适的打捞工具。本次施工打铅印工序1趟,落实了鱼顶深度为2 141.57 m,位于9 5/8″套管内,鱼头贴向一侧套管壁,为后续打捞工具选取和井口工具穿换使用指明了方向。

d. 稠油处理工艺:本井稠油处理主要是利用稀油的相似相容性,采取正循环和反挤组合方式,利用大排量、高泵压的注入工艺,在井筒内形成有效循环通道,成功解决了9 5/8″套管内的稠油堵塞问题,为后续打捞施工创造了有利条件。

(8) 综合评价

① 修井方案评价

a. 确定因素集U:

$$U = \{修井成功率(x_1), 修井成本(x_2), 修井作业效率(x_3), 修井劳动强度(x_4)\}$$

b. 确定权重集A:

$$A = \{修井成功率(0.4), 修井成本(0.3), 修井作业效率(0.2), 修井劳动强度(0.1)\}$$

c. 确定评语目录集V:

$$V = \{优秀(v_1), 良好(v_2), 合格(v_3), 不合格(v_4)\}$$

其中v取值0~1之间,优秀为$v \geq 0.8$,良好为$0.4 \leq v < 0.8$,合格为$0.2 < v < 0.4$,不合格为$v \leq 0.2$。

d. 确定单因素评价矩阵$\boldsymbol{R}$:

按照以上评价原则,由施工人员、技术人员进行评价打分,确定单因素评价矩阵$\boldsymbol{R}$。

$$修井成功率 = \{0.6, 0.5, 0.5, 0.4\}$$
$$修井成本 = \{0.7, 0.6, 0.4, 0.5\}$$
$$修井劳动强度 = \{0.3, 0.4, 0.3, 0.3\}$$
$$修井作业效率 = \{0.8, 0.7, 0.8, 0.8\}$$

$$\boldsymbol{R} = \begin{bmatrix} 0.6 & 0.5 & 0.5 & 0.4 \\ 0.7 & 0.6 & 0.4 & 0.5 \\ 0.3 & 0.4 & 0.3 & 0.3 \\ 0.8 & 0.7 & 0.8 & 0.8 \end{bmatrix}$$

e. 综合评价计算:

$$\boldsymbol{B} = \boldsymbol{AR} = (0.4 \quad 0.3 \quad 0.2 \quad 0.1) \begin{bmatrix} 0.6 & 0.5 & 0.5 & 0.4 \\ 0.7 & 0.6 & 0.4 & 0.5 \\ 0.3 & 0.4 & 0.3 & 0.3 \\ 0.8 & 0.7 & 0.8 & 0.8 \end{bmatrix}$$

计算得: $(0.6, 0.5, 0.5, 0.5) = 2.0$

(良好,良好,良好,良好)

用2.0除以各因素项归一化计算,得:

$$(0.29, 0.26, 0.23, 0.22)$$

从中可以看出,该井作业过程分值比较均衡,总体评价为良好。

② 经济效益评价

通过盈亏平衡点(BEP)分析项目成本与收益的平衡关系。计算方法如下：

$$效益盈亏平衡点 = \frac{单井次直接费用投入}{吨油价格 - 吨油增量成本}$$

$$投入产出比 = \frac{单井直接费用投入 + 增量成本}{措施累计增产油量 \times 吨油价格}$$

JH001井经济效益评价结果见表1-6。

表1-6 JH001井经济效益评价结果

直接成本					
修井费/万元	127	工艺措施费/万元	/	总计费用/万元	194.4
材料费/万元	32.9	配合劳务费/万元	34.5		
增量成本					
吨油运费/元	/	吨油处理费/元	105	吨油价格/元	2 107
吨油税费/元	674	原油价格/美元折算	336	增量成本合计/万元	1 146
产出情况					
日增油/t	23.1	有效期/d	221	累计增油/t	2 106
效益评价					
销售收入/万元	444	吨油措施成本/(元/t)	923	投入产出比	1∶2.3
措施收益/万元	241	盈亏平衡点产量/t	2 023	评定结果	有效

3. JH115井钻具打捞实例

(1) 基础数据

JH115井是艾协克2号构造北部的一口开发井，井身结构为4级，完井方式为裸眼射孔酸压完井，初期油压10.5 MPa，日产液295.1 t，日产油291.8 t，含水1.1%。后期根据开发要求，转为单元注水井，日注水量300 m³。JH115井基础数据详见表1-7。

表1-7 JH115井基础数据表

井别	直井	完井层位	$O_{1-2}y$
完钻时间	2001.02.15	完井井段	5 253~5 257 m
固井质量	良	13 3/8″套管下深	497.85 m
完钻井深	5 600 m	9 5/8″套管下深	3 898 m
人工井底	5 415 m	7″套管下深	5 391.29 m

井内落鱼：管柱组合自上而下依次为母扣2 7/8″钻杆1 273.93 m+变扣0.35 m+钻铤74 m+ϕ148 mm高效磨鞋0.31 m，总长1 348.59 m，探得鱼顶深约4 148.92 m。

(2) 事故经过

2013年11月28日，该井转分层注水修井施工。关井前，CYB-70/44TH型抽稠泵生产，工作制度5 m×4次/min，泵深1 616 m，日产液69 t，日产油1.04 t，含水98.5%，累计产液28.34万t、产油24.38万t、产水6.59万t。

2014年4月15日,组下扫水泥塞管柱,管柱组合自上而下依次为 ϕ148 mm 高效磨鞋＋钻铤8根＋变丝＋2 7/8″钻杆319根＋变丝＋3 1/2″钻杆238根,末根方入2.8 m,探3次塞面深5 413.97 m。

2014年4月18日,扫塞5 434.8～5 497.13 m,悬重由94 t降至72 t,断脱前4 h扫塞无进尺,上提方钻杆并下探至4 152.92 m,未探到鱼顶。

JH115井井身结构如图1-23所示。起出钻杆脱扣如图1-24所示。

图1-23 JH115井井身结构示意图　　图1-24 起出钻杆脱扣

(3) 施工难点

该井属于深井事故,打捞难点主要有以下三个方面:

① 该井深度大于5 000 m,属于深井事故处理,钻具落井后是否存在再次断裂情况尚不清楚。

② 钻具组合落井后,可以判定母扣已损坏,工具选择上要重点考虑。

③ 该井7″套管未回接至井口,井筒内存在变径,如需磨铣处理,若循环不充分,易造成卡钻。

(4) 打捞思路

思路1:使用内捞(如公锥、对扣捞矛等)工具进行造扣实施打捞作业;处理后期若存在落鱼断脱状况,则视情况进行套铣处理。

思路2:使用外捞工具进行接箍部分打捞;若处理不成功,再采取内捞工具进行造扣打捞;处理后期若存在落鱼断脱状况,则视情况进行套铣处理。

经过打捞人员分析、讨论,认为采取思路2更为稳妥,主要原因有以下两个方面:

① 井内的鱼顶是母扣2 7/8″钻杆,从钻具起出情况分析,内丝扣已损坏,内捞存在一定难度。

② 重力作用导致落鱼在井内可能存在断脱状况,外捞不会破坏鱼顶节箍部分。

(5) 工具选取

考虑处理后期打捞作业,本次施工选用了2种正扣工具、2种反扣工具和1种套铣工

具,具体如下:

① 可退式卡瓦打捞筒(正扣)

工具原理:当可退式卡瓦打捞筒捞获落鱼后,上提钻具,卡瓦外螺旋锯齿形锥面与筒体内相应的齿面有相对位移,将落鱼卡紧捞出。如图1-25、图1-26所示。

技术参数:ϕ102 mm×0.87 m可退式卡瓦打捞筒,前端为ϕ143 mm引鞋。

图1-25 打捞筒规格　　　　　　　图1-26 卡瓦结构

② 引鞋+公锥内捞组合(正扣)

工具原理:应用引鞋扶正,当公锥进入打捞落物内孔之后,加适当的钻压并转动钻具,迫使打捞螺纹挤压吃入落鱼内壁进行造扣。当所造之扣能承受一定的拉力和扭矩时,可采取上提或倒扣的办法将落物全部或部分捞出。如图1-27、图1-28所示。

技术参数:ϕ140 mm引鞋+内置40~92 mm公锥组合,其中引鞋长1.31 m,内置40~92 mm公锥长1.04 m。

图1-27 引鞋规格　　　　　　　图1-28 引鞋内公锥

③ 对扣捞矛(正扣)

工具原理:矛体上部为正扣钻杆接头螺纹,矛体与胀芯轴由螺纹连接,胀扣套就装配在胀芯轴的外锥体上,胀芯轴下部有引导锥,便于胀扣套与落鱼接头螺纹对扣,另外胀扣套在上提拉力作用下可牢牢地抓住落鱼,从而实现打捞。如图1-29、图1-30所示。

技术参数:ϕ(69~82) mm×ϕ141 mm×0.76 m,前端为ϕ46 mm引锥头,水眼20 mm。

图1-29 对扣捞矛规格　　　　　　　图1-30 对扣捞矛结构

④ 公锥(反扣)

工具原理:当公锥进入打捞落物内孔之后,加适当的钻压并转动钻具,迫使打捞螺纹挤压吃入落鱼内壁进行造扣。当所造之扣能承受一定的拉力和扭矩时,可采取上提或倒扣的办法将落物全部或部分捞出。如图1-31、图1-32所示。

技术参数:φ(40～70) mm×0.92 m,水眼12 mm,丝扣为左高右低。

图1-31　公锥规格　　　　　　　　　图1-32　公锥结构

⑤ 套铣筒(反扣)

工具原理:套铣筒是用来清除井下管柱与套管之间各种脏物的工具。其可以套铣环形空间的水泥、坚硬的沉砂、石膏及碳酸钙结晶,主要由套铣管和套铣头组成。如图1-33、图1-34所示。

技术参数:φ146 mm×0.5 m套铣头＋φ126 mm×37.43 m套铣管。

图1-33　套铣管　　　　　　　　　　图1-34　套铣头

⑥ 母锥(反扣)

工具原理:当母锥套住管状落物一端之后,加适当的钻压并转动钻具,迫使打捞螺纹挤压吃入落鱼外壁进行造扣。当所造之扣能承受一定的拉力和扭矩时,可采取上提或倒扣的办法将落物全部或部分捞出。造扣为挤压吃入,不产生切屑。如图1-35、图1-36所示。

技术参数:φ146 mm×0.92 m母锥,打捞范围90～130 mm。

图1-35　母锥规格　　　　　　　　　图1-36　母锥结构

(6)打捞过程

经过打捞11趟、套铣3趟,最终捞获全部落鱼,处理井筒至5 488.51 m,符合后期施工条件。JH115井打捞施工重点工序见表1-8。

表 1-8　JH115 井打捞施工重点工序

序号	重点施工内容	使用工具	打捞趟数	打捞情况	捞出落鱼量/m	现场照片
1	组下卡瓦打捞筒打捞	可退式卡瓦打捞筒（正扣）	1趟	加压3 t，探得鱼顶深4 148.92 m，无捞获显示，工具完好。剩余落鱼：2 7/8″钻杆66柱1单根＋变扣＋钻铤8根＋磨鞋，总长1 348.59 m，鱼顶为2 7/8″钻杆母扣	0	
2	组下引鞋＋公锥内捞组合打捞	引鞋＋公锥内捞组合（正扣）	1趟	加压3 t，探得鱼顶深4 148.92 m，无捞获显示；起钻检查，引鞋部分有125 mm环形压痕。剩余落鱼：2 7/8″钻杆66柱1单根＋变扣＋钻铤8根＋磨鞋，总长1 348.59 m，鱼顶为2 7/8″钻杆母扣	0	
3	组下对扣捞矛打捞	对扣捞矛（正扣）	1趟	加压3 t，探得鱼顶深4 150 m，鱼顶严重变形，无捞获显示，工具完好。剩余落鱼：2 7/8″钻杆66柱1单根＋变扣＋钻铤8根＋磨鞋，总长1 348.59 m，鱼顶为2 7/8″钻杆母扣	0	
4	组下公锥打捞	公锥（正扣）	1趟	加压3 t，正转造扣，打捞深度4 148.49 m，最大上提115 t未解卡，悬重降至52 t，工具落井。剩余落鱼：2 7/8″钻杆170根＋公锥，总长1 631.1 m，井内鱼顶2 562 m	0	
5	组下对扣器打捞	对扣器（正扣）	1趟	加压0.5 t，正转对扣，打捞深度2 562.25 m，上提管柱原悬重至78 t，捞获正扣钻杆170根＋公锥。剩余落鱼：2 7/8″钻杆66柱1单根＋变扣＋钻铤8根＋磨鞋，总长1 348.59 m，井内鱼顶4 148.56 m	0	
6	组下公锥打捞	公锥（反扣）	1趟	加压1 t，反转造扣，打捞深度4 166.65 m，上提至95 t，捞获正扣钻杆133根＋钻铤2根。剩余落鱼：钻铤6根＋磨鞋，总长55.68 m，井内鱼顶5 441.45 m	1 292.89	
7	组下套铣筒处理鱼顶	套铣筒（反扣）	2趟	第1趟套铣5 417.38～5 441.82 m，工具轻微磨损；第2趟套铣5 441.01～5 458.28 m，返出少量灰屑，工具磨损严重。剩余落鱼：钻铤6根＋磨鞋，总长55.68 m，井内鱼顶5 441.45 m	0	

表1-8(续)

序号	重点施工内容	使用工具	打捞趟数	打捞情况	捞出落鱼量/m	现场照片
8	组下公锥打捞	公锥（反扣）	3趟	第1趟加压1 t,反转造扣,深度5 438.32 m,上提遇卡;第2趟上提管柱原悬重至88 t,反转倒扣,起出反扣钻杆2根;第3趟活动解卡脱扣。 剩余落鱼:2 7/8″反扣钻杆11根＋反扣公锥＋钻铤6根＋磨鞋,总长215.45 m,井内鱼顶5 226 m	0	
9	组下公锥打捞	公锥（反扣）	1趟	加压2 t,反转造扣,深度5 226.28 m,活动解卡,悬重降至88 t,打捞成功。钻杆接箍扩径至139 mm,最大开口30 mm,公锥丝扣磨平15扣(公锥水眼及末根钻杆底部泥浆及岩屑堵死)。 剩余落鱼:钻铤6根(55.37 m)＋磨鞋,总长55.68 m,井内鱼顶约5 441.45 m	0	
10	组下套铣筒处理鱼顶	套铣筒（反扣）	1趟	套铣井段5 438～5 475.99 m,累计进尺37.99 m,出口返出少量灰屑及地层砂,工具磨损严重。 剩余落鱼:钻铤6根(55.37 m)＋磨鞋,总长55.68 m,井内鱼顶约5 441.45 m	0	
11	组下母锥打捞	母锥（反扣）	1趟	加压2 t,反转造扣,深度5 438.4 m,上提至115 t,悬重降至89 t,无遇卡现象;起钻检查,落鱼全部捞获	1 348.59	

(7) 经验认识

① 本井钻具打捞虽然成功,但打捞时效低,无效作业次数多,主要原因是对钻杆每扣胀扣造成脱口认识不清,采取的打捞工艺不对症。打捞作业要从技术上高度重视,注重每一道工序,对落鱼的状况有精准的判断,工序安排要合理,工具选取要准确,这些是打捞成功的基础。本井打捞过程中每次打捞或套铣后的分析不到位,对井内的情况判断不清,有盲目施工的倾向,其间造成2次出现工具落井,使井内情况复杂化。

② 本井作业粗分共计采用了7种打捞工艺、1种套铣处理工艺,具体为:

a. 可退式卡瓦打捞筒(正扣)打捞工艺:该工艺操作简单、易实施,但效果有限,不适用于本井作业。主要是未考虑到加压状态下,钻具在高转速旋转时因胀扣而脱扣,母扣外径变化,因此不适合采用外捞工艺。

b. 引鞋＋公锥内捞组合(正扣)打捞工艺:选择工具过于盲目,从工具压痕判断鱼顶已变形,导致未入鱼打捞失败,因此不适合采用引鞋＋公锥打捞工艺。

c. 对扣捞矛(正扣)打捞工艺:选择工具过于盲目,鱼顶严重变形,母扣已损坏,导致对扣失败，因此不适合采用对扣捞矛打捞工艺。

d. 公锥（正扣）打捞工艺：选择造扣工具打捞成功，起钻过程中遇卡，反转钻杆倒扣，悬重由 76 t 降至 52 t，即可判断上部打捞钻具已倒开，形成二次事故，主要是下钻过程中上扣不紧所致。

e. 对扣（正扣）打捞工艺：本次打捞工具选择得当，打捞获得成功。对扣打捞工艺对于鱼头为完整公扣的管柱具有较好的适应性。该工具操作方便，打捞成功率高。

f. 公锥（反扣）打捞工艺：结合前几次正扣工具打捞情况分析，选择反扣打捞工具得当，打捞均获得成功。该工艺对于鱼头为接箍的管类落物打捞成功率很高，但要注意公锥打捞必须加压旋转造扣，对较长的遇卡落物如操作不当可能造成多段松扣，出现落鱼倒散现象，会增加打捞次数与打捞难度。

g. 母锥（反扣）打捞工艺：该工艺是一种专门从油管等管状落物外壁进行造扣打捞的工艺。当工具下至落鱼顶 1~2 cm 时，开循环泵冲洗，并逐渐下放工具至鱼顶，观察泵压变化。如泵压突然上升，指重表悬重下降，说明鱼顶进入母锥内，此时可以进行造扣打捞。需要注意的是，打捞操作时不允许猛顿鱼顶，以防止鱼顶或打捞螺纹顿坏。尤其应注意分析判断造扣螺纹位置，以避免造成严重后果。

h. 套铣筒（反扣）处理工艺：该工艺是一种清除井下管柱与套管之间各种脏物的工艺方法，可以套铣环形空间的水泥、坚硬的沉砂、石膏及碳酸钙结晶，但套铣管入井后要连续作业。套铣作业入鱼时一定要精心操作，套铣入鱼困难时不能采取硬铣的方法，否则易使鱼顶破坏或铣鞋损坏。

(8) 综合评价

① 修井方案评价

a. 确定因素集 U：

$U = \{$修井成功率(x_1)，修井成本(x_2)，修井作业效率(x_3)，修井劳动强度$(x_4)\}$

b. 确定权重集 A：

$A = \{$修井成功率(0.4)，修井成本(0.3)，修井作业效率(0.2)，修井劳动强度$(0.1)\}$

c. 确定评语目录集 V：

$$V = \{优秀(v_1)，良好(v_2)，合格(v_3)，不合格(v_4)\}$$

其中 v 取值 0~1 之间，优秀为 $v \geq 0.8$，良好为 $0.4 \leq v < 0.8$，合格为 $0.2 < v < 0.4$，不合格为 $v \leq 0.2$。

d. 确定单因素评价矩阵 R：

按照以上评价原则，由施工人员、技术人员进行评价打分，确定单因素评价矩阵 R。

$$修井成功率 = \{0.4, 0.3, 0.3, 0.2\}$$
$$修井成本 = \{0.2, 0.3, 0.1, 0.4\}$$
$$修井劳动强度 = \{0.4, 0.4, 0.3, 0.3\}$$
$$修井作业效率 = \{0.2, 0.2, 0, 0.1\}$$

$$R = \begin{bmatrix} 0.4 & 0.3 & 0.3 & 0.2 \\ 0.2 & 0.3 & 0.1 & 0.4 \\ 0.4 & 0.4 & 0.3 & 0.3 \\ 0.2 & 0.2 & 0 & 0.1 \end{bmatrix}$$

e. 综合评价计算：

$$B = AR = (0.4 \quad 0.3 \quad 0.2 \quad 0.1) \begin{bmatrix} 0.4 & 0.3 & 0.3 & 0.2 \\ 0.2 & 0.3 & 0.1 & 0.4 \\ 0.4 & 0.4 & 0.3 & 0.3 \\ 0.2 & 0.2 & 0 & 0.1 \end{bmatrix}$$

计算得：　　　　　　$(0.3, \ 0.3, \ 0.2, \ 0.3) = 1.1$

（合格，合格，不合格，合格）

用 1.1 除以各因素项归一化计算，得：

$$(0.29, 0.28, 0.19, 0.24)$$

从中可以看出，该井作业过程总体评价为合格。

② 经济效益评价

通过盈亏平衡点（BEP）分析项目成本与收益的平衡关系。计算方法如下：

$$效益盈亏平衡点 = \frac{单井次直接费用投入}{吨油价格 - 吨油增量成本}$$

$$投入产出比 = \frac{单井直接费用投入 + 增量成本}{措施累计增产油量 \times 吨油价格}$$

JH115 井经济效益评价结果见表 1-9。

表 1-9　JH115 井经济效益评价结果

直接成本					
修井费/万元	325.2	工艺措施费/万元	/	总计费用/万元	461.99
材料费/万元	52.9	配合劳务费/万元	83.89		
增量成本					
吨油运费/元	/	吨油处理费/元	105.3	吨油价格/元	3 907
吨油税费/元	673.88	原油价格/美元折算	636.32	增量成本合计/万元	1 145.57
产出情况					
日增油/t	23.1	有效期/d	221	累计增油/t	5 105.1
效益评价					
销售收入/万元	1 994.6	吨油措施成本/(元/t)	923	投入产出比	1∶2.1
措施收益/万元	947.7	盈亏平衡点产量/t	1 182.5	评定结果	有效

4. JH116X 井钻具打捞实例

（1）基础数据

JH116X 井是阿克库勒凸起东南斜坡上的一口开发井，井身结构为 4 级，完井方式为裸眼射孔酸压完井，初期油压 8.2 MPa，套压 0 MPa，累计产液 146.9 t，含水 70.7%，日产气 5 840 m³。JH116X 井基础数据详见表 1-10。

表 1-10　JH116X 井基础数据表

井别	斜直井	完井层位	O_2yj
完钻时间	2011.06.13	完井井段	6 289.3～6 540 m
固井质量	造斜点	13 3/8″套管下深	3 198.10 m
完钻井深	6 540 m(斜)	9 5/8″套管下深	5 385.85 m
人工井底	6 400 m	7″套管下深	6 289.30 m

井内落鱼：管柱组合自上而下依次为 2 7/8″斜坡钻杆＋2 7/8″斜坡钻杆 378 根＋ϕ146 mm 大水眼磨鞋，总长 3 547.91 m，井内鱼顶深度约 2 834.12 m，鱼顶为 2 7/8″斜坡钻杆本体。

（2）事故经过

2014 年 10 月 7 日，该井堵水修井施工。关井前，CYB38TH 管式泵生产，工作制度 5 m×3 次/min，泵深 3 220.7 m，日产液 20.9 t，日产油 0 t，含水 100%。

2014 年 11 月 17 日，组下扫水泥塞管柱，管柱组合自上而下依次为 3 1/2″斜坡钻杆 205 根＋变扣＋2 7/8″斜坡钻杆 466 根＋ϕ146 mm 大水眼磨鞋，末根方入 4.6 m，探塞面深度 6 362.73 m。

2014 年 11 月 22 日，扫塞 6 382.03 m，悬重由 102 t 降至 52 t，断脱前 4 h 扫塞无进尺，上提方钻杆并下探至 4 152.92 m，未探到鱼顶。

JH116X 井井身结构如图 1-37 所示。起出钻杆本体断裂如图 1-38 所示。

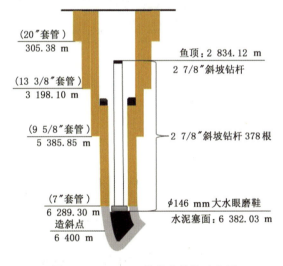

图 1-37　JH116X 井井身结构示意图

图 1-38　起出钻杆本体断裂

（3）施工难点

该井属于深井事故，打捞难点主要有以下三点：

① 该井深度大于 5 000 m，属于深井事故处理，钻具落井后是否存在再次断裂情况尚不清楚。

② 从起出的钻杆断口判断，鱼顶已损坏，工具选择上应慎重。

③ 该井 7″套管未回接至井口，井筒内存在变径，如需磨铣处理，若循环不充分，易造成卡钻。

（4）打捞思路

思路1：先使用外捞工具造扣打捞；若处理不成功，则进行套铣作业处理鱼头，选取内捞工具进行造扣打捞；处理后期若存在落鱼断脱状况，则视情况进行套铣处理。

思路2：先采取内捞工具进行造扣打捞；若处理不成功，则视情况进行套铣处理，再使用外捞工具进行打捞；处理后期若存在落鱼断脱状况，则视情况进行套铣处理。

经过打捞人员分析、讨论，认为采取思路1更为稳妥，主要原因有以下两个方面：

① 鱼顶位于9 5/8″套管内，从钻具起出情况看，鱼顶是2 7/8″钻杆本体，且鱼顶不规则，实施内捞存在一定难度。

② 钻具在加压钻磨过程中出现断裂，因此返出碎屑可能出现二次沉降造成卡、埋的情况，给打捞施工带来一定的困难。

（5）工具选取

考虑处理后期打捞作业，本次施工选用了3种打捞工具、1种套铣工具，具体如下：

① 母锥

工具原理：当母锥套住管状落物一端之后，加适当的钻压并转动钻具，迫使打捞螺纹挤压吃入落鱼外壁进行造扣。当所造之扣能承受一定的拉力和扭矩时，可采取上提或倒扣的办法将落物全部或部分捞出。造扣为挤压吃入，不产生切屑。如图1-39、图1-40所示。

技术参数：ϕ115 mm×0.69 m母锥，打捞范围60～76 mm。

图1-39 母锥规格

图1-40 母锥结构

② 可退式卡瓦打捞筒

工具原理：当可退式卡瓦打捞筒捞获落鱼后，上提钻具，卡瓦外螺旋锯齿形锥面与筒体内相应的齿面有相对位移，将落鱼卡紧捞出。如图1-41、图1-42所示。

技术参数：ϕ139 mm×1.13 m可退式卡瓦打捞筒，前端引鞋最大外径156 mm、内径139 mm，打捞范围70 mm。

图1-41 打捞筒规格

图1-42 打捞筒结构

③ 引鞋＋公锥内捞组合

工具原理：应用引鞋扶正，当公锥进入打捞落物内孔之后，加适当的钻压并转动钻具，迫使打捞螺纹挤压吃入落鱼内壁进行造扣。当所造之扣能承受一定的拉力和扭矩时，可采取上提或倒扣的办法将落物全部或部分捞出。如图1-43、图1-44所示。

技术参数：ϕ140 mm引鞋＋内置40～80 mm公锥组合，其中引鞋长1.22 m，内置40～80 mm公锥长0.85 m，水眼10 mm。

图 1-43　引鞋规格　　　　　　　　图 1-44　引鞋内公锥

④ 套铣筒

工具原理：套铣筒是用来清除井下管柱与套管之间的各种脏物的工具。其可以套铣环形空间的水泥、坚硬的沉砂、石膏及碳酸钙结晶，主要由套铣管和套铣头组成。如图 1-45、图 1-46 所示。

技术参数：ϕ140 mm×0.5 m 套铣头＋ϕ140 mm×31.41 m 套铣管。

图 1-45　套铣管　　　　　　　　　图 1-46　套铣头

（6）打捞过程

经过打捞 6 趟、套铣 3 趟，捞获全部落鱼，处理井筒至 6 382.02 m，符合后期施工条件。JH116X 井打捞施工重点工序见表 1-11。

表 1-11　JH116X 井打捞施工重点工序

序号	重点施工内容	使用工具	打捞趟数	打捞情况	捞出落鱼量/m	现场照片
1	组下打捞管柱	母锥	1	正冲下探鱼顶，加压 2 t，方入 4.8 m 遇阻，探得鱼顶深度 2 846.08 m。上提遇卡，上提 115 t 未解卡，后活动解卡，悬重降至 50 t，起打捞管柱检查。剩余落鱼：2 7/8″斜坡钻杆＋2 7/8″斜坡钻杆 378 根＋ϕ146 mm 大水眼磨鞋，鱼顶位置 2 834.12 m	0	
2	组下打捞管柱	卡瓦打捞筒	1	正冲下探鱼顶，加压 2 t，方入 4.9 m 遇阻，探得鱼顶深度 2 846.18 m，起打捞管柱检查。剩余落鱼：2 7/8″斜坡钻杆＋2 7/8″斜坡钻杆 378 根＋ϕ146 mm 大水眼磨鞋，鱼顶位置 2 834.12 m	0	

表 1-11(续)

序号	重点施工内容	使用工具	打捞趟数	打捞情况	捞出落鱼量/m	现场照片
3	组下打捞管柱	母锥	1	正冲下探鱼顶，加压2 t，方入4.8 m遇阻，探得鱼顶深度2 846.18 m。上提遇卡，上提112 t未解卡，实施倒扣成功，捞获2 7/8″斜坡钻杆断体＋2 7/8″斜坡钻杆196根。剩余落鱼：2 7/8″斜坡钻杆182根＋φ146 mm大水眼磨鞋，鱼顶位置4 702.10 m	1 865.88	
4	组下套铣管柱	套铣筒	1	正转管柱引鱼头入套铣管，下放管柱，方入9.3 m遇阻，探得鱼顶深度4 704 m，加压2 t，复探3次位置不变	0	
5	组下打捞管柱	引鞋＋公锥	1	正冲下探鱼顶，加压2 t，方入4.8 m遇阻，探得鱼顶深度4 704.10 m。上提遇卡，实施倒扣成功，捞获2 7/8″斜坡钻杆179根。剩余落鱼：2 7/8″斜坡钻杆3根＋φ146 mm大水眼磨鞋，鱼顶位置6 356.9 m	1 654.90	
6	组下打捞管柱	引鞋＋公锥	1	正冲洗造扣打捞，加压2 t，探得鱼顶深度6 357.02 m。上提原悬重110 t，实施倒扣成功；起钻检查，无捞获。剩余落鱼：2 7/8″斜坡钻杆3根＋φ146 mm大水眼磨鞋，鱼顶位置6 356.9 m	0	
7	组下套铣管柱	套铣筒	1	正冲下探鱼顶，加压2 t，方入3.6 m遇阻，探入鱼顶深度6 358.9 m，加压2 t复探3次位置不变	0	
8	组下打捞管柱	引鞋＋公锥	1	正冲洗造扣打捞，加压2 t，探得鱼顶深度6 357.12 m。上提原悬重110 t，实施倒扣成功，捞获2 7/8″正扣钻杆2根。剩余落鱼：2 7/8″斜坡钻杆1根＋φ146 mm大水眼磨鞋，鱼顶位置6 375.05 m	18.15	
9	组下套铣管柱	套铣筒	1	正冲下探鱼顶，加压2 t，方入3.7 m遇阻，探得鱼顶深度6 378.15 m，加压2 t复探3次位置不变。捞获2 7/8″斜坡钻杆1根＋φ146 mm大水眼磨鞋	6.98	

(7) 经验认识

① 本井在钻磨过程中发现钻具断裂，打捞处理过程是成功的。作业过程中首次母锥打捞后未认识到落鱼被卡的状态，造成 2 次打捞无效，其后每次打捞或套铣后的分析是到位的，在工具选择和工序转换上处理得当，其间未出现使井内情况复杂化，为后期施工创造了有利条件。

② 本井作业粗分共计采用了 3 种打捞工艺、1 种套铣处理工艺，具体为：

a. 可退式卡瓦打捞筒打捞工艺：该工艺操作简单、易实施，但效果有限，不适用于本井作业。主要是工具入鱼后长度受限，抗拉强度不够，而本井落鱼存在二次沉降的情况导致捞获后上提遇卡。

b. 母锥打捞工艺：该工艺是一种专门从油管等管状落物外壁进行造扣打捞的工艺。当工具下至落鱼顶 1~2 cm 时，开循环泵冲洗，并逐渐下放工具至鱼顶，观察泵压变化。如泵压突然上升，指重表悬重下降，说明鱼顶进入母锥内，此时可以进行造扣打捞。本井落鱼鱼顶不规则，且位于上部 9 5/8″套管，因此选择母锥打捞工艺是合适的。该工艺在本井实施倒扣打捞，捞获落鱼长度 1 865.88 m，7″套管内新鱼顶为 2 7/8″斜坡钻杆公扣，为下步工具选型明确了方向。

c. 引鞋＋公锥内捞组合打捞工艺：引鞋主要用途是引导井下落鱼进入打捞工具内部，尤其在大直径套管内打捞较小直径落鱼时必须使用。公锥是一种专门从油管、钻杆、套铣管、封隔器、配水器、配产器等有孔落物的内孔进行造扣打捞的工具。当公锥进入打捞落物内孔之后，加适当的钻压并转动钻具，迫使打捞螺纹挤压吃入落鱼内壁进行造扣。当所造之扣能承受一定的拉力和扭矩时，可采取上提或倒扣的办法将落物全部或部分捞出。该工艺在 7″套管内使用 3 次，成功捞获 2 次，累计捞获落鱼 1 672.7 m。

d. 套铣筒处理工艺：该工艺是一种清除井下管柱与套管之间各种脏物的工艺方法，可以套铣环形空间的水泥、坚硬的沉砂、石膏及碳酸钙结晶，但套铣管入井后要连续作业。套铣作业入鱼时一定要细心操作，套铣入鱼困难时不能采取硬铣的方法，否则易使鱼顶破坏或铣鞋损坏。本井实施套铣处理 3 趟，最后一次套铣意外捞获 2 7/8″斜坡钻杆 1 根＋ϕ146 mm 大水眼磨鞋。经分析认为，主要是套铣筒内入鱼长度较长（3.2 m），且钻杆内、外部通畅，处于自由状态，套铣筒意外实现了打捞功能。但从打捞工艺技术角度分析，套铣打捞存在较大的风险，易造成二次事故，因此不能作为一项常规打捞处理工艺使用。

(8) 综合评价

① 修井方案评价

a. 确定因素集 U：

$U = \{$修井成功率(x_1)，修井成本(x_2)，修井作业效率(x_3)，修井劳动强度$(x_4)\}$

b. 确定权重集 A：

$A = \{$修井成功率(0.4)，修井成本(0.3)，修井作业效率(0.2)，修井劳动强度$(0.1)\}$

c. 确定评语目录集 V：

$V = \{$优秀(v_1)，良好(v_2)，合格(v_3)，不合格$(v_4)\}$

其中 v 取值 0~1 之间，优秀为 $v \geq 0.8$，良好为 $0.4 \leq v < 0.8$，合格为 $0.2 < v < 0.4$，不合格为 $v \leq 0.2$。

d. 确定单因素评价矩阵 $\boldsymbol{R}$：

按照以上评价原则,由施工人员、技术人员进行评价打分,确定单因素评价矩阵 **R**。

修井成功率={0.4,0.4,0.4,0.3}

修井成本={0.4,0.3,0.3,0.4}

修井劳动强度={0.3,0.2,0.4,0.3}

修井作业效率={0.6,0.6,0.5,0.6}

$$R = \begin{bmatrix} 0.6 & 0.7 & 0.7 & 0.5 \\ 0.4 & 0.3 & 0.3 & 0.4 \\ 0.3 & 0.2 & 0.4 & 0.3 \\ 0.6 & 0.6 & 0.5 & 0.6 \end{bmatrix}$$

e. 综合评价计算:

$$B = AR = (0.4 \quad 0.3 \quad 0.2 \quad 0.1) \begin{bmatrix} 0.6 & 0.7 & 0.7 & 0.5 \\ 0.4 & 0.3 & 0.3 & 0.4 \\ 0.3 & 0.2 & 0.4 & 0.3 \\ 0.6 & 0.6 & 0.5 & 0.6 \end{bmatrix}$$

计算得: (0.5, 0.5, 0.5, 0.4)=1.9

(良好,良好,良好,良好)

用 1.9 除以各因素项归一化计算,得:

(0.25,0.25,0.26,0.23)

从中可以看出,该井作业过程总体评价为良好,但修井作业效率指标还需进一步加强。

② 经济效益评价

通过盈亏平衡点(BEP)分析项目成本与收益的平衡关系。计算方法如下:

$$\text{效益盈亏平衡点} = \frac{\text{单井次直接费用投入}}{\text{吨油价格} - \text{吨油增量成本}}$$

$$\text{投入产出比} = \frac{\text{单井直接费用投入} + \text{增量成本}}{\text{措施累计增产油量} \times \text{吨油价格}}$$

JH116X 井经济效益评价结果见表 1-12。

表 1-12 JH116X 井经济效益评价结果

直接成本					
修井费/万元	325.2	工艺措施费/万元	/	总计费用/万元	461.99
材料费/万元	52.9	配合劳务费/万元	83.89		
增量成本					
吨油运费/元	/	吨油处理费/元	105.3	吨油价格/元	3 907
吨油税费/元	673.88	原油价格/美元折算	636.32	增量成本合计/万元	1 145.57
产出情况					
日增油/t	23.1	有效期/d	221	累计增油/t	5 105.1
效益评价					
销售收入/万元	1 994.6	吨油措施成本/(元/t)	923	投入产出比	1∶2.1
措施收益/万元	947.7	盈亏平衡点产量/t	1 182.5	评定结果	有效

5. JH117井电泵打捞实例

(1) 基础数据

JH117井是新疆维吾尔自治区阿克苏地区沙雅县塔里木乡4号构造北西的一口开发井,井身结构为3级,完井方式为裸眼完井,初期6 mm油嘴自喷生产,油压12 MPa,套压8.5 MPa,日产液343.9 m³,日产油333.6 t,含水3‰,日产气7 224 m³。JH117井基础数据详见表1-13。

表1-13 JH117井基础数据表

井别	直井	完井层位	O_1y
完钻时间	2004.02.06	完井井段	5 499.80~5 676.51 m
固井质量	合格	13 3/8″套管下深	1 204.70 m
完钻井深	5 676.51 m	7″套管下深	5 499.80 m
人工井底	5 676.51 m	完井方式	裸眼

井内落鱼:自上而下依次为油管挂0.35 m+变丝0.08 m+2 7/8″EUE油管2 305.59 m+泄油阀0.15 m+2 7/8″EUE油管19.23 m+变丝0.15 m+电泵机组20.66 m,铠装电缆2 355 m。

(2) 事故经过

2005年11月9日,该井上修检泵。拆井口时发现大扁电缆从密封接头处断开,没有发现断头,安装防喷器试压合格后,试提第一根 ϕ73 mm油管,负荷22 t上升到28 t,提第二根油管时在4 m处遇卡,负荷上升到32 t,继续上升后停止作业。经研究,决定进行周期注水替油生产。截至2006年4月3日,该井累计产液3.77万m³、产油3.29万t、产水0.23万m³。

JH117井井身结构如图1-47所示。井口大扁电缆断头如图1-48所示。

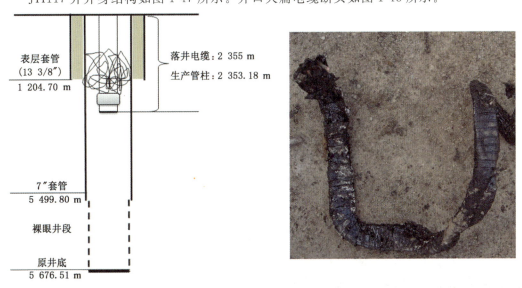

图1-47 JH117井井身结构示意图　　图1-48 井口大扁电缆断头

(3) 施工难点

该井属于深井事故,打捞难点主要有以下三点:

① 该井大扁电缆落井后存在堆积成团的现象,生产管柱试提过程中存在遇阻现象。

② 若直接打捞电缆,生产管柱及剩余电缆存在落井的风险,且该井裸眼段较长,井壁不规则,处理困难。

③ 卡点情况不明,无法确定是一处还是多处大扁电缆落井后存在堆积成团形成卡点。

(4) 打捞思路

思路 1:先试捞电缆,确定电缆遇阻位置;若无捞获,则起原井管柱并配合实施电缆打捞作业,处理过程中若存在卡死的情况,则根据测卡点情况及时实施倒扣作业,再选择合适工具进行打捞;后期若存在电缆或管柱落井的情况,则视情况进行套铣和打捞处理。

思路 2:先试捞电缆,确定电缆遇阻位置;若无捞获,则配合在电泵下部打水泥塞,再起原井管柱并配合实施电缆打捞作业,处理过程中若存在卡死的情况,则及时实施倒扣作业,再选择合适工具进行打捞;后期若存在电缆或管柱落井的情况,则视情况进行套铣和打捞处理。

经过打捞人员分析、讨论,认为采取思路 2 更为稳妥,主要原因有以下两个方面:

① 目前井内的电缆存在堆积成团的情况,打捞实施到后期存在电缆或管柱落井的风险,在电泵下部打水泥塞可防止电泵落入裸眼段造成打捞困难,并缩短处理电泵井深,提高处理效率。

② 在电泵管柱下部打水泥塞,一方面能够保护油气产层,另一方面可以防止打捞过程中的油气产出,避免井控安全风险。

(5) 工具选取

考虑处理后期打捞作业,本次施工选用了 3 种磨铣工具、1 种探查工具、1 种打捞工具和 1 种打捞辅助工具,具体如下:

① 抽油杆外钩

工具原理:抽油杆外钩是固定式外钩的一种,由 3/4″抽油杆加工而成。利用钩体插入落鱼内,钩子挂捞住落鱼,转动管柱将落鱼缠绕于钩身上实现打捞。如图 1-49、图 1-50 所示。

技术参数:ϕ38.1 mm 隔环×1.82 m,本体外径 19 mm。

图 1-49 抽油杆外钩规格

图 1-50 抽油杆外钩结构

② 固定式外钩

工具原理:固定式外钩主要由接头、钩身、钩尖组成。利用钩体插入落鱼内,钩子挂捞住落鱼,转动管柱将落鱼缠绕于钩身(或钩尖)上实现打捞。该工具常用于从套管内打捞各种绳类、提环、短绳套等落物。如图 1-51、图 1-52 所示。

技术参数:ϕ145 mm 隔环×1.82 m,本体外径 60 mm。

图 1-51 固定式外钩规格

图 1-52 固定式外钩结构

③ 活动式外钩

工具原理：与固定式外钩相比，活动式外钩的钩齿是可以收回和弹出的。如果井内绳类落物已经成了团，一般外钩插不进去，而活动式外钩遇阻时活动钩子缩入钩身内，这样钩身就易于插入绳类落物团内。当上提管柱时，活动钩子靠弹簧弹力张开，挂住绳类落物实现打捞。该工具常用于从套管内打捞各种绳类、提环、短绳套等落物。如图1-53、图1-54所示。

技术参数：φ145 mm隔环×1.88 m，本体最大外径60 mm。

图1-53　活动式外钩规格　　　　　　　图1-54　活动式外钩结构

④ 可退式倒扣捞矛

工具原理：可退式倒扣捞矛由上接头、花键套、限位块、定位螺钉、卡瓦、矛杆等组成。主要靠两个零件在斜面或锥面上相对移动胀紧或松开落鱼，靠键和键槽传递力矩，或正转或倒扣。可退式倒扣捞矛在打捞和倒扣过程中，当外径略大于落鱼通径的卡瓦接触落鱼时，卡瓦与矛杆产生相对滑动，卡瓦从矛杆锥面脱开；矛杆继续下行，花键套顶着卡瓦上端面，迫使卡瓦缩进落鱼内；此时卡瓦对落鱼内径有外胀力，紧紧贴住落鱼内壁；上提钻具，矛杆上行，矛杆与卡瓦锥面吻合，随着上提力的增加，卡瓦胀开，外胀力使得卡瓦上的三角形牙咬入落鱼内壁，继续上提即可实现打捞。此时对钻具施以扭矩，即可实现倒扣。如图1-55、图1-56所示。

技术参数：φ62 mm×0.86 m，前端带水眼20 mm。

图1-55　可退式倒扣捞矛规格　　　　　　图1-56　可退式倒扣捞矛结构

(6) 打捞过程

经过打捞67趟、倒扣打捞10趟、钻磨2趟，捞获全部落鱼，处理井筒至5 676.51 m，符合后期施工条件。JH117打捞施工重点工序见表1-14。

表1-14　JH117井打捞施工重点工序

序号	重点施工内容	使用工具	打捞趟数	打捞情况	捞出落鱼量/m	现场照片
1	试捞	抽油杆外钩	1趟	缓慢上提管柱起出2 7/8″油管6根，下入抽油杆外钩深度160～220 m，未捞获电缆。剩余落鱼(自上而下)：油管挂0.35 m＋变丝0.08 m＋2 7/8″EUE油管2 305.59 m＋泄油阀0.15 m＋2 7/8″EUE油管19.23 m＋变丝0.15 m＋电泵机组20.66 m，铠装电缆2 355 m	0	

表 1-14(续)

序号	重点施工内容	使用工具	打捞趟数	打捞情况	捞出落鱼量/m	现场照片
2	打塞后倒扣	/	/	过泵打水泥塞,注入泥浆 1.2 m³,关井候凝;上提悬重至 30 t,实施倒扣起出 2 7/8″油管 42 根,带出电缆 46.2 m。剩余落鱼(自上而下):2 7/8″EUE 油管 1 896.23 m+泄油阀 0.15 m+2 7/8″EUE 油管 19.23 m+变丝 0.15 m+电泵机组 20.66 m,铠装电缆 2 308.8 m	电缆 46.2 油管 409.79	
3	打捞	固定式外钩	5 趟	打捞电缆,深度 286.16～315.22 m,共打捞出电缆 36.9 m。剩余落鱼(自上而下):2 7/8″EUE 油管 1 896.23 m+泄油阀 0.15 m+2 7/8″EUE 油管 19.23 m+变丝 0.15 m+电泵机组 20.66 m,铠装电缆 2 271.9 m	电缆 36.9	
4	打捞	活动式外钩	4 趟	打捞电缆,深度 315.22～334.7 m,共打捞出电缆 156.4 m。剩余落鱼(自上而下):2 7/8″EUE 油管 1 896.23 m+泄油阀 0.15 m+2 7/8″EUE 油管 19.23 m+变丝 0.15 m+电泵机组 20.66 m,铠装电缆 2 115.5 m	电缆 156.4	
5	倒扣打捞	可退式倒扣捞矛	1 趟	倒扣打捞,捞获 2 7/8″油管 438.38 m(46 根)。剩余落鱼(自上而下):2 7/8″EUE 油管 1 457.85 m+泄油阀 0.15 m+2 7/8″EUE 油管 19.23 m+变丝 0.15 m+电泵机组 20.66 m,铠装电缆 2 115.5 m	油管 438.38	
6	打捞	活动式外钩	8 趟	打捞电缆,深度 334.7～844.5 m,共打捞出电缆 103.5 m。剩余落鱼(自上而下):2 7/8″EUE 油管 1 457.85 m+泄油阀 0.15 m+2 7/8″EUE 油管 19.23 m+变丝 0.15 m+电泵机组 20.66 m,铠装电缆 2 012 m	电缆 103.5	
7	倒扣打捞	可退式倒扣捞矛	1 趟	倒扣打捞,捞获 2 7/8″油管 216.89 m(23 根)。剩余落鱼(自上而下):2 7/8″EUE 油管 1 240.96 m+泄油阀 0.15 m+2 7/8″EUE 油管 19.23 m+变丝 0.15 m+电泵机组 20.66 m,铠装电缆 2 012 m	油管 216.89	

表 1-14(续)

序号	重点施工内容	使用工具	打捞趟数	打捞情况	捞出落鱼量/m	现场照片
8	打捞	固定式外钩	19 趟	打捞电缆,深度 683.2～1 065.68 m,共打捞出电缆 562.99 m。 剩余落鱼(自上而下):2 7/8″EUE 油管 1 240.96 m+泄油阀 0.15 m+2 7/8″EUE 油管 19.23 m+变丝 0.15 m+电泵机组 20.66 m,铠装电缆 1 449.01 m	电缆 562.99	
9	倒扣打捞	可退式倒扣捞矛	1 趟	倒扣打捞,捞获 2 7/8″油管 114.12 m(12 根)。 剩余落鱼(自上而下):2 7/8″EUE 油管 1 126.84 m+泄油阀 0.15 m+2 7/8″EUE 油管 19.23 m+变丝 0.15 m+电泵机组 20.66 m,铠装电缆 1 449.01 m	油管 114.12	
10	打捞	固定式外钩	7 趟	打捞电缆,深度 1 106.22～1 174.53 m,共打捞出电缆 183.07 m。 剩余落鱼(自上而下):2 7/8″EUE 油管 1 126.84 m+泄油阀 0.15 m+2 7/8″EUE 油管 19.23 m+变丝 0.15 m+电泵机组 20.66 m,铠装电缆 1 265.94 m	电缆 183.07	
11	倒扣打捞	可退式倒扣捞矛	1 趟	倒扣打捞,捞获 2 7/8″油管 246.22 m(26 根)。 剩余落鱼(自上而下):2 7/8″EUE 油管 880.62 m+泄油阀 0.15 m+2 7/8″EUE 油管 19.23 m+变丝 0.15 m+电泵机组 20.66 m,铠装电缆 1 265.94 m	油管 246.22	
12	打捞	固定式外钩	13 趟	打捞电缆,深度 1 210.67～1 424.78 m,共打捞出电缆 298.37 m。 剩余落鱼(自上而下):2 7/8″EUE 油管 880.62 m+泄油阀 0.15 m+2 7/8″EUE 油管 19.23 m+变丝 0.15 m+电泵机组 20.66 m,铠装电缆 967.57 m	电缆 298.37	
13	倒扣打捞	可退式倒扣捞矛	1 趟	倒扣打捞,捞获 2 7/8″油管 104.83 m(11 根)。 剩余落鱼(自上而下):2 7/8″EUE 油管 775.59 m+泄油阀 0.15 m+2 7/8″EUE 油管 19.23 m+变丝 0.15 m+电泵机组 20.66 m,铠装电缆 967.58 m	油管 104.83	

表 1-14(续)

序号	重点施工内容	使用工具	打捞趟数	打捞情况	捞出落鱼量/m	现场照片
14	打捞	固定式外钩	2趟	打捞电缆,深度1 452.3～1 468.43 m,共打捞出电缆60.56 m。剩余落鱼(自上而下):2 7/8″EUE 油管 775.59 m＋泄油阀 0.15 m＋2 7/8″EUE 油管 19.23 m＋变丝 0.15 m＋电泵机组 20.66 m,铠装电缆 907.03 m	电缆 60.56	
15	倒扣打捞	可退式倒扣捞矛	1趟	倒扣打捞,捞获 2 7/8″油管 47.7 m(5根)。剩余落鱼(自上而下):2 7/8″EUE 油管 727.89 m＋泄油阀 0.15 m＋2 7/8″EUE 油管 19.23 m＋变丝 0.15 m＋电泵机组 20.66 m,铠装电缆 907.03 m	油管 47.7	
16	打捞	固定式外钩	6趟	打捞电缆,深度1 452.3～1 468.43 m,共打捞出电缆83.6 m。剩余落鱼(自上而下):2 7/8″EUE 油管 727.89 m＋泄油阀 0.15 m＋2 7/8″EUE 油管 19.23 m＋变丝 0.15 m＋电泵机组 20.66 m,铠装电缆 823.44 m	电缆 83.6	
17	倒扣打捞	可退式倒扣捞矛	1趟	倒扣打捞,捞获 2 7/8″油管 133.42 m(14根)。剩余落鱼(自上而下):2 7/8″EUE 油管 594.47 m＋泄油阀 0.15 m＋2 7/8″EUE 油管 19.23 m＋变丝 0.15 m＋电泵机组 20.66 m,铠装电缆 823.44 m	油管 133.42	
18	打捞	固定式外钩	1趟	打捞电缆,深度1 625.68 m,共打捞出电缆 123.93 m。剩余落鱼(自上而下):2 7/8″EUE 油管 594.47 m＋泄油阀 0.15 m＋2 7/8″EUE 油管 19.23 m＋变丝 0.15 m＋电泵机组 20.66 m,铠装电缆 699.52 m	电缆 123.93	
19	倒扣打捞	可退式倒扣捞矛	1趟	倒扣打捞,捞获 2 7/8″油管 66.64 m(7根)。剩余落鱼(自上而下):2 7/8″EUE 油管 527.83 m＋泄油阀 0.15 m＋2 7/8″EUE 油管 19.23 m＋变丝 0.15 m＋电泵机组 20.66 m,铠装电缆 699.53 m	油管 66.64	
20	打捞	固定式外钩	1趟	打捞电缆,深度1 784.86 m,共打捞出电缆 41.8 m。剩余落鱼(自上而下):2 7/8″EUE 油管 527.83 m＋泄油阀 0.15 m＋2 7/8″EUE 油管 19.23 m＋变丝 0.15 m＋电泵机组 20.66 m,铠装电缆 657.74 m	电缆 41.8	

表 1-14(续)

序号	重点施工内容	使用工具	打捞趟数	打捞情况	捞出落鱼量/m	现场照片
21	倒扣打捞	可退式倒扣捞矛	1趟	接方钻杆,活动打捞,捞获2 7/8″油管527.83 m(55根)+泄油阀0.15 m+2 7/8″EUE油管19.23 m+变丝0.15 m+电泵机组20.66 m,铠装电缆657.75 m	电缆657.75 油管527.83	
22	钻塞	大水眼磨鞋	2趟	探灰面深度2 471.35 m,下钻处理至原井底	0	

(7) 经验认识

① 本井处理过程工具选型合适,操作准确,最终打捞获得成功。作业过程中每次打捞都有收获,对井内的情况判断准确。但需要注意两点:一是重复打捞电缆和倒扣打捞油管工期较长,打捞次数多,效率较低,应考虑调整思路,确定卡点位置,采用其他工艺处理以减少打捞次数;二是在电泵下部打水泥塞可防止电泵落入裸眼段造成打捞困难,并缩短处理电泵井深,提高处理效率,但必须是在测试地层吸水及管柱与井筒连通都满足要求时才能考虑此工序。

② 本井作业粗分共计采用了2种打捞工艺,具体为:

a. 油管倒扣打捞工艺:该工艺使欲倒扣的油管在上提拉力的作用下正好处于中和点的位置,这样这根管处于既不受拉又不受压的受力状态;然后对解卡管柱施加反向扭矩,扭矩通过解卡管柱作用在欲倒开的管柱接箍上,使该管柱卸扣与被卡管柱脱开,上提倒扣打捞管柱,将倒开的管柱取出。在本次施工过程中,油管倒扣每次都有捞获,但倒扣次数较多,效率低。

b. 外钩打捞工艺:钩类打捞工具主要用于打捞井下各种电缆、绳类落物等,如钢丝绳、电缆、刮蜡片、吊环等工具。利用钩体插入落鱼内,钩子挂捞住落鱼,转动管柱将落鱼缠绕于钩身(或钩尖)上实现打捞。在本次施工过程中,油管倒扣每次都有捞获,但倒扣次数较多,效率低。

(8) 综合评价

① 修井方案评价

a. 确定因素集 U:

$U = \{修井成功率(x_1),修井成本(x_2),修井作业效率(x_3),修井劳动强度(x_4)\}$

b. 确定权重集 A:

$A = \{修井成功率(0.4),修井成本(0.3),修井作业效率(0.2),修井劳动强度(0.1)\}$

c. 确定评语目录集 V:

$V = \{优秀(v_1),良好(v_2),合格(v_3),不合格(v_4)\}$

其中 v 取值 $0\sim1$ 之间,优秀为 $v\geqslant0.8$,良好为 $0.4\leqslant v<0.8$,合格为 $0.2<v<0.4$,不合格为 $v\leqslant0.2$。

d. 确定单因素评价矩阵 $\boldsymbol{R}$:

按照以上评价原则,由施工人员、技术人员进行评价打分,确定单因素评价矩阵 R。

$$修井成功率 = \{0.5, 0.4, 0.5, 0.4\}$$
$$修井成本 = \{0.2, 0.3, 0.2, 0.1\}$$
$$修井劳动强度 = \{0.1, 0.2, 0.1, 0.1\}$$
$$修井作业效率 = \{0.2, 0.2, 0.2, 0.1\}$$

$$R = \begin{bmatrix} 0.5 & 0.4 & 0.5 & 0.4 \\ 0.2 & 0.3 & 0.2 & 0.1 \\ 0.1 & 0.2 & 0.1 & 0.1 \\ 0.2 & 0.2 & 0.2 & 0.1 \end{bmatrix}$$

e. 综合评价计算:

$$B = AR = (0.4 \quad 0.3 \quad 0.2 \quad 0.1) \begin{bmatrix} 0.5 & 0.4 & 0.5 & 0.4 \\ 0.2 & 0.3 & 0.2 & 0.1 \\ 0.1 & 0.2 & 0.1 & 0.1 \\ 0.2 & 0.2 & 0.2 & 0.1 \end{bmatrix}$$

计算得:
$$(0.3, 0.3, 0.3, 0.2) = 1.5$$
$$(合格,合格,合格,不合格)$$

用 1.9 除以各因素项归一化计算,得:

$$(0.27, 0.27, 0.27, 0.19)$$

从中可以看出,该井作业过程总体评价为良好。

② 经济效益评价

通过盈亏平衡点(BEP)分析项目成本与收益的平衡关系。计算方法如下:

$$效益盈亏平衡点 = \frac{单井次直接费用投入}{吨油价格 - 吨油增量成本}$$

$$投入产出比 = \frac{单井直接费用投入 + 增量成本}{措施累计增产油量 \times 吨油价格}$$

JH117 井经济效益评价结果见表 1-15。

表 1-15 JH117 井经济效益评价结果

		直接成本			
修井费/万元	267	工艺措施费/万元	/	总计费用/万元	344.4
材料费/万元	32.9	配合劳务费/万元	44.5		
		增量成本			
吨油运费/元	/	吨油处理费/元	105.3	吨油价格/元	2 107
吨油税费/元	674	原油价格/美元折算	636.3	增量成本合计/万元	1 146
		产出情况			
日增油/t	33.1	有效期/d	176	累计增油/t	5 825.6
		效益评价			
销售收入/万元	1 227	吨油措施成本/(元/t)	591	投入产出比	1∶3.6
措施收益/万元	1 025	盈亏平衡点产量/t	3 584	评定结果	有效

6. JH118井电泵打捞实例

（1）基础数据

JH118井是艾协克2号构造东南部的一口开发井，井身结构为4级，完井方式为裸眼完井，初期8 mm油嘴自喷生产，油压11 MPa，套压10 MPa，日产液265 t，不含水。JH118井基础数据详见表1-16。

表1-16　JH118井基础数据表

井别	直井	完井层位	$O_{1-2}y$
完钻时间	1999.06.13	完井井段	5 383.81～5 471.50 m
固井质量	良	13 3/8″套管下深	497.89 m
完钻井深	5 480.00 m	9 5/8″套管下深	3 797.39 m
人工井底	5 393.91 m	7″套管下深	5 383.81 m

井内落鱼：自上而下依次为第一次落鱼分离器下端0.33 m＋保护器3.25 m＋潜油电机4.95 m，理论鱼顶5 388.68 m；第二次落鱼分离器下端0.37 m＋保护器3.22 m＋潜油电机5.71 m，落鱼长度9.30 m，配合测井过程中软探鱼顶5 371.05 m。

（2）事故经过

第一次落井：2007年12月22日实施检泵作业，起原井管柱过程中发现从油气分离器下端0.33 m处断裂。经研究决定直接下入电泵完井，未实施打捞。

第二次落井：2009年11月9日生产期间油压下降、计量产液下降，反循环清水洗井120 m³，油管井口不返液，正打压不稳压，初步判断为油管漏失。截至2009年11月9日，该井累计产液45.91万t、产油33.52万t、产水12.39万m³。

2009年11月10日，该井上修检电泵作业，起出原井管柱后发现油气分离器本体腐蚀断裂，带出分离器0.39 m，分离器下半部及保护器、潜油电机落井。

JH118井井身结构如图1-57所示。分离器本体断裂如图1-58所示。

（3）施工难点

该井属于深井事故，打捞难点主要有以下三点：

① 该井深度大于5 000 m，属于深井事故处理，电泵落井后可能出现断裂情况，电缆铸铁卡子落井时可能已碎裂。

② 井内落鱼为两套电泵机组，均为分离器本体断裂且断口不规则，打捞工具选择上要重点考虑。

③ 该井7″套管未回接至井口，井筒内存在变径，如需磨铣处理，若循环不充分，易造成卡钻。

（4）打捞思路

思路1：设计上要考虑按照分段处理的思路，先处理第二次落井电泵，再处理第一次落井电泵；先使用磨鞋钻磨修整鱼顶，再使用内捞（如公锥、捞矛等）工具进行造扣，实施打捞作业；处理后期若存在落鱼断脱状况，则视情况进行套铣处理。

思路2：先使用磨鞋钻磨修整鱼顶，再使用外捞工具实施打捞；若处理不成功，则视情况

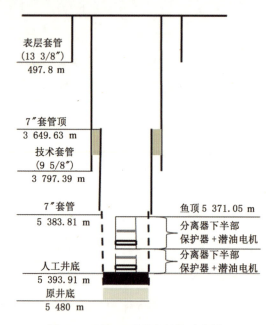

图1-57　JH118井井身结构示意图　　　　图1-58　分离器本体断裂

考虑按照分段处理的思路,先处理第二次落井电泵,再处理第一次落井电泵;进行套铣或钻磨处理,再选择合适的工具进行打捞。

经过打捞人员分析、讨论,认为采取思路2更为稳妥,主要原因有以下两个方面:

① 井内的鱼顶是油气分离器本体下半部分,从起出情况看,鱼顶不规则且内部有中心传动轴及离心叶轮残体,不宜采用内捞作业。

② 重力作用导致落鱼在井内可能存在断脱状况,外捞不易破坏油气分离器本体。

(5) 工具选取

考虑处理后期打捞作业,本次施工选用了3种磨铣工具、1种探查工具、1种打捞工具和1种打捞辅助工具,具体如下:

① 刀翼磨鞋

工具原理:磨鞋是磨削井下落物、修理鱼顶的工具。刀翼磨鞋和平底磨鞋一样由本体和硬质合金堆焊(或镶焊)而成。不同的是刀翼磨鞋本体为翼状,在磨鞋底部和翼片右侧面上均堆焊(镶焊)硬质合金刀翼用于磨削内孔,且在井下用于处理不定而晃动的落物。如图1-59、图1-60所示。

技术参数:ϕ146 mm×0.29 m刀翼磨鞋,前端为三瓣式刀翼。

图1-59　刀翼磨鞋规格　　　　图1-60　三瓣式刀翼

② 凹底磨鞋

工具原理：凹底磨鞋用于磨削井下小件落物以及其他不稳定落物，如钢球、螺栓、螺母、炮垫子、钻杆、牙轮等，磨鞋底面是凹面，在磨削过程中罩住落鱼，迫使落鱼聚集于切削范围内而被磨碎。凹底磨鞋的底面为10°～30°的凹面角，其上有YD合金或其他耐磨材料，其余结构与平面磨鞋相同。如图1-61、图1-62所示。

技术参数：ϕ140 mm引鞋＋内置40～92 mm公锥组合，其中引鞋长1.31 m，内置40～92 mm公锥长1.04 m。

图1-61 凹底磨鞋规格　　　　图1-62 引鞋内公锥

③ 套铣筒

工具原理：套铣筒是用来清除井下管柱与套管之间各种脏物的工具。其可以套铣环形空间的水泥、坚硬的沉砂、石膏及碳酸钙结晶，主要由套铣管和套铣头组成。如图1-63、图1-64所示。

技术参数：ϕ146 mm×0.5 m套铣头＋ϕ126 mm×37.43 m套铣管。

图1-63 套铣管　　　　　　　图1-64 套铣头

④ 平底铅印

工具原理：铅印是用于了解落鱼准确深度、了解落鱼鱼顶形状、检查套管内径变形形状的工具。铅的硬度比钢铁小得多，且铅的塑性好。在加压状态下钢铁鱼顶与铅体发生挤压，在铅体上印下鱼顶形状的痕迹，这种痕迹称为铅印。平底铅印主要由接头体和铅印组成。铅印中心有循环孔，可以循环压井液。接头体在浇铸铅印的部位有环形槽，以便固定铅印。如图1-65、图1-66所示。

技术参数：ϕ146 mm×0.35 m铅印，内有水眼40 mm。

⑤ 开窗打捞筒

工具原理：开窗打捞筒是一种用来打捞长度较短的管状、柱状落鱼或具有卡取台阶落物的工具，如带接箍的油管短节、筛管、测井仪器加重杆等。当落鱼进入筒体并顶入窗

图 1-65 平底铅印规格

图 1-66 平底铅印结构

舌时,窗舌外胀,其反弹力将紧紧咬住落鱼本体,其窗舌也牢牢卡住台阶,即把落物捞住。如图 1-67、图 1-68 所示。

技术参数:ϕ140 mm×0.69 m 开窗打捞筒,开窗处内径 73 mm。

图 1-67 开窗打捞筒规格

图 1-68 开窗打捞筒结构

⑥ 捞筒杯

工具原理:捞筒杯主要用于打捞井下碎块落物,如硬质合金齿、钻头轴承等。它对于保持井底干净、提高钻头的使用寿命、减少和防止井下意外事故具有重要作用。捞筒杯杯体(外筒)外径较大,与井眼环形间隙小,而杯口处的芯轴直径较小,与井眼环形间隙大。因此,钻井液在杯口处流速陡然下降,形成漩涡,其携带能力也大大减弱,从而使钻井液中较重的碎物落入杯中并随起钻捞出。如图 1-69、图 1-70 所示。

技术参数:ϕ140 mm×0.89 m 捞筒杯,内有水眼 38 mm。

图 1-69 捞筒杯规格

图 1-70 捞筒杯结构

(6) 打捞过程

经过钻磨 3 趟、打捞 7 趟、套铣 8 趟、打铅印 2 趟,捞获全部落鱼,处理井筒至 5 398 m,符合后期施工条件。JH118 井打捞施工重点工序见表 1-17。

表 1-17 JH118 井打捞施工重点工序

序号	重点施工内容	使用工具	打捞趟数	打捞情况	捞出落鱼量/m	现场照片
1	组下修鱼顶钻柱	刀翼磨鞋	1趟	加压2t,复探3次均在5369.68 m遇阻,钻磨处理至井深5377.53 m;起钻检查,刀翼磨鞋底部边缘轻微磨损,底部无明显磨痕。第一次落鱼:分离器下端0.33 m+保护器3.25 m+潜油电机4.95 m,理论鱼顶5388.68 m。第二次落鱼:分离器下端0.37 m+保护器3.22 m+潜油电机5.71 m,落鱼长度9.30 m,配合测井过程中软探鱼顶5371.05 m	0	
2	组下打铅印钻柱	平底铅印	1趟	冲洗鱼顶后,组下钻柱至5377.83 m,加压4t打铅印;起钻检查,铅印无明显鱼顶痕迹,底部有零碎压痕,铅印底部附着一块长2 cm的电缆卡子断片。第一次落鱼:分离器下端0.33 m+保护器3.25 m+潜油电机4.95 m,理论鱼顶5388.68 m。第二次落鱼:分离器下端0.37 m+保护器3.22 m+潜油电机5.71 m,落鱼长度9.30 m,配合测井过程中软探鱼顶5371.05 m	0	
3	组下钻磨钻柱	凹底磨鞋	1趟	组下钻磨钻柱至管脚井深5377.83 m,钻磨至5379.00 m;起钻检查,捞筒杯捞出电缆卡子断片约2 kg。第一次落鱼:分离器下端0.33 m+保护器3.25 m+潜油电机4.95 m,理论鱼顶5388.68 m。第二次落鱼:分离器下端0.37 m+保护器3.22 m+潜油电机5.71 m,落鱼长度9.30 m,配合测井过程中软探鱼顶5371.05 m	0	
4	组下套铣钻柱	套铣头	2趟	组下钻磨钻柱至管脚井深5377.83 m,套铣至井深5388.98 m;起钻检查,捞筒杯捞出电缆卡子断片约0.5 kg,3块管壁状碎片和带出石子约0.1 m³。第一次落鱼:分离器下端0.33 m+保护器3.25 m+潜油电机4.95 m,理论鱼顶5388.68 m。第二次落鱼:分离器下端0.37 m+保护器3.22 m+潜油电机5.71 m,落鱼长度9.30 m,配合测井过程中软探鱼顶5371.05 m	0	
5	组下打捞钻柱	开窗打捞筒	1趟	组下打捞钻具至5388.45 m(鱼顶井深5379.38 m);起钻检查,捞获落井电泵机组,总长9.30 m,分离器下端0.37 m+保护器3.22 m+潜油电机5.71 m。第一次落鱼:分离器下端0.33 m+保护器3.25 m+潜油电机4.95 m,理论鱼顶5388.68 m	9.3	

表 1-17(续)

序号	重点施工内容	使用工具	打捞趟数	打捞情况	捞出落鱼量/m	现场照片
6	组下套铣钻柱	套铣头	2趟	组下套铣钻具套铣至5 397.61 m(鱼顶井深5 388.68 m);起钻检查,套铣头合金齿磨损严重,合金长45 mm,磨损至20 mm,最大磨损处合金磨掉40 mm。第一次落鱼:分离器下端0.33 m+保护器3.25 m+潜油电机4.95 m,理论鱼顶5 388.68 m	0	
7	组下打捞钻柱	开窗打捞筒	1趟	组下打捞钻具至5 397.61 m(鱼顶井深5 388.68 m);起钻检查,未捞获落鱼,开窗打捞筒2片窗舌被拉变形(共4片窗舌)。第一次落鱼:分离器下端0.33 m+保护器3.25 m+潜油电机4.95 m,理论鱼顶5 388.69 m	0	
8	组下套铣钻柱	套铣头	1趟	组下套铣钻具至5 390.28 m(鱼顶井深5 388.68 m);起钻检查,套铣头合金齿磨损严重,本体外围底端有明显磨痕,套铣管内底部卡有分离器+保护器(短节)共计0.53 m(23 mm×0.6 m轴1根)。第一次落鱼:保护器3.05 m+潜油电机4.95 m,理论鱼顶5 388.15 m	0.53	
9	组下套铣钻柱	套铣头	1趟	组下套铣钻具至5 390.11 m,套铣头无法入鱼;起钻检查,套铣头合金齿磨损严重,本体外围底端有明显磨痕。第一次落鱼:保护器3.05 m+潜油电机4.95 m,理论鱼顶5 388.15 m	0	
10	组下打捞钻柱	引鞋+开窗打捞筒	1趟	组下打捞钻具至5 391.46 m;起钻检查,未捞获落鱼,开窗打捞筒马蹄口底部端面有2处明显缺口,马蹄口尖有明显压痕且轻微外卷,捞筒内侧距马蹄口尖36 cm处有轻微磨痕。第一次落鱼:保护器3.05 m+潜油电机4.95 m,理论鱼顶5 388.16 m	0	
11	组下打铅印钻柱	平底铅印	1趟	组下钻柱至5 390.46 m,加压6 t打铅印;起钻检查,底部有2处外径35 mm管状物造成的缺口。第一次落鱼:保护器3.05 m+潜油电机4.95 m,理论鱼顶5 388.16 m	0	
12	组下打捞钻柱	引鞋+开窗打捞筒	2趟	组下打捞钻具至5 397.61 m;起钻检查,未捞获落鱼,开窗打捞筒底部边缘轻微内翻缩径2 mm,加工钢丝无明显入鱼磨损痕迹。第一次落鱼:保护器3.05 m+潜油电机4.95 m,理论鱼顶5 388.16 m	0	

表 1-17(续)

序号	重点施工内容	使用工具	打捞趟数	打捞情况	捞出落鱼量/m	现场照片
13	组下钻磨钻柱	凹底磨鞋	1趟	组下钻磨钻具至5 390.46 m;起钻检查,凹底磨鞋底部边缘磨损出倒角,底部中间有明显顶心现象。第一次落鱼:保护器3.05 m+电机4.95 m,理论鱼顶5 388.16 m	0	
14	组下套铣钻柱	套铣头	1趟	组下套铣钻具至5 393.12 m;起钻检查,套铣头轻微磨损。第一次落鱼:保护器3.05 m+电机4.95 m,理论鱼顶5 388.15 m	0	
15	组下打捞钻柱	开窗打捞筒	1趟	组下打捞钻具至5 392.43 m;起钻检查,捞获落鱼长度共计2.1 m,包括ϕ98 mm保护器0.67 m,ϕ22 mm传动轴2.1 m(传动轴贯穿保护器),保护器外壳腐蚀严重,鱼顶处有套铣未入鱼造成的明显铣痕。第一次落鱼:保护器残体0.95 m+电机4.95 m,理论鱼顶5 386.06 m	2.1	
16	组下套铣钻柱	套铣头	1趟	组下套铣钻具至5 400.25 m;起钻检查,套铣头轻微磨损,打捞杯捞获电缆卡子碎片及岩屑约3 kg。第一次落鱼:保护器残体0.95 m+电机4.95 m,理论鱼顶5 386.06 m	0	
17	组下打捞钻柱	开窗打捞筒	1趟	组下打捞钻具至5 395.19 m;起钻检查,未捞获落鱼,打捞出全部前期修井、第一次掉井电泵机组及保护器总长6.56 m,其中轴套ϕ33 mm×250 mm、保护器ϕ95 mm×1 360 mm、电机ϕ114 mm×4 950 mm,落鱼外壁腐蚀严重	6.56	

(7) 经验认识

① 本井处理过程及工具选择上把握准确,最终打捞获得成功。作业过程中每次打捞或套铣后的分析到位,对井内的情况判断是正确的,工序安排上比较合理,其间未出现使井内情况复杂化的技术失误。但需要注意两点:一是套铣筒不是专用打捞工具,本井在套铣处理时意外捞获部分落鱼,但不能错误地把套铣筒当成打捞工具;二是井下落鱼为两套电泵机组,尤其是第一次落井的电泵机组腐蚀严重,从井筒完整性方面考虑,发生事故时应及时采取打捞处理。

② 本井作业粗分共计采用了2种钻磨处理工艺、1种钻磨辅助工艺、1种打捞工艺、1种

探查工艺和 1 种套铣处理工艺,具体为:

a. 钻磨处理工艺:本井施工选用了刀翼磨鞋和凹底磨鞋两种工具实施处理。刀翼磨鞋针对不规则鱼顶进行修整,而凹底磨鞋针对鱼顶贴向一侧井壁进行处理,两种工具均取得了较好的效果,为下步实施打捞创造了有利条件。

b. 捞筒杯处理工艺:捞筒杯主要用于打捞井下碎块落物,如硬质合金齿、钻头轴承等。它对于保持井底干净、提高钻头的使用寿命、减少和防止井下意外事故具有重要作用。本井配合钻磨处理时选用捞筒杯,有效地打捞了研磨的铁屑碎块,使用效果明显,累计捞出铁屑 2.5 kg。

c. 开窗打捞筒打捞工艺:开窗打捞筒是一种用来打捞长度较短的管状、柱状落鱼或具有卡取台阶落物的工具。本井的电泵机组内部有中心传动轴及离心叶轮残体,不宜采用内捞作业。本井选择开窗打捞筒打捞 5 趟,成功捞获 3 趟,具有较好的应用效果。

d. 打铅印探查工艺:为了能顺利打捞出井下落物,应对鱼顶形状进行清楚的了解,这样才能正确地选择打捞工具。现场采取铅模打印的方法来确定鱼顶的形状及鱼顶深度,并根据印痕分析井下落物情况及落物与套管环形空间的大小,以便选择合适的打捞工具。本井施工打铅工序 2 趟,尤其是第二次打铅印落实了鱼顶贴向一侧井壁,为后续打捞工具选取和井口工具穿换使用指明了方向。

e. 套铣筒处理工艺:该工艺是一种清除井下管柱与套管之间各种脏物的工艺方法,可以套铣环形空间的水泥、坚硬的沉砂、石膏及碳酸钙结晶,但套铣管入井后要连续作业。套铣作业入鱼时一定要细心操作,套铣入鱼困难时不能采取硬铣的方法,否则易使鱼顶破坏或铣鞋损坏。

(8) 综合评价

① 修井方案评价

a. 确定因素集 U:

$$U = \{修井成功率(x_1),修井成本(x_2),修井作业效率(x_3),修井劳动强度(x_4)\}$$

b. 确定权重集 A:

$$A = \{修井成功率(0.4),修井成本(0.3),修井作业效率(0.2),修井劳动强度(0.1)\}$$

c. 确定评语目录集 V:

$$V = \{优秀(v_1),良好(v_2),合格(v_3),不合格(v_4)\}$$

其中 v 取值 0~1 之间,优秀为 $v \geq 0.8$,良好为 $0.4 \leq v < 0.8$,合格为 $0.2 < v < 0.4$,不合格为 $v \leq 0.2$。

d. 确定单因素评价矩阵 R:

按照以上评价原则,由施工人员、技术人员进行评价打分,确定单因素评价矩阵 R。

$$修井成功率 = \{0.5, 0.4, 0.4, 0.5\}$$

$$修井成本 = \{0.4, 0.3, 0.4, 0.4\}$$

$$修井劳动强度 = \{0.2, 0.2, 0.3, 0.2\}$$

$$修井作业效率 = \{0.6, 0.5, 0.5, 0.6\}$$

$$R = \begin{bmatrix} 0.5 & 0.4 & 0.4 & 0.5 \\ 0.4 & 0.3 & 0.4 & 0.4 \\ 0.2 & 0.2 & 0.3 & 0.2 \\ 0.6 & 0.5 & 0.5 & 0.6 \end{bmatrix}$$

e. 综合评价计算：

$$B = AR = (0.4 \quad 0.3 \quad 0.2 \quad 0.1) \begin{bmatrix} 0.5 & 0.4 & 0.4 & 0.5 \\ 0.4 & 0.3 & 0.4 & 0.4 \\ 0.2 & 0.2 & 0.3 & 0.2 \\ 0.6 & 0.5 & 0.5 & 0.6 \end{bmatrix}$$

计算得： $(0.4, 0.3, 0.4, 0.4) = 1.5$

（良好，合格，良好，良好）

用1.5除以各因素项归一化计算，得：

$(0.26, 0.23, 0.26, 0.26)$

从中可以看出，该井作业过程总体评价为良好。

② 经济效益评价

通过盈亏平衡点（BEP）分析项目成本与收益的平衡关系。计算方法如下：

$$效益盈亏平衡点 = \frac{单井次直接费用投入}{吨油价格 - 吨油增量成本}$$

$$投入产出比 = \frac{单井直接费用投入 + 增量成本}{措施累计增产油量 \times 吨油价格}$$

JH118井经济效益评价结果见表1-18。

表1-18 JH118井经济效益评价结果

直接成本					
修井费/万元	225.2	工艺措施费/万元	/	总计费用/万元	311.99
材料费/万元	42.9	配合劳务费/万元	43.89		
增量成本					
吨油运费/元	/	吨油处理费/元	105.3	吨油价格/元	3 907
吨油税费/元	673.88	原油价格/美元折算	636	增量成本合计/万元	669
产出情况					
日增油/t	21.1	有效期/d	224	累计增油/t	4 726
效益评价					
销售收入/万元	1 847	吨油措施成本/(元/t)	660	投入产出比	1∶5.9
措施收益/万元	1 178	盈亏平衡点产量/t	964	评定结果	有效

（二）杆类打捞实例分析

1. JH119井抽油杆打捞实例

（1）基础数据

JH119井是阿克库勒凸起及河道砂体圈闭较高部位的一口水源井，井身结构为2级，完井方式为套管射孔完井，初期气举排液，油压0 MPa，套压3 MPa，间歇出液，累计出液97.2 t，出油70.7 t，后转机抽生产。JH119井基础数据详见表1-19。

表 1-19 JH119 井基础数据表

井别	直井	完井层位	T_2a^4
完钻时间	2013.03.27	完井井段	4 530.50~4 533.00 m
固井质量	优秀	10 3/4″套管下深	799.82 m
完钻井深	4 590 m	7″套管下深	4 588 m
人工井底	4 578 m	射孔段长	2.5 m

井内落鱼：管柱组合自上而下依次为 2 7/8″EUE 油管 305 根＋25-150TH6.6-1.2 型泵筒＋2 7/8″EUE 油管 2 根＋螺旋气砂锚＋2 7/8″EUE 油管 5 根，鱼顶为 2 7/8″油管本体，总长 2 987.38 m；杆柱组合自上而下依次为 1″抽油杆短节 4 根＋1″抽油杆 103 根＋7/8″抽油杆 150 根＋3/4″抽油杆 169 根＋拉杆＋38 mm 柱塞，鱼顶为 1″抽油杆短节接箍，总长 3 406.26 m。

(2) 事故经过

2014 年 3 月 29 日，检管作业期间起出光杆后发现光杆下部接箍断裂，起油管时发现第 53 根油管上部公扣处断裂。

JH119 井井身结构如图 1-71 所示。起出抽油杆如图 1-72 所示。

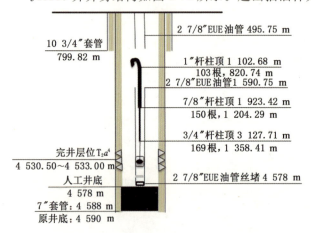

图 1-71 JH119 井井身结构示意图

图 1-72 起出抽油杆

(3) 施工难点

该井属于深井事故，打捞难点主要有以下两点：

① 该井井内落鱼包括管柱和杆柱两种，在工具选择上需要慎重考虑，避免损伤鱼顶而造成井下情况复杂化。

② 管柱和杆柱自由下落期间可能发生了弯曲变形，存在多段鱼头的可能性。

(4) 打捞思路

思路 1：先使用抽油杆打捞工具换鱼顶；根据捞获的情况，分段交替倒扣处理抽油杆和油管，直至打捞出全部井内落鱼。

思路 2：先使用抽油杆打捞工具换鱼顶；根据捞获的情况，尝试对抽油杆进行倒扣至油管内；再下外捞工具对扣油管，提出井内全部落鱼；若处理不成功，则视情况分段进行处理。

经过打捞人员分析、讨论，认为采取思路 1 更为稳妥，主要原因有以下两个方面：

① 目前井内的抽油杆鱼顶是杆柱本体,且呈弯曲状,不利于常规工具直接进行打捞。

② 管柱和杆柱自由下落期间发生了弯曲变形,存在多鱼头的可能性。按照打捞处理设计原则,设计时需按照复杂状况分段处理。

(5) 工具选取

考虑处理后期打捞作业,本次施工选用了3种打捞工具、1种辅助工具,具体如下:

① 三球打捞器

工具原理:三球打捞器是专门用来在套管内打捞抽油杆接箍或抽油杆加厚台肩部位的打捞工具。接箍或台肩通过三个球后,三个球依其自重沿斜孔回落,停靠在抽油杆本体上。上提钻具,斜孔中的三个钢球在斜孔的作用下给落物以径向夹紧力,从而抓住落鱼。如图1-73、图1-74所示。

技术参数:ϕ148 mm×0.35 m 三球打捞器,前端为ϕ150 mm 引鞋。

图1-73 三球打捞器规格

图1-74 三球打捞器结构

② 卡瓦打捞筒

工具原理:当落鱼被引入捞筒后,只要施加一轴向压力,卡瓦则在筒体内上行。轴向压力使落鱼进入卡瓦,此时卡瓦上行并胀大,运用它坚硬锋利的卡牙借弹性力的作用将落鱼咬住卡紧。上提捞柱,卡瓦在筒体内相对地向下运动,因宽锯齿螺纹的纵断面是锥形斜面,卡瓦必然带着沉重的落鱼向锥体的小锥端运动,此时落鱼重量越大卡得也越紧。如图1-75、图1-76所示。

技术参数:ϕ114×0.97 m 卡瓦打捞筒,底部为ϕ146 mm 引鞋,打捞范围60~89 mm。

图1-75 卡瓦打捞筒规格

图1-76 卡瓦打捞筒结构

③ 闭窗打捞筒

工具原理:通过旋转管柱用引鞋把落物引进打捞工具内,再用闭窗内的内齿对落物进行扶正,将落物送入卡瓦内腔后,卡瓦牙回弹抱紧落物,从而实现捞出。如图1-77、图1-78所示。

技术参数:ϕ139.7 mm×0.67 m 闭窗打捞筒,底部为ϕ148 mm 引鞋,闭窗打捞筒+引鞋全长 10.5 m，打捞范围 25～60 mm。

图 1-77 闭窗打捞筒规格

图 1-78 闭窗打捞筒结构

④ 平底铅印

工具原理：铅印是用于了解落鱼准确深度、了解落鱼鱼顶形状、检查套管内径变形形状的工具。铅的硬度比钢铁小得多，且铅的塑性好。在加压状态下钢铁鱼顶与铅体发生挤压，在铅体上印下鱼顶形状的痕迹，这种痕迹称为铅印。平底铅印主要由接头体和铅印组成。铅印中心有循环孔，可以循环压井液。接头体在浇铸铅印的部位有环形槽，以便固定铅印。如图 1-79、图 1-80 所示。

技术参数：ϕ148 mm×0.44 m，水眼 20 mm。

图 1-79 平底铅印规格

图 1-80 平底铅印结构

（6）打捞过程

经过打捞 10 趟、打铅印 1 趟，最终捞获全部落鱼，处理井筒至 5 729.60 m，符合后期施工条件。JH119 井打捞施工重点工序见表 1-20。

表 1-20 JH119 井打捞施工重点工序

序号	重点施工内容	使用工具	打捞趟数	打捞情况	捞出落鱼量/m	现场照片
1	组下打捞管柱	三球打捞器	2 趟	组下 ϕ148 mm 三球打捞器＋3 1/2″反扣钻杆，鱼顶 1 464.63 m，加压 1 t，正转打捞，上提悬重无变化；起钻检查，无捞获。剩余落鱼：管柱组合依次为 2 7/8″EUE 油管 305 根＋泵筒＋2 7/8″EUE 油管 2 根＋螺旋气砂锚＋2 7/8″EUE 油管 5 根，总长 2 987.38 m；杆柱组合依次为 1″抽油杆短节 4 根＋1″抽油杆 103 根＋7/8″抽油杆 150 根＋3/4″抽油杆 169 根＋拉杆＋38 mm 柱塞，总长 3 406.26 m	0	

表 1-20(续)

序号	重点施工内容	使用工具	打捞趟数	打捞情况	捞出落鱼量/m	现场照片
2	组下打捞管柱	闭窗打捞筒	1趟	组下 φ148 mm 闭窗打捞筒+3 1/2″反扣钻杆，旋转下探打捞抽油杆；起钻检查，捞获 1″抽油杆 2 根，捞获部位为 1″抽油杆本体，底部带出抽油杆为 1″抽油杆公接头。 剩余落鱼：管柱组合依次为 2 7/8″EUE 油管 305 根+泵筒+2 7/8″EUE 油管 2 根+螺旋气砂锚+2 7/8″EUE 油管 5 根，总长 2 987.38 m；杆柱组合依次为 1″抽油杆 101 根+7/8″抽油杆 150 根+3/4″抽油杆 169 根+拉杆+38 mm 柱塞，总长 3 390.26 m	抽油杆 16	
3	组下打捞管柱	三球打捞器	2趟	组下 φ148 mm 三球打捞器+3 1/2″反扣钻杆打捞；起钻检查，捞获 1″抽油杆 5 根，起出抽油杆底部为公头。第二趟打捞原悬重 28 t，最大上提至 34 t；起钻检查，捞获 1″抽油杆 10 根。 剩余落鱼：管柱组合依次为 2 7/8″EUE 油管 305 根+泵筒+2 7/8″EUE 油管 2 根+螺旋气砂锚+2 7/8″EUE 油管 5 根，总长 2 987.38 m；杆柱组合依次为 1″抽油杆 96 根+7/8″抽油杆 150 根+3/4″抽油杆 169 根+拉杆+38 mm 柱塞，总长 3 271.34 m	抽油杆 118.92	
4	组下打捞管柱	闭窗打捞筒	1趟	组下 φ148 mm 闭窗打捞筒+3 1/2″反扣钻杆打捞；起钻检查，无捞获。 剩余落鱼：管柱组合依次为 2 7/8″EUE 油管 305 根+泵筒+2 7/8″EUE 油管 2 根+螺旋气砂锚+2 7/8″EUE 油管 5 根，总长 2 987.38 m；杆柱组合依次为 1″抽油杆 96 根+7/8″抽油杆 150 根+3/4″抽油杆 169 根+拉杆+38 mm 柱塞，总长 3 271.34 m	0	
5	组下打印管柱	铅印	1趟	组下 φ148 mm 铅模+3 1/2″反扣钻杆至深度 1 591.17 m，正循环冲洗探鱼顶，打印深度 1 597.85 m，加压 3 t 打印，起钻检查，无捞获。 剩余落鱼：管柱组合依次为 2 7/8″EUE 油管 305 根+泵筒+2 7/8″EUE 油管 2 根+螺旋气砂锚+2 7/8″EUE 油管 5 根，总长 2 987.38 m；杆柱组合依次为 1″抽油杆 96 根+7/8″抽油杆 150 根+3/4″抽油杆 169 根+拉杆+38 mm 柱塞，总长 3 271.34 m	0	

表 1-20(续)

序号	重点施工内容	使用工具	打捞趟数	打捞情况	捞出落鱼量/m	现场照片
6	组下打捞管柱	卡瓦打捞筒	1趟	组下 φ114 mm 卡瓦打捞筒＋3 1/2″反扣钻杆打捞，打捞深度 1 604.17 m，原悬重 29 t，最大上提至 70 t，还有上升趋势，上提解卡，下放活动解卡；起钻检查，捞获落鱼累计：1″抽油杆 41 根＋7/8″抽油杆 150 根＋3/4″抽油杆 169 根＋拉杆＋φ38 mm 柱塞；2 7/8″EUE 油管 305 根＋泵筒＋螺旋气砂锚＋2 7/8″EUE 油管 5 根。 剩余落鱼：1″抽油杆 54 根,总长 429.8 m	油管 2 987.38 抽油杆 2 841.54	
7	组下打捞管柱	闭窗打捞筒	1趟	组下 φ139.7 mm 闭窗打捞筒＋3 1/2″反扣钻杆打捞，打捞深度 4 235.9 m，加压 1.5 t，上提悬重无变化；起钻检查，捞获 1″抽油杆 4 根，其中鱼顶为 φ28 mm 光杆本体部分，长 0.2 m，鱼尾为 1″抽油杆公扣，公扣基本完好，井内落鱼鱼顶为 1″抽油杆母接箍。 剩余落鱼：1″抽油杆 50 根,总长 389.6 m	抽油杆 40.2	
8	组下打捞管柱	闭窗打捞筒	1趟	组下 φ139.7 mm 闭窗打捞筒＋3 1/2″反扣钻杆打捞，打捞深度 4 242.86 m，加压 1 t，上提悬重无变化；起钻检查，捞获获 1″抽油杆 48 根，鱼顶为 1″抽油杆接箍，鱼底部为 1″抽油杆。 剩余落鱼：1″抽油杆 2 根,总长 15.2 m	抽油杆 374.4	
9	组下打捞管柱	闭窗打捞筒	1趟	组下 φ139.7 mm 闭窗打捞筒＋3 1/2″反扣钻杆打捞，打捞深度 4 577.84 m，加压 1 t，上提悬重无变化；起钻检查，捞获 1″抽油杆 2 根	抽油杆 15.2	

(7) 经验认识

① 本井使用钻具打捞，能够及时调整工具使用，最终获得成功。作业过程中每次打捞后的分析到位，对井内的情况判断是正确的，其间未造成工具落井的情况，没有使井内情况复杂化。

② 本井作业粗分共计采用了3种打捞工艺、1种打铅印工艺,具体为:

a. 三球打捞器工艺:三球打捞器依靠三个钢球在斜孔中位置的变化来改变三个球公共内切圆直径的大小,从而允许接箍通过推动钢球沿斜孔上升,待接箍通过三个球后,三个球依其自重和弹簧的压力作用沿斜孔回落,从而实现打捞。本井抽油杆形成落鱼期间发生了弯曲变形,不利于抽油杆进入工具内。该工艺在本井实施2趟,成功1趟,累计捞获1″抽油杆118.92 m。

b. 卡瓦打捞筒打捞工艺:卡瓦打捞筒是从管柱外部进行打捞的一种工具,可打捞不同尺寸油管、钻杆等鱼顶为圆柱形落鱼,并可与震击器配合使用。本井在打捞处理油管上部抽油杆后,按照设计思路转为油管打捞。该工艺在本井打捞1趟,成功捞出了全部油管落鱼2 987.38 m和油管内的抽油杆落鱼2 841.54 m,为后期处理套管内的抽油杆残体打捞创造了有利条件。

c. 闭窗打捞筒打捞工艺:针对套管内通径大和落鱼弯曲变形严重的情况,常规工具打捞存在入鱼困难的问题,通过优化闭窗打捞筒的结构,在后端增加引管,操作时边下放边缓慢旋转,使弯曲变形的抽油杆进入捞筒内,待入鱼后通过再加压和旋转,使弯曲变形的抽油杆卡在闭窗上,从而实现打捞。同时,若一次打捞未成功,可在不起钻的情况下进行多次尝试,单趟捞获率大于95%。该工艺在本井打捞5趟,成功捞出了抽油杆落鱼445.8 m。

d. 打铅印工艺:本井实施打铅印工艺进一步明确了落鱼鱼顶的几何形状、深度等信息,结合前期打捞情况分析,为后序打捞工具选型提供了依据。

(8) 综合评价

① 修井方案评价

a. 确定因素集 U:

$U=\{$修井成功率(x_1),修井成本(x_2),修井作业效率(x_3),修井劳动强度$(x_4)\}$

b. 确定权重集 A:

$A=\{$修井成功率(0.4),修井成本(0.3),修井作业效率(0.2),修井劳动强度$(0.1)\}$

c. 确定评语目录集 V:

$$V=\{优秀(v_1),良好(v_2),合格(v_3),不合格(v_4)\}$$

其中 v 取值0~1之间,优秀为 $v\geqslant 0.8$,良好为 $0.4\leqslant v<0.8$,合格为 $0.2<v<0.4$,不合格为 $v\leqslant 0.2$。

d. 确定单因素评价矩阵 $\boldsymbol{R}$:

按照以上评价原则,由施工人员、技术人员进行评价打分,确定单因素评价矩阵 $\boldsymbol{R}$。

$$修井成功率=\{0.4,0.4,0.3,0.4\}$$
$$修井成本=\{0.2,0.3,0.3,0.2\}$$
$$修井劳动强度=\{0.3,0.2,0.2,0.2\}$$
$$修井作业效率=\{0.1,0.2,0.1,0.2\}$$

$$\boldsymbol{R}=\begin{bmatrix}0.4 & 0.4 & 0.3 & 0.4\\ 0.2 & 0.3 & 0.3 & 0.2\\ 0.3 & 0.2 & 0.2 & 0.2\\ 0.1 & 0.2 & 0.1 & 0.2\end{bmatrix}$$

e. 综合评价计算：

$$B = AR = (0.4 \quad 0.3 \quad 0.2 \quad 0.1) \begin{bmatrix} 0.4 & 0.4 & 0.3 & 0.4 \\ 0.2 & 0.3 & 0.3 & 0.2 \\ 0.3 & 0.2 & 0.2 & 0.2 \\ 0.1 & 0.2 & 0.1 & 0.2 \end{bmatrix}$$

计算得：$(0.3, 0.3, 0.3, 0.3) = 1.2$

(合格,合格,合格,合格)

用1.2除以各因素项归一化计算，得：

$$(0.24, 0.29, 0.23, 0.25)$$

从中可以看出,该井作业过程总体评价为合格。

② 经济效益评价

通过盈亏平衡点(BEP)分析项目成本与收益的平衡关系。计算方法如下：

$$效益盈亏平衡点 = \frac{单井次直接费用投入}{吨油价格 - 吨油增量成本}$$

$$投入产出比 = \frac{单井直接费用投入 + 增量成本}{措施累计增产油量 \times 吨油价格}$$

JH119井经济效益评价结果见表1-21。

表1-21 JH119井经济效益评价结果

直接成本					
修井费/万元	427	工艺措施费/万元	/	总计费用/万元	599.79
材料费/万元	82.9	配合劳务费/万元	89.89		
增量成本					
吨油运费/元	/	吨油处理费/元	105.3	吨油价格/元	3 907
吨油税费/元	674	原油价格/美元折算	636.3	增量成本合计/万元	1 146
产出情况					
日增油/t	23.1	有效期/d	221	累计增油/t	6 188
效益评价					
销售收入/万元	1 995	吨油措施成本/(元/t)	923	投入产出比	1∶3.3
措施收益/万元	948	盈亏平衡点产量/t	1 183	评定结果	有效

2. JH120井连续油管打捞实例

(1) 基础数据

JH120井是沙雅隆起雅克拉构造高部位的一口开发井，井身结构为3级，完井方式为裸眼完井，投产初期10 mm油嘴生产，日产原油75 m^3，日产气19.5万 m^3，含水2.5%。JH120井基础数据详见表1-22。

表 1-22　JH120 井基础数据表

井别	直井	完井层位	K_1s
完钻时间	1994.10.04	完井井段	5 253～5 257 m
固井质量	良	13 3/8″套管下深	603.34 m
完钻井深	5 330.00 m	9 5/8″套管下深	3 902.65 m
人工井底	5 260.00 m	7″套管下深	5 351.80 m

井内落鱼:管柱组合自上而下依次为油管挂＋3 1/2″FOX 双公变丝＋3 1/2″FOX 母×2 7/8″FOX 公＋2 7/8″FOX 油管 9 根＋2 7/8″FOX 油管短节＋上流动短节＋2 7/8″FOX 井下安全阀＋下流动短节＋2 7/8″FOX 油管短节＋2 7/8″FOX 油管 532 根＋7″RH 型液压封隔器＋2 7/8″油管 3 根＋坐封球座(自带喇叭口)。

(2) 事故经过

2014 年 4 月 22 日,该井因生产管线检修关井。关井前,6.0 mm 油嘴生产,油压 24.1 MPa,套压 0 MPa,日产液 94.2 t,日产油 19.6 t,日产气 12.24 万 m³,含水 79.78%,累计产油 33.09 万 t,产气 14.9 亿 m³,产水 3.9 万 t。

2014 年 4 月 27 日,开井未能恢复自喷,使用连续油管气举诱喷作业,气举过程中最大下深 4 700 m,未能恢复自喷。

2014 年 4 月 30 日,因地层不出液,停举恢复液面上提连续油管过程中连续油管从 2 700 m 处断裂。为落实鱼顶位置,加压 3 t 探得连续油管鱼顶位置为 2 627 m,经检测分析为拉伸断裂。

JH120 井井身结构如图 1-81 所示。起出连续油管断口如图 1-82 所示。

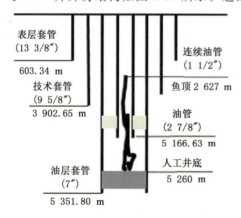

图 1-81　JH120 井井身结构示意图

图 1-82　起出连续油管断口

(3) 施工难点

该井属于深井事故,打捞难点主要有以下三点:

① 该井深度大于 5 000 m,属于深井事故处理,起原井油管过程中油管易落入环形空间形成二次落鱼。

② 连续油管断裂后落井,落井部分状态不明,可能存在多鱼头的情况。

③ 连续油管属于柔性管,施工工具选取存在一定困难,如需磨铣处理,若循环不充分,

易造成卡钻。

(4) 打捞思路

思路 1:在油管内挤入少量水泥,封固油管内落鱼;起出井内油管,打捞出大部分落鱼;井底存在少量落鱼,可根据实际情况打捞处理。

思路 2:起出井内全部油管,复探鱼顶状况;根据探得的落鱼情况,选取套铣工具实施打捞;若套铣无进展时,优选高效磨鞋进行钻磨处理。

经过打捞人员分析、讨论,认为采取思路 1 更为稳妥,主要原因有以下两个方面:

① 封固了油管内的大部分落鱼,避免了出现二次落井情况发生。

② 井底剩余落鱼量少且在套管内,可以减少打捞次数,提高时效。

(5) 工具选取

考虑处理后期打捞作业,本次施工选用了 4 种外捞工具,具体如下:

① 卡瓦打捞筒

工具原理:当落鱼被引入捞筒后,只要施加一轴向压力,卡瓦则在筒体内上行。轴向压力使落鱼进入卡瓦,此时卡瓦上行并胀大,运用它坚硬锋利的卡牙借弹性力的作用将落鱼咬住卡紧。当上提捞柱,卡瓦在筒体内相对地向下运动,因宽锯齿螺纹的纵断面是锥形斜面,卡瓦必然带着沉重的落鱼向锥体的小锥端运动,此时落鱼重量越大卡得也越紧。如图 1-83、图 1-84 所示。

技术参数:ϕ38 mm×0.73 m 卡瓦打捞筒,底部为 ϕ146 mm 引鞋。

图 1-83 卡瓦打捞筒规格

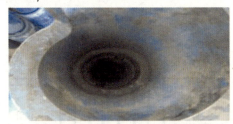
图 1-84 卡瓦打捞筒结构

② 闭窗打捞筒+套铣筒组合

工具原理:从落物外部进行打捞,利用前端套铣修复鱼顶,使落鱼更容易进入闭窗打捞筒,实现打捞。如图 1-85、图 1-86 所示。

技术参数:ϕ140 mm 闭窗打捞筒+ϕ140 mm 套铣筒,其中闭窗打捞筒共 8 个窗,开口间隔 1 m,最小内腔 38 mm。

图 1-85 闭窗打捞筒

图 1-86 套铣筒

③ 内滑块式打捞筒

工具原理:从落物外部进行打捞,卡瓦能在筒体中一定的行程内胀大和缩小。只要施加一轴向压力,落鱼便能进入卡瓦,随着落鱼的套入,在弹性的作用下卡瓦牙将落鱼咬住,实现打捞。如图1-87、图1-88所示。

技术参数:φ146 mm×φ38 mm×2.17 m,前端为φ146 mm套铣头。

图1-87　内滑块式打捞筒规格

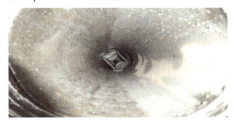
图1-88　内滑块式打捞筒结构

④ 可变径打捞筒

工具原理:从落物外部进行打捞,利用工具内部卡瓦的径向夹紧力咬合落物,实现打捞。固定连续油管的卡瓦为环状,被打捞的连续油管为360°均匀受力,在打捞筒内不会产生倾斜、夹扁夹断等情况。如图1-89、图1-90所示。

技术参数:φ146 mm×0.54 m套铣头＋φ127 mm×0.75 m两级引管,其中内卡瓦长1.47 m。

图1-89　可变径打捞筒规格

图1-90　环状内卡瓦

(6) 打捞过程

经过注灰3趟、打捞33趟、套铣13趟、磨铣7趟,基本捞获全部落鱼,处理井筒至5 295.24 m,符合后期施工条件。JH120井打捞施工重点工序见表1-23。

表1-23　JH120井打捞施工重点工序

序号	重点施工内容	使用工具	打捞趟数	打捞情况	捞出落鱼量/m	现场照片
1	油管注水泥2次,封固油管内落鱼,起原油管打捞落鱼	/	1趟	起甩2 7/8″FOX油管413根,在第411根处见到断裂连续油管鱼顶。累计捞出连续油管1 177.09 m,井内剩余连续油管1 522.91 m	1 177.09	
2	打捞处理多鱼头	卡瓦打捞筒	3趟	第一趟:引管内挤有三截连续油管,打捞出连续油管85 m,存在断口28处。第二、三趟均无捞获	85	

表 1-23(续)

序号	重点施工内容	使用工具	打捞趟数	打捞情况	捞出落鱼量/m	现场照片
3	更换打捞工具，继续打捞	闭窗打捞筒＋套铣筒	4趟	第一趟：套铣至3 991.512 m后无进尺；上提下放逐级加压至4 t，无进尺；起套铣管柱，套铣筒内重叠4根连续油管，总长为8.26 m。第二、三、四趟均无捞获	8.26	
4	修鱼顶，继续打捞	凹底磨鞋修鱼顶套铣＋沉淀杯打捞	2趟磨铣5趟套捞	第一趟：用打捞筒组连续油管3截，长20～40 cm，连续油管皮子4块，但长15～25 cm，沉淀杯带出铁屑1.1 kg。第二、三、四、五趟均无捞获	0.8	
5	对井内多鱼头进行注灰固定1次，进行钻磨处理	高效磨鞋套铣＋沉淀杯打捞	3趟磨铣	第一趟：水泥屑及碎铁皮共计72 kg，最后一根2 7/8″正扣钻杆下接箍上部缠绕长条状铁皮6块，分别长59 cm、41 cm、77 cm、36 cm、43 cm、16 cm。第二趟：水泥屑、铁屑及碎铁皮重约60.2 kg。第三趟铁皮重约96.5 kg	37.04	
6	改进打捞工具，继续打捞	可变径打捞筒	2趟磨铣18趟套捞	改进工具后，每次可以在打捞筒内稳定收纳约40 m连续油管	211.68	
7	后钻磨至原人工井底	ϕ146 mm 刀翼磨鞋	1趟	结束打捞连续油管作业	累计1 519.87	

(7) 经验认识

① 本井设计打捞思路是正确的，但实际操作偏于保守，主要体现为对连续油管在油管柱内的断裂情况估计不足。考虑到井内漏失等情况，把水泥塞面确定在落鱼上部，而在提出油管柱后有大量连续油管落井，并在套管内形成多鱼头井段。实际存在考虑井内漏失及水泥沉降等因素，可调整水泥候凝时间及在下部打塞确定塞面时留够余量的可行性。

② 处理多头鱼顶粗分共计采用了4种处理工艺，具体为：

a. ϕ140 mm×4.56 m 引管打捞：该工艺操作简单、易实施，但效果有限，不适用本井作业。

b. 闭窗打捞筒＋套铣筒打捞：在处理多鱼头时使用多次，打捞单鱼顶连续油管时使用一次，但均无效果，分析认为连续油管进入闭窗打捞筒后不能形成有效变形，内钩无法固定住落鱼。该工艺不适合打捞连续油管,可在打捞绳类落鱼时使用。

c. 磨铣+套铣处理鱼头:该工艺进度缓慢且风险较高,主要原因是落鱼未固定,套铣筒和磨鞋对其无法进行长时间有效切削,铁屑及铁皮等只有部分随钻带出,大部分仍在井内堆积,需要进行二次磨铣,使其成为更细的铁屑,同时易出现卡钻和埋钻现象,不适合处理长井段多鱼头落物。

d. 注灰+磨铣处理:该工艺可解决落鱼固定问题,同时由于地层已封闭,调整压井液性能可有效携带出铁屑及水泥屑,使得磨铣效率提高。该工艺操作简单、使用范围较广泛,可在出现可活动落鱼钻磨或处理复杂落鱼时使用。

③ 在打捞单鱼头连续油管时,主要使用内滑块打捞筒和可变径打捞筒,具体为:

a. 内滑块打捞筒:每次打捞都有效,但效率较低,主要原因是连续油管经腐蚀后易损坏,内滑块打捞筒打捞部位受力较大,未能在同一截面积上均匀受力,易出现连续油管断裂的现象,且不易改进。

b. 可变径打捞筒:在改进后一旦捞获则至少可在捞筒内收纳约 40 m 连续油管;若连续油管在套管内遇卡不严重且管体没出现裂口等影响整体强度的现象,则可以一次性打捞成功;若连续油管在套管内遇埋、卡等无法一次打捞成功的情况,则可以采取捞获拉断连续油管再打捞的方式,直至彻底打捞出所有落鱼,适合对单鱼头连续油管进行打捞。

上述两种工具都适合打捞杆类落鱼,可作为备选工具进行评估。

(8) 综合评价

① 修井方案评价

a. 确定因素集 U:

$U=\{$修井成功率(x_1),修井成本(x_2),修井作业效率(x_3),修井劳动强度$(x_4)\}$

b. 确定权重集 A:

$A=\{$修井成功率(0.4),修井成本(0.3),修井作业效率(0.2),修井劳动强度$(0.1)\}$

c. 确定评语目录集 V:

$$V=\{优秀(v_1),良好(v_2),合格(v_3),不合格(v_4)\}$$

其中 v 取值 $0\sim1$ 之间,优秀为 $v\geqslant0.8$,良好为 $0.4\leqslant v<0.8$,合格为 $0.2<v<0.4$,不合格为 $v\leqslant0.2$。

d. 确定单因素评价矩阵 $\boldsymbol{R}$:

按照以上评价原则,由施工人员、技术人员进行评价打分,确定单因素评价矩阵 $\boldsymbol{R}$。

$$修井成功率=\{0.6,0.3,0.1,0\}$$
$$修井成本=\{0.2,0.3,0.1,0.4\}$$
$$修井劳动强度=\{0.4,0.2,0.1,0.3\}$$
$$修井作业效率=\{0.2,0.5,0,0.3\}$$

$$\boldsymbol{R}=\begin{bmatrix}0.6 & 0.3 & 0.1 & 0 \\ 0.2 & 0.3 & 0.1 & 0.4 \\ 0.4 & 0.2 & 0.1 & 0.3 \\ 0.2 & 0.5 & 0 & 0.3\end{bmatrix}$$

e. 综合评价计算:

$$B = AR = (0.4 \quad 0.3 \quad 0.2 \quad 0.1) \begin{bmatrix} 0. & 60.3 & 0.1 & 0 \\ 0.2 & 0.3 & 0.1 & 0.4 \\ 0.4 & 0.2 & 0.1 & 0.3 \\ 0.2 & 0.5 & 0 & 0.3 \end{bmatrix}$$

计算得：　　　　　　　　(0.6，0.3，0.1，0.4)＝1.4
　　　　　　　　　　(良好，合格，不合格，合格)

用 1.4 除以各因素项归一化计算,得：

$$(0.43, 0.21, 0.07, 0.29)$$

从中可以看出,该井作业过程总体评价为合格。

② 经济效益评价

通过盈亏平衡点(BEP)分析项目成本与收益的平衡关系的。计算方法如下：

$$效益盈亏平衡点 = \frac{单井次直接费用投入}{吨油价格 - 吨油增量成本}$$

$$投入产出比 = \frac{单井直接费用投入 + 增量成本}{措施累计增产油量 \times 吨油价格}$$

JH120 井经济效益评价结果见表 1-24。

表 1-24　JH120 井经济效益评价结果

直接成本					
修井费/万元	525.2	工艺措施费/万元	/	总计费用/万元	671.99
材料费/万元	62.9	配合劳务费/万元	83.89		
增量成本					
吨油运费/元	/	吨油处理费/元	105.3	吨油价格/元	3 907
吨油税费/元	673.88	原油价格/美元折算	636.32	增量成本合计/万元	1 145.57
产出情况					
日增油/t	33.3	有效期/d	441	累计增油/t	14 702.2
效益评价					
销售收入/万元	5 744.15	吨油措施成本/(元/t)	1 236.25	投入产出比	1∶3.16
措施收益/万元	3 926.59	盈亏平衡点产量/t	2 148.43	评定结果	有效

第二节　绳索、工具打捞处理技术

一、技术概述

随着油田开发速度的加快,油(水)井的井况越来越复杂,如井筒结垢、套管腐蚀穿孔、井下落物等,给井下作业带来诸多不便。

绳索类落物具有细长、柔软、易滑脱、容易收缩变形的特点,因此在打捞过程中不易被捞获,看似简单,实际打捞还有相当的难度,需要一定的技巧。

工具类落物具有种类多、材质特殊、硬度大且有结构特殊的特点,最常见的如封隔器、桥塞、测井仪器等,因此在打捞处理过程中打捞工具和工艺的选择要慎重,避免盲目施工造成情况复杂化。

1. 绳索类打捞

(1) 油管内打捞:抽汲钢丝绳落入油管内打捞的方法比较简单,就是起油管,当发现钢丝绳断头后先将钢丝绳卡紧卡稳,结好上提扣子,活动上提解卡。如果解除则先起出抽汲钢丝绳及抽子并记录遇卡位置,分析遇卡原因。如果活动上提不能解卡,可起出一根油管,抽出一段抽汲钢丝绳,在抽出抽汲钢丝绳前必须将钢丝绳卡牢在一个牢固的地方,以防止抽汲钢丝绳下滑打伤操作人员。另外,油管内打捞抽汲钢丝绳,在不能活动解卡、拔出钢丝绳的情况下,也可起出一根油管,截掉一段钢丝绳,但这种操作是实在没有办法的前提下万不得已而用的,因为这种方法会导致全井抽汲钢丝绳报废,不能再用。

(2) 套管内打捞:抽汲钢丝绳落入油井套管内打捞是一项很关键的工艺,主管部门、操作人员必须慎重对待且不可盲目操作,以免使打捞工作复杂化。打捞前应先判断钢丝绳的落井位置,然后用起出的油管长度计算钢丝绳在井内油管上部的深度,之后选择打捞工具。

2. 工具类打捞

带封隔器的管柱完井后,一旦封隔器失效,就无法进行解封。在修井作业施工过程中,应用套铣打捞筒将封隔器打捞出井,降低井下作业的风险,提高井下修井作业的效率,恢复油(水)井的正常生产状态。首先应用电缆将专门的测井设备下入油气水井内进行探测,尽可能多地采集地下环境中的多种物理信息。对这些数据信息进行分析,可以有效判断油田范围内的油气层厚度和位置,还可以确定与开采相关的一些性能参数。若设备遇阻、卡导致落井,会影响油气水井的正常生产。

3. 绳索、工具打捞处理基本步骤

(1) 落实井下落物情况,主要是落物的位置和形状等。

(2) 依据落物情况及落物与套管环形空间大小选择合适的打捞工具。

(3) 编写施工设计和安全措施,按呈报手续经批准后,按施工设计进行打捞处理,下井工具要画示意图。

(4) 打捞起下作业时操作要平稳,遵循"不破坏鱼顶、不损坏井身结构、不使打捞复杂化"的原则。在试探鱼顶时,应缓慢下放管柱,观察拉力表读数变化。

(5) 对打捞上来的落物要进行分析,总结经验,提高认识,并针对故障成因提出改进性的措施。

二、应用实例

本部分介绍了塔河油田深井打捞处理的 2 口井的绳索、工具类打捞典型实例和在作业过程中积累的经验与技术成果。

1. JH121 井测井仪器打捞实例

(1) 基础数据

JH121 井是塔里木盆地顺托果勒低隆北缘的一口开发井,井身结构为 3 级,完井方式为裸眼酸压完井,投产初期 9 mm 油嘴生产,日产液 192 m^3,日产油 95 m^3,日产气 1.5 万 m^3,

含水65.72%。JH121井基础数据详见表1-25。

表1-25 JH121井基础数据表

井别	直井	完井层位	O_3q+O_2yj
完钻时间	2013.04.29	完井井段	7 181.00～7 277.00 m
固井质量	良	13 3/8″套管下深	1 490.07 m
完钻井深	7 277.00 m	9 5/8″套管下深	5 084.00 m
人工井底	7 277.00 m	7″套管下深	7 181.00 m

井内落鱼:管柱组合自上而下为3 1/2″TP-JC油管328根。

(2) 事故经过

2013年7月17日,该井停喷。自喷期间累计产油1 544 t、产气53.9万 m^3、产水2 321 t。自喷生产期间测试剖面遇阻(7 225 m),高出井底52 m,转抽期间探底砂埋5.09 m。

2013年7月26日,进行第二次产液剖面测试,下放 ϕ38 mm探底仪器至7 232 m遇阻,高出井底45 m,上提遇卡(7 212 m),上提张力达1.4 t无效,电缆从井口被拉断,形成测井电缆+加重杆落鱼。

JH121井井身结构如图1-91所示。电缆断裂前悬挂井口如图1-92所示。

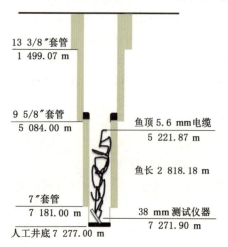

图1-91 JH121井井身结构示意图

图1-92 电缆断裂前悬挂井口

(3) 施工难点

该井属于深井事故,打捞难点主要有以下三点:

① 该井深度大于7 000 m,属于超深井事故处理,且落井电缆从井口断裂落入井内,易在套管内呈团状。

② 前期该井使用油管探底过程中存在卡钻现象,下测试工具串被卡死,井内情况不明。

③ 电缆属于柔性绳类落鱼,难以控制加压吨位和旋转圈数,容易出现电缆多段落鱼的情况。

(4) 打捞思路

思路1:使用内捞矛和老虎嘴打捞器进行打捞;若后期施工效率变差,则使用大水眼磨鞋处理至井底。

思路2：使用内捞矛和老虎嘴打捞器进行打捞，两种方法交替使用，直至捞出井内全部落鱼。

经过打捞人员分析、讨论，认为采取思路1更为稳妥，主要原因有以下两个方面：

① 井内落鱼为电缆，未经过任何的打捞处理，电缆大部分堆积在套管内，具备打捞处理条件，可以使用内捞和外捞交替的方式进行打捞，处理成团的电缆。

② 在进入裸眼段入鱼困难或打捞效率低下，可使用磨鞋处理减少无效打捞的趟数。

（5）工具选取

考虑处理后期打捞作业，本次施工选用了2种打捞工具、1种钻磨工具，具体如下：

① 外捞钩

工具原理：外捞钩是用于从套管或油管内打捞各种绳类、提环、空心短圆柱体、短绳套等落物的工具，如钢丝绳、录井钢丝、电缆、深井泵衬套、刮蜡片、无绳的提捞筒、射孔枪身、提环等。当钢丝堵塞在井眼中时，下入外捞矛，一旦外捞矛抓住钢丝，不提到地面不能脱手。外捞矛打捞成团的钢丝时，先用其将团状的钢丝破碎弄松直到能够上提，再打捞出井。如图1-93、图1-94所示。

技术参数：$\phi 150$ mm×1.25 m 外捞钩（防卡环直径 $\phi 214$ mm）。

图1-93　外捞钩规格　　　　　图1-94　外捞钩结构

② 老虎嘴打捞器

工具原理：老虎嘴打捞器是专门打捞绳类、小落物和非金属碎块的打捞工具。其靠钻压作用将绳类落物或短小落物压入嘴腔，但选工具时要注意原则上老虎嘴外径和套管内径的间隙不大于绳索直径（必要时可以将老虎嘴张大），以免较多的绳索窜到老虎嘴上边卡住工具。打捞小落物时，要反循环边洗掉边下放，并上下活动将小落物装入嘴腔，捞出落物。如图1-95、图1-96所示。

技术参数：$\phi 146$ mm×2.34 m 捞矛。

 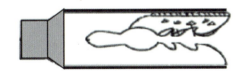

图1-95　老虎嘴打捞器规格　　　　　图1-96　老虎嘴打捞器结构

③ 大水眼磨鞋

工具原理：磨鞋本体由YD合金块（或其他耐磨材料）构成，其由两段圆柱体组成，小圆柱体上部与钻杆螺纹连接，大圆柱体底面和侧面有过水槽，在底面过水槽间焊YD合金（或耐磨材料）。如图1-97、图1-98所示。

技术参数：$\phi 148$ mm×0.35 m 大水眼磨鞋，水眼 20 mm。

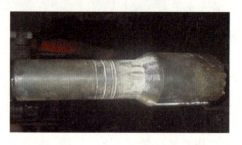

图 1-97 大水眼磨鞋规格

图 1-98 大水眼磨鞋结构

(6)打捞过程

经过打捞 15 趟、钻磨 1 趟，井内全部落鱼处理干净，处理井筒至人工井底 7 277.00 m，达到施工目的。JH121 井打捞施工重点工序见表 1-26。

表 1-26 JH121 井打捞施工重点工序

序号	重点施工内容	使用工具	打捞趟数	打捞情况	捞出落鱼量/m	现场照片
1	组下打捞管柱	外捞钩	5 趟	组下外捞钩＋安全接头＋2 7/8″反扣钻杆，处理至 7 183.98 m。每次加压 1~2 t，反转 3 圈后释放扭矩。第一趟捞获测井电缆 68 m，第二趟捞获测井电缆约 547 m，第三趟捞获测井电缆 17.1 m，第四趟捞获测井电缆 1 218.5 m，第五趟未捞获。剩余落鱼：测井电缆 962.02 m＋测井仪器 6.18 m	1 850.6 m 250.1 kg	
2	组下打捞管柱	老虎嘴打捞器	3 趟	组下老虎嘴打捞器＋安全接头＋2 7/8″反扣钻杆，处理至 7 203.5 m。每次加压 4~6 t，上提至 1.5 t 反转 3~5 圈后释放扭矩。第一趟捞获测井电缆 7.2 m，第二趟捞获测井电缆 3.5 m，第三趟捞获测井电缆 3.8 m。剩余落鱼：测井电缆 947.52 m＋测井仪器 6.18 m	14.5 m 1.96 kg	
3	组下打捞管柱	外捞钩	2 趟	组下外捞钩＋安全接头＋2 7/8″反扣钻杆，处理至 7 204.8 m。每次加压 1~2 t，反转 3 圈后释放扭矩。第一趟捞获测井电缆 5.2 m，第二趟捞获测井电缆 6.6 m。剩余落鱼：测井电缆 935.72 m＋测井仪器 6.18 m	11.8 m 1.59 kg	
4	组下打捞管柱	老虎嘴打捞器	1 趟	组下老虎嘴打捞器＋安全接头＋2 7/8″反扣钻杆，处理至 7 204.9 m。每次加压 4 t，上提至 1.5 t，反转 5 圈后释放扭矩，无捞获。剩余落鱼：测井电缆 935.72 m＋测井仪器 6.18 m	0	

表 1-26(续)

序号	重点施工内容	使用工具	打捞趟数	打捞情况	捞出落鱼量	现场照片
5	组下打捞管柱	外捞钩	5趟	组下外捞钩+安全接头+2 7/8″反扣钻杆,处理至7 250.13 m。每次加压1~2 t,反转3圈后释放扭矩。第一趟未捞获,第二趟捞获测井电缆22.1 m,第三趟捞获测井电缆57.2 m,第四趟无捞获,第五趟无捞获。剩余落鱼:测井电缆856.42 m+测井仪器6.18 m	158.6 m 21.43 kg	
6	组下钻磨管柱	大水眼磨鞋	1趟	组下大水眼磨鞋+安全接头+2 7/8″反扣钻杆,从7 204.45 m钻磨处理至7 277 m,累计进尺72.55 m,钻压2~3 t,转速60~70 r/min,排量550 L/min,泵压14~15 MPa,累计泵入压井液2 448.1 m³,出口累计返出压井液2 435.5 m³	返出铁屑116 kg	

(7) 经验认识

① 本井选择工具正确,但在打捞过程中对落鱼状态认识不足,存在工艺转换参数调整不及时的情况。在套管内打捞过程中连续多次捞获电缆长度在10~60 m之间,未能及时调整打捞参数和工具,第二次上修打捞时打捞参数调整后减少旋转圈数,仅用4趟就将套管内电缆打捞完毕。在裸眼段打捞过程中,出现打捞效率低的情况,尽管多次更换打捞工具仍未能取得好的效果。后期及时调整为钻磨处理,有效地保障了落鱼处理效率。

② 处理该井绳类落鱼共计采用了3种处理工艺,具体为:

a. 外钩打捞处理工艺:本井使用的外钩工具为根据井内情况自行加工,结构简单、灵活多变、工艺适应性强。本井使用外钩打捞12趟,成功捞获8趟,累计捞获测井电缆2 021 m。

b. 老虎嘴打捞处理工艺:本井使用老虎嘴打捞4趟,成功捞获3趟,累计捞获14.5 m。从本井情况分析,老虎嘴打捞工艺不适应深井绳类的打捞,且操作时下压易造成电缆堆积压实的情况。

c. 大水眼磨鞋钻磨工艺:钻磨进度缓慢且风险较高,主要原因是绳类落鱼较软,钻磨期间需要修井液有一定的黏滞力,同时要提高现场循环排量,以满足破碎后的落鱼残渣能够顺利循环返出地面。在149.2 mm井眼内使用ϕ148 mm磨鞋,卡钻风险高。

通过本井施工情况分析,在设计思路上应在裸眼段打捞无效的情况下增加电缆封固工序,更有利于后期钻磨处理。

(8) 综合评价

① 修井方案评价

a. 确定因素集U:

$U=\{$修井成功率(x_1),修井成本(x_2),修井作业效率(x_3),修井劳动强度$(x_4)\}$

b. 确定权重集A:

$A=\{$修井成功率(0.4),修井成本(0.3),修井作业效率(0.2),修井劳动强度$(0.1)\}$

c. 确定评语目录集 V：
$$V = \{优秀(v_1), 良好(v_2), 合格(v_3), 不合格(v_4)\}$$

其中 v 取值 0~1 之间，优秀为 $v \geq 0.8$，良好为 $0.4 \leq v < 0.8$，合格为 $0.2 < v < 0.4$，不合格为 $v \leq 0.2$。

d. 确定单因素评价矩阵 $\boldsymbol{R}$：

按照以上评价原则，由施工人员、技术人员进行评价打分，确定单因素评价矩阵 $\boldsymbol{R}$。

$$修井成功率 = \{0.6, 0.5, 0.7, 0.4\}$$
$$修井成本 = \{0.5, 0.6, 0.7, 0.4\}$$
$$修井劳动强度 = \{0.5, 0.4, 0.4, 0.2\}$$
$$修井作业效率 = \{0.4, 0.5, 0.6, 0.3\}$$

$$\boldsymbol{R} = \begin{bmatrix} 0.6 & 0.5 & 0.7 & 0.4 \\ 0.5 & 0.6 & 0.7 & 0.4 \\ 0.5 & 0.4 & 0.4 & 0.2 \\ 0.4 & 0.5 & 0.6 & 0.3 \end{bmatrix}$$

e. 综合评价计算：

$$\boldsymbol{B} = \boldsymbol{AR} = (0.4 \quad 0.3 \quad 0.2 \quad 0.1) \begin{bmatrix} 0.6 & 0.5 & 0.7 & 0.4 \\ 0.5 & 0.6 & 0.7 & 0.4 \\ 0.5 & 0.4 & 0.4 & 0.2 \\ 0.4 & 0.5 & 0.6 & 0.3 \end{bmatrix}$$

计算得：
$$(0.54, 0.48, 0.6, 0.33) = 1.95$$
$$(合格, 合格, 合格, 不合格)$$

用 1.95 除以各因素项归一化计算，得：
$$(0.28, 0.25, 0.31, 0.17)$$

从中可以看出，该井作业过程总体评价为合格。

② 经济效益评价

通过盈亏平衡点（BEP）分析项目成本与收益的平衡关系。计算方法如下：

$$效益盈亏平衡点 = \frac{单井次直接费用投入}{吨油价格 - 吨油增量成本}$$

$$投入产出比 = \frac{单井直接费用投入 + 增量成本}{措施累计增产油量 \times 吨油价格}$$

JH121 井经济效益评价结果见表 1-27。

表 1-27　JH121 井经济效益评价结果

直接成本					
修井费/万元	342.5	工艺措施费/万元	0	总计费用/万元	391.6
材料费/万元	13.5	配合劳务费/万元	35.6		
增量成本					
吨油运费/元	/	吨油处理费/元	32.54	吨油价格/元	3 542
吨油税费/元	170	原油价格/美元折算	578.7	增量成本合计/万元	221.74

表 1-27(续)

产出情况					
日增油/t	1.10	有效期/d	258	累计增油/t	1 544
效益评价					
销售收入/万元	546.88	吨油措施成本/(元/t)	2 758.01	投入产出比	1:1.16
措施收益/万元	121.05	盈亏平衡点产量/t	982.52	评定结果	有效

2. JH122CX 井封隔器打捞实例

(1) 基础数据

JH122CX 井是阿克库勒凸起西南斜坡上的一口开发井,井身结构为 3 级,完井方式为油管测试,投产初期 6 mm 油嘴生产,日产气 4 836 m³,含水 12.24%。JH122CX 井基础数据详见表 1-28。

表 1-28　JH122CX 井基础数据表

井别	斜直井	完井层位	O_2yj
完钻时间	2001.06.01	完井井段	6 344.47～6 531.00 m
固井质量	良	13 3/8″套管下深	498.18 m
完钻井深	6 531.00 m(斜)	9 5/8″套管下深	4 497.71 m
人工井底	6 531.00 m(斜)	7″套管下深	6 344.47 m

井内落鱼:管柱组合自上而下依次为油管挂+3 1/2″TP-JC 双公变丝+3 1/2″TP-JC 油管 631 根+循环滑套 1 个+2 7/8″EUE 油管 1 根+LXY211-146 型封隔器 1 个+2 7/8″EUE 油管 1 根+盲堵 1 个+喇叭口 1 个。

(2) 事故经过

2014 年 9 月 2 日,该井停喷上修转抽。因封隔器无法解封,测卡点后实施油管切割作业,切割位置 4 172.28 m。

井内落鱼:自上而下依次为 3 1/2″TP-JC 油管切割剩余部分(约 3 m)+3 1/2″TP-JC 油管 187 根+3 1/2″TP-JC 母×2 7/8″EUE 公变丝 1 个+循环滑套 1 个+2 7/8″EUE 油管 1 根+Y211-146 型封隔器 1 个+2 7/8″EUE 油管 1 根+盲堵+喇叭口 1 个。

JH122CX 井井身结构如图 1-99 所示。起出切割油管端面如图 1-100 所示。

(3) 施工难点

该井属于深井事故,打捞难点上主要有以下三点:

① 该井井深大于 5 000 m,属于深井事故处理,并且该井建立不了循环,属于大漏失井,在套铣、打捞过程中有卡钻风险。

② 该井封隔器未解封,套管打入密度 1.03 g/cm³ 的压井液 57 m³,出口不返液。停泵观察,压力由 18 MPa 下降至 2 MPa,怀疑套管可能存在漏点或变形,需要进行修套处理。

③ 该井为斜直井,最大井斜角 27.54°,井内落鱼油管存在贴壁可能,套铣过程中将油管破坏,增加了打捞难度。

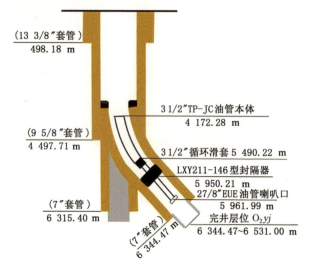

图1-99　JH122CX井井身结构示意图　　　图1-100　起出切割油管端面

(4) 打捞思路

思路1：起出切割油管，打铅印落实套管变形情况，优选工具进行修套处理；待修套完毕后，选取倒扣工具打捞井内大部分油管落鱼；待处理至接近封隔器上部时，适时进行封隔器解封作业；若无法解封则交替实施套铣和倒扣打捞工序，直至将井内落鱼全部打捞。

思路2：起出切割油管，复探鱼顶，根据探得落鱼情况选取套铣和打捞工具实施处理；若套铣和打捞均无进展，则优选高效磨鞋进行钻磨处理。

经过打捞人员分析、讨论，认为采取思路1更为稳妥，主要原因有以下两个方面：

① 落实套管变形情况进行修套处理，能够有效避免套铣和打捞过程中卡钻事故的发生。

② 落实鱼顶位置和鱼顶形状，有利于优选打捞工具，提高打捞成功率。

(5) 工具选取

考虑处理后期打捞作业，本次施工选用了1种井下探查工具、1种修套工具、3种内捞工具、1种外捞工具和1种套铣工具，具体如下：

① 平底铅印

工具原理：平底铅印是用来探测落鱼鱼顶状态和套管情况的一种常用工具。依靠铅硬度小、塑性好的特点，在钻压作用下与落鱼或变形套管接触，产生塑性变形，从而间接反映出鱼顶状态或套管情况。如图1-101、图1-102所示。

技术参数：$\phi 148$ mm×0.28 m铅印，水眼20 mm。

② 铣锥

工具原理：铣锥是大修井施工中的重要修套工具，用以解除卡阻、打开通道、扩径，是利用外齿铣鞋或硬质合金块、钨钢粉堆焊而成的，在钻柱旋转及钻压作用下切削、刮削、钻磨，逐步将套管内腔的变形、套管皮、毛刺、飞边、水锈、水垢、水泥刮铣及钻铣干净。碎屑在一定的泵压、排量作用下被冲洗带至地面，从而具有解除卡阻、打通通道、扩径、恢复通径尺寸的

图 1-101　铅印规格　　　　　　　图 1-102　铅印结构

作用,其由铣锥本体、堵头、硬质合金块等组成。如图 1-103、图 1-104 所示。

技术参数:ϕ150 mm×0.70 m 铣锥,水眼 30 mm。

图 1-103　铣锥规格　　　　　　　图 1-104　铣锥结构

③ 可退式倒扣捞矛

工具原理:可退式倒扣捞矛由上接头、花键套、限位块、定位螺钉、卡瓦、矛杆组成。主要靠两个零件在斜面或锥面上相对移动胀紧或松开落鱼,靠键和键槽传递力矩,或正转或倒扣。可退式倒扣捞矛在打捞和倒扣过程中,当外径略大于落鱼通径的卡瓦接触落鱼时,卡瓦与矛杆产生相对滑动,卡瓦从矛杆锥面脱开;矛杆继续下行,花键套顶着卡瓦上端面,迫使卡瓦缩进落鱼内;此时卡瓦对落鱼内径有外胀力,紧紧贴住落鱼内壁;上提钻具,矛杆上行,矛杆与卡瓦锥面吻合,随着上提力的增加,卡瓦被胀开,外胀力使得卡瓦上的三角形牙咬入落鱼内壁,继续上提即可实现打捞。此时对钻具施以扭矩,即可实现倒扣。如图 1-105、图 1-106 所示。

技术参数:ϕ105 mm×0.78 m,打捞范围 60~89 mm。

图 1-105　可退式倒扣捞矛规格　　　　　　　图 1-106　可退式倒扣捞矛结构

④ 可退式捞矛

工具原理:可退式捞矛是从鱼腔内孔进行打捞的工具,它既可抓捞自由状态下的管柱,也可抓捞遇卡管柱。圆卡瓦外径略大于落物内径,当工具进入鱼腔时,圆卡瓦被压缩,产生一定的外胀力,使卡瓦贴紧落物内壁。上提,芯轴、卡瓦上的锯齿形螺纹互相吻合,卡瓦产生径向力,使其咬住落鱼实现打捞。如图 1-107、图 1-108 所示。

技术参数:ϕ105 mm×0.76 m,打捞范围 60~89 mm。

　　图1-107　可退式捞矛规格

　　图1-108　可退式捞矛结构

⑤双滑块捞矛

工具原理：双滑块捞矛是内捞工具，它可以打捞钻杆、油管、套铣管、衬管、封隔器、配水器、配产器等具有内孔的落物，还可对遇卡落物进行倒扣作业或配合其他工具（如震击器、倒扣器等使用）。如图1-109、图1-110所示。

技术参数：ϕ104 mm×1.20 m，打捞范围60～89 mm。

　　图1-109　双滑块捞矛规格

　　图1-110　双滑块捞矛结构

⑥卡瓦打捞筒

工具原理：卡瓦打捞筒是从管子外部进行打捞的一种工具，可打捞不同尺寸油管、钻杆等鱼顶为圆柱形落鱼，并可与震击器配合使用。当捞获落鱼后，上提钻具，卡瓦外螺旋锯齿形锥面与筒体内相应的齿面有相对位移，可将落鱼卡紧捞出。如图1-111、图1-112所示。

技术参数：ϕ143 mm×1.0 m卡瓦捞筒，打捞范围60～89 mm。

　　图1-111　卡瓦打捞筒规格

　　图1-112　卡瓦打捞筒结构

⑦套铣筒

工具原理：套铣筒是用于清除井下管柱与套管之间各种脏物的工具。其可以套铣环形空间的水泥、坚硬的沉砂及碳酸钙结晶，主要由套铣管和套铣头组成。如图1-113、图1-114所示。

技术参数：ϕ140 mm套铣头＋ϕ140 mm套铣管。

　　图1-113　套铣管

　　图1-114　套铣头

（6）打捞过程

经过1趟打铅印、1趟磨铣修套、12趟打捞和4趟套铣，捞获井内全部落鱼，符合后期施工条件。JH122CX井打捞施工重点工序见表1-29。

表1-29　JH122CX井打捞施工重点工序

序号	重点施工内容	使用工具	打捞趟数	打捞情况	捞出落鱼量/m
1	组下铅印管柱	平底铅印	1趟	组下铅印+2 7/8″反扣钻杆+变丝+3 1/2″反扣钻杆,下放钻具探得鱼顶位置,加压8 t;起钻检查,铅模打印有明显圆印迹,铅模侧面缺失。 剩余落鱼:3 1/2″TP-JC油管187根+变丝+循环滑套+2 7/8″EUE油管1根+Y211-146型封隔器+2 7/8″EUE油管1根+盲堵+喇叭口	0
2	组下修套管柱	铣锥	1趟	组下铣锥+2 7/8″反扣钻杆+变丝+3 1/2″反扣钻杆,下放钻具,铣锥修复井段:4 156.13～4 288.30 m,遇阻井段:4 170.57～4 170.77 m,加压小于0.5 t,反复磨铣3次,均无遇阻现象。 剩余落鱼:3 1/2″TP-JC油管187根+变丝+循环滑套+2 7/8″EUE油管1根+Y211-146型封隔器+2 7/8″EUE油管1根+盲堵+喇叭口	0
3	组下打捞管柱	可退式捞矛	1趟	组下可退式捞矛+2 7/8″反扣钻杆+变丝+3 1/2″反扣钻杆,下放钻具加压3 t,正转3圈无回劲,上提下放钻具在70～100 t之间活动解封封隔器1 h,之后再无法解封封隔器,实施倒扣,检查无捞获。 剩余落鱼:3 1/2″TP-JC油管187根+变丝+循环滑套+2 7/8″EUE油管1根+Y211-146型封隔器+2 7/8″EUE油管1根+盲堵+喇叭口	0
4	组下打捞管柱	可退式倒扣捞矛	3趟	组下可退式倒扣捞矛+2 7/8″反扣钻杆+变丝+3 1/2″反扣钻杆,下放钻具探到鱼顶,加压2 t,反转5圈无回转后起钻检查:第一趟捞获3 1/2″TP-JC油管114根,第二趟捞获3 1/2″TP-JC油管31根,第三趟捞获3 1/2″TP-JC油管20根。 剩余落鱼:3 1/2″TP-JC油管22根+变丝+循环滑套+2 7/8″EUE油管1根+LXY211-146型封隔器+2 7/8″EUE油管1根+盲堵+喇叭口,鱼顶位置5 725.88 m	1 533.61

表 1-29(续)

序号	重点施工内容	使用工具	打捞趟数	打捞情况	捞出落鱼量/m	现场照片
5	组下打捞管柱	双滑块捞矛	1趟	组下双滑块捞矛+2 7/8″反扣钻杆+变丝+3 1/2″反扣钻杆,下放钻具探至鱼顶,加压5 t,上提管柱悬重115 t,上提下放打捞钻具在60~120 t之间活动解封封隔器3 h;之后再解封无效实施倒扣;起钻检查,捞获3 1/2″TP-JC油管12根。剩余落鱼:3 1/2″TP-JC油管10根+变丝+循环滑套+2 7/8″EUE油管1根+LXY211-146型封隔器+2 7/8″EUE油管1根+盲堵+喇叭口,鱼顶位置5 836.96 m	111.08	
6	组下打捞管柱	可退式倒扣捞矛	1趟	组下可退式倒扣捞矛+2 7/8″反扣钻杆+变丝+3 1/2″反扣钻杆,下放钻具探至鱼顶,加压3 t,反转5圈无回转;起钻检查,捞获3 1/2″TP-JC油管2根。剩余落鱼:3 1/2″TP-JC油管8根+变丝+循环滑套+2 7/8″EUE油管1根+LXY211-146型封隔器+2 7/8″EUE油管1根+盲堵+喇叭口,鱼顶位置5 855.21 m	18.25	
7	组下套铣管柱	套铣筒	1趟	组下套铣头+套铣筒3根+2 7/8″反扣钻杆+变丝+3 1/2″反扣钻杆,下放钻具探至鱼顶,加压1 t,套铣井段5 738~5 779 m;起钻检查,无捞获。剩余落鱼:3 1/2″TP-JC油管8根+变丝+循环滑套+2 7/8″EUE油管1根+LXY211-146型封隔器+2 7/8″EUE油管1根+盲堵+喇叭口,鱼顶位置5 855.21 m	0	
8	组下打捞管柱	可退式倒扣捞矛	1趟	组下可退式倒扣捞矛+2 7/8″反扣钻杆+变丝+3 1/2″反扣钻杆,下放钻具探至鱼顶,加压5 t,反转21圈无回转;起钻检查,捞获3 1/2″TP-JC油管3根。剩余落鱼:3 1/2″TP-JC油管5根+变丝+循环滑套+2 7/8″EUE油管1根+LXY211-146型封隔器+2 7/8″EUE油管1根+盲堵+喇叭口,鱼顶位置5 883.33 m	28.12	
9	组下套铣管柱	套铣筒	1趟	组下套铣头+套铣筒3根+2 7/8″反扣钻杆+变丝+3 1/2″反扣钻杆,下放钻具探至鱼顶,加压2 t,套铣井段5 883.50~5 917.35 m。剩余落鱼:3 1/2″TP-JC油管5根+变丝+循环滑套+2 7/8″EUE油管1根+LXY211-146型封隔器1个+2 7/8″EUE油管1根+盲堵+喇叭口,鱼顶位置5 883.33 m	0	

表 1-29(续)

序号	重点施工内容	使用工具	打捞趟数	打捞情况	捞出落鱼量/m	现场照片
10	组下打捞管柱	可退式倒扣捞矛	1 趟	组下可退式倒扣捞矛＋2 7/8″反扣钻杆＋变丝＋3 1/2″反扣钻杆，下放钻具探至鱼顶，加压 3 t，反转 20 圈无回转；起钻检查，捞获 3 1/2″TP-JC 油管 2 根。剩余落鱼：3 1/2″TP-JC 油管 3 根＋变丝＋循环滑套＋2 7/8″EUE 油管 1 根＋LXY211-146 型封隔器＋2 7/8″EUE 油管 1 根＋盲堵＋喇叭口，鱼顶位置 5 902.65 m	19.32	
11	组下套铣管柱	套铣筒	1 趟	组下套铣头＋套铣筒 3 根＋2 7/8″反扣钻杆＋变丝＋3 1/2″反扣钻杆，下放钻具探至鱼顶，加压 2 t，套铣井段 5 907.11～5 930.44 m。剩余落鱼：3 1/2″TP-JC 油管 3 根＋变丝＋循环滑套＋2 7/8″EUE 油管 1 根＋LXY211-146 型封隔器＋2 7/8″EUE 油管 1 根＋盲堵＋喇叭口，鱼顶位置 5 902.65 m	0	
12	组下打捞管柱	双滑块捞矛	1 趟	组下双滑块捞矛＋2 7/8″反扣钻杆＋变丝＋3 1/2″反扣钻杆，下放钻具探至鱼顶，加压 3 t，上提管柱悬重 128 t，上提下放打捞钻具，在 80～130 t 之间活动解封封隔器 3 h，之后再解封无效实施倒扣；起钻检查，捞获 3 1/2″JC 油管 3 根＋3 1/2″JC 母×2 7/8″EUE 公变丝 1 个＋循环滑套上半部分。剩余落鱼：滑套下半部分＋2 7/8″EUE 油管 1 根＋LXY211-146 型封隔器＋2 7/8″EUE 油管 1 根＋盲堵＋喇叭口，鱼顶位置 5 933.51 m	30.86	
13	组下套铣管柱	套铣筒	1 趟	组下套铣头＋套铣筒 3 根＋2 7/8″反扣钻杆＋变丝＋3 1/2″反扣钻杆，下放钻具探至鱼顶，加压 2 t，套铣井段 5 939.67～5 950.36 m。剩余落鱼：滑套下半部分＋2 7/8″EUE 油管 1 根＋LXY211-146 型封隔器＋2 7/8″EUE 油管 1 根＋盲堵＋喇叭口，鱼顶位置 5 933.51 m	0	
14	组下打捞管柱	双滑块捞矛	1 趟	组下双滑块捞矛＋2 7/8″反扣钻杆＋变丝＋3 1/2″反扣钻杆，下放钻具探至鱼顶，加压 2～4 t，上提钻具悬重均无变化；起钻检查，矛杆底部有明显的研磨痕迹，外径 53 mm，判断打捞工具与鱼腔内径不匹配。剩余落鱼：滑套下半部分＋2 7/8″EUE 油管 1 根＋LXY211-146 型封隔器＋2 7/8″EUE 油管 1 根＋盲堵＋喇叭口，鱼顶位置 5 933.51 m	0	

表 1-29(续)

序号	重点施工内容	使用工具	打捞趟数	打捞情况	捞出落鱼量/m	现场照片
15	组下打捞管柱	卡瓦打捞筒	1 趟	组下卡瓦打捞筒＋安全接头＋2 7/8″反扣钻杆＋变丝＋3 1/2″反扣钻杆,下放钻具探至鱼顶,加压 3 t,上提钻具悬重 120 t,上提下放钻具在 110～135 t 之间活动解封封隔器 4.5 h;起钻检查,捞获滑套下接头＋2 7/8″油管 1 根＋封隔器上接头。剩余落鱼:LXY211-146 型封隔器＋2 7/8″EUE 油管 1 根＋盲堵＋喇叭口 1 个,鱼顶位置 5 949.4 m	15.89	
16	组下打捞管柱	可退式捞矛	1 趟	组下可退式捞矛＋2 7/8″反扣钻杆＋变丝＋3 1/2″反扣钻杆,加压 1 t,正转 5 圈,上提钻具悬重 125 t,上提下放钻具在 100～140 t 之间活动解封封隔器成功;起钻检查,捞获 LXY211-146 型封隔器＋2 7/8″EUE 油管 1 根＋盲堵＋喇叭口 1 个	12.59	

(7) 经验认识

① 本井设计打捞思路是正确的,但实际操作中出现选择工具不当的情况。具体表现为对滑套下半部分内径状况分析不清,选择双滑块捞矛未能入鱼,由出井工具检查矛杆底部有明显的研磨痕迹,外径 53 mm,判断打捞工具与鱼腔内径不匹配。

② 本井采用了探查工艺、修套工艺、套铣工艺和 4 种打捞工艺,具体为:

a. 打铅印工艺:本井实施打铅印工艺进一步明确了落鱼鱼顶的几何形状、深度等信息,结合前期打捞情况分析,为后序打捞工具选型提供了依据。

b. 铣锥修套工艺:本井使用 150 mm 的铣锥修套在 4 170.57～4 170.77 m 遇阻,加压 0.5 t 通过,反复划眼无遇阻现象,可以基本判断本井套管未发生严重变形。

c. 可退式捞矛打捞工艺:本井使用该工艺主要目的是尝试活动管柱,解封封隔器后实现打捞。该工艺在本井实施 2 趟,成功 1 趟,成功捞获封隔器及以下全部落鱼 12.59 m。

d. 可退式倒扣捞矛打捞工艺:该工艺操作简单、易实施,使用多次均捞获落鱼油管,打捞效果好。该工艺在本井实施 6 趟,成功 6 趟,成功倒扣捞获 3 1/2″TP-JC 油管 1 599.5 m。

e. 双滑块捞矛打捞工艺:该工艺操作简单、使用范围较广泛,倒扣时上提吨位比可退式倒扣捞矛吨位大,但打捞成功后无法退鱼,需带安全接头使用。该工艺主要目的是尝试活动管柱,解封封隔器后实现打捞。该工艺在本井实施 3 趟,成功 2 趟,成功倒扣捞获落鱼 141.94 m。

f. 卡瓦打捞筒打捞工艺:卡瓦打捞筒是外捞管类落物的常用打捞工具,可以用于倒扣,倒扣不成功时可以退鱼。本井使用该工具成功打捞出滑套下接头＋2 7/8″油管 1 根＋封隔器上接头 15.89 m。

g. 套铣处理工艺:作为本井打捞的辅助工艺,使用套铣筒套铣时有很高的风险,因本井为大漏失井,套铣过程中无法将岩屑带出井口,容易发生卡钻事故,且本井为斜直井,套铣过程中可能将油管套坏,增加打捞难度。本井单次下套铣筒最多为3根,套铣过程中严格控制套铣参数,采用低钻压(0.5～1 t)、高转速(60～70 r/min)的方式进行套铣,达到了很好的套铣效果。

(8) 综合评价

① 修井方案评价

a. 确定因素集 U:

$U = \{$修井成功率(x_1),修井成本(x_2),修井作业效率(x_3),修井劳动强度$(x_4)\}$

b. 确定权重集 A:

$A = \{$修井成功率(0.3),修井成本(0.3),修井作业效率(0.3),修井劳动强度$(0.1)\}$

c. 确定评语目录集 V:

$$V = \{优秀(v_1),良好(v_2),合格(v_3),不合格(v_4)\}$$

其中 v 取值 0～1 之间,优秀为 $v \geqslant 0.8$,良好为 $0.4 \leqslant v < 0.8$,合格为 $0.2 < v < 0.4$,不合格为 $v \leqslant 0.2$。

d. 确定单因素评价矩阵 $\boldsymbol{R}$:

按照以上评价原则,由施工人员、技术人员进行评价打分,确定单因素评价矩阵 $\boldsymbol{R}$。

$$修井成功率 = \{0.7, 0.6, 0.5, 0.1\}$$
$$修井成本 = \{0.6, 0.5, 0.4, 0.3\}$$
$$修井作业效率 = \{0.6, 0.5, 0.4, 0.3\}$$
$$修井劳动强度 = \{0.1, 0, 0.2, 0.4\}$$

$$\boldsymbol{R} = \begin{bmatrix} 0.7 & 0.6 & 0.5 & 0.1 \\ 0.6 & 0.5 & 0.4 & 0.3 \\ 0.6 & 0.5 & 0.4 & 0.3 \\ 0.1 & 0 & 0.2 & 0.4 \end{bmatrix}$$

e. 综合评价计算:

$$\boldsymbol{B} = \boldsymbol{AR} = (0.3 \quad 0.3 \quad 0.3 \quad 0.1) \begin{bmatrix} 0.7 & 0.6 & 0.5 & 0.1 \\ 0.6 & 0.5 & 0.4 & 0.3 \\ 0.6 & 0.5 & 0.4 & 0.3 \\ 0.1 & 0 & 0.2 & 0.4 \end{bmatrix}$$

计算得: $(0.58, 0.48, 0.41, 0.25) = 1.72$

(合格,合格,合格,不合格)

用 1.72 除以各因素项归一化计算,得:

$(0.34, 0.28, 0.24, 0.15)$

从中可以看出,该井作业过程总体评价为合格。

② 经济效益评价

通过盈亏平衡点(BEP)分析项目成本与收益的平衡关系。计算方法如下:

$$效益盈亏平衡点 = \frac{单井次直接费用投入}{吨油价格 - 吨油增量成本}$$

$$投入产出比 = \frac{单井直接费用投入 + 增量成本}{措施累计增产油量 \times 吨油价格}$$

JH122CX 井经济效益评价结果见表 1-30。

表 1-30　JH122CX 井经济效益评价结果

直接成本					
修井费/万元	339.58	工艺措施费/万元	17	总计费用/万元	394.12
材料费/万元	21.84	配合劳务费/万元	15.7		
增量成本					
吨油运费/元	17.81	吨油处理费/元	16.8	吨油价格/元	2 050
吨油税费/元	98.4	原油价格/美元折算	362.88	增量成本合计/万元	66.50
产出情况					
日增油/t	50	有效期/d	100	累计增油/t	5 000
效益评价					
销售收入/万元	1 025	吨油措施成本/(元/t)	921.24	投入产出比	1∶2.23
措施收益/万元	564.38	盈亏平衡点产量/t	2 402.82	评定结果	有效

第二章 深井套损修复处理技术

第一节 套管修复技术

一、技术概述

套管的损坏变形直接影响油（水）井的正常生产，甚至导致油（水）井停产、报废，随着油田开采时间的延长，油（水）井套管变形损坏日趋严重，因此，套管损坏的修理工作是油田开发过程中必须面临的问题。

1. 套管整形工艺技术

套管整形工艺技术是用机械方法或化学方法对套管变形部位进行冲击挤胀、碾压挤胀、高能气体扩张复位修复，使变形部位或错断部位的套管得以恢复原来径向尺寸和通径。

2. 取换套管工艺技术

取换套管工艺技术是针对严重错断井、变形井、破裂外漏井而发展完善起来的一项修井工艺技术。切割后用倒扣打捞的方法将损坏套管捞出，然后下入完好套管与底部套管对扣连接。所下入的完好套管底部有时要连接带引鞋的对扣接头，以保证对扣的成功。

3. 套管整形基本步骤

（1）落实井下套管变形情况，主要是套管的位置和形状等。

（2）依据套管形变情况大小，选择合适的整形修复工具。

（3）编写施工设计和安全措施，按呈报手续经批准后，按施工设计进行处理，下井工具要画示意图。

（4）起下作业时操作要平稳，遵循"不损坏井身结构、不使修套复杂化"的原则。在试探变形段时，应缓慢下放管柱，观察拉力表读数变化。

（5）对出入井的工具要进行分析，总结经验，提高认识，并针对故障成因提出改进性的措施。

二、应用实例

本部分介绍了塔河油田深井套损整形处理的 4 口井典型实例和在作业过程中积累的经验与技术成果。

1. JH123 井套管修复工艺实例

（1）基础数据

JH123 井是阿克库勒凸起西达里亚构造高部位的一口开发井，井身结构为 4 级，完井方式为套管射孔完井，初期自喷生产，油压 5.7 MPa，套压 7 MPa，日产油 83 m^3，日产天然气 0.39×10^4 m^3，随着采出程度变大含水突升，导致油、套压快速下降，产量下降停喷。JH123 井基础数据详见表 2-1。

表 2-1　JH123 井基础数据表

井别	直井	完井层位	T_2a
完钻时间	2013.03.27	完井井段	4 237.0～4 455.5 m
固井质量	中	5 1/2″套管下深	4 496.24 m
完钻井深	4 500 m	9 5/8″套管下深	3 248.21 m
人工井底	4 500 m	射孔段长	218.5 m

存在问题:5 1/2″套管 4 357～4 367 m 井段多处发生缩径变形,影响后期修井施工。

(2) 事故经过

2004 年 6 月 2 日,钻磨 4 363.33 m 和 4 442.9 m 处两个桥塞后,下电潜泵合采作业,施工过程中发生了 3 次井涌,下桥塞套铣磨鞋(内径为 70 mm,长 0.35 m)至 3 224.46 m 遇阻,反复活动多次通过,后加深钻杆至 4 360.3 m 再次遇阻,下 ϕ114 mm 铅模至 4 368.75 m 打铅印,根据打铅印结果,结合前期作业施工情况,分析后认为本井套管在 4 360～4 368 m 严重缩径,套管缩径到 103 mm。

JH123 井井身结构如图 2-1 所示。打印铅模实物如图 2-2 所示。

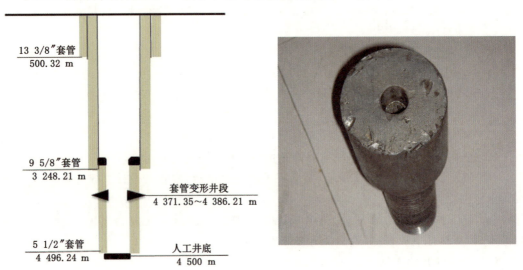

图 2-1　JH123 井井身结构示意图　　图 2-2　打印铅模实物图

(3) 施工难点

该井属于深井事故,套管整形难点主要有以下三点:

① 本井井身结构为 5 1/2″套管悬挂于 9 5/8″套管完井,套管内通径存在变径的情况,不利于井内钻磨形成的残屑循环返出。

② 5 1/2″套管内通径 118 mm,缩径最小尺寸为 103 mm,修套卡钻风险较大,在修套工具选择上存在一定的困难。

③ 深井 5 1/2″套管的补贴目前尚没有较成熟的工艺技术,待修套成功后需进行测井论证补贴的必要性。

(4) 修套思路

思路1:钻磨至套管变形处上部,充分循环洗井;对套管变形处打铅印;根据打印显示的情况,进行钻磨处理;优选修套工具进行处理。

思路2:钻磨至原人工井底,充分循环洗井;组下套管切割工具,对套管变形段以下部分进行切割,取出变形段套管;下入套管对扣悬挂完井。

经过修套人员分析、讨论,认为采取思路1更为稳妥,主要原因有以下两个方面:

① 目前井内的状况不明,直接进行钻磨作业不利于选择合适的扫塞工具,且易造成遇阻卡形成二次复杂事故。

② 思路2施工周期长,5 1/2″套管水泥返高4 042.00 m,实施取换套作业存在较大风险。

(5) 工具选取

考虑修套处理作业,本次施工选用了2种钻磨工艺、2种探查工艺、1种冲砂工艺和1种修套工艺,具体如下:

① 大水眼磨鞋

工具原理:磨鞋本体由YD合金块(或其他耐磨材料)构成,其由两段圆柱体组成,小圆柱体上部与钻杆螺纹连接,大圆柱体底面和侧面有过水槽,在底面过水槽间焊YD合金(或耐磨材料)。如图2-3、图2-4所示。

技术参数:ϕ110 mm×0.35 m大水眼磨鞋。

图2-3 大水眼磨鞋规格　　　　　　图2-4 大水眼磨鞋结构

② 平底铅印

工具原理:铅印是用于了解落鱼准确深度、了解落鱼鱼顶形状、检查套管内径变形形状的工具。铅的硬度比钢铁小得多,且铅的塑性好。在加压状态下钢铁鱼顶与铅体发生挤压,在铅体上印下鱼顶形状的痕迹,这种痕迹称为铅印。平底铅印主要由接头体和铅印组成。铅印中心有循环孔,可以循环压井液。接头体在浇铸铅印的部位有环形槽,以便固定铅印。如图2-5、图2-6所示。

技术参数:ϕ110 mm×0.44 m,水眼20 mm。

图2-5 平底铅印规格　　　　　　图2-6 平底铅印结构

③ 胀管器

工具原理:依靠地面施加的冲击力,迫使工具的锥形头部楔入变形套管部位进行挤胀,实现恢复其内通径尺寸的目的。工作部分为锥体大端,在钻压作用下与套变部位接触的瞬间所产生的侧向分力直接挤胀套变部位，实现修复。如图2-7、图2-8所示。

技术参数：$\phi 105 \times 0.50$ m。

图2-7　胀管器规格　　　　　　　　图2-8　胀管器结构

④ 通径规

工具原理：通径规是检测套管内通径尺寸的薄壁筒状工具，由接头与筒体两部分组成。将通径规接在下井第一根油管或钻杆的末端，逐步加深管柱，下入至井底或设计深度。如图2-9、图2-10所示。

技术参数：$\phi 115$ mm $\times 0.3$ m。

图2-9　通径规规格　　　　　　　　图2-10　通径规结构

⑤ 刮削器

工具原理：刮削器主要用途是清除井下套管内壁上的水泥块、硬蜡、残留子弹、射孔毛刺以及其他附着物，保持套管内壁的清洁，以利所有钻井工具的正常作业。如图2-11、图2-12所示。

技术参数：$\phi 115$ mm $\times 1.12$ m。

图2-11　刮削器规格　　　　　　　　图2-12　刮削器结构

⑥ 斜尖

工具原理：用高速流动的液体将井底砂堵冲散，并借用液流循环上返的循环能力将冲散的砂子带出地面，从而清除井底的积砂。冲砂方式一般有正冲砂、反冲砂和正反冲砂三种。如图2-13、图2-14所示。

图2-13　斜尖规格　　　　　　　　图2-14　斜尖结构

（6）处理过程

经过钻磨2趟、打铅印1趟、修套2趟、冲砂2趟、通井2趟，最终实现套管整形修复，处理井筒至4 320 m，符合后期施工条件。JH123井套管整形修复施工重点工序见表2-2。

表 2-2　JH123 井套管整形修复施工重点工序

序号	重点施工内容	使用工具	施工趟数	施工情况	处理井段/m	现场照片
1	组下钻磨管柱	大水眼磨鞋	1 趟	组下大水眼磨鞋＋安全接头＋2 7/8″钻杆，正冲反洗至 4 255 m，正循环冲洗钻磨，原悬重 77 t，加压 1～2.5 t，扫塞至深度 4 281.23 m，进尺 36.23 m，冲出砂子及灰屑 0.3 m³	4 245～4 281.23	
2	组下冲砂管柱	斜尖	1 趟	组下 2 3/8″斜尖＋2 3/8″钻杆，探至 4 277.78 m，正冲反洗，原悬重 76 t，加压 0～0.5 t，冲砂至 4 371.35 m，进尺 93.57 m，冲出砂子 1.1 m³	4 277.78～4 371.35	
3	组下打铅印管柱	平底铅印	1 趟	组下铅印＋3 1/2″钻铤 12 根＋2 7/8″钻杆，下放钻具至 4 366.33 m，加压 2 t 打通过，继续下放钻具至 4 371.35 m 遇阻，原悬重 76 t，加压 3 t 打印，起钻检查	4 366.33～4 371.35	
4	组下钻磨管柱	大水眼磨鞋	1 趟	组下大水眼磨鞋＋安全接头＋3 1/2″钻铤＋2 7/8″钻杆，在 4 371.35～4 372.40 m 反复提放，上提刮卡 4 t，下放遇阻 2 t，继续下放钻具又出现间断遇阻和上提刮卡现象，旋转钻磨处理至井深 4 383.93 m 后，上提钻具至 4 376.68 m 无法通过，旋转钻磨至 4 378.10 m 无进尺，起钻检查	4 371.35～4 378.10	
5	组下修套管柱	胀管器	1 趟	组下胀管器＋安全接头＋3 1/2″钻铤＋2 7/8″钻杆，原悬重 78 t，加压 1～5 t，上提下放加压修套，修套井段 4 371.35～4 385.13 m，修至上提下放阻卡小于 1.5 t，进尺 13.78 m，冲出地层砂 0.06 m³，起钻检查	4 371.35～4 385.13	

表 2-2(续)

序号	重点施工内容	使用工具	施工趟数	施工情况	处理井段/m	现场照片
6	组下冲砂管柱	斜尖	1趟	组下 2 3/8″斜尖＋2 3/8″钻杆,探至 4 386.21 m,正冲反洗,原悬重 77 t,加压 0～0.5 t,冲砂井段 4 386.21～4 435.38 m,冲砂至 4 415.89 m 遇阻,上提下放钻具,反复加压冲洗,加压至 8 t 通过,进尺 49.17 m,冲出地层砂 0.3 m³,起钻检查	4 386.21～4 415.89	
7	组下修套管柱	胀管器	1趟	组下胀管器＋安全接头＋3 1/2″钻铤＋2 7/8″钻杆,原悬重 78 t,加压 1～6 t,上提下放加压修套,修套井段 4 371.53～4 386.21 m,进尺 14.68 m,修套至上提下放阻卡小于 1.5 t,修套通过 4 386.21 m,下放钻具无阻卡,探至 4 435.38 m,进尺 49.17 m,起钻检查	4 371.53～4 386.21	
8	组下通井管柱	通径规	1趟	组下通径规＋安全接头＋3 1/2″钻铤＋2 7/8″钻杆,原悬重 78 t,加压 3 t,探至 4 435.38 m,起钻检查	4 217～4 435.38	
9	组下刮削管柱	刮削器	1趟	组下刮削器＋安全接头＋3 1/2″钻铤＋2 7/8″钻杆;对井段 4 217～4 263 m、4 247～4 294 m、4 280～4 320 m 三个层段反复刮削 3 次,上提钻具至 4 316.6 m,起钻检查	4 217～4 320	

(7) 经验认识

① 本井使用钻具修套,能够及时调整工具使用,最终获得成功。套管修复一般采取钻磨处理后套管补贴或取换套工艺,施工作业工期长、费用高,且实施难度大。本井为 5 1/2″套管尾管悬挂完井,作业采取胀管器逐级修复套管,损伤较小,且作业时间短,能够满足后期生产要求。

② 本井作业粗分共计采用 2 种钻磨工艺、2 种探查工艺、1 种冲砂工艺和 1 种修套工艺,具体为:

a. 打铅印探查工艺:本井实施打铅印探查工艺进一步明确了落鱼鱼顶的几何形状、深度等信息,结合前期打捞情况分析,为后序打捞工具选型提供了依据。

b. 钻磨处理工艺:本井在打铅印后,落实了 5 1/2″套管内通径由 118 mm 缩径至 103 mm;优选大水眼磨鞋处理变径井段,有利于循环洗井,在钻磨期间及时发现了套管内存在地层砂的情况,为了防止卡钻及时调整为冲砂作业。该工艺在本井使用 2 趟,均成功磨铣通过变径井段,为下步套管整形创造了有利条件。

c. 冲砂工艺:本井使用正冲反洗冲砂工艺实施 2 趟,冲出井内地层砂累计 1.5 m³,为后期磨铣和套管整形创造了有利条件;同时清除井内地层砂,避免了后期施工作业砂卡风险。

d. 套管整形修复工艺:针对套管内通径缩径严重的情况,施工时,套管整形工具用钻杆连接后下放至距套管损坏位置以上适当位置处停止,然后在井液中自由下放,依靠向下运动惯性使整形工具的锥体工作面与套损部位接触瞬时产生径向分力,冲胀套损的变形部位,如此反复进行。当整形工具产生的径向分力大于地应力对套管的挤压力和套管本身的弹性应力时,变形部位的套管则逐渐被冲胀、碾压、敲击而恢复径向尺寸,从而完成对变形或错断部位的套管整形修复。该工艺在本井实施 2 趟,成功 2 趟。

e. 通井探查工艺:在修套结束后,采用通径规顺利通过修复井段;检测套管内通径尺寸在修复后是一致的。

f. 刮削处理工艺:通井结束后,本井使用刮削器清除井下套管内壁上的毛刺,保持套管内壁的清洁,保证后期正常作业施工。

(8) 综合评价

① 修井方案评价

a. 确定因素集 U:

$$U=\{修井成功率(x_1),修井成本(x_2),修井作业效率(x_3),修井劳动强度(x_4)\}$$

b. 确定权重集 A:

$$A=\{修井成功率(0.4),修井成本(0.3),修井作业效率(0.2),修井劳动强度(0.1)\}$$

c. 确定评语目录集 V:

$$V=\{优秀(v_1),良好(v_2),合格(v_3),不合格(v_4)\}$$

其中 v 取值 0~1 之间,优秀为 $v \geqslant 0.8$,良好为 $0.4 \leqslant v < 0.8$,合格为 $0.2 < v < 0.4$,不合格为 $v \leqslant 0.2$。

d. 确定单因素评价矩阵 $\boldsymbol{R}$:

按照以上评价原则,由施工人员、技术人员进行评价打分,确定单因素评价矩阵 $\boldsymbol{R}$。

$$修井成功率=\{0.4,0.4,0.3,0.4\}$$
$$修井成本=\{0.2,0.3,0.3,0.2\}$$
$$修井劳动强度=\{0.3,0.2,0.2,0.2\}$$
$$修井作业效率=\{0.1,0.2,0.1,0.2\}$$

$$\boldsymbol{R}=\begin{bmatrix} 0.4 & 0.4 & 0.3 & 0.4 \\ 0.2 & 0.3 & 0.3 & 0.2 \\ 0.3 & 0.2 & 0.2 & 0.2 \\ 0.1 & 0.2 & 0.1 & 0.2 \end{bmatrix}$$

e. 综合评价计算：

$$B = AR = (0.4 \quad 0.3 \quad 0.2 \quad 0.1) \begin{bmatrix} 0.4 & 0.4 & 0.3 & 0.4 \\ 0.2 & 0.3 & 0.3 & 0.2 \\ 0.3 & 0.2 & 0.2 & 0.2 \\ 0.1 & 0.2 & 0.1 & 0.2 \end{bmatrix}$$

计算得： $(0.3, 0.3, 0.3, 0.3) = 1.2$

（合格,合格,合格,合格）

用 1.2 除以各因素项归一化计算，得：

$$(0.24, 0.29, 0.23, 0.25)$$

从中可以看出，该井作业过程总体评价为合格。

② 经济效益评价

通过盈亏平衡点（BEP）分析项目成本与收益的平衡关系。计算方法如下：

$$效益盈亏平衡点 = \frac{单井次直接费用投入}{吨油价格 - 吨油增量成本}$$

$$投入产出比 = \frac{单井直接费用投入 + 增量成本}{措施累计增产油量 \times 吨油价格}$$

JH123 井经济效益评价结果见表 2-3。

表 2-3　JH123 井经济效益评价结果

直接成本					
修井费/万元	427	工艺措施费/万元	/	总计费用/万元	599.79
材料费/万元	82.9	配合劳务费/万元	89.89		
增量成本					
吨油运费/元	/	吨油处理费/元	105.3	吨油价格/元	3 907
吨油税费/元	674	原油价格/美元折算	636.3	增量成本合计/万元	1 146
产出情况					
日增油/t	23.1	有效期/d	221	累计增油/t	6 188
效益评价					
销售收入/万元	1 995	吨油措施成本/(元/t)	923	投入产出比	1∶3.3
措施收益/万元	948	盈亏平衡点产量/t	1 183	评定结果	有效

2. JH101 井套管修复工艺实例

(1) 基础数据

JH101 井是阿克库勒凸起西南斜坡 4 号构造北东的一口开发井，井身结构为 3 级，完井方式为机抽完井，初期 5 mm 油嘴自喷生产，油压 11.5 MPa，套压 22.9 MPa，日产液 84.6 t，日产油 64.4 t，含水 23.9%。JH101 井基础数据详见表 2-4。

表 2-4　JH101 井基础数据表

井别	直井	完井层位	O_2yj
完钻时间	2004.07.21	完井井段	5 488.18～5 607.43 m
固井质量	中	13 3/8″套管下深	1 198.60 m
完钻井深	5 607.34 m	7″套管下深	5 488.18 m
人工井底	5 533.07 m	裸眼段长	119.25 m

存在问题：上修期间发现该井 7″套管在 3 m、8 m、143.9 m 处存在破损、错断或缩径。

（2）事故经过

2011 年 1 月 2 日，实施配合重复酸压作业，起甩原井管柱，检查封隔器胶皮完好，水力锚无明显刮痕；组下扫塞管柱底带 ϕ148 mm 大水眼磨鞋至 143.94 m 遇阻，加压 2 t 不能通过，正冲磨铣 1 h，起钻检查，磨鞋底面周边有轻微磨损；组下 ϕ150 mm 铅模验证套管，下至 8 m 遇阻，加压 1 t 打印，起出后查看铅印底部侧面有刮痕。

JH101 井井身结构如图 2-15 所示。起出铅印情况如图 2-16 所示。

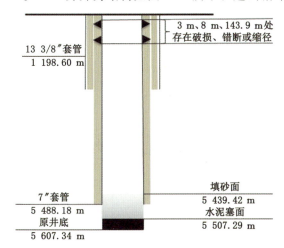

图 2-15　JH101 井井身结构示意图　　　　图 2-16　起出铅印情况

（3）施工难点

该井属于 7″套管换套井，施工难点主要有以下三点：

① 本井套管在 3 m、8 m、143.9 m 处存在多处破损、错断或缩径，其余井段套管情况不详。

② 针对井口附近套损，前期尝试两次大吨位试提套管作业均未成功，后期取换套存在一定风险。

③ 若本井 7″套管下部 143.9 m 处为套管错断，则后期修复工序可能存在较复杂的情况。

（4）修套思路

思路 1：在套管内打悬空塞暂时封堵井筒；实施套管切割后进行套管倒扣，捞出井内破损套管;实施套管回接,并全井筒试压合格。

思路 2:在套管内打悬空塞暂时封堵井筒;优选修套工具进行处理;验证套管通径符合标准,进行套管补贴,并全井筒试压合格。

经过修套人员分析、讨论,认为采取思路 1 更为稳妥,主要原因有以下两个方面:

① 该井套管破损点位于井筒上部,切割后实施倒扣成功性大,且套管回接不会有内通径损失,能够满足生产需要。

② 结合该井前期采油生产情况需要定期注水生产,实施套管补贴强度难以保障,后期可能会出现腐蚀的情况。

(5) 工具选取

考虑修套处理作业,本次施工选用了 1 种套管切割工艺、2 种打捞工艺、1 种探查工艺和 1 种套管回接工艺,具体如下:

① 水力割刀

工具原理:水力割刀由上接头、弹簧、本体、刀体部件、活塞、喷嘴等零件组成。泥浆泵将高压液体泵入水力割刀体内,高压液体通过活塞内的喷嘴产生压降,推动活塞压缩弹簧使活塞杆下行,活塞杆下端推动三个割刀片向外张开与套管内壁接触,张开的三个割刀片随同切割钻具顺时针旋转,三个割刀片周向同时切割套管,达到将套管割断的目的。如图 2-17、图 2-18 所示。

技术参数:ϕ146 mm×0.69 m,水眼 38 mm。

图 2-17 水力割刀规格　　　　　　　图 2-18 水力割刀结构

② 可退式捞矛

工具原理:可退式捞矛是从鱼腔内孔进行打捞的工具,它既可抓捞自由状态下的管柱,也可抓捞遇卡管柱。圆卡瓦外径略大于落物内径,当工具进入鱼腔时,圆卡瓦被压缩,产生一定的外胀力,使卡瓦贴紧落物内壁。上提,芯轴、卡瓦上的锯齿形螺纹互相吻合,卡瓦产生径向力,使其咬住落鱼实现打捞。如图 2-19、图 2-20 所示。

技术参数:外径 ϕ128 mm,打捞范围 148~158 mm。

图 2-19 可退式捞矛规格　　　　　　　图 2-20 可退式捞矛结构

③ 倒扣捞矛

工具原理：卡瓦接触落鱼时，卡瓦内缩进入鱼腔，上提，矛杆和卡瓦锥面贴合，卡瓦外胀，咬住落鱼，实现打捞。倒扣时，扭矩通过矛杆上的键传给卡瓦乃至落鱼倒扣。退出时，下击，右旋，限位块限定了矛杆和卡瓦的相对位置，上提退出。如图2-21、图2-22所示。

技术参数：外径 ϕ128 mm，打捞范围 148～158 mm。

图2-21 倒扣捞矛规格　　　　　图2-22 倒扣捞矛结构

④ 通径规

工具原理：通径规是检测套管内通径尺寸的薄壁筒状工具，主要用于检测套管、油管、钻杆等内孔的通径尺寸是否符合标准，分套管通径规和油管、钻杆通径规两大类。如图2-23、图2-24所示。

技术参数：ϕ305 mm×0.3 m。

图2-23 通径规规格　　　　　图2-24 通径规结构

⑤ 套管回接引筒

工具原理：套管回接引筒利用大直径导向引鞋将井内处于不居中位置的套管拨正，引导井内套管进入套管回接引筒内，与下入的回接套管居中对正，从而实现套管对扣回接的成功，引导套管对扣的同时在紧扣过程中扶正和限位，即保证套管不错扣或胀裂损坏套管接箍。如图2-25、图2-26所示。

技术参数：ϕ196 mm×0.5 m。

图2-25 套管回接引筒规格　　　　　图2-26 套管回接引筒结构

(6) 处理过程

经过打悬空塞1趟、套管切割1趟、打捞套管6趟、通井1趟、套管回接1趟，最终实现取换套作业，更换损坏7″套管191.14 m，符合后期施工条件。JH101井取换套施工重点工序见表2-5。

表 2-5　JH101 井取换套施工重点工序

序号	重点施工内容	使用工具	打捞趟数	打捞情况	捞出落鱼量/m	现场照片
1	组下打塞管柱	斜尖	1 趟	组下 3 1/2″油管斜尖＋3 1/2″EUE 油管至 1 001.25 m,打水泥塞后停泵起管柱至 812.39 m;关闭防喷器与旋塞,关井候凝 48 h,探塞面位置为 948.72 m	0	
2	组下切割管柱	水力割刀	1 趟	组下扶正器＋水力割刀＋变扣＋方钻杆,在 160 法兰以下 2.5 m 处切割,出口返出少量铁屑,停泵起出检查(起出割刀,牙片里有约 10 mm 铁屑、牙片约有 3～5 mm 磨损)确认切割成功,卸割刀甩方钻杆	0	
3	组下打捞套管	倒扣捞矛	4 趟	组下倒扣捞矛＋变扣＋方钻杆,上提悬重 52 t 后下放方钻杆,悬重至 12 t 开转盘倒扣,旋转 13 圈悬重下降至原悬重 2 t。第一趟起钻检查,捞获长 0.145 m 套管公扣;第二趟起钻检查,捞获套管 5 根,56.94 m;第三趟起钻检查,捞获套管 7 根,79.72 m;第四趟起钻检查,工具损坏,锚瓦外翻	136.81	
4	组下打捞套管	可退式捞矛	2 趟	组下可退式捞矛＋变扣＋方钻杆,加压 2 t 反转 2 圈后上提 20 t(原悬重 8.5 t)打捞成功;下放钻具悬重至 11 t 反转 31 圈上提,净重 10.7 t,倒扣成功;起钻检查,捞获套管 5 根,54.33 m	54.33	
5	组下通井管柱	通径规	1 趟	组下可退式捞矛＋变扣＋3 1/2″钻杆,下钻期间均无挂卡现象,通井至 190 m	0	
6	组下回接管柱	回接引筒	1 趟	组下套管＋套管回接引筒＋3 1/2″钻杆;下入 7″套管 1 根,穿换套管四通继续下入 7″套管 17 根至 197.74 m,套管对扣成功;套管憋压 15 MPa 合格	0	

(7) 经验认识

① 本井实施取换套作业,能够及时调整工具使用,最终获得成功。套管取换套一般使用水力割刀对套损井段进行切割后实施打捞,再下入套管进行对扣。本井为 7″套管上部进行取换套作业,7″套管 250 m 以上固井期间无返液,因此满足实施取换套作业条件,且作业时间短,能够满足后期生产。

② 本井作业粗分共计采用 1 种套管切割工艺、2 种打捞工艺、1 种探查工艺和 1 种套管回接工艺,具体为:

a. 水力切割工艺:本井实施水力割刀,对上部损坏套管成功实施切割,保证了后续打捞工序的顺利实施。

b. 倒扣捞矛打捞工艺:考虑上部套管破损不严重,本井选取了倒扣捞矛实施打捞,成功捞获了 12 根套管,其中 2 根破损严重,进一步验证了铅印痕迹的准确性。该工艺在本井使用 4 趟,其中前 3 趟获得了成功,最后 1 趟由于工具损坏,锚瓦外翻,分析下部套管存在严重的变形,因此更换打捞工艺。

c. 可退式捞矛打捞工艺:本井使用可退式捞矛打捞工艺实施打捞 1 趟,捞获套管 5 根,其中 1 根套管破损严重,为后期套管回接创造了有利条件。

d. 通井探查工艺:在取换套施工结束后,采用通径规顺利通过上部 9″套管,无挂卡现象,检测套管内通径尺寸能够满足套管回接施工。

e. 套管回接工艺:为了引导套管对扣,同时在紧扣过程中扶正和限位,即保证套管不错扣或胀裂损坏套管接箍,专门加工了套管回接引筒,利用大直径导向引鞋将井内处于不居中位置的套管拨正,引导井内套管进入套管回接引筒内,实现对扣紧扣。

(8) 综合评价

① 修井方案评价

a. 确定因素集 U:

$U = \{$修井成功率(x_1),修井成本(x_2),修井作业效率(x_3),修井劳动强度$(x_4)\}$

b. 确定权重集 A:

$A = \{$修井成功率(0.4),修井成本(0.3),修井作业效率(0.2),修井劳动强度$(0.1)\}$

c. 确定评语目录集 V:

$$V = \{优秀(v_1),良好(v_2),合格(v_3),不合格(v_4)\}$$

其中 v 取值 0~1 之间,优秀为 $v \geqslant 0.8$,良好为 $0.4 \leqslant v < 0.8$,合格为 $0.2 < v < 0.4$,不合格为 $v \leqslant 0.2$。

d. 确定单因素评价矩阵 $\boldsymbol{R}$:

按照以上评价原则,由施工人员、技术人员进行评价打分,确定单因素评价矩阵 $\boldsymbol{R}$。

$$修井成功率 = \{0.7, 0.4, 0.7, 0.5\}$$
$$修井成本 = \{0.6, 0.6, 0.7, 0.4\}$$
$$修井劳动强度 = \{0.5, 0.7, 0.6, 0.3\}$$
$$修井作业效率 = \{0.5, 0.5, 0.6, 0.3\}$$

$$R = \begin{bmatrix} 0.7 & 0.4 & 0.7 & 0.5 \\ 0.6 & 0.6 & 0.7 & 0.4 \\ 0.5 & 0.7 & 0.6 & 0.3 \\ 0.5 & 0.5 & 0.6 & 0.3 \end{bmatrix}$$

e. 综合评价计算：

$$B = AR = (0.4 \quad 0.3 \quad 0.2 \quad 0.1) \begin{bmatrix} 0.7 & 0.4 & 0.7 & 0.5 \\ 0.6 & 0.6 & 0.7 & 0.4 \\ 0.5 & 0.7 & 0.6 & 0.3 \\ 0.5 & 0.5 & 0.6 & 0.3 \end{bmatrix}$$

计算得： (0.61, 0.53, 0.67, 0.3) = 2.2

（合格，合格，合格，不合格）

用 2.2 除以各因素项归一化计算，得：

(0.27, 0.24, 0.30, 0.18)

从中可以看出，该井作业过程总体评价为合格。

② 经济效益评价

通过盈亏平衡点（BEP）分析项目成本与收益的平衡关系。计算方法如下：

$$效益盈亏平衡点 = \frac{单井次直接费用投入}{吨油价格 - 吨油增量成本}$$

$$投入产出比 = \frac{单井直接费用投入 + 增量成本}{措施累计增产油量 \times 吨油价格}$$

JH101 井经济效益评价结果见表 2-6。

表 2-6 JH101 井经济效益评价结果

直接成本					
修井费/万元	297	工艺措施费/万元	65	总计费用/万元	385.5
材料费/万元	13.5	配合劳务费/万元	10		
增量成本					
吨油运费/元	/	吨油处理费/元	32.54	吨油价格/元	3 542
吨油税费/元	170	原油价格/美元折算	578.7	增量成本合计/万元	221.74
产出情况					
日增油/t	5.86	有效期/d	130	累计增油/t	762
效益评价					
销售收入/万元	269.90	吨油措施成本/(元/t)	5 280.80	投入产出比	1∶0.70
措施收益/万元	−132.50	盈亏平衡点产量/t	1 024.25	评定结果	有效

3. JH102 井套管修复工艺实例

(1) 基础数据

JH102 井是阿克库勒凸起西南斜坡上的一口开发井，井身结构为3级，完井方式为机抽完井，初期 12 mm 油嘴自喷生产，日产液 20 m³，日产油 2.3 t，含水 89%。JH102 井基础数据详见表 2-7。

表 2-7　JH102 井基础数据表

井别	直井	完井层位	O_1y
完钻时间	2003.07.02	完井井段	5 715.78～5 804.82 m
固井质量	良	13 3/8″套管下深	801.93 m
完钻井深	5 823 m	9 5/8″套管下深	5 150.93 m
人工井底	5 804.82 m	裸眼段长	343.24 m

存在问题：本井上修作业期间发现 7″套管悬挂器部位存在破损。

（2）事故经过

2016 年 2 月，本井上修找漏堵水作业，上修期间使用 RTTS 封隔器对套管验漏，漏点确定在 4 317.59～4 334.67 m，进行两次水泥挤堵后，依然存在漏点；进行测井找漏点，发现 7″套管悬挂器处存在破损。

JH102 井井身结构如图 2-27 所示。RTTS 封隔器如图 2-28 所示。

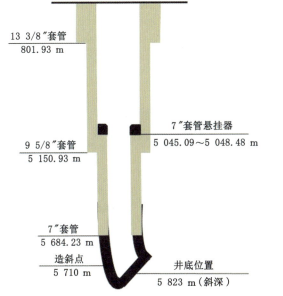

图 2-27　JH102 井井身结构示意图　　　图 2-28　RTTS 封隔器

（3）施工难点

该井属于 9 5/8″套管内实施 7″套管回接修复处理，施工难点主要有以下三点：

① 前期在 9 5/8″内找堵漏施工，井筒内壁有水泥残留，7″套管回接工具下入期间存在遇阻卡的风险。

② 7″套管回接存在错扣或胀裂损坏套管接箍的风险，在工具选择上需要予以考虑。

③ 套管回接悬挂成功后，固井施工后井筒内存在水泥残留，需增加钻磨工序。

（4）修套思路

思路 1：对 7″套管悬挂器以上井筒进行钻磨处理，再进行模拟通井作业；对 7″套管悬挂器以下井筒进行钻磨处理；实施套管悬挂器磨铣后，进行套管插管悬挂固井；钻磨至回接部位以下全井筒试压合格,则继续钻磨处理至原井底。

思路2:对7″套管悬挂器以上井筒进行钻磨处理,再进行模拟通井作业;对7″套管悬挂器以下井筒进行钻磨处理;实施套管悬挂器磨铣后,进行套管对扣回接悬挂固井;钻磨至回接部位以下全井筒试压合格,则继续钻磨处理至原井底。

经过修套人员分析、讨论,认为采取思路1更为稳妥,主要原因有以下两个方面:

① 选择7″套管进行插管回接较对扣回接更易操作,避免了回接存在错扣或胀裂损坏套管接箍的风险。

② 思路2套管对扣回接成功后,进行水泥封固存在一定的风险,水泥返高不易控制,且增加钻扫工作量。

(5) 工具选取

考虑修套处理作业,本次施工选用了2种钻磨工艺、1种磨铣工艺、1种通井工艺和1种套管回接封固工艺,具体如下:

① 平底磨鞋

工具原理:平底磨鞋由磨鞋本体及所堆焊的YD合金或其他耐磨材料组成。依靠其底部的YD合金或耐磨材料在钻压的作用下吃入并磨碎落物,磨屑随循环洗井液带出地面。如图2-29、图2-30所示。

技术参数:ϕ210 mm×0.38 mm平底磨鞋,水眼15 mm。

图2-29 平底磨鞋规格

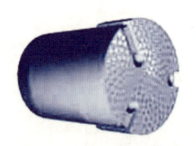

图2-30 平底磨鞋结构

② 梨形铣锥

工具原理:依靠前锥体上的YD合金铣切凸出的变形套管内壁及滞留在套管内壁上的结晶矿物和其他杂质。圆柱部分起定位扶正作用,铣下碎屑由洗井液上返带出地面。如图2-31、图2-32所示。

技术参数:ϕ216 mm铣锥,水眼35 mm。

图2-31 梨形铣锥规格

图2-32 梨形铣锥结构

③ 三牙轮钻头

工具原理：牙轮钻头在钻压和钻柱旋转的作用下，压碎并吃入岩石，同时产生一定的滑动而剪切岩石。当牙轮在井底滚动时，牙轮上的钻头依次冲击、压入地层，这个作用可以将井底岩石压碎一部分，同时靠牙轮滑动带来的剪切作用削掉齿间残留的另一部分岩石，使井底岩石全面破碎，井眼得以延伸。如图2-33、图2-34所示。

技术参数：ϕ149.2 mm 三牙轮钻头。

图 2-33　三牙轮钻头规格　　　　　　图 2-34　三牙轮钻头结构

④ 铣鞋

工具原理：铣鞋是用来磨削套管较小的局部变形的，修整在下钻过程中各种工具将接箍处套管造成的卷边及射孔时引起的毛刺、飞边，清整滞留在井壁上的矿物结晶及其他坚硬的杂物，以恢复通径尺寸。如图2-35、图2-36所示。

技术参数：ϕ187 mm 铣鞋。

图 2-35　铣鞋规格　　　　　　　　　图 2-36　铣鞋结构

⑤ 回接插头

工具原理：回接插头由导向头、循环头、密封附件、本体及接箍组成，有三组O、W形密封组件。O、W形密封组件为主密封；加压后插头接箍处的密封圈被挤压在接箍与回接筒喇叭口处，为辅助密封。如图2-37、图2-38所示。

技术参数：密封能力 25 MPa，有效密封长度 432 mm，插头密封段外径 186 mm，本体最大外径 194.9 mm，本体内径 156 mm。

⑥ 套管悬挂器

工具原理：当球到达球座后憋压，压力通过悬挂器本体上的传压孔传到液缸内，剪断液缸剪钉，推动活塞、液缸、推杆支撑套及卡瓦上行，卡瓦沿锥面胀开，楔入悬挂器锥体（C形本

图 2-37 回接插头规格

图 2-38 回接插头结构

体为锥套)和上层套管之间的环状间隙里。当钻具下放时,尾管重量被支撑在上层套管上;继续打压,憋通球座,建立正常循环;然后进行倒扣、注水泥、替浆作业;最后将送入工具和密封芯子提离悬挂器并循环出多余水泥浆,起钻,候凝。如图 2-39、图 2-40 所示。

技术参数:承载能力 160 t,最大外径 215 mm,最小内径 155 mm。

图 2-39 套管悬挂器规格

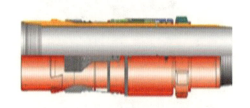

图 2-40 套管悬挂器结构

(6) 处理过程

经过钻磨 5 趟、通井 1 趟、磨铣 1 趟、套管回插固井 1 趟,最终实现套管回接,悬挂至 4 139.3 m,符合后期施工条件。JH102 井修套施工重点工序见表 2-8。

表 2-8　**JH102 井修套施工重点工序**

序号	重点施工内容	使用工具	施工趟数	施工情况	处理井段 /m	现场照片
1	组下钻磨管柱	平底磨鞋	1 趟	组下平底磨鞋+变扣+钻铤+变扣+2 7/8″斜坡钻杆+3 1/2″斜坡钻杆,钻磨冲洗至悬挂器位置,加压 2 t,复探 3 次,位置不变,其间累计返出水泥屑 1 255 L	4 304.85～5 104.37	
2	组下通井管柱	铣锥	1 趟	组下铣锥+变扣+2 7/8″斜坡钻杆+变扣+3 1/2″斜坡钻杆,钻磨至 4 309.7 m 遇阻,反复磨铣通过;继续通井至悬挂器位置;起钻检查,铣锥有轻微磨损	4 304.85～5 104.37	

表 2-8(续)

序号	重点施工内容	使用工具	施工趟数	施工情况	处理井段/m	现场照片
3	组下钻磨管柱	三牙轮钻头	1趟	组下三牙轮钻头+变扣+2 7/8″斜坡钻杆+变扣+3 1/2″斜坡钻杆,钻磨至5 104.37 m;起钻检查,三牙轮钻头完好	5 045.09～5 104.37	
4	组下磨铣管柱	铣鞋	1趟	组下铣鞋+变扣+2 7/8″斜坡钻杆+变扣+3 1/2″斜坡钻杆,磨铣回接筒;起钻检查,铣鞋磨损严重	5 045.09～5 048.48	
5	组下回插管柱	回接插头7″悬挂器	1趟	组下回接插头+7″套管5根+节流浮箍+7″套管77根+7″悬挂器+送入工具+变扣+3 1/2″斜坡钻杆;试插回接深度5 043.24 m,回接管试压合格;配合固井后,悬挂器丢手成功,起钻,关井候凝	4 139.3～5 045.09	
6	组下钻磨管柱	平底磨鞋	1趟	组下平底磨鞋+变扣+钻铤+变扣+2 7/8″斜坡钻杆+变扣+3 1/2″斜坡钻杆,探得塞面位置4 083.81 m,钻磨至4 139 m,进尺55.2 m;起钻检查,磨鞋有轻微磨损	4 083.81～4 139.3	
7	组下钻磨管柱	平底磨鞋	1趟	组下平底磨鞋+变扣+钻铤+变扣+2 7/8″斜坡钻杆+变扣+3 1/2″斜坡钻杆,钻磨井段4 139～5 682.7 m,累计进尺1 543.7 m,返出水泥屑4 300 L;起钻检查,磨鞋有轻微磨损	4 139～5 682.7	
8	组下钻磨管柱	三牙轮钻头	1趟	组下三牙轮钻头+变扣+钻铤+变扣+2 7/8″斜坡钻杆+3 1/2″斜坡钻杆,井段5 682.7～5 823 m,进尺140.3 m,其间累计返出水泥屑2 910 L	5 682.7～5 823	

(7) 经验认识

① 本井使用回插封固的技术,最终实现了套管修复。对于深井套管悬挂完井及套管悬

挂器位置质量差导致套漏的井,可采用套管短回接并进行封固的工艺是成功的,且较套管对扣回接作业时间短,能够满足后期生产。

② 本井作业粗分共计采用2种钻磨工艺、1种通井工艺、1种磨铣工艺和1种套管回插悬挂工艺,具体为:

a. 平底磨鞋钻磨工艺:本井使用平底磨鞋清除封固套管的水泥塞,实施了3趟钻磨处理,保证了套管内壁的畅通性,为下步施工创造了有利条件。

b. 三牙轮钻磨工艺:本井使用三牙轮钻头消除套管壁残留的水泥,实施了2趟钻磨处理,减少了套管回插工具遇卡阻的风险。

c. 铣锥通井工艺:本井前期使用RTTS封隔器在9 5/8″套管内验漏,封隔器胶筒存在损伤,使用铣锥对9 5/8″套管壁进行修整,为7″套管回接创造了有利条件。

d. 铣鞋磨铣工艺:本井实施7″套管回插前,须对原井套管悬挂器进行磨铣,保证回插工具能顺利与原套管实现对接。

e. 套管短回接工艺:使用带丢手接头的工具送达预定位置,将带有回接插头的套管挂插入下层尾管的回接筒内,并进行7″套管回接;7″套管悬挂器卡封成功后,实施固井作业。

(8) 综合评价

① 修井方案评价

a. 确定因素集 U:

$$U = \{修井成功率(x_1),修井成本(x_2),修井作业效率(x_3),修井劳动强度(x_4)\}$$

b. 确定权重集 A:

$$A = \{修井成功率(0.4),修井成本(0.3),修井作业效率(0.2),修井劳动强度(0.1)\}$$

c. 确定评语目录集 V:

$$V = \{优秀(v_1),良好(v_2),合格(v_3),不合格(v_4)\}$$

其中 v 取值 $0\sim1$ 之间,优秀为 $v \geqslant 0.8$,良好为 $0.4 \leqslant v < 0.8$,合格为 $0.2 < v < 0.4$,不合格为 $v \leqslant 0.2$。

d. 确定单因素评价矩阵 $\boldsymbol{R}$:

按照以上评价原则,由施工人员、技术人员进行评价打分,确定单因素评价矩阵 $\boldsymbol{R}$。

$$修井成功率 = \{0.7, 0.4, 0.7, 0.5\}$$
$$修井成本 = \{0.6, 0.6, 0.7, 0.4\}$$
$$修井劳动强度 = \{0.5, 0.7, 0.6, 0.3\}$$
$$修井作业效率 = \{0.5, 0.5, 0.6, 0.3\}$$

$$\boldsymbol{R} = \begin{bmatrix} 0.7 & 0.4 & 0.7 & 0.5 \\ 0.6 & 0.6 & 0.7 & 0.4 \\ 0.5 & 0.7 & 0.6 & 0.3 \\ 0.5 & 0.5 & 0.6 & 0.3 \end{bmatrix}$$

e. 综合评价计算:

$$\boldsymbol{B} = \boldsymbol{AR} = (0.4 \quad 0.3 \quad 0.2 \quad 0.1) \begin{bmatrix} 0.7 & 0.4 & 0.7 & 0.5 \\ 0.6 & 0.6 & 0.7 & 0.4 \\ 0.5 & 0.7 & 0.6 & 0.3 \\ 0.5 & 0.5 & 0.6 & 0.3 \end{bmatrix}$$

计算得：　　　　　　　　　(0.61, 0.53, 0.67, 0.3)=2.2
　　　　　　　　　　　　　(合格，合格，合格，不合格)
用2.2除以各因素项归一化计算，得：
$$(0.27, 0.24, 0.30, 0.18)$$
从中可以看出，该井作业过程总体评价为合格。

② 经济效益评价

通过盈亏平衡点(BEP)分析项目成本与收益的平衡关系。计算方法如下：

$$效益盈亏平衡点=\frac{单井次直接费用投入}{吨油价格-吨油增量成本}$$

$$投入产出比=\frac{单井直接费用投入+增量成本}{措施累计增产油量×吨油价格}$$

JH102井经济效益评价结果见表2-9。

表2-9　JH102井经济效益评价结果

直接成本					
修井费/万元	297	工艺措施费/万元	65	总计费用/万元	385.5
材料费/万元	13.5	配合劳务费/万元	10		
增量成本					
吨油运费/元	/	吨油处理费/元	32.54	吨油价格/元	3 542
吨油税费/元	170	原油价格/美元折算	578.7	增量成本合计/万元	221.74
产出情况					
日增油/t	5.86	有效期/d	130	累计增油/t	762
效益评价					
销售收入/万元	269.90	吨油措施成本/(元/t)	5 280.80	投入产出比	1∶0.70
措施收益/万元	−132.50	盈亏平衡点产量/t	1 024.25	评定结果	有效

4. JH124X井套管修复工艺实例

(1) 基础数据

JH124X井是阿克库勒凸起西南斜坡上的一口开发井，井身结构为4级，完井方式为裸眼酸压完井，初期3 mm油嘴自喷生产，油压16.1 MPa，日产液55.3 m³，日产油52.5 t，含水5.1%。JH124X井基础数据详见表2-10。

表2-10　JH124X井基础数据表

井别	斜井	完井层位	O_2yj
完钻时间	2009.11.03	完井井段	6 552.39~6 646.00 m
固井质量	合格	13 3/8″套管下深	801.93 m
完钻井深	6 646.00 m	9 5/8″套管下深	4 897.00 m
人工井底	6 646.00 m	7″套管下深	6 552.39 m

存在问题：本井上修作业期间发现9 5/8″套管4 369.34 m处存在变形。

（2）事故经过

2013年10月4日，上修作业。组下 φ215.9 mm 三牙轮至井深 4 369.34 m 处遇阻，起钻检查，三牙轮底部周边轻微磨损；组下铅模至井深 4 369.34 m 加压 6 t 打铅印，检查铅印被切掉一块，铅模外径由 210 mm 缩至 195 mm，初步分析 9 5/8″套管 4 369.34 m 处破损。

JH124X 井井身结构如图 2-41 所示。打铅印结果如图 2-42 所示。

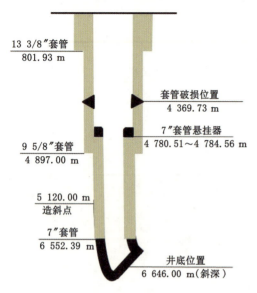

图 2-41　JH124X 井井身结构示意图　　　　图 2-42　打铅印结果

（3）施工难点

该井属于 9 5/8″套管内实施 7″套管回接修复处理，施工难点主要有以下三点：

① 该井遇阻井段测井结果显示套损段无固井水泥环，地层岩性为泥质砂岩，且水层发育，泥岩遇水膨胀挤压套管；修套打通道过程存在开窗侧钻风险。

② 7″套管回接存在错扣或胀裂损坏套管接箍的风险，在工具选择上需要予以考虑。

③ 套管回接悬挂成功后，固井施工后井筒内存在水泥残留，需增加钻磨工序。

（4）修套思路

思路 1：使用磨铣工具对 9 5/8″套损段进行修套作业；打通道成功后，继续钻磨处理至 7″套管悬挂器位置；对 7″套管悬挂器以下井筒进行钻磨处理，电缆投灰打塞；对 7″套管悬挂器进行磨铣后，进行套管插管悬挂固井；钻磨至回接部位以下全井筒试压合格，则继续钻磨处理至原井底。

思路 2：使用磨铣工具对 9 5/8″套损段进行修套作业；打通道成功后，继续钻磨处理至 7″套管悬挂器位置；对 7″套管悬挂器以下井筒进行钻磨处理，电缆投灰打塞；进行套管对扣回接悬挂固井；钻磨至回接部位以下全井筒试压合格，则继续钻磨处理至原井底。

经过修套人员分析、讨论，认为采取思路 1 更为稳妥，主要原因有以下两个方面：

① 选择 7″套管进行插管回接较对扣回接更易操作，避免了回接存在错扣或胀裂损坏套管接箍的风险。

② 思路 2 套管对扣回接成功后，进行水泥封固存在一定的风险，水泥返高不易控制，且

增加钻扫工作量。

(5)工具选取

考虑修套处理作业,本次施工选用了2种钻磨工艺、1种磨铣工艺、1种通井工艺和1种套管回接封固工艺,具体如下:

① 梨形铣锥

工具原理:依靠前锥体上的YD合金铣切凸出的变形套管内壁及滞留在套管内壁上的结晶矿物和其他杂质。圆柱部分起定位扶正作用,铣下碎屑由洗井液上返带出地面。如图2-43、图2-44所示。

技术参数:ϕ210 mm×0.55 m铣锥,水眼35 mm。

图2-43 梨形铣锥规格

图2-44 梨形铣锥结构

② 平底磨鞋

工具原理:平底磨鞋由磨鞋本体及所堆焊的YD合金或其他耐磨材料组成。依靠其底部的YD合金或耐磨材料,在钻压的作用下吃入并磨碎落物,磨屑随循环洗井液带出地面。如图2-45、图2-46所示。

技术参数:ϕ210 mm×0.38 m平底磨鞋,水眼15 mm。

图2-45 平底磨鞋规格

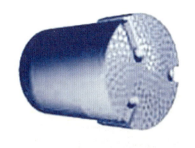

图2-46 平底磨鞋结构

③ 电缆倒灰打塞

工具原理:该工具主要由磁定位器、点火装置、触电棒、绝缘套、弹簧、绝缘环、压环、压盖、雷管、二次引燃装置及火药、炸药室等组成。其通过磁定位校深调整工具深度,再接通地面电源,引爆雷管及炸药柱,使其在燃烧室内燃烧释放高温高压气体,推动多级活塞运动,剪断控制销钉,并推动倒灰口打开,完成倒灰作业。如图2-47、图2-48所示。

技术参数:ϕ215 mm×8 m。

图 2-47　电缆倒灰打塞规格　　　　　图 2-48　电缆倒灰打塞结构

④ 回接插头

工具原理：回接插头由导向头、循环头、密封附件、本体及接箍组成。有三组 O、W 形密封组件。O、W 形密封组件为主密封；加压后插头接箍处的密封圈被挤压在接箍与回接筒喇叭口处，为辅助密封。如图 2-49、图 2-50 所示。

技术参数：密封能力 25 MPa，有效密封长度 432 mm，插头密封段外径 186 mm，本体最大外径 194.9 mm，本体内径 156 mm。

图 2-49　回接插头规格　　　　　图 2-50　回接插头结构

⑤ 套管悬挂器

工具原理：当球到达球座后憋压，压力通过悬挂器本体上的传压孔传到液缸内，剪断液缸剪钉，推动活塞、液缸、推杆支撑套及卡瓦上行，卡瓦沿锥面胀开，楔入悬挂器锥体（C 形本体为锥套）和上层套管之间的环状间隙里。当钻具下放时，尾管重量被支撑在上层套管上；继续打压，憋通球座，建立正常循环；然后进行倒扣、注水泥、替浆作业；最后将送入工具和密封芯子提离悬挂器并循环出多余水泥浆，起钻，候凝。如图 2-51、图 2-52 所示。

技术参数：承载能力 160 t，最大外径 215 mm，最小内径 155 mm。

图 2-51　套管悬挂器规格　　　　　图 2-52　套管悬挂器结构

(6) 处理过程

该井先后经过 6 趟磨铣通井整形、1 趟电缆倒灰、1 趟套管短回接和 2 趟钻磨处理，成功对套管破损井段进行了加固，达到了本次施工的目的和要求。JH124X 井修套施工重点工序见表 2-11。

表 2-11　JH124X 井修套施工重点工序

序号	重点施工内容	使用工具	施工趟数	施工情况	处理井段/m	现场照片
1	组下磨铣管柱	梨形铣锥	1 趟	组下 ϕ210 mm 梨形铣锥＋螺旋扶正器＋安全接头＋钻铤＋螺旋扶正器＋变扣＋2 7/8″正扣钻杆＋3 1/2″正扣钻杆；磨铣井段 4 368.82～4 369.60 m，进尺 0.78 m；磨铣过程中有明显憋跳钻现象，出口返液见少量金属铁屑，磨铣至 4 369.60 m 无进尺；起钻检查，铣锥顶部磨损多	4 368.82～4 369.60	
2	组下磨铣管柱	平底磨鞋	4 趟	组下 ϕ210 mm 平底磨鞋＋变扣＋螺旋扶正器＋安全接头＋钻铤 4 根＋螺旋扶正器＋变扣＋2 7/8″正扣钻杆＋3 1/2″正扣钻杆；磨铣井段 4 369.60～4 780.37 m，累计进尺 410.77 m；磨铣过程中有明显憋钻现象，出口返水泥屑及死油 2.3 m³；起钻检查，磨鞋顶部周边有明显磨痕	4 369.60～4 780.37	
3	组下磨铣管柱	平底磨鞋	1 趟	组下 ϕ148 mm 平底磨鞋＋2 7/8″正扣钻杆＋变扣＋安全接头＋变扣＋2 7/8″正扣钻杆＋3 1/2″正扣钻杆；磨铣井段 4 812.25～4 879.96 m，进尺 67.71 m；磨铣过程有憋钻跳钻现象，出口返液见水泥屑及死油 1.1 m³；起钻检查，磨鞋顶部圆面有明显磨痕	4 812.25～4 879.96	
4	电缆倒灰打塞	倒灰筒	2 趟	配合电缆倒灰 4 桶约 190 L，打塞深度 4 870～4 880 m，关井候凝	4 870～4 880	
5	组下磨铣管柱	平底磨鞋	1 趟	组下 ϕ215 mm 平底磨鞋＋2 7/8″正扣钻杆＋变扣＋安全接头＋变扣＋2 7/8″正扣钻杆＋3 1/2″正扣钻杆；通井至井深 4 242.61 m；起钻检查，磨鞋顶部圆面有轻微磨痕	4 200.12～4 242.61	
6	组下回插管柱	回接插头 7″悬挂器	1 趟	组下加长浮鞋＋7″套管＋浮箍＋7″套管＋浮箍＋套管＋球座＋套管＋悬挂器＋变扣＋2 7/8″正扣钻杆＋3 1/2″正扣钻杆；试插回接深度 4 781.41 m；配合固井后，悬挂器丢手成功，起钻，关井候凝	4 233.12～4 781.41	

表 2-11(续)

序号	重点施工内容	使用工具	施工趟数	施工情况	处理井段/m	现场照片
7	组下钻磨管柱	平底磨鞋	1趟	组下 ϕ215 mm 平底磨鞋＋变扣＋2 7/8″正扣钻杆＋3 1/2″正扣钻杆；磨铣井段 4 229.42～4 233.12 m,进尺 3.7 m；出口返液见少量水泥屑；起钻检查,磨鞋顶部圆面有轻微磨痕	4 229.42～4 233.12	
8	组下钻磨管柱	平底磨鞋	3趟	组下 ϕ148 mm 平底磨鞋＋变扣＋2 7/8″正扣钻杆＋3 1/2″正扣钻杆；磨铣井段 4 233.12～6646.2 m,进尺 2 413.08 m；出口返液见少量水泥屑；起钻检查,磨鞋头部边缘部分磨损严重	4 233.12～6 646.2	

(7) 经验认识

① 本井使用回插封固的技术,最终实现了套管修复。对于深井套管悬挂完井及套管悬挂器上部破损套漏的井,采用套管短回接并进行封固的工艺是成功的,且较套管对扣回接作业时间短,能够满足后期生产。

② 本井作业粗分共计采用 2 种磨铣工艺、1 种打塞工艺和 1 种套管回插悬挂工艺,具体为：

a. 铣锥通井工艺：本井使用梨形铣锥对 9 5/8″套管壁进行修整,由于套管破损段较长,未达到修整预期效果。

b. 平底磨鞋钻磨工艺：本井使用平底磨鞋对破损井段进行打通,实施了 4 趟钻磨处理,保证了套管内壁的畅通性；实施 7″套管回插前,须对原井套管悬挂器进行磨铣,保证回插工具能顺利与原 7″套管实现对接。

c. 电缆倒灰工艺：本井使用电缆倒灰进行打塞,在 7″套管悬挂器以下打水泥塞,为套管回插作业创造了有利条件。

d. 套管短回接工艺：使用带丢手接头的工具送达预定位置,将带有回接插头的套管挂插入下层尾管的回接筒内,并进行 7″套管回接；7″套管悬挂器卡封成功后,实施固井作业。

(8) 综合评价

① 修井方案评价

a. 确定因素集 U：

$U=\{$修井成功率(x_1),修井成本(x_2),修井作业效率(x_3),修井劳动强度$(x_4)\}$

b. 确定权重集 A：

$A=\{$修井成功率(0.4),修井成本(0.3),修井作业效率(0.2),修井劳动强度$(0.1)\}$

c. 确定评语目录集 V：

$V=\{$优秀(v_1),良好(v_2),合格(v_3),不合格$(v_4)\}$

其中 v 取值 0～1 之间,优秀为 $v\geq0.8$,良好为 $0.4\leq v<0.8$,合格为 $0.2<v<0.4$,不合格为 $v\leq0.2$。

d. 确定单因素评价矩阵 **R**：

按照以上评价原则，由施工人员、技术人员进行评价打分，确定单因素评价矩阵 **R**。

$$修井成功率 = \{0.7, 0.4, 0.7, 0.5\}$$
$$修井成本 = \{0.6, 0.6, 0.7, 0.4\}$$
$$修井劳动强度 = \{0.5, 0.7, 0.6, 0.3\}$$
$$修井作业效率 = \{0.5, 0.5, 0.6, 0.3\}$$

$$\mathbf{R} = \begin{bmatrix} 0.7 & 0.4 & 0.7 & 0.5 \\ 0.6 & 0.6 & 0.7 & 0.4 \\ 0.5 & 0.7 & 0.6 & 0.3 \\ 0.5 & 0.5 & 0.6 & 0.3 \end{bmatrix}$$

e. 综合评价计算：

$$\mathbf{B} = \mathbf{AR} = (0.4 \quad 0.3 \quad 0.2 \quad 0.1) \begin{bmatrix} 0.7 & 0.4 & 0.7 & 0.5 \\ 0.6 & 0.6 & 0.7 & 0.4 \\ 0.5 & 0.7 & 0.6 & 0.3 \\ 0.5 & 0.5 & 0.6 & 0.3 \end{bmatrix}$$

计算得： $(0.61, 0.53, 0.67, 0.3) = 2.2$

（合格，合格，合格，不合格）

用 2.2 除以各因素项归一化计算，得：

$$(0.27, 0.24, 0.30, 0.18)$$

从中可以看出，该井作业过程总体评价为合格。

② 经济效益评价

通过盈亏平衡点（BEP）分析项目成本与收益的平衡关系。计算方法如下：

$$效益盈亏平衡点 = \frac{单井次直接费用投入}{吨油价格 - 吨油增量成本}$$

$$投入产出比 = \frac{单井直接费用投入 + 增量成本}{措施累计增产油量 \times 吨油价格}$$

JH124X 井经济效益评价结果见表 2-12。

表 2-12 JH124X 井经济效益评价结果

直接成本					
修井费/万元	297	工艺措施费/万元	65	总计费用/万元	385.5
材料费/万元	13.5	配合劳务费/万元	10		
增量成本					
吨油运费/元	/	吨油处理费/元	32.54	吨油价格/元	3 542
吨油税费/元	170	原油价格/美元折算	578.7	增量成本合计/万元	221.74
产出情况					
日增油/t	5.86	有效期/d	130	累计增油/t	762
效益评价					
销售收入/万元	269.90	吨油措施成本/(元/t)	5 280.80	投入产出比	1∶0.70
措施收益/万元	−132.50	盈亏平衡点产量/t	1 024.52	评定结果	有效

第二节 套管封固工艺技术

一、技术概述

套管封固技术是与套管整形技术配套的套管修复工艺技术。套管变形或错断井经过整形后,只是内径尺寸得到了基本恢复。为了使整形效果得以保持,尽量发挥修复后的功能,还应对修复后的套管进行补贴加固。尤其是套管错断或变形量较大,经过爆炸整形或磨铣扩径后套管损坏严重的井段,必须进行补贴加固。不整形则无法加固,而整形复位后不加固则易发生再次变形、错断,且变形、错断的速度也更快。

1. 套管堵漏工艺技术

套管堵漏工艺主要是针对套管穿孔和通径无变化的套管破裂,可采用对破裂部位挤化学堵剂封固的方式。堵漏的目的是在套管外形成新的堵剂环。这种修复方法的优点是施工简便,成本费用低。

2. 套管补贴工艺技术

套管补贴工艺是将组装好的补贴管传输至预定井深位置,定位校深后,用泵车从油管内打压,启动动力坐封工具,使工具活塞向上运动,缸体相对向下运动,产生两个大小相等、方向相反的力。向下的力通过坐封套作用于上锥体,向上的力通过拉杆、丢手机构作用于下锥套,将补贴管上下两端的金属锚爪胀开,咬紧在套管内壁上,同时两端的软金属密封材料受挤压变形,密封了补贴管外两端的环形空间,达到了加固密封的目的。

3. 套管整形基本步骤

(1) 落实井下套管漏点情况,主要是套管的破漏位置和形状等。

(2) 依据套管形变情况大小,选择合适的堵剂或补贴工艺。

(3) 编写施工设计和安全措施,按呈报手续经批准后,按施工设计进行处理,下井工具要画示意图。

(4) 起下作业时操作要平稳,遵循"不损坏井身结构、不使修套复杂化"的原则。在试探变形段时,应缓慢下放管柱,观察拉力表读数变化。

(5) 对出入井的工具要进行分析,总结经验,提高认识,并针对故障成因提出改进性的措施。

二、应用实例

本部分介绍了塔河油田深井套漏封固处理技术的4口井典型实例和在作业过程中积累的经验与技术成果。

1. JH103井套管补贴工艺技术实例

(1) 基础数据

JH103井是塔河1号构造上的一口开发井,于1998年5月11日开钻、7月15日完钻,完钻井深4 645.00 m,井身结构为3级,完井方式为套管射孔完井,投产初期4 mm油嘴自喷,油压26.7 MPa,套压1.1 MPa,平均日产油4 t,产气5 300 m^3,不含水。JH103井基础数据详见表2-13。

表 2-13　JH103 井基础数据表

井别	直井	完井层位	三叠系
完钻时间	1998.07.15	完井井段	4 514～4 675 m
固井质量	中	13 3/8″套管下深	398.05 m
完钻井深	4 645.00 m	9 5/8″套管下深	3 301.56 m
人工井底	4 613.7 m	7″套管下深	4 641.30 m

存在问题：射孔枪误射，导致 7″套管 50.9～54.85 m 处存在破损。

（2）事故经过

本井在完井过程中射孔枪未能在井底引爆，上提距井口 50.9～54.85 m 处附近引爆，导致套管损坏形成"天窗"，需进行套管修复。

JH103 井井身结构如图 2-53 所示。射孔枪起爆图如图 2-54 所示。

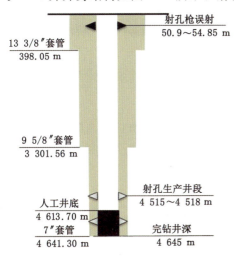

图 2-53　JH103 井井身结构示意图

图 2-54　射孔枪起爆图

（3）施工难点

该井属于 7″套管顶部修复井处理，施工难点主要有以下三点：

① 该井前期实施 7″套管水泥封固，未能实现套管有效修复，若采取水泥封固，失败风险较大。

② 本井完井期间小件落物造成射孔枪误射，井内可能存在小件落物，作业期间需进行处理。

③ 若 7″套管采用补贴工艺，需选择合适的补贴工艺，减少套管通井损失，有利于后期生产作业。

（4）修套思路

思路 1：在套管破损段进行刮削作业、补贴作业并验封，通井至插管封隔器坐封井段；若无法通过，则落实井内技术状况，选择工具进行磨铣或套铣打捞作业，组下插管封隔器管柱。

思路 2：在套管破损段进行刮削作业、补贴作业并验封，通井至插管封隔器坐封井段，组下插管封隔器管柱。

经过修套人员分析、讨论，认为采取思路 1 更为稳妥，主要原因有以下三个方面：

① 本井在前期作业期间可能存在落物,作业期间需进行处理,设计上应予以考虑。
② 套管补贴合格后进行磨铣作业,减少套管通井损失,有利于后期生产作业。
③ 由于水泥返高至井口,取换套费用高,施工失败风险较高。

(5) 工具选取

考虑修套处理作业,本次施工选用了 2 种磨铣工艺、1 种刮削工艺、1 种通井工艺、1 种套管补贴工艺、1 种探查工艺和 1 种打捞工艺,具体如下:

① 刮削器

工具原理:刮削器进入井筒后,在弹簧的作用下使刀刃紧贴套管壁,在上下往复运动或者右旋上下往复运动过程中,用刀刃切除被切材料并将切割面修复至光滑。如图 2-55、图 2-56 所示。

技术参数:$\phi 143 \text{ mm} \times 1.6 \text{ m}$。

图 2-55 刮削器规格

图 2-56 刮削器结构

② 通径规

工具原理:通径规是检测套管内通径尺寸的薄壁筒状工具,由接头与筒体两部分组成。将通径规接在下井第一根油管或钻杆的末端,逐步加深管柱,下入至井底或设计深度,用修井液洗井一周以上后起出通径规。如图 2-57、图 2-58 所示。

技术参数:$\phi 148 \text{ mm} \times 0.5 \text{ mm}$。

图 2-57 通径规规格

图 2-58 通径规结构

③ 平底磨鞋

工具原理:平底磨鞋由磨鞋本体及所堆焊的 YD 合金或其他耐磨材料组成。依靠其底部的 YD 合金或耐磨材料在钻压的作用下吃入并磨碎落物,磨屑随循环洗井液带出地面。如图 2-59、图 2-60 所示。

技术参数:$\phi 140 \text{ mm}$ 平底磨鞋,水眼 15 mm。

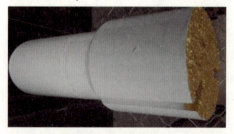
图 2-59 平底磨鞋规格

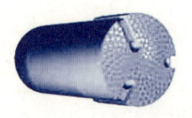
图 2-60 平底磨鞋结构

④ 补贴管

工具原理：补贴管被输送到补贴段位置后，击发启动装置，同时激发自动力发生系统内的动力源物质，产生高压高流速气体，气体作用于活塞，使活塞与活塞缸相对运动，产生拉力，由转换装置传输到中心杆上，促使补贴管两端的上下胀管做相对运动，胀管产生径向力，使补贴管两端固定装置和密封系统膨胀至套管内壁，形成过盈配合，套管局部形成凹形环带，使补贴管在套管内壁牢固坐封，完成错断上下套管的补贴加固，并形成一个完整的通道。如图 2-61、图 2-62 所示。

技术参数：φ150 mm×10 m。

图 2-61　补贴管规格　　　　　　　　图 2-62　补贴管结构

⑤ 反循环打捞篮

工具原理：反循环打捞篮主要由上接头、筒体、钢球、喇叭口和可换的篮筐、磁芯、铣鞋、抓头等组成。反循环打捞篮是捞取井底较小落物的打捞工具，如钻头牙轮、牙片、手工工具及碎铁等。其利用铣齿磨铣破碎落物，钻井液可在井底造成局部反循环，因而易于打捞。如图 2-63、图 2-64 所示。

技术参数：φ140 mm×1.16 m。

图 2-63　反循环打捞篮规格　　　　　图 2-64　反循环打捞篮结构

⑥ 平底铅印

工具原理：铅印是用于了解落鱼准确深度、了解落鱼鱼顶形状、检查套管内径变形形状的工具。铅的硬度比钢铁小得多，且铅的塑性好。在加压状态下钢铁鱼顶与铅体发生挤压，在铅体上印下鱼顶形状的痕迹，这种痕迹称为铅印。平底铅印主要由接头体和铅印组成。铅印中心有循环孔，可以循环压井液。接头体在浇铸铅印的部位有环形槽，以便固定铅印。如图 2-65、图 2-66 所示。

技术参数：φ140 mm×0.44 m，水眼 20 mm。

图 2-65　平底铅印规格　　　　　　　图 2-66　平底铅印结构

⑦ 铣锥

工具原理：依靠前锥体上的 YD 合金铣切凸出的变形套管内壁与滞留在套管内壁上的

结晶矿物和其他杂质。圆柱部分起定位扶正作用,铣下碎屑由洗井液上返带出地面。如图 2-67、图 2-68 所示。

技术参数:ϕ148 mm×0.56 m 铣锥,水眼 35 mm。

图 2-67 铣锥规格

图 2-68 铣锥结构

(6) 处理过程

经过刮削 1 趟、通井 1 趟、套管补贴 1 趟、打捞 2 趟和磨铣 5 趟,成功对套损段进行了补贴封堵,同时处理了井内小件落物,符合后期施工条件。JH103 井套管补贴施工重点工序见表 2-14。

表 2-14 JH103 井套管补贴施工重点工序

序号	重点施工内容	使用工具	施工趟数	施工情况	处理井段/m	现场照片
1	组下刮削管柱	刮削器	1 趟	组下刮削器+2 7/8″EUE 油管+变丝+3 1/2″EUE 油管,对 30～60 m 井段反复刮削 20 次,对(4 480±10)m 井段反复刮削 3 次;起钻检查,刮削器完好,在刮削片中嵌有封隔器胶皮;配合工程测井,测得套管误射位置为 50.9～54.85 m	30～4 480	
2	组下补贴管柱	补贴管	1 趟	组下补贴工具总成+3 1/2″EUE 油管+调整短油管,将补贴管送放至 48.4～57.4 m(工程数据),出井内管柱;套管补贴段 48.4～57.4 m	48.4～57.4	
3	组下通井管柱	通径规	2 趟	组下 ϕ148 mm 通径规+2 7/8″EUE 油管 5 根,末根遇阻,探得遇阻位置 48.4 m(贴补段顶端位置),多次下放无法通过;组下 ϕ145 mm 通径规+2 7/8″EUE 油管,通井至 78.82 m,无遇阻现象;起出通井管柱,配合套管验封合格	30～78.82	

表 2-14(续)

序号	重点施工内容	使用工具	施工趟数	施工情况	处理井段/m	现场照片
4	组下磨铣管柱	平底磨鞋	1趟	组下 φ140 mm 平底磨鞋＋变丝＋螺杆钻＋变丝＋2 7/8″EUE油管＋变丝＋3 1/2″EUE 油管，自 4 521.03 m 钻磨至 4 547.2 m 后再无进尺；起钻检查，磨鞋中间有磨痕，分析井下可能有金属物体	4 521.03～4 547.2	
5	组下打捞管柱	反循环打捞篮	2趟	组下 φ140 mm 反循环打捞篮＋变扣＋2 7/8″EUE油管＋变丝＋3 1/2″EUE 油管，探得遇阻位置 4 547.2 m；起钻检查，打捞篮无捞获物，铣齿内嵌有胶皮	4 521.03～4 547.2	
6	组下打铅印管柱	平底铅印	1趟	组下 φ140 mm 铅模＋2 7/8″EUE油管＋3 1/2″EUE 油管，探至 4 547.2 m，加压 5 t 打印；起钻检查，铅模上嵌有少量金属碎片	4 521.03～4 547.2	
7	组下磨铣管柱	平底磨鞋	3趟	组下 φ140 mm 平底磨鞋＋捞杯＋2 7/8″钻杆＋3 1/2″钻杆，从 4 547.2 m 磨铣至 4 557.4 m 后放空；起钻检查，磨鞋边缘铣齿磨损较严重，捞杯内捞获少量铁块、胶皮及大量水泥屑	4 547.2～4 557.4 m	
8	组下铣锥管柱	铣锥	1趟	组下 φ148 mm 铣锥＋2 7/8″正扣钻杆＋方钻杆，下放钻具探得遇阻深度 48.6 m，对套管补贴管上端进行修整；起钻检查，铣锥有轻微磨损	30～48.6	
9	组下插管封隔器	封隔器	1趟	组下 φ146 mm 插管封隔器＋丢手接头＋2 7/8″EUE 油管 240根＋变丝＋3 1/2″EUE 油管 225根；打压丢手坐封成功，起丢手管柱	4 480.07	

(7) 经验认识

① 本井使用套管补贴工艺技术,最终实现了套管修复。本井为高压油气井,膨胀管补贴工艺承压有限,该工艺适合于套损较浅段,因此完井使用了插管封隔器工艺,达到套管保护的目的。

② 在小件落物钻磨处理时不应使用螺杆钻,应考虑使用钻具处理。该井完井期间小件落物造成射孔枪误射,井内存在小件落物,作业期间使用螺杆钻钻磨困难,使用反循环打捞工艺未能成功,使用钻具最终实现了钻磨成功。

③ 本井作业粗分共计采用了 7 种处理工艺,具体为:

a. 刮削处理工艺:由于前期本井使用水泥对套损井段进行封堵,为保持套管内壁的清洁,保证后期正常作业施工,使用刮削器清除套管内壁上的毛刺和水泥。

b. 通井探查工艺:在修套结束后,采用通径规顺利通过修复井段;检测套管内通径尺寸在修复后的变化情况。

c. 套管补贴工艺:该技术就是利用专用的补贴工具,通过液压挤胀的方式将特质钢管补贴在套管的破漏部位,使特质钢管紧贴在套管内壁上,封堵漏点,达到恢复生产的目的。该工艺在本井施工 1 趟,补贴成功 1 趟,试压合格。

d. 平底磨鞋钻磨工艺:本井使用平底磨鞋磨铣小件落物,实施了 4 趟钻磨处理,成功 3 趟,保证了套管内壁的畅通性,为下步施工创造了有利条件。

e. 打铅印探查工艺:本井实施打铅印工艺进一步明确了落鱼鱼顶的几何形状、深度等信息,结合前期钻磨情况分析,为后序打捞工具选型提供了依据。

f. 小件落物打捞工艺:本井选用反循环打捞篮进行小件落物打捞,利用铣齿磨铣破碎落物,钻井液可在井底造成局部反循环,利于打捞。但本井实施 2 趟均未能捞获成功,起钻检查,铣齿内嵌有胶皮。

g. 铣锥磨铣工艺:本井使用铣锥对 7″套管补贴上部壁进行修整,为完井可回插式分割器下入创造了有利条件。

(8) 综合评价

① 修井方案评价

a. 确定因素集 U:

$U=\{修井成功率(x_1),修井成本(x_2),修井作业效率(x_3),修井劳动强度(x_4)\}$

b. 确定权重集 A:

$A=\{修井成功率(0.4),修井成本(0.3),修井作业效率(0.2),修井劳动强度(0.1)\}$

c. 确定评语目录集 V:

$V=\{优秀(v_1),良好(v_2),合格(v_3),不合格(v_4)\}$

其中 v 取值 0~1 之间,优秀为 $v\geqslant0.8$,良好为 $0.4\leqslant v<0.8$,合格为 $0.2<v<0.4$,不合格为 $v\leqslant0.2$。

d. 确定单因素评价矩阵 R:

按照以上评价原则,由施工人员、技术人员进行评价打分,确定单因素评价矩阵 R。

修井成功率=$\{0.7,0.4,0.7,0.5\}$

修井成本=$\{0.6,0.6,0.7,0.4\}$

修井劳动强度=$\{0.5,0.7,0.6,0.3\}$

修井作业效率=｛0.5,0.5,0.6,0.3｝

$$R=\begin{bmatrix} 0.7 & 0.4 & 0.7 & 0.5 \\ 0.6 & 0.6 & 0.7 & 0.4 \\ 0.5 & 0.7 & 0.6 & 0.3 \\ 0.5 & 0.5 & 0.6 & 0.3 \end{bmatrix}$$

e. 综合评价计算：

$$B=AR=(0.4\quad 0.3\quad 0.2\quad 0.1)\begin{bmatrix} 0.7 & 0.4 & 0.7 & 0.5 \\ 0.6 & 0.6 & 0.7 & 0.4 \\ 0.5 & 0.7 & 0.6 & 0.3 \\ 0.5 & 0.5 & 0.6 & 0.3 \end{bmatrix}$$

计算得： (0.61，0.53，0.67，0.3)＝2.2

（合格，合格，合格，不合格）

用2.2除以各因素项归一化计算,得：

(0.27,0.24,0.30,0.18)

从中可以看出,该井作业过程总体评价为合格。

② 经济效益评价

通过盈亏平衡点(BEP)分析项目成本与收益的平衡关系。计算方法如下：

$$效益盈亏平衡点=\frac{单井次直接费用投入}{吨油价格-吨油增量成本}$$

$$投入产出比=\frac{单井直接费用投入+增量成本}{措施累计增产油量\times 吨油价格}$$

JH103井经济效益评价结果见表2-15。

表2-15 JH103井经济效益评价结果

直接成本					
修井费/万元	297	工艺措施费/万元	65	总计费用/万元	385.5
材料费/万元	13.5	配合劳务费/万元	10		
增量成本					
吨油运费/元	/	吨油处理费/元	32.54	吨油价格/元	3 542
吨油税费/元	170	原油价格/美元折算	578.7	增量成本合计/万元	221.74
产出情况					
日增油/t	5.86	有效期/d	130	累计增油/t	762
效益评价					
销售收入/万元	269.90	吨油措施成本/(元/t)	5 280.80	投入产出比	1∶0.70
措施收益/万元	−132.50	盈亏平衡点产量/t	1 024.52	评定结果	有效

2. JH104井套管补贴工艺技术实例

(1) 基础数据

JH104井是在艾协克2号构造上的一口开发井,于2002年5月1日开钻、6月29日完钻,完钻井深 5 609 m,井身结构为 3 级,完井方式为裸眼酸压完井,投产初期用 5 mm 油嘴自喷生产,油压 3.2 MPa,日产油 37 t,不含水。JH104 井基础数据详见表 2-16。

表 2-16 JH104 井基础数据表

井别	直井	完井层位	$O_{1-2}y$
完钻时间	2002.06.29	完井井段	5 458.71～5 589.62 m
固井质量	合格	13 3/8″套管下深	798.04 m
完钻井深	5 609.00 m	7″套管下深	5 458.71 m
人工井底	5 497.11 m	生产井段	5 460～5 497 m

存在问题:7″套管 1 388.45 m 以下井段存在破损。

(2) 事故经过

2011 年 11 月 10 日,堵水上修作业,其间使用 RTTS 封隔器对套管验漏遇阻,下 ϕ148 mm 铅模打铅印,7″套管 1 388.45 m 以下井段存在破损。

JH104 井井身结构如图 2-69 所示。出井铅印如图 2-70 所示。

图 2-69 JH104 井井身结构示意图　　　　图 2-70 出井铅印

(3) 施工难点

该井属于 7″套管修复井处理,施工难点主要有以下三点:

① 该井前期实施 7″套管水泥封固,未能实现套管有效修复,若采取水泥封固,失败风险较大。

② 本井套管可能存在多处破损,实施套管补贴前需进一步明确套管破损位置。

③ 若 7″套管采用补贴工艺,需选择合适的补贴工艺,减少套管通井损失,有利于后期生产作业。

(4) 修套思路

思路 1:在套管破损段进行磨铣作业,配合套管找漏,在漏失井段以下打水泥塞,对套管漏失井段进行刮削和通井作业,实施套管补贴作业并验封合格,选择工具钻磨水泥塞。

思路2:在漏失井段以下打悬空塞进行井筒保护,在套管破损段进行磨铣作业,进行刮削和通井处理,配合套管找漏作业,配合套管补贴并验封合格,选择工具钻磨水泥塞。

经过修套人员分析、讨论,认为采取思路1更为稳妥,主要原因有以下两个方面:

① 该井前期实施7″套管水泥封固,未能实现套管有效修复,本次上修应先进行磨铣作业,对套损井段进行修整。

② 7″套管可能存在多处破损,应在打塞及实施套管补贴前需进一步明确破损井段。

(5)工具选取

考虑修套处理作业,本次施工选用了2种磨铣工艺、1种刮削工艺、1种通井工艺和1种套管补贴工艺,具体如下:

① 铣锥

工具原理:依靠前锥体上的YD合金铣切凸出的变形套管内壁及滞留在套管内壁上的结晶矿物和其他杂质。圆柱部分起定位扶正作用,铣下碎屑由洗井液上返带出地面。如图2-71、图2-72所示。

技术参数:ϕ148 mm×0.56 m铣锥,水眼35 mm。

图2-71 铣锥规格　　　　　　　　图2-72 铣锥结构

② 刮削器

工具原理:刮削器进入井筒后,在弹簧的作用下使刀刃紧贴套管壁,在上下往复运动或者右旋上下往复运动过程中,用刀刃切除多余材料并将切割面修复至光滑。如图2-73、图2-74所示。

技术参数:ϕ148 mm×1.6 m。

图2-73 刮削器规格　　　　　　　　图2-74 刮削器结构

③ 通径规

工具原理:通径规是检测套管内通径尺寸的薄壁筒状工具,由接头与筒体两部分组成。将通径规接在下井第一根油管或钻杆的末端,逐步加深管柱,下入至井底或设计深度,用修井液洗井一周以上后起出通径规。如图2-75、图2-76所示。

技术参数:ϕ150 mm×0.6 m。

图 2-75　通径规规格　　　　　　　图 2-76　通径规结构

④ 补贴管

工具原理：补贴管被输送到补贴段位置后，击发启动装置，同时激发自动力发生系统内的动力源物质，产生高压高流速气体，气体作用于活塞，使活塞与活塞缸相对运动，产生拉力，由转换装置传输到中心杆上，促使补贴管两端的上下胀管做相对运动，胀管产生径向力，使补贴管两端固定装置和密封系统膨胀至套管内壁，形成过盈配合，套管局部形成凹形环带，使补贴管在套管内壁牢固坐封，完成错断上下套管的补贴加固，并形成一个完整的通道。如图 2-77、图 2-78 所示。

技术参数：ϕ150 mm×10 m。

图 2-77　补贴管规格　　　　　　　图 2-78　补贴管结构

⑤ 平底磨鞋

工具原理：平底磨鞋由磨鞋本体及所堆焊的 YD 合金或其他耐磨材料组成。依靠其底部的 YD 合金或耐磨材料在钻压的作用下吃入并磨碎落物，磨屑随循环洗井液带出地面。如图 2-79、图 2-80 所示。

技术参数：ϕ130 mm 平底磨鞋，水眼 15 mm。

 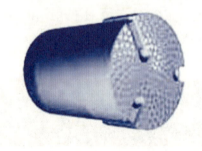

图 2-79　平底磨鞋规格　　　　　　　图 2-80　平底磨鞋结构

(6) 作业过程

经过 3 趟磨铣、1 趟刮削、1 趟通井、1 趟打塞、1 趟套管补贴和 3 趟钻磨，成功对套管漏失段进行了补贴封堵，达到了本次施工的目的和要求，符合后期施工条件。JH104 井套管补贴施工重点工序见表 2-17。

表 2-17　JH104 井套管补贴施工重点工序

序号	重点施工内容	使用工具	施工趟数	施工情况	处理井段/m	现场照片
1	组下磨铣管柱	铣锥	3 趟	组下铣锥+2 7/8″钻杆,磨铣遇阻井段 1 388.45~1 390.71 m、1 454.10~1 457.78 m、1 479.52~1 483.42 m;起钻检查,铣锥磨损较严重	1 388.45~4 998.2	
2	组下通井管柱	通径规	1 趟	组下通径规+2 7/8″钻杆,通井井段 1 388.45~1 558.18 m,中途无遇阻显示;起钻检查,通径规完好	1 388.45~1 558.18	
3	组下刮削管柱	刮削器	1 趟	组下刮削器+2 7/8″钻杆,通井井段 1 370~1 510 m,对井段反复刮削 5 次,无遇阻显示;起钻检查,刮削器完好;其间配合工程测井找漏点 1 388.45~1 505 m	1 370~1 510	
4	组下打塞管柱	斜尖	1 趟	组下斜尖+3 1/2″EUE 油管,管脚位置 5 202.99 m,打悬空塞,水泥浆用量 2 m³;起打塞管柱至 4 000 m,关井候凝 48 h,探塞面位置 4 968.36 m	0	
5	组下补贴管柱	补贴管	1 趟	组下补贴管+2 7/8″钻杆,将补贴管送放至 1 368.06~1 504.86 m,出井内管柱;补贴完成起出管柱,带出膨胀锥	1 368.06~1 504.86	
6	组下钻磨管柱	平底磨鞋	1 趟	组下平底磨鞋+2 7/8″钻杆,钻磨井段 1 505.5~1 505.8 m,磨掉补贴管底堵;起钻检查,平底磨鞋轻微磨损	1 505.5~1 505.8	
7	组下钻磨管柱	平底磨鞋	2 趟	组下平底磨鞋+2 7/8″钻杆+3 1/2″钻杆;第一趟钻磨井段 4 968.36~5 035.10 m;起钻检查,平底磨鞋轻微磨损;第二趟钻磨通井井段 5 035.10~5 462.92 m	4 968.36~5 462.92	

(7) 经验认识

① 本井使用套管补贴工艺技术,最终实现了套管修复。本井套管存在多段破损,通过磨铣实现了套管修整,为套管补贴施工创造了有利条件。

② 在修整套成功后,打悬空水泥塞有利于对套损段以下的套管保护。该井在套管磨铣施工后,进行了通井和刮削施工;其间实施了工程测井找漏,明确了漏失井段;实施打悬空水泥塞作业有利于对下部套管和产层保护,同时避免了施工期间工具掉入井底的风险。

③ 本井作业粗分共计采用了 4 种处理工艺,具体为:

a. 铣锥磨铣工艺:本井使用铣锥对 7″套管破损井段进行修整,为套管补贴施工创造了有利条件。本井磨铣 3 趟,遇阻 3 次,最终至计划位置。

b. 通井探查工艺:在修套结束后,采用通径规顺利通过修复井段;检测套管内通径尺寸在修复后的变化情况是否可达到下补贴管柱要求。

c. 刮削处理工艺:由于前期本井使用水泥对套损井段进行封堵,为保持套管内壁的清洁,保证后期正常作业施工,使用刮削器清除套管内壁上的毛刺和水泥。

d. 套管补贴工艺:就是利用专用的补贴工具,通过液压挤胀的方式将特质钢管补贴在套管的破漏部位,使特质钢管紧贴在套管内壁上,封堵漏点,达到恢复生产的目的。该工艺在本井施工 1 趟,补贴成功 1 趟,试压合格。

e. 平底磨鞋钻磨工艺:本井使用平底磨鞋 1 趟钻磨掉补贴管底堵,2 趟钻磨处理水泥塞,通井至人工井底,保证了套管内壁的畅通性,为下步施工创造了有利条件。

(8) 综合评价

① 修井方案评价

a. 确定因素集 U:

$U=\{$修井成功率(x_1),修井成本(x_2),修井作业效率(x_3),修井劳动强度$(x_4)\}$

b. 确定权重集 A:

$A=\{$修井成功率(0.4),修井成本(0.3),修井作业效率(0.2),修井劳动强度$(0.1)\}$

c. 确定评语目录集 V:

$$V=\{优秀(v_1),良好(v_2),合格(v_3),不合格(v_4)\}$$

其中 v 取值 $0\sim1$ 之间,优秀为 $v\geqslant0.8$,良好为 $0.4\leqslant v<0.8$,合格为 $0.2<v<0.4$,不合格为 $v\leqslant0.2$。

d. 确定单因素评价矩阵 R:

按照以上评价原则,由施工人员、技术人员进行评价打分,确定单因素评价矩阵 R。

$$修井成功率=\{0.7,0.4,0.7,0.5\}$$
$$修井成本=\{0.6,0.6,0.7,0.4\}$$
$$修井劳动强度=\{0.5,0.7,0.6,0.3\}$$
$$修井作业效率=\{0.5,0.5,0.6,0.3\}$$

$$R=\begin{bmatrix}0.7 & 0.4 & 0.7 & 0.5\\0.6 & 0.6 & 0.7 & 0.4\\0.5 & 0.7 & 0.6 & 0.3\\0.5 & 0.5 & 0.6 & 0.3\end{bmatrix}$$

e. 综合评价计算:

$$\boldsymbol{B} = \boldsymbol{AR} = (0.4 \quad 0.3 \quad 0.2 \quad 0.1) \begin{bmatrix} 0.7 & 0.4 & 0.7 & 0.5 \\ 0.6 & 0.6 & 0.7 & 0.4 \\ 0.5 & 0.7 & 0.6 & 0.3 \\ 0.5 & 0.5 & 0.6 & 0.3 \end{bmatrix}$$

计算得：(0.61, 0.53, 0.67, 0.3) = 2.2

（合格，合格，合格，不合格）

用 2.2 除以各因素项归一化计算，得：

(0.27, 0.24, 0.30, 0.18)

从中可以看出，该井作业过程总体评价为合格。

② 经济效益评价

通过盈亏平衡点（BEP）分析项目成本与收益的平衡关系。计算方法如下：

$$\text{效益盈亏平衡点} = \frac{\text{单井次直接费用投入}}{\text{吨油价格} - \text{吨油增量成本}}$$

$$\text{投入产出比} = \frac{\text{单井直接费用投入} + \text{增量成本}}{\text{措施累计增产油量} \times \text{吨油价格}}$$

JH104 井经济效益评价结果见表 2-18。

表 2-18 JH104 井经济效益评价结果

直接成本					
修井费/万元	297	工艺措施费/万元	65	总计费用/万元	385.5
材料费/万元	13.5	配合劳务费/万元	10		
增量成本					
吨油运费/元	/	吨油处理费/元	32.54	吨油价格/元	3 542
吨油税费/元	170	原油价格/美元折算	578.7	增量成本合计/万元	221.74
产出情况					
日增油/t	5.86	有效期/d	130	累计增油/t	762
效益评价					
销售收入/万元	269.90	吨油措施成本/(元/t)	5 280.80	投入产出比	1∶0.70
措施收益/万元	−132.50	盈亏平衡点产量/t	1 024.52	评定结果	有效

3. JH002 井套管堵漏工艺实例

(1) 基础数据

JH002 井是阿克库勒凸起西斜坡上的一口开发井，井身结构为 4 级，完井方式为裸眼酸压完井，投产初期用 8 mm 油嘴自喷生产，套管配合掺稀，油压 16 MPa，日产油 110 t，不含水。JH002 井基础数据详见表 2-19。

表 2-19　JH002 井基础数据表

井别	直井	完井层位	O_1yj
完钻时间	2008.09.24	完井井段	6 305.00～6 388.00 m
固井质量	中	13 3/8″套管下深	497.80 m
完钻井深	6 388 m	7″套管下深	6 277.00 m
人工井底	6 388 m	9 5/8″套管下深	4 498.00 m

存在问题：上修进行验漏作业，发现套管 4 850.41 m 以下存在漏点。

（2）事故经过

2018 年 3 月，对套漏段 4 850.41 m 以下进行了 3 次普通水泥挤堵，试压合格，后期生产高含水，怀疑套管存在漏失；2018 年 5 月 26 日，上修找堵漏作业，起出原井油管，发现 4 860 m 处腐蚀严重；采用 RTTS 封隔器对 7″套管进行验漏，根据验漏情况判定漏点井段为 4 847.91～4 850.41 m。

JH002 井井身结构如图 2-81 所示。出井油管如图 2-82 所示。

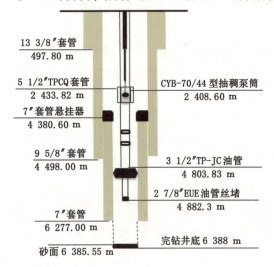

图 2-81　JH002 井井身结构示意图　　　图 2-82　出井油管

（3）施工难点

该井属于超稠油井，施工难点主要有以下三点：

① 该井前期实施常规水泥封堵套漏有效期短，且套损段在 7″套管悬挂器之下约 460 m，实施取换套作业困难。

② 7″套管内通径为 152 mm，实施套管补贴或尾管悬挂会造成套管内通井损失，且距离 7″套管管脚位置约 2 000 m，不利于后期施工作业。

③ 本井属于超稠油井，沥青质易附着于套管壁，且常规水泥固结强度低，仅能在套管壁表面形成很薄的封挡层。

（4）修套思路

思路 1：通井至套漏井段，若存在套损情况，则进行磨铣修套；磨铣成功后进行刮削作业、验漏作业,在漏点之下打水泥塞;配合做吸入剖面,进行纳米堵剂挤堵;试压合格,钻磨通井至原井底。

思路2:通井至套漏井段,若存在套损情况,则进行磨铣修套;磨铣成功后进行刮削作业、验漏作业,在漏点之下打水泥塞,进行水泥挤堵;试压合格,钻磨通井至原井底。

经过修套人员分析、讨论,认为采取思路1更为稳妥,主要原因有以下两个方面:

① 纳米堵剂比水泥颗粒小,且固结后结构致密,微膨胀不收缩,耐高温、高压、高盐,耐冲刷,有效期长。

② 思路2施工失败可能性较大,且前期水泥修补套后会很快失效。

(5)工具选取

考虑堵漏处理作业,本次施工选用了3种钻磨工艺、1种探查工艺、1种刮削工艺、1种验漏工艺和1种堵漏工艺,具体如下:

① 通径规

工具原理:通径规是检测套管内通径尺寸的薄壁筒状工具,由接头与筒体两部分组成。将通径规接在下井第一根油管或钻杆的末端,逐步加深管柱,下入至井底或设计深度,用修井液洗井一周以上后起出通径规。如图2-83、图2-84所示。

技术参数:ϕ148 mm×1.6 m。

图2-83 通径规规格

图2-84 通径规结构

② 刮削器

工具原理:刮削器进入井筒后,在弹簧的作用下使刀刃紧贴套管壁,在上下往复运动或者右旋上下往复运动过程中,用刀刃切除多余材料并将切割面修复至光滑。如图2-85、图2-86所示。

技术参数:ϕ143 mm×1.6 m。

图2-85 刮削器实规格

图2-86 刮削器结构

③ 铣锥

工具原理:依靠前锥体上的YD合金铣切凸出的变形套管内壁及滞留在套管内壁上的结晶矿物和其他杂质。圆柱部分起定位扶正作用,铣下碎屑由洗井液上返带出地面。如图2-87、图2-88所示。

技术参数:ϕ210 mm×0.55 m铣锥,水眼35 mm。

图 2-87　铣锥规格　　　　　　　　图 2-88　铣锥结构

④ RTTS 封隔器

工具原理：RTTS 封隔器是一种大通径、可封隔双向压力的悬挂式封隔器。RTTS 封隔器主要由 J 形槽换位机构、机械卡瓦、封隔胶筒和液压锚定机构组成。当井下地层压力大于液柱压力时，封隔器液压锚伸出卡在套管壁上，可防止封隔器下部压力过大时推动封隔器使工具推出井眼或失封。此外，还配有摩擦和自动 J 形槽套结构。解封前，先使封隔器上下压力平衡，然后上提直接解封。如图 2-89、图 2-90 所示。

技术参数：ϕ149.5 mm RTTS 封隔器×1.55 m。

图 2-89　RTTS 封隔器规格　　　　　图 2-90　RTTS 封隔器结构

⑤ 纳米水泥

工具原理：纳米水泥堵剂粒径微细均匀，初始稠度低、流动性好、析水少，可泵时间（稠化时间）可据井况调整，固化体强度高，体积收缩率小，封堵率高，尤其具有耐高温、高压、高盐等特性，适合于各种油藏油水井的堵水、管外封窜和套管堵漏等措施。如图 2-91、图 2-92 所示。

图 2-91　纳米堵剂溶解样品　　　　　图 2-92　纳米堵剂凝固图

⑥ PDC 钻头

工具原理：PDC 钻头是用聚晶金刚石复合片镶嵌于钻头钢体（或焊于钻头胎体）而制成的一种切削型钻头，它以聚晶金刚石复合片作为切削刃，以负刃前角剪切方式破碎岩石。如

图 2-93、图 2-94 所示。

技术参数：ϕ149.2 mm PDC 钻头×0.35 m，头部为 6 瓣齿，水眼 15 mm×6 个。

图 2-93　PDC 钻头规格　　　　　　　图 2-94　PDC 钻头结构

⑦ 三牙轮钻头

工具原理：牙轮钻头在钻压和钻柱旋转的作用下压碎并吃入岩石，同时产生一定的滑动而剪切岩石。当牙轮在井底滚动时，牙轮上的钻头依次冲击、压入地层，这个作用可以将井底岩石压碎一部分，同时靠牙轮滑动带来的剪切作用削掉齿间残留的另一部分岩石，使井底岩石全面破碎，井眼得以延伸。如图 2-95、图 2-96 所示。

技术参数：ϕ149.2 mm 三牙轮钻头×0.35 m。

图 2-95　三牙轮钻头规格　　　　　　　图 2-96　三牙轮钻头结构

(6) 处理过程

经过 1 趟通井、1 趟磨铣整形、1 趟刮削作业、1 趟验漏作业、2 趟打塞挤堵和 2 趟钻磨处理，成功对套管破损井段进行了堵漏，达到了本次施工的目的和要求，符合后期施工条件。JH002 井套管堵漏施工重点工序见表 2-20。

表 2-20　JH002 井套管堵漏施工重点工序

序号	重点施工内容	使用工具	施工趟数	施工情况	处理井段/m	现场照片
1	组下通井管柱	通径规	1 趟	组下通径规＋变丝＋2 7/8″斜坡钻杆＋变丝＋3 1/2″斜坡钻杆，其间下探至 5 443.17 m 遇阻，反复上提下放后缓慢通过，下放至 5 448.61 m 再次遇阻；转冲至 5 771.18 m，上提至 5 767.18 m 遇卡，活动解卡；起钻检查，通径规外观完好，无明显磨损	5 443.17～5 767.18	

表 2-20(续)

序号	重点施工内容	使用工具	施工趟数	施工情况	处理井段/m	现场照片
2	组下磨铣管柱	铣锥	1趟	组下铣锥+变丝+2 7/8″斜坡钻杆+变丝+3 1/2″斜坡钻杆,处理井段5 758.51~6 247 m,累计进尺 488.49 m;起钻检查,铣锥外观完好,无明显磨损	5 758.51~6 247	
3	组下刮削管柱	刮削器	1趟	组下刮削器+变丝+2 7/8″正扣斜坡钻杆+变丝+3 1/2″斜坡钻杆,对6 118~6 218 m套管反复刮削3次;起钻检查,刮削器被稠油包裹,擦净后检查刮削器外观完好,无明显磨损	6 118~6 218	
4	组下验漏管柱	RTTS封隔器	1趟	组下2 7/8″丝堵+2 7/8″筛管+POP阀+RTTS封隔器+旁通阀+变丝+2 7/8″正扣斜坡钻杆+变丝+3 1/2″正扣斜坡钻杆;采用RTTS封隔器对7″套管进行验漏,判定漏点井段4 847.91~4 850.41 m;起钻检查,封隔器被稠油包裹,擦净后无明显磨痕	4 847.91~4 850.41	
5	组下挤堵管柱	喇叭口	3趟	组下喇叭口+3 1/2″JC油管+变丝+2 7/8″正扣斜坡钻杆+变丝+3 1/2″正扣斜坡钻杆,配合在套漏点以下打水泥塞,探塞面5 237.08 m,配合测吸入剖面确认漏失量为5 m³/h,满足施工条件;配置纳米堵剂进行堵漏施工	4 847.91~5 237.08	
6	组下钻磨管柱	PDC钻头	1趟	组下PDC钻头+变丝+3 1/2″加重钻杆4根+变丝+2 7/8″正扣斜坡钻杆+变丝+3 1/2″正扣斜坡钻杆,探得纳米堵剂塞面位置4 649.46 m,钻磨处理至4 649.46~5 081.45 m,在4 850 m处试压合格;再钻磨至5 192.79 m,试压合格;继续钻磨至6 277 m;起钻检查,PDC钻头金刚石有轻微磨损	4 649.46~6 277	

表 2-20(续)

序号	重点施工内容	使用工具	施工趟数	施工情况	处理井段/m	现场照片
7	组下钻磨管柱	三牙轮钻头	1 趟	组下三牙轮钻头+变丝+2 7/8″正扣斜坡钻杆+变丝+3 1/2″加重钻杆 4 根+3 1/2″正扣斜坡钻杆,下探至 6 240.12 m(7″套管管脚 6 277 m),距人工井底 6 388 m,高出 147.88 m,钻磨处理井段 6 240~6 388 m,其间返出地层细粉砂约 460 L	6 240~6 388	

(7) 经验认识

① 本井使用纳米堵剂封堵套漏井段,取得了较好的封堵效果。套管堵漏一般采取常规水泥进行堵漏,施工工序简单,但有效周期短。本井为 7″套管漏失,作业采取纳米水泥进行堵漏,生产至今无漏失。

② 本井作业粗分共计采用 1 种通井工艺、1 种刮削工艺、1 种磨铣整形工艺、1 种验漏工艺、1 种堵漏工艺和 2 种钻磨处理,具体为:

a. 通井探查工艺:本井采用通径规探查漏失井段套管状况,检测套管内通径尺寸变化情况,为下步工序选择明确井下技术状况。

b. 磨铣处理工艺:由于通井期间遇阻,在 7″套管堵漏前,需对原井套进行磨铣修套处理。

c. 刮削处理工艺:磨铣修套结束后,为保持套管内壁的清洁,保证后期正常作业施工,使用刮削器清除套管内壁上的毛刺和水泥。

d. 套管验漏工艺:采用 RTTS 封隔器进行套管疑似漏点验漏 13 次,进一步明确套管漏失井段,为下步套管堵漏施工做好准备。

e. 纳米水泥堵漏工艺:纳米水泥堵剂粒径微细均匀,初始稠度低、流动性好、析水少,稠化时间可据井况调整,固化体强度高,体积收缩率小,封堵率高,尤其具有耐高温、高压、高盐等特性,本井采取纳米水泥进行堵漏,生产至今无漏失,能够满足后期生产。

f. PDC 钻头钻磨工艺:根据纳米堵剂强度高的特性,优选 PDC 钻头钻磨处理堵剂塞和水泥塞;实施 1 趟钻磨处理至套管脚,其间对漏失点试压 3 次均合格。

g. 三牙轮钻头钻磨工艺:本井使用三牙轮钻头处理套管壁残留的水泥和井底砂埋,实施了 1 趟钻磨工艺,顺利钻磨处理至原人工井底。

(8) 综合评价

① 修井方案评价

a. 确定因素集 U:

$U=\{$修井成功率(x_1),修井成本(x_2),修井作业效率(x_3),修井劳动强度$(x_4)\}$

b. 确定权重集 A:

$A=\{$修井成功率(0.4),修井成本(0.3),修井作业效率(0.2),修井劳动强度$(0.1)\}$

c. 确定评语目录集 V:

$$V = \{优秀(v_1), 良好(v_2), 合格(v_3), 不合格(v_4)\}$$

其中 v 取值 $0\sim1$ 之间，优秀为 $v\geq0.8$，良好为 $0.4\leq v<0.8$，合格为 $0.2<v<0.4$，不合格为 $v\leq0.2$。

d. 确定单因素评价矩阵 **R**：

按照以上评价原则，由施工人员、技术人员进行评价打分，确定单因素评价矩阵 **R**。

$$修井成功率 = \{0.4, 0.4, 0.3, 0.4\}$$
$$修井成本 = \{0.2, 0.3, 0.3, 0.2\}$$
$$修井劳动强度 = \{0.3, 0.2, 0.2, 0.2\}$$
$$修井作业效率 = \{0.1, 0.2, 0.1, 0.2\}$$

$$\boldsymbol{R} = \begin{bmatrix} 0.4 & 0.4 & 0.3 & 0.4 \\ 0.2 & 0.3 & 0.3 & 0.2 \\ 0.3 & 0.2 & 0.2 & 0.2 \\ 0.1 & 0.2 & 0.1 & 0.2 \end{bmatrix}$$

e. 综合评价计算：

$$\boldsymbol{B} = \boldsymbol{AR} = (0.4 \quad 0.3 \quad 0.2 \quad 0.1) \begin{bmatrix} 0.4 & 0.4 & 0.3 & 0.4 \\ 0.2 & 0.3 & 0.3 & 0.2 \\ 0.3 & 0.2 & 0.2 & 0.2 \\ 0.1 & 0.2 & 0.1 & 0.2 \end{bmatrix}$$

计算得：$(0.3, 0.3, 0.3, 0.3) = 1.2$

（合格，合格，合格，合格）

用 1.2 除以各因素项归一化计算，得：

$$(0.24, 0.29, 0.23, 0.25)$$

从中可以看出，该井作业过程总体评价为合格。

② 经济效益评价

通过盈亏平衡点（BEP）分析项目成本与收益的平衡关系。计算方法如下：

$$效益盈亏平衡点 = \frac{单井次直接费用投入}{吨油价格 - 吨油增量成本}$$

$$投入产出比 = \frac{单井直接费用投入 + 增量成本}{措施累计增产油量 \times 吨油价格}$$

JH002 井经济效益评价结果见表 2-21。

表 2-21 JH002 井经济效益评价结果

直接成本					
修井费/万元	427	工艺措施费/万元	/	总计费用/万元	599.79
材料费/万元	82.9	配合劳务费/万元	89.89		
增量成本					
吨油运费/元	/	吨油处理费/元	105.3	吨油价格/元	3 907
吨油税费/元	674	原油价格/美元折算	636.3	增量成本合计/万元	1 146

表 2-21(续)

产出情况					
日增油/t	23.1	有效期/d	221	累计增油/t	6 188
效益评价					
销售收入/万元	1 995	吨油措施成本/(元/t)	923	投入产出比	1∶3.3
措施收益/万元	948	盈亏平衡点产量/t	1 183	评定结果	有效

4. JH003 井套管堵漏工艺实例

(1) 基础数据

JH003 井是阿克库勒凸起西斜坡上的一口开发井,井身结构为 4 级,完井方式为裸眼酸压完井,初期自喷生产,日产油 90 t,含水 3.7%。生产过程中压力、产液缓慢下降,含水波动,平均含水 1.8%,后突发高含水,导致油套压快速下降,产量下降停喷。JH003 井基础数据详见表 2-22。

表 2-22 JH003 井基础数据表

井别	直井	完井层位	O_2yj
完钻时间	2009.02.13	完井井段	6 467.86~6 532.00 m
固井质量	中	13 3/8″套管下深	501.06 m
完钻井深	6 575 m	9 5/8″套管下深	4 498.35 m
人工井底	6 575 m	7″套管下深	6 467.86 m

存在问题:7″套管 4 404~4 388 m 悬挂器处存在漏点,高含水影响生产。

(2) 事故经过

2017 年 2 月 5 日,转抽上修作业,使用 RTTS 封隔器验漏,判定套管破漏井段为 4 404~4 388 m;对漏失井段进行水泥堵漏,试压合格;后转电泵生产,开井生产液面快速下降至 1 500 m,生产高含水,能量上升,分析认为堵漏井段再次套漏。

JH003 井井身结构如图 2-97 所示。出井 RTTS 封隔器如图 2-98 所示。

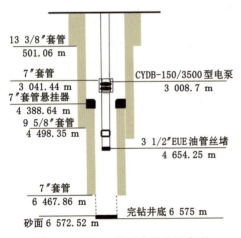

图 2-97 JH003 井井身结构示意图

图 2-98 出井 RTTS 封隔器

(3) 施工难点

该井属于超稠油井,施工难点主要有以下三点:

① 该井前期实施常规水泥封堵套漏有效期短,说明常规水泥固结强度低,仅能在套管壁表面形成很薄的封挡层。

② 7″套管内通径为 152 mm,实施套管补贴会造成套管内通径损失,且距离 7″套管管脚位置约 2 000 m,不利于后期施工作业。

③ 本井前期作业使用 RTTS 封隔器验漏,封隔器胶皮存在破损,井内套管破漏情况不明。

(4) 修套思路

思路 1:通井至套漏井段,若存在套损情况,则进行磨铣修套;磨铣成功后进行刮削作业、验漏作业,在漏点之下打水泥塞;配合做吸入剖面,进行纳米堵剂挤堵;试压合格,钻磨通井至原井底。

思路 2:通井至套漏井段,若存在套损情况,则进行磨铣修套;磨铣成功后进行刮削作业、验漏作业,在漏点之下打水泥塞,进行水泥挤堵;试压合格,钻磨通井至原井底。

经过修套人员分析、讨论,认为采取思路 1 更为稳妥,主要原因有以下两个方面:

① 纳米堵剂比水泥颗粒小,且固结后结构致密,微膨胀不收缩,耐高温、高压、高盐,耐冲刷,有效期长。

② 思路 2 施工失败可能性较大,且前期水泥修补套后会很快失效。

(5) 工具选取

考虑修套处理作业,本次施工选用了 2 种钻磨工艺、2 种探查工艺、1 种冲砂工艺和 1 种修套工艺,具体如下:

① 通径规

工具原理:通径规是检测套管内通径尺寸的薄壁筒状工具,由接头与筒体两部分组成。将通径规接在下井第一根油管或钻杆的末端,逐步加深管柱,下入至井底或设计深度,用修井液洗井一周以上后起出通径规。如图 2-99、图 2-100 所示。

技术参数:ϕ148 mm×1.6 m。

图 2-99 通径规规格

图 2-100 通径规结构

② 刮削器

工具原理:刮削器主要用途是清除井下套管内壁上的水泥块、硬蜡、残留子弹、射孔毛刺以及其他附着物,保持套管内壁的清洁,以利所有钻井工具的正常作业。如图 2-101、图 2-102 所示。

技术参数:ϕ115 mm×1.6 m。

图 2-101　刮削器规格　　　　　　　图 2-102　刮削器结构

③ RTTS 封隔器

工具原理：RTTS 封隔器是一种大通径、可封隔双向压力的悬挂式封隔器。RTTS 封隔器主要由 J 形槽换位机构、机械卡瓦、封隔胶筒和液压锚定机构组成。当井下地层压力大于液柱压力时，封隔器液压锚伸出卡在套管壁上，可防止封隔器下部压力过大时推动封隔器使工具推出井眼或失封。此外，还配有摩擦和自动 J 形槽套结构。解封前，先使封隔器上下压力平衡，然后上提直接解封。如图 2-103、图 2-104 所示。

技术参数：ϕ149.5 mm×1.19 m RTTS 封隔器。

图 2-103　RTTS 封隔器规格　　　　图 2-104　RTTS 封隔器结构

④ 纳米水泥

工具原理：纳米水泥堵剂粒径微细均匀，初始稠度低、流动性好、析水少，可泵时间（稠化时间）可据井况调整，固化体强度高，体积收缩率小，封堵率高，尤其具有耐高温、高压、高盐等特性，适合于各种油藏油水井的堵水、管外封窜和套管堵漏等措施。如图 2-105、图 2-106 所示。

图 2-105　纳米堵剂溶解样品　　　　图 2-106　纳米堵剂凝固图

⑤ 刀翼磨鞋

工具原理：刀翼磨鞋由接头体、刀片体、刀头和引鞋四部分组成，是为磨铣遇卡套管、套铣管专门设计的。依靠其底部的 YD 合金或耐磨材料在钻压的作用下吃入并磨碎落物，磨屑随循环洗井液带出地面。如图 2-107、图 2-108 所示。

技术参数：ϕ216 mm×0.32 m 平底磨鞋，水眼 15 mm。

图 2-107 平底磨鞋规格

图 2-108 平底磨鞋结构

⑥ 三牙轮钻头

工具原理：牙轮钻头在钻压和钻柱旋转的作用下，钻头压碎并吃入岩石，同时产生一定的滑动而剪切岩石。当牙轮在井底滚动时，牙轮上的钻头依次冲击、压入地层，这个作用可以将井底岩石压碎一部分，同时靠牙轮滑动带来的剪切作用削掉齿间残留的另一部分岩石，使井底岩石全面破碎，井眼得以延伸。如图 2-109、图 2-110 所示。

技术参数：$\phi 149.2 \text{ mm} \times 0.35 \text{ m}$ 三牙轮钻头。

图 2-109 三牙轮钻头规格

图 2-110 三牙轮钻头结构

（6）处理过程

先后经过 1 趟通井、1 趟刮削、1 趟验漏、1 趟打塞、3 趟纳米堵剂挤堵和 3 趟钻磨处理，成功对套管破损井段进行了堵漏，达到了本次施工的目的和要求，符合后期施工条件。JH003 井套管堵漏施工重点工序见表 2-23。

表 2-23　JH003 井套管堵漏施工重点工序

序号	重点施工内容	使用工具	施工趟数	施工情况	处理井段/m	现场照片
1	组下通井管柱	通径规	1 趟	组下通径规＋变丝＋2 7/8″钻杆＋变丝＋3 1/2″钻杆，通井至套管管脚位置，无阻卡现象；起钻检查，通径规完好，无明显磨损	5 443.1～5 767.18	

表 2-23(续)

序号	重点施工内容	使用工具	施工趟数	施工情况	处理井段/m	现场照片
2	组下刮削管柱	刮削器	1趟	组下刮削器＋变丝＋2 7/8″钻杆＋变丝＋3 1/2″钻杆,通井至套管管脚位置,并对封隔器预坐封位置 6 431.52～6 382.02 m 反复刮削3次,无阻卡现象;起钻检查,刮削器被稠油包裹,擦净后检查刮削器完好,无明显磨损	6 382～6 431.52	
3	组下验漏管柱	RTTS封隔器	1趟	组下2 7/8″丝堵＋2 7/8″筛管＋POP阀＋RTTS封隔器＋旁通阀＋变丝＋2 7/8″钻杆＋变丝＋3 1/2″钻杆;对7″套管进行验漏,判定漏点井段为 2 615.34～4 418.64 m;起钻检查,封隔器完好	2 500～4 418.64	
4	组下打塞管柱	喇叭口	1趟	组下3 1/2″喇叭口＋3 1/2″油管＋变丝＋2 7/8″斜坡钻杆＋变丝＋3 1/2″钻杆,配合打水泥塞,关井候凝48 h,探得塞面5 189.33 m;配合对漏失井段进行工程测井,漏失井段2 615.34～2 620.34 m、3 680.9～3 689.2 m、4 408.53～4 418.64 m	3 792.5～5 189.33	
5	挤堵套漏	喇叭口	1趟	组下3 1/2″喇叭口＋3 1/2″油管＋变丝＋2 7/8″斜坡钻杆＋变丝＋3 1/2″钻杆;配合纳米堵剂挤堵套管漏失段 2 615.34～2 620.34 m,起钻至井深2 500 m;关井候凝48 h	2 615.3～2 620.34	
6	组下钻磨管柱	刀翼磨鞋	1趟	组下刀翼磨鞋＋变丝＋3 1/2″钻铤＋变丝＋2 7/8″斜坡钻杆＋变丝＋3 1/2″钻杆,探得纳米堵剂塞面位置2 583.31 m;钻磨处理 2 583.31～2 643.94 m,在2 620 m处试压合格;继续钻磨至2 740.38 m处放空;起钻检查,磨鞋有轻微磨损	2 583.3～2 740.38	
7	组下挤堵管柱	喇叭口	1趟	组下3 1/2″喇叭口＋3 1/2″油管＋变丝＋2 7/8″斜坡钻杆＋变丝＋3 1/2″钻杆,配合纳米堵剂挤堵套管漏失段3 680.9～3689.2 m,起钻具至井深2 461.37 m;关井候凝48 h	3 680.9～3 689.2	

表 2-23(续)

序号	重点施工内容	使用工具	施工趟数	施工情况	处理井段/m	现场照片
8	组下钻磨管柱	刀翼磨鞋	1趟	组下刀翼磨鞋+变丝+3 1/2″钻铤+变丝+2 7/8″斜坡钻杆+变丝+3 1/2″钻杆,探得纳米堵剂塞面位置3 646.9 m;钻磨处理3 646.9~3 758.99 m,在3 655 m处试压合格;起钻检查,磨鞋有轻微磨损	3 646.9~3 758.99	
9	组下挤堵管柱	喇叭口	1趟	组下3 1/2″喇叭口+3 1/2″油管+变丝+2 7/8″斜坡钻杆+变丝+3 1/2″钻杆,配合纳米堵剂挤堵套管漏失段4 408.53~4 418.64 m,起钻至井深3 610.16 m;关井候凝48 h	4 408.5~4 418.64	
10	组下钻磨管柱	刀翼磨鞋	1趟	组下刀翼磨鞋+变丝+3 1/2″钻铤+变丝+2 7/8″斜坡钻杆+变丝+3 1/2″钻杆,探得纳米堵剂塞面位置4 199.27 m;钻磨处理4 199.27~4 388.51 m,在4 388.51 m试压合格;起钻检查,磨鞋有轻微磨损	4 199.2~4 388.51	
11	组下钻磨管柱	三牙轮钻头	1趟	组下三牙轮钻头+变丝+3 1/2″钻铤+变丝+2 7/8″斜坡钻杆+变丝+3 1/2″钻杆,探得纳米堵剂塞面位置4 388.47 m;钻磨处理4 388.47~4 428.48 m,在4 418 m处试压合格;继续钻进至5 166.02 m遇阻,钻磨至5 404.33 m处放空;钻冲至6 571.15 m;起钻检查,三牙轮钻头有轻微磨损	4 388.4~6 571.15	

(7)经验认识

① 本井使用纳米堵剂封堵套漏井段,取得了较好的封堵效果。套管堵漏一般采取常规水泥进行堵漏,施工工序简单,但有效周期短。本井为7″套管悬挂器之上9 5/8″套管漏失,作业采取纳米水泥进行堵漏,生产至今无漏失。

② 本井作业粗分共计采用1种通井工艺、1种刮削工艺、1种验漏工艺、1种套管打塞工艺、1种堵漏工艺和2种钻磨处理,具体为:

a. 通井探查工艺:本井采用通径规探查漏失井段套管状况,检测套管内通径尺寸变化情况,为下步工序选择明确井下技术状况。

b. 刮削处理工艺:磨铣修套结束后,为保持套管内壁的清洁,保证后期正常作业施工,使用刮削器清除套管内壁上的毛刺和水泥。

c. 套管验漏工艺:采用 RTTS 封隔器进行套管疑似漏点验漏 4 次,进一步明确套管漏失井段,为下步套管堵漏施工做好准备。

d. 套管打塞工艺:本井在 $7''$ 套管悬挂器以下打水泥塞,为储层提供了有效的保护,同时为套管纳米堵剂封堵作业创造了有利条件。

e. 纳米水泥堵漏工艺:纳米堵剂粒径微细均匀,初始稠度低、流动性好、析水少,稠化时间可据井况调整,固化体强度高,体积收缩率小,封堵率高,尤其具有耐高温、高压、高盐等特性,本井采取纳米水泥进行堵漏 3 趟,生产至今无漏失,能够满足后期生产。

f. 刀翼磨鞋钻磨工艺:根据纳米堵剂强度高的特性,优选刀翼磨鞋钻磨处理堵剂塞和水泥塞;实施 3 趟钻磨处理至套管脚,其间对漏失点试压 3 次均合格。

g. 三牙轮钻头钻磨工艺:本井使用三牙轮钻头处理套管壁残留的水泥和井底砂埋;实施了 1 趟钻磨,顺利钻磨处理至原人工井底。

(8) 综合评价

① 修井方案评价

a. 确定因素集 U:

$U=\{$修井成功率(x_1),修井成本(x_2),修井作业效率(x_3),修井劳动强度$(x_4)\}$

b. 确定权重集 A:

$A=\{$修井成功率(0.4),修井成本(0.3),修井作业效率(0.2),修井劳动强度$(0.1)\}$

c. 确定评语目录集 V:

$V=\{$优秀(v_1),良好(v_2),合格(v_3),不合格$(v_4)\}$

其中 v 取值 0~1 之间,优秀为 $v\geqslant 0.8$,良好为 $0.4\leqslant v<0.8$,合格为 $0.2<v<0.4$,不合格为 $v\leqslant 0.2$。

d. 确定单因素评价矩阵 R:

按照以上评价原则,由施工人员、技术人员进行评价打分,确定单因素评价矩阵 R。

$$修井成功率=\{0.4,0.4,0.3,0.4\}$$
$$修井成本=\{0.2,0.3,0.3,0.2\}$$
$$修井劳动强度=\{0.3,0.2,0.2,0.2\}$$
$$修井作业效率=\{0.1,0.2,0.1,0.2\}$$

$$R=\begin{bmatrix}0.4 & 0.4 & 0.3 & 0.4\\ 0.2 & 0.3 & 0.3 & 0.2\\ 0.3 & 0.2 & 0.2 & 0.2\\ 0.1 & 0.2 & 0.1 & 0.2\end{bmatrix}$$

e. 综合评价计算:

$$B=AR=(0.4\quad 0.3\quad 0.2\quad 0.1)\begin{bmatrix}0.4 & 0.4 & 0.3 & 0.4\\ 0.2 & 0.3 & 0.3 & 0.2\\ 0.3 & 0.2 & 0.2 & 0.2\\ 0.1 & 0.2 & 0.1 & 0.2\end{bmatrix}$$

计算得：　　　　　　　　（0.3,0.3,0.3,0.3）＝1.2
（合格,合格,合格,合格）

用1.2除以各因素项归一化计算,得：

（0.24,0.29,0.23,0.25）

从中可以看出,该井作业过程总体评价为合格。

② 经济效益评价

通过盈亏平衡点(BEP)分析项目成本与收益的平衡关系。计算方法如下：

$$效益盈亏平衡点=\frac{单井次直接费用投入}{吨油价格-吨油增量成本}$$

$$投入产出比=\frac{单井直接费用投入+增量成本}{措施累计增产油量×吨油价格}$$

JH003井经济效益评价结果见表2-24。

表2-24　JH003井经济效益评价结果

直接成本					
修井费/万元	427	工艺措施费/万元	/	总计费用/万元	599.79
材料费/万元	82.9	配合劳务费/万元	89.89		
增量成本					
吨油运费/元	/	吨油处理费/元	105.3	吨油价格/元	3 907
吨油税费/元	674	原油价格/美元折算	636.3	增量成本合计/万元	1 146
产出情况					
日增油/t	23.1	有效期/d	221	累计增油/t	6 188
效益评价					
销售收入/万元	1 995	吨油措施成本/(元/t)	923	投入产出比	1∶3.3
措施收益/万元	948	盈亏平衡点产量/t	1 183	评定结果	有效

第三章 修井机侧钻处理技术

一、技术概述

基于塔河碳酸岩油藏储层复杂构造及断块,针对打不到目的层的垂直井、剩余油具有可采价值的生产井、井下复杂事故以及为满足开发特殊需要等原因的油气水井,通过实施侧钻可以完善并保持部分井网,提高储量及井下作业大修工艺水平。本部分开展了 XJ850 设备侧钻工作,按照轨迹(图 3-1)造斜率大致可分为三类:

(1)长半径侧钻:造斜率 $K<6°/30\ m$,相应的曲率半径 $OA>286.5\ m$,水平段可钻达 600 m 以上,可进行完井电测、固井等作业。

(2)中半径侧钻:造斜率 $K=(6°\sim20°)/30\ m$,相应的曲率半径 $OA=86\sim286.5\ m$,水平段可钻达 450 m 以上,可进行完井电测、固井等作业。中半径水平井工艺难度较大,应用挠性耐磨短钻杆、挠性非磁钻铤。

(3)短半径侧钻:造斜率 $K=(3°\sim10°)/m$,相应的曲率半径 $OA=5.73\sim19.1\ m$,水平段可钻 90 m 以上,但不能进行完井测井和固井作业,且工艺技术难度大,需具备特殊的定向造斜装备和专用的柔性造斜钻具组合及柔性稳斜钻具组合。

修井机侧钻技术是对碳酸岩深井侧钻工艺技术体系的补充和完善,为老区高质量开发提供了有力的工程技术保障,形成了 T 形柔性管侧钻、单弯螺杆侧钻和常规侧钻三项成熟的工艺技术,同时形成了工艺技术的极限参数资料,对油藏论证、靶点选择提供了参考,如图 3-2 所示。

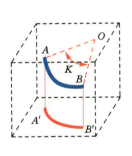

图 3-1 侧钻轨迹示意图

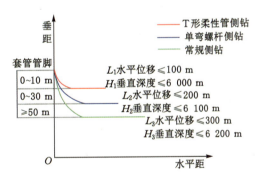

图 3-2 修井机侧钻垂距-水平距关系图

1. T 形柔性管侧钻技术

T 形柔性管侧钻技术主要是靠旋转钻井系统实现的,当钻压通过柔性钻杆传递到钻头时,使钻压最大限度地作用在钻头上,不断加压,钻头就能牵引定向筛管向前钻进,采用定向跟进保证设计的水平轨迹,完井时把钻头及定向筛管丢手留置井下,通过快速接头能自动脱钩原理把柔性钻杆起出,达到既能造斜钻进又能水平钻进的目的,最终形成径向水平段。

2. 单弯螺杆侧钻技术

单弯螺杆，简称单弯，是由壳体弯曲实现造斜。与相应尺寸扶正器配合组成滑动式导向工具，采用转盘与井下滑动导向工具不起钻，通过转盘开关完成定向井二开后的直井段、定向造斜段、增斜段、稳斜段的连续钻井作业，通称为滑动导向复合钻井技术。减少了因改变钻具结构而进行的起下钻作业，提高了整体钻井效率。

单弯螺杆比常用的普通短螺杆长，与定向直接头配合使用。常用的单弯螺杆弯曲度有0.75°、1.00°、1.25°、1.50°等4种。改进后的五头单弯螺杆驱动功率大、扭矩大，纠斜和增斜能力强，转速低（180～200 r/min），更能适合于钻井生产实际。

3. 常规定向侧钻技术

常规侧钻井包括非定向侧钻井和定向侧钻井。常规定向侧钻是对开窗的方位有明确要求的侧钻井工艺，是在欲开窗的位置下导斜器或利用井下错断的套管或套管内落物的偏斜作用开出窗口进行侧钻施工的。

4. 操作程序

侧钻井施工主要分为作业前准备、开窗施工和裸眼钻进三个阶段，具体为：

（1）作业前准备：主要包括设备准备、窗口位置的确定、井眼与管柱的准备等工作。

（2）开窗施工：在设计套管井段下入斜向器，再用多功能铣锥将套管磨穿形成窗口，然后再用钻头钻出新井眼。若为裸眼井段，则直接进行裸眼开窗钻进。

（3）裸眼钻进：定向钻进是在试钻井眼的基础上，使用合理的钻具结构和钻井参数，根据设计的井眼轨迹，通过随钻仪和单多点测斜仪控制实钻轨迹达到设计目的。

二、应用实例

本部分介绍了塔河油田修井侧钻处理的7口井典型实例和在作业过程中积累的经验与技术成果。

1. JH105井修井机超短半径侧钻实例

（1）基础数据

JH105井是塔河油田牧场北3号构造南部的一口开发井，2006年8月完钻，完钻井深5 672 m，井身结构为3级，完井方式为酸压完井。因未建产，9月起实施单元注水，2011年1月测压显示油管压力梯度升高，转抽评定为高含水，间开生产持续高含水，后恢复单元注水。JH015井基础数据详见表3-1。

表3-1 JH105井基础数据表

井别	直井	完井层位	O_2yj
完钻时间	2015.02.19	完井井段	5 537～5 590 m
固井质量	良	10 3/4″套管下深	1 002.9 m
完钻井深	5 672 m	7″套管下深	5 537 m
人工井底	5 672 m	裸眼段长	53 m

存在问题：一是酸压完井后，测试期间显示供液不足，评定为"干层"；二是单元注水致邻

井含水量高,且大修后被评定为高含水。

JH105 井井身结构如图 3-3 所示。侧钻靶点、靶点剖面及侧钻靶点轨迹如图 3-4～图 3-6 所示。

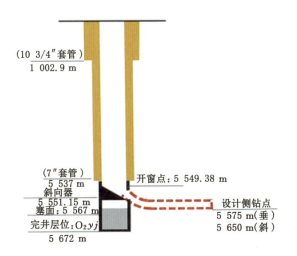

图 3-3　JH105 井井身结构示意图

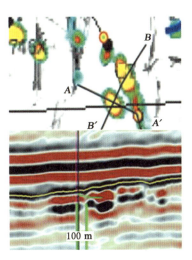

图 3-4　侧钻靶点示意图

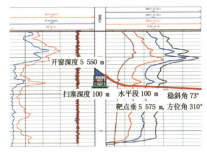

图 3-5　靶点剖面图

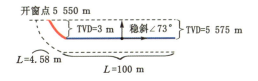

图 3-6　侧钻靶点轨迹图

(2) 侧钻目的

① 从投产情况看,钻井、测井显示原井储集体不发育,酸压未能有效沟通,生产期间供液不足。

② 该井西北方向目标体位置 T_4^7 反射波呈局部强反射及串珠状特征,且与邻井特征相似,从地震反射特征分析,认为是储层发育的部位。

③ 侧钻点与原井储集体静态分隔性明显,侧钻点受控于断裂+河道,区域油气富集,储层发育,综合分析该井侧钻未动用。

(3) 施工难点

该井深度大于 5 000 m 且为裸眼,施工难点主要有以下四点:

① 侧钻层位存在酸压、多轮次注水,造成地层破坏,侧钻层位岩性稳定性差,开窗后进行扩划眼,由于井眼段岩性不稳定、不规则,使得磨阻增大而出现托压问题,容易发生卡钻事故。

② XJ850 主体设备最大钩载 2 250 kN，地面循环泵为 1300 型柱塞泵，20 MPa 条件下排量为 6～7 L/s，因此在侧钻施工前需要进行设备的升级配套。

③ 柔性管侧钻造斜率 3°～10°/m，曲率半径小于 5 m，在钻压控制、工具匹配和钻具降摩阻方面没有实际经验，易发生柔性钻具卡钻或者折断情况，需要在施工期间摸索出合理的匹配关系。

④ 使用裸眼导向器配合柔性管侧钻，在裸眼井段坐封的要求较高，且施工时间较长，对泥浆润滑性能要求较高。

（4）侧钻思路

该井在 5 550～5 575 m 井段范围部署 T 形分支，长度 50～120 m，方位 310°，B 靶 TVD 5 575 m。按照"井筒处理→斜向器校深→斜向器定向→斜向器坐挂→裸眼开窗修窗→造斜→水平钻进→回收斜向器"8 项工序进行设计。其中，侧钻施工设计为 4 趟钻，具体如下：

第一趟钻：开窗段 5 550 m，开窗进尺 0.8 m，钻具组合 ϕ149 mm 开窗铣锥＋133 mm 柔性钻具＋变扣接头（311×330）＋浮阀接头＋震击器＋3 1/2″钻杆。

第二趟钻：造斜段 5 550～5 554.3 m，造斜进尺 4.3 m，钻具组合 ϕ144 mm 造斜钻头＋ϕ120 mm 柔性钻具（310 扣型）＋变扣接头（311×330）＋浮阀＋震击器＋钻杆。

第三趟钻：稳斜段 5 555～5 600 m，钻具组合 ϕ149 mm 钻进钻头＋ϕ133 mm 柔性钻具（55 m，310 扣型）＋变扣接头（311×330）＋浮阀接头＋3 1/2″震击器＋3 1/2″钻杆。

第四趟钻：稳斜段 5 600～5 650 m，钻具组合 ϕ149 mm 钻进钻头＋ϕ133 mm 柔性钻具（100 m，310 扣型）＋变扣接头（311×330）＋浮阀接头＋3 1/2″震击器＋3 1/2″钻杆。

JH105 井柔性管侧钻轨迹设计数据见表 3-2。

表 3-2　JH105 井柔性管侧钻轨迹设计数据表

层位	井段/m	层厚/m	开窗点深度/m	开窗方位/(°)	侧钻长度/m	稳斜角/(°)	曲率半径/m
C_1b	5 550～5 575	24	5 565	310	>50	80	3.6

（5）工具选取

考虑侧钻作业井筒准备，选用了 1 种通井工艺、1 种套管验漏工艺、1 种导向工艺和 1 种侧钻工艺，具体如下：

① 三牙轮钻头

工具原理：牙轮钻头在钻压和钻柱旋转的作用下，压碎并吃入岩石，同时产生一定的滑动而剪切岩石。当牙轮在井底滚动时，牙轮上的钻头依次冲击、压入地层，这个作用可以将井底岩石压碎一部分，同时靠牙轮滑动带来的剪切作用削掉齿间残留的另一部分岩石，使井底岩石全面破碎，井眼得以延伸。如图 3-7、图 3-8 所示。

技术参数：ϕ149.2 mm 三牙轮钻头。

② RTTS 封隔器

工具原理：RTTS 封隔器是一种大通径、可封隔双向压力的悬挂式封隔器。RTTS 封隔器主要由 J 形槽换位机构、机械卡瓦、封隔胶筒和液压锚定机构组成。当井下地层压力大于

图 3-7　三牙轮钻头规格　　　　　图 3-8　三牙轮钻头结构

液柱压力时,封隔器液压锚伸出卡在套管壁上,可防止封隔器下部压力过大时推动封隔器使工具推出井眼或失封。另外,还配有摩擦和自动 J 形槽套结构。解封前,先使封隔器上下压力平衡,然后上提直接解封。如图 3-9、图 3-10 所示。

技术参数:ϕ149.5 mm×1.55 m RTTS 封隔器。

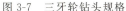

图 3-9　RTTS 封隔器规格　　　　　图 3-10　RTTS 封隔器结构

③ 扩张式锚定导向器

工具原理:将扩张式锚定导向器连入钻具管串下入指定位置后,进行陀螺定方位,投球憋压,当泵压升至 20 MPa 时,液压丢手总成动作,完成锚定,送入总成与斜向器脱手。导向器是在一个圆柱体的一侧加工出的一个导斜面。导斜面是一个倾斜且不完整的圆柱面,主要结构参数是导斜面的导斜角。如图 3-11、图 3-12 所示。

技术参数:ϕ146 mm×2.1 m 裸眼斜向器。

图 3-11　扩张式锚定导向器规格　　　　　图 3-12　扩张式锚定导向器结构

④ 柔性钻具

工具原理:柔性钻具由多个短节组成。单个柔性短节主要由外壳、传动销、球窝、端盖、花键球头及相关密封件组成。花键球头设有 4 个对称 U 形槽,作为传动销的轨道。外壳和球窝配合设有 4 个对称圆孔,孔与 U 形槽相互对应,传动销穿过圆孔插入 U 形槽中,U 形槽下端面为圆弧形。转动时,传动销始终在弧面上滑动,盖板与外壳焊接,防止传动销从销钉孔内脱落。花键球头的球面与球窝形成球面密封配合,中段组成花键传动副传递扭矩。在柔性短节串两端连接钻杆螺纹接头即可组成一根柔性钻具。如图 3-13、

图 3-14 所示。

技术参数：φ133 mm×0.15 m 柔性短节，内通径 φ56 mm。

 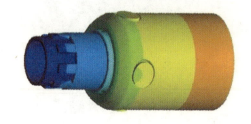

图 3-13　柔性钻具规格　　　　　　图 3-14　柔性钻具结构

⑤ 铣锥

工具原理：依靠前锥体上的 YD 合金铣切凸出的变形套管内壁及滞留在套管内壁上的结晶矿物和其他杂质。圆柱部分起定位扶正作用，铣下碎屑由洗井液上返带出地面。如图 3-15、图 3-16 所示。

技术参数：φ149 mm×0.56 m 铣锥，水眼 35 mm。

图 3-15　铣锥规格　　　　　　图 3-16　铣锥结构

⑥ PDC 钻头

工具原理：PDC 钻头是用聚晶金刚石复合片镶嵌于钻头钢体（或焊于钻头胎体）而制成的一种切削型钻头，它以聚晶金刚石复合片作为切削刃，以负刃前角剪切方式破碎岩石。如图 3-17、图 3-18 所示。

技术参数：φ143.9 mm×0.32 m PDC 钻头，头部为 6 瓣齿，水眼 15 mm×6 个。

 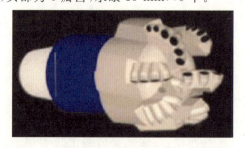

图 3-17　PDC 钻头规格　　　　　　图 3-18　PDC 钻头结构

(6) 处理过程

JH105 井柔性管侧钻施工重点工序见表 3-3。

表 3-3 JH105 井柔性管侧钻施工重点工序

序号	重点施工内容	使用工具	施工趟数	施工情况	处理井段/m	现场照片
1	组下通井管柱	三牙轮钻头	1 趟	组下三牙轮钻头＋330×310 变扣＋ϕ120 mm 钻铤＋3 1/2″斜坡正扣钻杆,至井深 5 313.44 m 遇阻,加压 2 t,复探 3 次位置不变;连接方钻杆,加压 0.5～2 t,划眼通井至井深 5 567 m;起钻检查,工具完好	5 313～5 567	
2	组下验漏管柱	RTTS 封隔器	1 趟	组下 2 7/8″EUE 丝堵＋2 7/8″筛管＋RTTS 封隔器＋2 7/8″球座＋变扣＋压循环阀＋变扣＋2 7/8″正扣斜坡钻杆＋变扣＋3 1/2″正扣斜坡钻杆,判定无漏点;起钻检查,封隔器胶皮一侧边缘挤压变形破损	5 227～5 527	
3	组下定向管柱	裸眼斜向器	1 趟	组下 3 1/2″EUE 支撑管＋ϕ146 mm 裸眼斜向器＋丢手杆＋3 1/2″正扣斜坡钻杆 1 根＋ϕ130 mm 定向短节(配合测量定向短节与斜面高边角度差)＋3 1/2″正扣钻杆,遇阻位置 5 557.71 m;打压坐封,丢手成功,斜向器造斜面位置 5 549.05 m;起钻检查,工具完好	5 549～5 557	
4	组下开窗钻具	铣锥柔性钻具	1 趟	组下铣锥＋ϕ133 mm 柔性钻具 1.24 m＋3 1/2″正扣钻杆＋浮阀＋3 1/2″正扣钻杆,遇阻位置 5 549.38 m,遇阻加压 2 t,复探 3 次,位置不变;起泵循环,开窗钻磨井段 5 549.38～5 550.03 m,划眼遇阻深度 5 550.03 m;起钻检查,钻具完好	5 549～5 550	
5	组下造斜钻具	PDC 钻头柔性钻具	1 趟	组下 PDC 钻头＋ϕ122 mm 柔性钻具 ϕ4.44 m＋ϕ133 mm 柔性钻具 4.44 m＋3 1/2″正扣斜坡钻杆,钻进至井深 5 554.03 m,累计进尺 4 m,返出岩屑约 25 L;起钻检查,钻头表面轻微磨损	5 550～5 554	
6	组下侧钻钻具	PDC 钻头柔性钻具	1 趟	组下 PDC 钻头＋ϕ133 mm 柔性钻具 14 根＋3 1/2″正扣钻具,钻进至 5 571.33 m,进尺 17.3 m;后进尺缓慢,扭矩较大,调整参数钻进,无进尺,怀疑钻头异常;起钻检查,柔性钻具有 10 处焊点开裂,PDC 钻头边缘磨损严重	5 554～5 571	

表 3-3(续)

序号	重点施工内容	使用工具	施工趟数	施工情况	处理井段/m	现场照片
7	组下侧钻钻具	PDC钻头 柔性钻具	1趟	组下 PDC 钻头 + ϕ133 mm 柔性钻具 13 根 + 3 1/2″ 正扣钻具,钻进至 5 600.33 m,累计进尺 28.7 m,扭矩增大,钻压升高;起钻检查,柔性钻具磨损 4 mm,PDC 钻头喷嘴脱落 2 个,轻微磨损	5 571～5 600	
8	组下侧钻管柱	PDC钻头 柔性钻具	1趟	组下 PDC 钻头 + ϕ129/ϕ131 mm 柔性钻具 13 根 + ϕ133 mm 柔性钻具 8 根 × 35.52 m + 钻杆,钻进至 5 631.03 m,进尺 31 m;起钻检查,柔性钻具磨损严重,19 根柔性钻具(84.36 m)磨损后直径为 127～129 mm,PDC 钻头轻微磨损	5 600～5 631	

(7) 经验认识

① 修井设备配套柔性钻裸眼侧钻,能够及时检查工具,最终获得成功。本井为碳酸盐岩深井裸眼超短半径分支水平井,通过 XJ850 修井设备升级配套,能够满足现场施工要求。在施工期间,摸索钻压-转速等参数与钻速的最佳匹配关系。同时,在钻井过程中逐步解决 PDC 钻头磨损、崩齿等严重问题,经过匹配,持续优化改进定型为小直径、大水眼和多刀翼的 PDC 钻头,提高了钻磨效率,累计进尺 89.46 m。

② 本井作业粗分共计采用了 1 种通井工艺、1 种套管验漏工艺、1 种导向工艺和 1 种侧钻工艺,具体为:

a. 三牙轮钻磨工艺:本井使用三牙轮钻头对套管内砂埋进行处理,实施了 1 趟钻,钻磨处理至套管脚,为侧钻施工创造了施工条件。

b. 套管验漏工艺:采用 RTTS 封隔器进行套管疑似漏点验漏 2 次,进一步明确了套管完整性,为下一步侧钻施工做好准备。

c. 扩张式锚定导向工艺:将扩张式锚定器连入钻具管串下入指定位置后,进行陀螺定方位,投球憋压,当泵压升至 20 MPa 时,液压丢手总成动作,完成锚定,送入总成与斜向器脱手。避免了因注水泥、候凝及钻塞造斜等工序带来的时间消耗和施工风险。

d. 柔性管侧钻工艺:柔性管深井侧钻施工能力得到充分验证,与常规侧钻技术相比,完全不受钟摆原理影响,曲率半径小于 5 m 的垂直井段中完成从垂直转向水平,可以避免用常规的大曲率半径和中半径方法侧钻需要频繁造斜、定向和复杂的井眼轨迹控制等工艺过程。通过柔性管超短半径侧钻技术可以有效缩短钻井进尺小于 100 m 的钻井周期,减少材料消耗和降低成本。同时,利用报废井、长停井和低产低效井井眼为老油藏二次开发探索出新工艺技术。

③ 地面循环系统升级配套和规范操作,为顺利侧钻提供了有力保障。地面循环系统由原来的单机 1300 型柱塞泵,增配为双机双泵,提高了循环能力,同时增配离心机、处泥机等

固控设备,保障了泥浆的性能。钻进期间密切注意扭矩、泵压等参数的变化及接立柱上提下放情况,每钻完一柱划眼一次,钻进过程中注意观察顶驱扭矩变化,钻时快慢根据现场实钻情况考虑是否增加钻压和泵压等技术参数;现场录井注意捞取返出岩屑,确保轨迹一直在油层穿行;钻进结束后,循环调整钻井液性能,充分循环井眼干净后,裸眼替入保护液。

(8) 综合评价

① 修井方案评价

a. 确定因素集 U:

$U=\{$修井成功率(x_1),修井成本(x_2),修井作业效率(x_3),修井劳动强度$(x_4)\}$

b. 确定权重集 A:

$A=\{$修井成功率(0.4),修井成本(0.3),修井作业效率(0.2),修井劳动强度$(0.1)\}$

c. 确定评语目录集 V:

$V=\{$优秀(v_1),良好(v_2),合格(v_3),不合格$(v_4)\}$

其中 v 取值 $0\sim1$ 之间,优秀为 $v\geqslant0.8$,良好为 $0.4\leqslant v<0.8$,合格为 $0.2<v<0.4$,不合格为 $v\leqslant0.2$。

d. 确定单因素评价矩阵 **R**:

按照以上评价原则,由施工人员、技术人员进行评价打分,确定单因素评价矩阵 **R**。

$$\text{修井成功率}=\{0.4,0.3,0.3,0.2\}$$
$$\text{修井成本}=\{0.4,0.2,0.3,0.2\}$$
$$\text{修井劳动强度}=\{0.4,0.3,0.3,0.2\}$$
$$\text{修井作业效率}=\{0.3,0.2,0.3,0.1\}$$

$$\boldsymbol{R}=\begin{bmatrix}0.4 & 0.3 & 0.3 & 0.2\\ 0.4 & 0.2 & 0.2 & 0.2\\ 0.4 & 0.3 & 0.3 & 0.2\\ 0.3 & 0.3 & 0.3 & 0.1\end{bmatrix}$$

e. 综合评价计算:

$$\boldsymbol{B}=\boldsymbol{AR}=(0.4\quad 0.3\quad 0.2\quad 0.1)\begin{bmatrix}0.4 & 0.3 & 0.3 & 0.2\\ 0.4 & 0.2 & 0.2 & 0.2\\ 0.4 & 0.3 & 0.3 & 0.2\\ 0.3 & 0.3 & 0.3 & 0.1\end{bmatrix}$$

计算得: $(0.4,\ 0.3,\ 0.3,\ 0.2)=1.2$

(合格,合格,不合格,合格)

用 1.2 除以各因素项归一化计算,得:

$(0.35,0.24,0.24,0.17)$

从中可以看出,该井作业过程总体评价为合格。

② 经济效益评价

通过盈亏平衡点(BEP)分析项目成本与收益的平衡关系。计算方法如下:

$$\text{效益盈亏平衡点}=\frac{\text{单井次直接费用投入}}{\text{吨油价格}-\text{吨油增量成本}}$$

$$\text{投入产出比}=\frac{\text{单井直接费用投入}+\text{增量成本}}{\text{措施累计增产油量}\times\text{吨油价格}}$$

JH105井经济效益评价结果见表3-4。

表3-4 JH105井经济效益评价结果

直接成本					
修井费/万元	487	工艺措施费/万元	112	总计费用/万元	781
材料费/万元	113	配合劳务费/万元	67		
增量成本					
吨油运费/元	/	吨油处理费/元	105	吨油价格/元	2 107
吨油税费/元	674	原油价格/美元折算	636	增量成本合计/万元	1 755
产出情况					
日增油/t	23.1	有效期/d	221	累计增油/t	22 520
效益评价					
销售收入/万元	4 775	吨油措施成本/(元/t)	350	投入产出比	1:3.4
措施收益/万元	2 239	盈亏平衡点产量/t	12 035	评定结果	有效

2. JH106井修井机超短半径侧钻实例

(1) 基础数据

JH106井是库车县境内阿克库勒凸起西南部斜坡上的一口开发井,2018年11月完钻,完钻井深5 845 m,井身结构为3级,自喷测试评定为水层。2019年1月上返酸化,10 mm油嘴开井排酸,自喷产油4.5 t停喷。转机抽评价,初期日产液26 t,日产油1.8 t,含水93%,液面快速下降,后因供液不足关井。机抽期间累计产液3 199 t、产油88 t、产水3 111 t。JH106井基础数据详见表3-5。

表3-5 JH106井基础数据表

井别	直井	完井层位	O_2yj
完钻时间	2018.11.05	完井井段	5 729~5 845.8 m
固井质量	优	20″导管下深	66.7 m
完钻井深	5 845.8 m	10 3/4″套管下深	1 198.2 m
人工井底	5 758.4 m	7 5/8″套管下深	5 729 m

存在问题:一是钻遇放空漏失完井后,测试期间显示供液充足,评定为水层;二是上返酸化后,机抽期间显示供液不足。

JH106井井身结构如图3-19所示。侧钻轨迹、垂直剖面、水平投影如图3-20~图3-22所示。

(2) 侧钻目的

① 从投产情况看,钻井、测井显示原井储集体不发育,酸化未能有效沟通,生产期间供液不足。

② 该井东北方向目标体位置T_4^7反射波呈局部强反射及串珠状特征,且与邻井特征相似,从地震反射特征分析,认为是储层发育的部位。

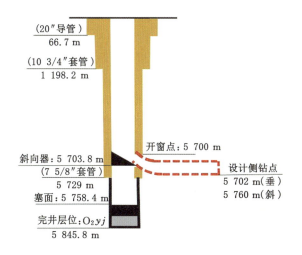

图 3-19　JH106 井井身结构示意图　　　　图 3-20　侧钻轨迹示意图

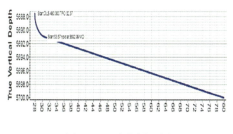
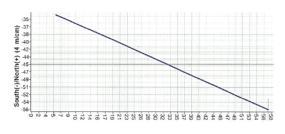

图 3-21　垂直剖面图　　　　　　　　　　图 3-22　水平投影图

③ 侧钻点与原井储集体静态分隔性明显，侧钻点受控于断裂+河道，区域油气富集，储层发育，综合分析该井侧钻未动用。

（3）施工难点

该井深度大于 5 000 m，且需套管内开窗，施工难点主要有以下四点：

① 侧钻层位开窗后进行扩划眼，由于井眼段岩性不稳定、不规则，使得磨阻增大而出现托压问题，容易发生卡钻事故。

② XJ850 主体设备最大钩载 2 250 kN，地面循环泵为 1300 型柱塞泵，20 MPa 条件下排量为 6～7 L/s，因此在侧钻施工前需要进行设备的升级配套。

③ 柔性管侧钻造斜率 3°～10°/m，曲率半径小于 5 m，在钻压控制、工具匹配和钻具降摩阻方面没有实际经验，易发生柔性钻具卡钻或者折断情况，需要在施工期间摸索出合理的匹配关系。

④ 使用套管扩张式导向器配合柔性管侧钻，在井段坐封的要求较高，且施工时间较长，对泥浆润滑性能要求较高。

（4）侧钻思路

该井在 5 700～5 760 m 井段范围部署 T 形分支，长度 50～80 m，方位 113°，B 靶 TVD 5 760 m。按照"井筒处理→斜向器校深→斜向器定向→斜向器坐挂→套管开窗修窗→造斜→水平钻进→回收斜向器" 8 项工序进行设计。其中，侧钻施工设计为 4 趟钻，具体如下：

第一趟钻：开窗段 5 703.09～5 703.74 m，开窗进尺 0.65 m，钻具组合 ϕ149 mm 复式开窗铣锥＋ϕ127 mm 柔性钻具(310 扣型)＋3 1/2″正扣斜坡钻杆。

第二趟钻：修窗段 5 702.84～5 703.74 m，修窗进尺 0.9 m，钻具组合 ϕ158 mm 修窗铣锥＋ϕ127 mm 柔性钻具(310 扣型)＋3 1/2″正扣斜坡钻杆。

第三趟钻：造斜段 5 703.74～5 707.74 m，造斜进尺 4 m，钻具组合 ϕ152 mm PDC 钻头＋ϕ124 mm 柔性钻具 19 节＋变扣＋ϕ133 mm 柔性钻杆 23 节＋3 1/2″正扣斜坡钻杆。

第四趟钻：稳斜段 5 707.7～5 760 m，钻具组合 ϕ149 mm PDC 钻头＋133 mm 柔性钻杆 17 根＋3 1/2″正扣斜坡钻杆。

JH106 井柔性管侧钻轨迹设计数据见表 3-6。

表 3-6　JH106 井柔性管侧钻轨迹设计数据表

层位	井段 /m	层厚 /m	开窗点深度 /m	开窗方位 /(°)	侧钻长度 /m	稳斜角 /(°)	曲率半径 /m
O_3l	5 700～5 760	24	5 688	113	60	80	3.6

（5）工具选取

考虑侧钻作业井筒准备，选用了 1 种打塞钻磨一体化工艺、1 种通井工艺、1 种套管验漏工艺、1 种导向工艺、1 种开窗工艺和 1 种侧钻工艺，具体如下：

① 大水眼磨鞋

工具原理：磨鞋是一种用 YD 合金或耐磨材料去研磨井下落物的工具。它依靠其底面上的 YD 合金或耐磨材料，在钻压的作用下吃入并磨碎落物，磨屑随循环液带出地面。YD 合金由硬质合金颗粒及焊接剂（打底焊条）组成，在转动过程中对落物进行切削。采用钨钢粉作为耐磨材料的工具，有利于采用较大的钻压对落物表面进行研磨。同时，通过改进磨水眼，实现了挤水泥和扫塞一体化施工。如图 3-23、图 3-24 所示。

技术参数：ϕ146 mm×0.275 m，水眼 40 mm。

图 3-23　大水眼磨鞋规格　　　　　　图 3-24　大水眼磨鞋结构

② 刮削器

工具原理：刮削器主要是清除井下套管内壁上的水泥块、硬蜡、残留子弹、射孔毛刺以及其他附着物，保持套管内壁的清洁，以利所有钻井工具的正常作业。如图 3-25、图 3-26 所示。

技术参数：ϕ186 mm×0.95 m，水眼 25 mm。

③ RTTS 封隔器

工具原理：RTTS 封隔器是一种大通径、可封隔双向压力的悬挂式封隔器。RTTS 封隔

图 3-25 刮削器规格

图 3-26 刮削器结构

器主要由 J 形槽换位机构、机械卡瓦、封隔胶筒和液压锚定机构组成。当井下地层压力大于液柱压力时,封隔器液压锚伸出卡在套管壁上,可防止封隔器下部压力过大时推动封隔器使工具推出井眼或失封。另外,还配有摩擦和自动 J 形槽套结构。解封前,先使封隔器上下压力平衡,然后上提直接解封。如图 3-27、图 3-28 所示。

技术参数:ϕ149.5 mm×1.55 m RTTS 封隔器。

图 3-27 RTTS 封隔器规格　　　　　图 3-28 RTTS 封隔器结构

④ 套管斜向器

工具原理:将扩张式锚定导向器连入钻具管串下入指定位置后,进行陀螺定方位,投球憋压,当泵压升至 20 MPa 时,液压丢手总成动作,完成锚定,送入总成与斜向器脱手。导向器是在一个圆柱体的一侧加工出的一个导斜面。导斜面是一个倾斜且不完整的圆柱面,主要结构参数是导斜面的导斜角。如图 3-29、图 3-30 所示。

技术参数:ϕ158 mm×2.1 m 套管斜向器。

图 3-29 扩张式锚定导向器规格　　　图 3-30 扩张式锚定导向器结构

⑤ 柔性钻具

工具原理:柔性钻具由多个短节组成。单个柔性短节主要由外壳、传动销、球窝、端盖、花键球头及相关密封件组成。花键球头设有 4 个对称 U 形槽,作为传动销的轨道。外壳和球窝配合设有 4 个对称圆孔,孔与 U 形槽相互对应,传动销穿过圆孔插入 U 形槽中,U 形槽下端面为圆弧形,转动时传动销始终在弧面上滑动,盖板与外壳焊接,防止传动销从销钉孔内脱落。花键球头的球面与球窝形成球面密封配合,中段组成花键传动副传递扭矩。在柔性短节串两端连接钻杆螺纹接头即可组成一根柔性钻具。如图 3-31、图 3-32 所示。

技术参数:ϕ133 mm×0.15 m 柔性短节,内通径 ϕ56 mm。

⑥ 开窗铣锥

工具原理:开窗铣锥由接头、柱状体、锥体三部分组成。钨钢颗粒及钨钢块排列合理利

图 3-31 柔性钻具规格

图 3-32 柔性钻具结构

于磨铣,柱状体部位具有修窗功能,通过磨铣工具沿着斜向器斜面在套管壁磨铣出一个窗口进行侧钻。如图 3-33、图 3-34 所示。

技术参数:ϕ149 mm×0.59 m 铣锥,水眼 12 mm×4 个。

图 3-33 开窗铣锥规格

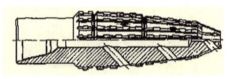

图 3-34 开窗铣锥结构

⑦ 修窗铣锥

工具原理:修窗铣锥用来磨削套管较小的局部变形,修整在下钻过程中各种工具将接箍处套管造成的卷边及射孔时引起的毛刺、飞边,清整滞留在井壁上的矿物结晶及其他坚硬的杂物,以恢复通径尺寸。如图 3-35、图 3-36 所示。

技术参数:ϕ158 mm×0.48 m 铣锥,水眼 15 mm×4 个。

图 3-35 修窗铣锥规格

图 3-36 修窗铣锥结构

⑧ PDC 钻头

工具原理:PDC 钻头是用聚晶金刚石复合片镶嵌于钻头钢体(或焊于钻头胎体)而制成的一种切削型钻头,它以聚晶金刚石复合片作为切削刃,以负刃前角剪切方式破碎岩石。如图 3-37、图 3-38 所示。

技术参数:ϕ143.9 mm×0.32 m PDC 钻头,头部为 6 瓣齿,水眼 15 mm×6 个。

图 3-37 PDC 钻头规格

图 3-38 PDC 钻头结构

（6）处理过程

JH106 井柔性管侧钻施工重点工序见表 3-7。

表 3-7　JH106 井柔性管侧钻施工重点工序

序号	重点施工内容	使用工具	施工趟数	施工情况	处理井段/m	现场照片
1	组下通井管柱	大水眼磨鞋	1 趟	组下大水眼磨鞋＋3 1/2″正扣斜坡钻杆，遇阻深度 5 749.06 m，复探 3 次，深度不变；配合打水泥塞施工，候凝 48 h，探塞面位置 5 678.58 m；连接方钻杆，加压 0.5～2 t，扫塞至 5 720 m；起钻检查，工具完好	5 678～5 720	
2	组下刮削管柱	刮削器	1 趟	组下刮削器＋3 1/2″正扣斜坡钻杆，对 5 678.58～5 720 m 处上下刮削 3 次，刮削无遇阻；起钻检查，刮削器外观完好，无明显磨损	5 678～5 720	
3	组下验漏管柱	RTTS 封隔器	1 趟	组下 2 7/8″EUE 丝堵＋2 7/8″筛管＋RTTS 封隔器＋2 7/8″球座＋变扣＋压循环阀＋变扣＋2 7/8″正扣斜坡钻杆＋变扣＋3 1/2″正扣斜坡钻杆，判定无漏点；起钻检查，封隔器胶皮一侧边缘挤压变形破损	5 678～5 720	
4	组下定向管柱	套管斜向器	1 趟	组下支撑杆＋3 1/2″EUE 油管＋油管短节＋斜向器＋3 1/2″正扣斜坡钻杆＋定向短接＋3 1/2″正扣斜坡钻杆＋校深短节＋3 1/2″正扣斜坡钻杆（配合测量定向短节与斜面高边角度差），遇阻位置 5 703.09 m；打压坐封，丢手成功，斜向器造斜点位置 5 549.05 m；起钻检查，工具完好	5 700～5 703	
5	组下开窗管柱	开窗铣锥＋柔性钻具	1 趟	组下复式开窗铣锥＋127 mm 柔性钻具＋3 1/2″正扣斜坡钻杆；加压 1 t，遇阻深度 5 703.09 m，起泵循环，开窗磨铣井段 5 703.09～5 703.74 m，总进尺 0.65 m，划眼遇阻深度 5 703.74 m；起钻检查，铣锥由 149 mm 缩小至 148 mm，钨钢条损坏严重，柔性钻具完好	5 703～5 704	

表 3-7(续)

序号	重点施工内容	使用工具	施工趟数	施工情况	处理井段/m	现场照片
6	组下修窗管柱	修窗铣锥+柔性钻具	1趟	组下修窗铣锥+127 mm柔性钻具+3 1/2″正扣斜坡钻杆;加压1 t,遇阻深度5 702.84 m,起泵循环,修窗钻磨井段5 702.84~5 703.74 m,总进尺0.9 m,划眼遇阻深度5 703.74 m;起钻检查,铣锥由从158 mm减小至157 mm,柔性钻具完好	5 702~5 704	
7	组下造斜管柱	PDC钻头+柔性钻具	1趟	组下PDC钻头+124 mm柔性钻具+133 mm柔性钻杆+3 1/2″正扣斜坡钻杆;加压1 t,遇阻深度5 703.74 m,钻进井段5 703.74~5 707.74 m,进尺4 m,划眼遇阻深度5 707.74 m;起钻检查,钻头轻微磨损,柔性钻具完好	5 704~5 708	
8	组下侧钻钻具	PDC钻头+柔性钻具	1趟	组下PDC钻头+133 mm柔性钻杆17根+3 1/2″正扣斜坡钻杆;加压1 t,探遇阻深度5 707.7 m,钻进井段井段5 707.74~5 740.1 m,进尺32.36 m,在5 739.74~5 740.1 m放空无钻压,放空井段0.36 m;起钻检查,PDC钻头由外径149 mm缩至147 mm,钻头有明显的磨损	5 708~5 740	

(7) 经验认识

① 修井设备配套柔性钻开窗侧钻,能够及时检查工具,最终获得成功。本井为深井套管开窗超短半径分支水平井,通过XJ850修井设备升级配套,能够满足现场施工要求。在施工期间,摸索钻压、转速等参数与钻速的最佳匹配关系。同时,在钻井过程中逐步解决PDC钻头磨损、崩齿等严重问题,经过匹配,持续优化改进定型为小直径、大水眼和多刀翼的PDC钻头,提高了钻磨效率,累计进尺37.65 m。

② 本井作业粗分共计采用了1种打塞钻磨一体化工艺、1种通井工艺、1套管验漏工艺、1种导向工艺、1种开窗工艺和1种侧钻工艺,具体为:

a. 挤堵扫塞一体化工艺:改进大水眼空心磨鞋本体分为两端敞口的空腔体,其内空腔由上至下分为第一空腔和第二空腔,在第一空腔侧壁上以本体转轴为对称均匀分布至少三道槽口,在各槽口内安装有用以扫塞的刀翼,刀翼外端面为左右倾斜的斜面。该挤扫一体化磨鞋可实现挤堵和扫塞两项工序由一趟管柱完成,提高了施工效率。

b. 刮削处理工艺:通井结束后,本井使用刮削器清除井下套管内壁上的毛刺,保持套管内壁的清洁,保证后期套管开窗作业。

c. 套管验漏工艺:采用 RTTS 封隔器进行套管疑似漏点验漏 2 次,进一步明确了套管完整性,为下一步侧钻施工做好准备。

d. 套管扩张式锚定导向工艺:将扩张式锚定器连入钻具管串下入套管指定位置后,进行陀螺定方位,投球憋压,当泵压升至 20 MPa 时,液压丢手总成动作,完成锚定,送入总成与斜向器脱手。避免了因注水泥、候凝及钻塞造斜等工序带来的时间消耗和施工风险。

e. 套管开窗工艺:开窗铣锥的钨钢颗粒及钨钢块排列合理利于磨铣,且柱状体部位具有一定的修窗功能,可一次完成开窗作业。同时,为减少柔性钻具与套管窗口处的挂卡,满足超短半径侧钻条件,增加了一趟修窗工序,该修窗铣锥磨削套管窗口较小的局部变形,修整在下钻过程中各种工具将接箍处套管造成的卷边。

f. 柔性管侧钻工艺:柔性管深井侧钻施工能力得到充分验证,与常规侧钻技术相比,完全不受钟摆原理影响,曲率半径小于 5 m 的垂直井段中完成从垂直转向水平,可以避免用常规的大曲率半径和中半径方法侧钻需要频繁造斜、定向和复杂的井眼轨迹控制等工艺过程。通过柔性管超短半径侧钻技术可以有效缩短钻井进尺小于 100 m 的钻井周期,减少材料消耗和降低成本。同时,利用报废井、长停井和低产低效井井眼,为老油藏二次开发探索出新工艺技术。

③ 地面循环系统升级配套和规范操作,为顺利侧钻提供了有力保障。地面循环系统由原来的单机 1300 型柱塞泵,增配为双机双泵,提高了循环能力,同时增配离心机、处泥机等固控设备,保障了泥浆的性能。钻进期间密切注意扭矩、泵压等参数的变化及接立柱上提下放情况,每钻完一柱划眼一次,钻进过程中注意观察顶驱扭矩变化,钻时快慢根据现场实钻情况考虑是否增加钻压和泵压等技术参数;现场录井注意捞取返出岩屑,确保轨迹一直在油层穿行;钻进结束后,循环调整钻井液性能,充分循环井眼干净后,裸眼替入保护液。

(8) 综合评价

① 修井方案评价

a. 确定因素集 U:

$U=\{$修井成功率(x_1),修井成本(x_2),修井作业效率(x_3),修井劳动强度$(x_4)\}$

b. 确定权重集 A:

$A=\{$修井成功率(0.4),修井成本(0.3),修井作业效率(0.2),修井劳动强度$(0.1)\}$

c. 确定评语目录集 V:

$$V=\{优秀(v_1),良好(v_2),合格(v_3),不合格(v_4)\}$$

其中 v 取值 0~1 之间,优秀为 $v\geqslant 0.8$,良好为 $0.4\leqslant v<0.8$,合格为 $0.2<v<0.4$,不合格为 $v\leqslant 0.2$。

d. 确定单因素评价矩阵 **R**:

按照以上评价原则,由施工人员、技术人员进行评价打分,确定单因素评价矩阵 **R**。

$$修井成功率=\{0.4,0.3,0.3,0.2\}$$
$$修井成本=\{0.4,0.2,0.2,0.2\}$$
$$修井劳动强度=\{0.4,0.3,0.3,0.2\}$$
$$修井作业效率=\{0.4,0.2,0.3,0.2\}$$

$$R = \begin{bmatrix} 0.4 & 0.3 & 0.3 & 0.2 \\ 0.4 & 0.2 & 0.2 & 0.2 \\ 0.4 & 0.3 & 0.3 & 0.2 \\ 0.4 & 0.2 & 0.3 & 0.2 \end{bmatrix}$$

e. 综合评价计算:

$$B = AR = (0.4 \quad 0.3 \quad 0.2 \quad 0.1)\begin{bmatrix} 0.4 & 0.3 & 0.3 & 0.2 \\ 0.4 & 0.2 & 0.2 & 0.2 \\ 0.4 & 0.3 & 0.3 & 0.2 \\ 0.4 & 0.2 & 0.3 & 0.2 \end{bmatrix}$$

计算得: (0.4,0.3,0.3,0.2)=1.2

(合格,合格,不合格,合格)

用1.2除以各因素项归一化计算,得:

(0.35,0.23,0.24,0.18)

从中可以看出,该井作业过程总体评价为合格。

② 经济效益评价

通过盈亏平衡点(BEP)分析项目成本与收益的平衡关系。计算方法如下:

$$效益盈亏平衡点 = \frac{单井次直接费用投入}{吨油价格 - 吨油增量成本}$$

$$投入产出比 = \frac{单井直接费用投入 + 增量成本}{措施累计增产油量 \times 吨油价格}$$

JH106井经济效益评价结果见表3-8。

表3-8 JH106井经济效益评价结果

直接成本					
修井费/万元	589	工艺措施费/万元	112	总计费用/万元	901
材料费/万元	113	配合劳务费/万元	87		
增量成本					
吨油运费/元	/	吨油处理费/元	105	吨油价格/元	2 107
吨油税费/元	674	原油价格/美元折算	636	增量成本合计/万元	1 755
产出情况					
日增油/t	23.1	有效期/d	221	累计增油/t	15 520
效益评价					
销售收入/万元	3 270	吨油措施成本/(元/t)	580	投入产出比	1∶2.8
措施收益/万元	1 160	盈亏平衡点产量/t	12 035	评定结果	有效

3. JH004H井修井机定向侧钻实例

(1) 基础数据

JH004H井是阿克库勒凸起西北斜坡上的一口开发井,井身结构为3级,完井方式为酸压完井。初期4 mm油嘴生产,油压18.6 MPa,套压25.7 MPa,日产液81.2 t,日产油

50.5 t,含水 37.8%。生产期间压力下降较快,停喷后转抽生产,自喷期间累产液 1 564 t、产油 1 326 t。JH004H 井基础数据详见表 3-9。

表 3-9　JH004H 井基础数据表

井别	水平井	完井层位	O_2yj
完钻时间	2014.10.29	完井井段	200.42 m
固井质量	良	10 3/4″套管下深	1 197 m
完钻井深	6 144.05 m(垂) 6 344.47 m(斜)	7 5/8″套管下深	6 047 m
人工井底	6 344.47 m	裸眼段长	297.47 m

存在问题:一是钻井、测井显示裂缝型储集体,酸压未能有效沟通,生产供液不足;二是采油生产期间,裸眼井段频繁垮塌影响油井生产。

JH004H 井井身结构如图 3-39 所示。侧钻靶点、垂直剖面、水平投影如图 3-40～图 3-42 所示。

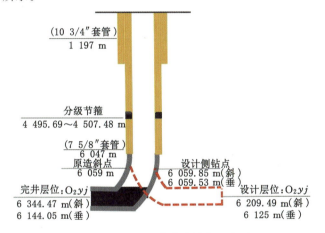

图 3-39　JH004H 井井身结构示意图

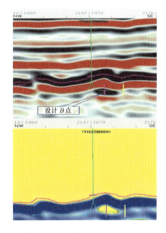

图 3-40　侧钻靶点示意图

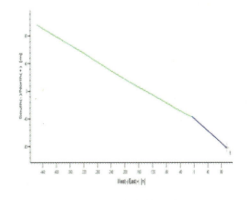

图 3-41　垂直剖面图

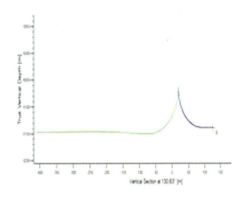

图 3-42　水平投影图

(2) 侧钻目的

① 从投产情况看,钻井、测井显示原储集体不发育,酸压未能有效沟通,生产期间供液不足。

② 前期注水指示曲线为直线型,注采平衡,单位压降无明显变化,分析注水、生产均未动用外围储量。

③ 侧钻点与原井储集体静态分隔性明显,侧钻点受控于断裂+河道,区域油气富集,储层发育,综合分析该井侧钻未动用。

(3) 施工难点

该井深度大于6 000 m且为裸眼,施工难点主要有以下三点:

① 侧钻层位存在酸压、多轮次注水,造成地层破坏,侧钻层位岩性稳定性差,开窗后进行扩划眼,由于井眼段岩性不稳定、不规则,使得磨阻增大而出现托压问题,容易发生卡钻事故。

② XJ850主体设备最大钩载2 250 kN,地面循环泵为1300型柱塞泵,20 MPa条件下排量为6~7 L/s,因此在侧钻施工前需要进行设备的升级配套。

③ 原井眼造斜率高,井眼方向(250°~260°)惯性趋势大,侧钻时新井眼(91.20°)顺着老井眼前进,则侧钻难以成功。

(4) 侧钻思路

按照"侧-增-稳"三段进行设计,选用三种单弯螺杆。钻进过程中每钻完一个单根,要求先划眼、再测斜,并要求大排量循环,以尽可能地将岩屑最大限度携带出来,降低定向存在的托压问题。

第一趟钻:侧钻段6 059.85~6 077.85 m,钻具组合149.2 mm牙轮钻头+120 mm单弯螺杆(2.75°)+单流阀+120 mm无磁钻铤1根+120 mm MWD短节+88.9 mm斜坡钻杆。

第二趟钻:增斜段6 077.85~6 155 m,钻具组合149.2 mm PDC钻头+120 mm单弯螺杆(2.75°或2.5°)+单流阀+120 mm无磁钻铤1根+120 mm MWD短节+88.9 mm斜坡钻杆。

第三趟钻:稳斜段6 155~6 209.49 m,钻具组合149.2 mm PDC钻头+120 mm单弯螺杆(1.50°)+单流阀+120 mm无磁钻铤1根+120 mm MWD短节+88.9 mm斜坡钻杆。

JH004H井剖面设计数据见表3-10。JH004H井轨道分段参数设计见表3-11。

表3-10 JH004H井剖面设计数据表

井底垂深/m	井底闭合距/m	井底闭合方位/(°)	造斜点井深/m	最大井斜角/(°)
6 125	125.18	130.63	6 059.85	90
方位修正角/(°)	磁倾角/(°)	磁场强度/μT	磁偏角/(°)	子午线收敛角/(°)
5.53	62.02	55.525	3.31E	−2.22

计算软件:Compass R5000.1;地磁模型:IGRF2015;参照高斯-克吕格平面直角坐标系。

表 3-11　JH004H 井轨道分段参数设计表

井深/m	井斜/(°)	方位/(°)	垂深/m	N 坐标/m	E 坐标/m	视位移/m	闭合方位/(°)	闭合距/m	井眼曲率/[(°)/30 m]	靶点
6 059.85	2	255.8	6 059.53	−36.19	−5.51	19.39	189.02	36.61	0.000	
6 070	5	114.22	6 069.67	−36.42	−5.28	19.71	188.61	36.79	19.755	
6 159.92	90	114.22	6 125	−61.19	49.79	77.63	140.86	78.89	28.36	
6 209.49	90	114.22	6 125	−81.52	94.99	125.18	130.63	125.18	0.000	B

(5) 工具选取

考虑侧钻作业井筒准备,选用了 2 种通井工艺、1 种套管验漏工艺和 1 种侧钻工艺,具体如下:

① 三牙轮钻头

工具原理:牙轮钻头在钻压和钻柱旋转的作用下,压碎并吃入岩石,同时产生一定的滑动而剪切岩石。当牙轮在井底滚动时,牙轮上的钻头依次冲击、压入地层,这个作用可以将井底岩石压碎一部分,同时靠牙轮滑动带来的剪切作用削掉齿间残留的另一部分岩石,使井底岩石全面破碎,井眼得以延伸。如图 3-43、图 3-44 所示。

技术参数:ϕ165.1 mm 三牙轮钻头。

图 3-43　三牙轮钻头规格

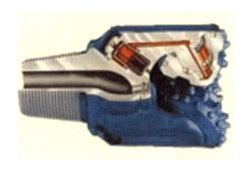

图 3-44　三牙轮钻头结构

② 刮削器

工具原理:刮削器主要用途是清除井下套管内壁上的水泥块、硬蜡、残留子弹、射孔毛刺以及其他附着物,保持套管内壁的清洁,以利所有钻井工具的正常作业。如图 3-45、图 3-46 所示。

技术参数:ϕ186 mm×1.04 m,水眼 30 mm。

图 3-45　刮削器规格

图 3-46　刮削器结构

③ RTTS 封隔器

工具原理：RTTS 封隔器是一种大通径、可封隔双向压力的悬挂式封隔器。RTTS 封隔器主要由 J 形槽换位机构、机械卡瓦、封隔胶筒和液压锚定机构组成。当井下地层压力大于液柱压力时，封隔器液压锚伸出卡在套管壁上，可防止封隔器下部压力过大时推动封隔器使工具推出井眼或失封。另外，还配有摩擦和自动 J 形槽套结构。解封前，先使封隔器上下压力平衡，然后上提直接解封。如图 3-47、图 3-48 所示。

技术参数：ϕ149.5 mm RTTS 封隔器×1.55 m。

图 3-47　RTTS 封隔器规格　　　　　　图 3-48　RTTS 封隔器结构

④　单弯螺杆

工具原理：单弯螺杆是一种带有弯头的井下动力钻具，是一种把液体的压力能转换为机械能的能量转换装置。当高压钻井液由钻杆进入螺杆钻具后，液体的压力迫使转子旋转，从而把扭矩传递到钻头上，钻进过程中依靠弯曲螺杆的弯曲角度实现滑动钻进，达到钻井的目的。如图 3-49、图 3-50 所示。

技术参数：ϕ120 mm×3.2 m 单弯螺杆。

图 3-49　单弯螺杆规格　　　　　　图 3-50　单弯螺杆结构

⑤　PDC 钻头

工具原理：PDC 钻头是用聚晶金刚石复合片镶嵌于钻头钢体（或焊于钻头胎体）而制成的一种切削型钻头，它以聚晶金刚石复合片作为切削刃，以负刃前角剪切方式破碎岩石。如图 3-51、图 3-52 所示。

技术参数：ϕ149.2 mm×0.35 m PDC 钻头，头部为 6 瓣齿，水眼 15 mm×6 个。

图 3-51　PDC 钻头规格　　　　　　图 3-52　PDC 钻头结构

（6）处理过程

JH004H井施工重点工序见表3-12。

表3-12　JH004H井施工重点工序

序号	重点施工内容	使用工具	施工趟数	施工情况	处理井段/m	现场照片
1	组下通井管柱	三牙轮钻头	1趟	组下三牙轮钻头＋变扣＋3 1/2″正扣斜坡钻杆，至井深5 941.03 m遇阻，加压2 t，复探3次，位置不变，比7 5/8″套管管脚6 047 m高106 m；连接方钻杆，加压0.5～2 t，划眼通井至井深6 047 m；起钻检查，工具完好	5 941～6 047	
2	组下刮削管柱	刮削器	1趟	组下刮削器＋变扣＋3 1/2″正扣斜坡钻杆，对5 919.1～5 994.54 m处上下刮削3次，刮削无遇阻；起钻检查，刮削器外观完好	5 919～5 994	
3	组下验漏管柱	RTTS封隔器	1趟	组下2 7/8″接球篮＋球座＋7 5/8″RTTS封隔器＋机械开关阀＋变扣＋3 1/2″正扣斜坡钻杆；采用RTTS封隔器对7 5/8″套管进行验漏，判定无漏点；起钻检查，封隔器胶皮一侧边缘挤压变形破损	3 766～5 954	
4	组下造斜钻具	三牙轮钻＋单弯螺杆	1趟	组下三牙轮钻头＋单弯螺杆2.75°＋浮阀＋无磁钻铤＋无磁悬挂短节＋3 1/2″斜坡钻杆＋旁通阀＋3 1/2″斜坡钻杆，下放钻具探底，加压2 t，复探3次，位置不变，遇阻深度6 059 m，开钻进尺19.3 m；起钻检查，钻具完好	6 059～6 079	
5	组下增斜钻具	PDC钻头＋单弯螺杆	1趟	组下PDC钻头＋单弯螺杆2.25°＋浮阀＋无磁钻铤＋无磁悬挂短节＋3 1/2″斜坡钻杆＋旁通阀＋3 1/2″斜坡钻杆＋3 1/2″加重钻杆＋3 1/2″斜坡钻杆；钻进至井深6 110 m，累计进尺31 m，发现钻时变快、造斜率变低，无法满足设计22°～26°/30 m要求	6 079～6 110	
6	组下增斜钻具	PDC钻头＋单弯螺杆	1趟	组下PDC钻头＋单弯螺杆2.75°＋浮阀＋无磁钻铤1根＋无磁悬挂短节1根＋3 1/2″斜坡钻杆＋旁通阀＋3 1/2″斜坡钻杆＋3 1/2″加重钻杆＋3 1/2″斜坡钻杆，累计进尺48.37 m；起钻检查，钻具完好	6 110～6 158	

表 3-12(续)

序号	重点施工内容	使用工具	施工趟数	施工情况	处理井段/m	现场照片
7	组下稳斜钻具	PDC钻头＋单弯螺杆	1趟	组下PDC钻头＋单弯螺杆1.5°＋浮阀＋无磁钻铤＋无磁悬挂短节＋3 1/2″斜坡钻杆6根＋旁通阀＋3 1/2″斜坡钻杆,累计进尺173 m;起钻检查,钻具完好	6 158～6 332	
8	组下通井管柱	三牙轮钻头	1趟	组下三牙轮钻头＋变扣＋浮阀＋无磁钻铤＋3 1/2″斜坡钻杆＋3 1/2″加重钻杆＋3 1/2″斜坡钻杆,下至井深6 332.04 m遇阻,加压2～4 t,复探3次,位置不变;连接方钻杆,加压0.5～2 t,划眼通井至井深6 038.75 m;起钻检查,工具完好	6 332～6 038	

(7) 经验认识

① 修井设备配套单弯螺杆裸眼侧钻,能够及时调整工具,最终获得成功。本井为碳酸盐岩深井裸眼一开次侧钻,通过XJ850修井设备升级配套,能够满足现场施工要求。在施工期间,第二趟增斜段使用2.25°单弯螺杆,累计进尺31 m,发现钻时变快、造斜率变低,无法满足设计22°～26°/30 m的要求,经变更设计,使用2.75°螺杆进行施工,保证了施工要求,通过单多点测斜仪测定和测井,本井侧钻累计进尺272.19 m。

② 本井作业粗分共计采用选用了2种通井工艺、1种套管验漏工艺和1种侧钻工艺,具体为:

a. 三牙轮钻磨工艺:本井使用三牙轮钻头对套管内砂埋进行处理,实施了1趟钻,钻磨处理至套管脚,为侧钻施工准备创造了施工条件。

b. 刮削处理工艺:通井结束后,本井使用刮削器清除井下套管内壁上的毛刺,保持套管内壁的清洁,保证后期正常作业施工。

c. 套管验漏工艺:采用RTTS封隔器进行套管疑似漏点验漏3次,进一步明确了套管完整性,为下一步侧钻施工做好准备。

d. 单弯螺杆侧钻工艺:单弯螺杆是由壳体弯曲实现造斜。与相应尺寸扶正器配合组成滑动式导向工具,采用转盘与井下滑动导向工具不起钻,通过转盘开关完成定向造斜段、增斜段、稳斜段的连续钻井作业,通称为滑动导向复合钻井技术。本井通过应用1.5°、2.25°和2.75°三种单弯螺杆进行施工,单弯螺杆驱动功率大、扭矩大,纠斜和增斜能力强,转速低(180～200 r/min),能够适应于碳酸盐岩一开次裸眼侧钻要求,减少了因改变钻具结构而进行的起下钻作业,提高了整体钻井效率。

③ 地面循环系统升级配套和规范操作,为顺利侧钻提供了有力保障。地面循环系统由原来的单机1300型柱塞泵,增配为双机双泵,提高了循环能力,同时增配离心机、处泥机等固控设备,保障了泥浆的性能。钻进过程中每钻完一个单根,都要求先划眼、再测斜,并要求

大排量循环,以尽可能地将岩屑最大限度携带出来;每次起钻前泵入一定量的裸眼封闭浆,减少空井眼时井壁可能的垮塌,减轻井内沉砂在井底堆积的情况,有效地解决了更换工具下钻进入造斜点的困难问题;进入水平侧钻阶段,存在定向托压问题,为防止滑动钻进静止时间过长造成卡钻,测斜时要求钻具提离井底至少 2 m,以保证钻具有足够的活动距离,同时提高泥浆的润滑性、降低钻具钻进时的磨阻,降低卡钻风险。

(8) 综合评价

① 修井方案评价

a. 确定因素集 U:

U={修井成功率(x_1),修井成本(x_2),修井作业效率(x_3),修井劳动强度(x_4)}

b. 确定权重集 A:

A={修井成功率(0.4),修井成本(0.3),修井作业效率(0.2),修井劳动强度(0.1)}

c. 确定评语目录集 V:

V={优秀(v_1),良好(v_2),合格(v_3),不合格(v_4)}

其中 v 取值 0~1 之间,优秀为 $v \geq 0.8$,良好为 $0.4 \leq v < 0.8$,合格为 $0.2 < v < 0.4$,不合格为 $v \leq 0.2$。

d. 确定单因素评价矩阵 $\boldsymbol{R}$:

按照以上评价原则,由施工人员、技术人员进行评价打分,确定单因素评价矩阵 $\boldsymbol{R}$。

$$修井成功率 = \{0.4, 0.3, 0.3, 0.2\}$$
$$修井成本 = \{0.3, 0.2, 0.3, 0.1\}$$
$$修井劳动强度 = \{0.3, 0.3, 0.3, 0.2\}$$
$$修井作业效率 = \{0.3, 0.2, 0.2, 0.1\}$$

$$\boldsymbol{R} = \begin{bmatrix} 0.4 & 0.3 & 0.3 & 0.2 \\ 0.3 & 0.2 & 0.3 & 0.1 \\ 0.3 & 0.3 & 0.3 & 0.2 \\ 0.3 & 0.2 & 0.2 & 0.1 \end{bmatrix}$$

e. 综合评价计算:

$$\boldsymbol{B} = \boldsymbol{AR} = (0.4 \quad 0.3 \quad 0.2 \quad 0.1) \begin{bmatrix} 0.4 & 0.3 & 0.3 & 0.2 \\ 0.3 & 0.2 & 0.3 & 0.1 \\ 0.3 & 0.3 & 0.3 & 0.2 \\ 0.3 & 0.2 & 0.2 & 0.1 \end{bmatrix}$$

计算得: $(0.3, 0.3, 0.2, 0.3) = 1.1$

(合格,合格,不合格,合格)

用 1.1 除以各因素项归一化计算,得:

$$(0.32, 0.25, 0.23, 0.21)$$

从中可以看出,该井作业过程总体评价为合格。

② 经济效益评价

通过盈亏平衡点(BEP)分析项目成本与收益的平衡关系。计算方法如下:

$$效益盈亏平衡点 = \frac{单井次直接费用投入}{吨油价格 - 吨油增量成本}$$

$$投入产出比 = \frac{单井直接费用投入 + 增量成本}{措施累计增产油量 \times 吨油价格}$$

JH004H 井经济效益评价结果见表 3-13。

表 3-13　JH004H 井经济效益评价结果

直接成本					
修井费/万元	509	工艺措施费/万元	/	总计费用/万元	781
材料费/万元	182	配合劳务费/万元	89.89		
增量成本					
吨油运费/元	/	吨油处理费/元	105.3	吨油价格/元	2 107
吨油税费/元	674	原油价格/美元折算	636.3	增量成本合计/万元	1 146
产出情况					
日增油/t	23.1	有效期/d	221	累计增油/t	12 520
效益评价					
销售收入/万元	2 638	吨油措施成本/(元/t)	624	投入产出比	1∶3.4
措施收益/万元	2 435	盈亏平衡点产量/t	8 130	评定结果	有效

4. JH107 井修井机定向侧钻实例

(1) 基础数据

JH107 井是库车县境内的一口开发井,井身结构为 4 级,2010 年 12 月完钻,完钻井深 5 640.00 m,完井方式为酸压完井。初期 4 mm 油嘴掺稀生产,油压 17.6 MPa,日产液 51.2 t,日产油 33.5 t,含水 34.5%。生产期间压力下降较快,停喷后转抽生产,自喷期间累计产液 1 312 t,产油 1 308 t,产水 4 t。2015 年 3 月上返石炭系,转层测试评价为干层。JH107 井基础数据详见表 3-14。

表 3-14　JH107 井基础数据表

井别	直井	完井层位	$O_{1-2}y$
完钻时间	2011.03.16	13 3/8″套管下深	502.06 m
固井质量	优	9 5/8″套管下深	3 898.47 m
完钻井深	5 640 m	7″套管下深	5 546.3 m
人工井底	5 400 m	生产井段	5 318~5 325 m

存在问题:一是钻井、测井显示裂缝型储集体,酸压未能有效沟通,生产期间供液不足;二是上返石炭系,转层测试评价为干层。

JH107 井井身结构如图 3-53 所示。侧钻靶点、垂直剖面、水平投影如图 3-54~图 3-56 所示。

(2) 侧钻目的

① 从投产情况看,钻井、测井显示原井储集体不发育,酸压未能有效沟通,生产期间供液不足。

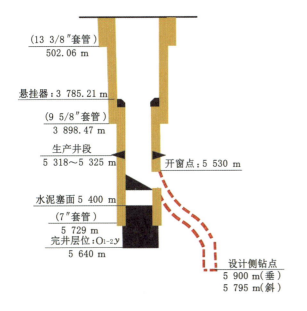

图 3-53　JH107 井井身结构示意图　　　　图 3-54　侧钻靶点示意图

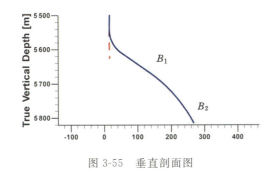

图 3-55　垂直剖面图　　　　　　　　　　图 3-56　水平投影图

② 设计靶点位于北西向次级断裂,有利于油气运移路径,区域水体能量较弱,见水风险较低。

③ 评价深部断裂核部储集体含油气性,提高储量控制程度,后期沿次级断裂构建空间立体井网。

(3) 施工难点

该井深度大于 5 000 m 且开窗侧钻,施工难点主要有以下三点:

① 侧钻穿越层位存在酸压,造成地层破坏,侧钻层位岩性稳定性差,开窗后进行扩划眼,由于井眼段岩性不稳定、不规则,使得磨阻增大而出现托压问题,容易发生卡钻事故。

② 奥陶系碳酸盐岩储层溶蚀孔洞、裂缝发育,常出现放空、井漏、井涌等问题,施工中必须按规范要求做好井控工作。

③ XJ850 主体设备最大钩载 2 250 kN,地面循环泵为 1300 型柱塞泵,20 MPa 条件下排量为 6～7 L/s,因此在侧钻施工前需要进行设备的升级配套。

(4) 侧钻思路

按照"侧-增-稳-降"四段进行设计,选用三种单弯螺杆。钻进过程中每钻完一个单根,要求先划眼、再测斜,并要求大排量循环,以尽可能地将岩屑最大限度携带出来,降低卡钻风险。

第一趟钻:侧钻段 5 530～5 585 m,钻具组合 149.2 mm 牙轮钻头+120 mm 单弯螺杆(2.25°)+单流阀+120 mm 无磁钻铤 1 根+120 mm MWD 短节+88.9 mm 斜坡钻杆。

第二趟钻:增斜段 5 585～5 610 m,钻具组合 149.2 mm PDC 钻头+120 mm 单弯螺杆(2.5°)+单流阀+120 mm 无磁钻铤 1 根+120 mm MWD 短节+88.9 mm 斜坡钻杆。

第三趟钻:稳斜段 5 610～5 700 m,钻具组合 149.2 mm PDC 钻头+120 mm 单弯螺杆(1.5°)+单流阀+120 mm 无磁钻铤 1 根+120 mm MWD 短节+88.9 mm 斜坡钻杆。

第四趟钻:降斜段 5 700～5 895 m,钻具组合 149.2 mm PDC 钻头+120 mm 单弯螺杆(1.5°)+单流阀+120 mm 无磁钻铤 1 根+120 mm MWD 短节+88.9 mm 斜坡钻杆。

JH107 井剖面设计数据见表 3-15。JH107 井轨道分段参数见表 3-16。

表 3-15 JH107 井剖面设计数据表

井底垂深/m	井底闭合距/m	井底闭合方位/(°)	造斜点井深/m	最大井斜角/(°)
5 814	266.90	108.88	5 530	55.78
方位修正角/(°)	磁倾角/(°)	磁场强度/μT	磁偏角/(°)	子午线收敛角/(°)
5.35	62.07	55.620	3.24E	−2.11

计算软件:Compass R5000.1;地磁模型:IGRF2020;参照高斯-克吕格平面直角坐标系。

表 3-16 JH107 井轨道分段参数表

井深/m	井斜/(°)	方位/(°)	垂深/m	N 坐标/m	E 坐标/m	视位移/m	闭合方位/(°)	闭合距/m	井眼曲率/[(°)/30 m]	靶点
5 530.00	1.35	347.55	5 529.83	−7.79	13.04	14.86	120.84	15.19	0.0	
5 545.45	2.17	108.61	5 545.28	−7.70	13.28	15.06	120.11	15.35	6.0	
5 622.03	55.78	108.61	5 609.86	−19.11	47.17	50.82	112.06	50.90	21.0	
5 720.08	55.78	108.61	5 665.00	−44.99	124.01	131.89	109.94	131.91	0.0	B_1
5 915.53	29.57	106.64	5 807.46	−85.29	248.99	263.19	108.91	263.19	4.0	
5 923.06	29.57	106.64	5 814.00	−86.35	252.55	266.90	108.88	266.90	0.0	B_2

(5)工具选取

考虑侧钻作业井筒准备,选用了 2 种通井工艺、1 种打塞钻磨一体化工艺、1 种导向工艺、1 种开窗工艺和 1 种侧钻工艺,具体如下:

① 套铣鞋

工具原理:套铣鞋也叫空心磨鞋或铣头,是用以清除油套管环形空间各种脏物的工具,也可以套铣环形空间水泥和坚硬的沉砂、石膏及各种矿物结晶等。套铣鞋与套铣筒焊接为一整体,或直接在套铣筒底部加工套铣鞋。这种形式强度大,不易产生脱落,因而一般多用于深井。如图 3-57、图 3-58 所示。

技术参数:ϕ146 mm×0.46 m 套铣鞋。

图 3-57 套铣鞋规格

图 3-58 套铣鞋结构

② 大水眼磨鞋

工具原理：依靠其底面上 YD 合金或耐磨材料，在钻压的作用下吃入并磨碎落物，磨屑随循环液带出地面。YD 合金由硬质合金颗粒及焊接剂（打底焊条）组成，在转动中对落物进行切削。采用钨钢粉作为耐磨材料的工具，有利于采用较大的钻压对落物表面进行研磨。同时，通过改进磨水眼，实现了挤水泥和扫塞一体化施工。如图 3-59、图 3-60 所示。

技术参数：ϕ149 mm×0.275 m，水眼 40 mm。

图 3-58 大水眼磨鞋规格

图 3-60 大水眼磨鞋结构

③ 刮削器

工具原理：刮削器主要是清除井下套管内壁上的水泥块、硬蜡、残留子弹、射孔毛刺以及其他附着物，保持套管内壁的清洁，以利所有钻井工具的正常作业。如图 3-61、图 3-62 所示。

技术参数：ϕ165 mm×1.08 m，水眼 30 mm。

图 3-61 刮削器规格

图 3-62 刮削器结构

④ 套管斜向器

工具原理：将扩张式锚定导向器连入钻具管串下入指定位置后，进行陀螺定方位，投球憋压，当泵压升至 20 MPa 时，液压丢手总成动作，完成锚定，送入总成与斜向器脱手。导向器的结构是在一个圆柱体的一侧加工出的一个导斜面。导斜面是一个倾斜且不完整的圆柱面，主要结构参数是导斜面的导斜角。如图 3-63、图 3-64 所示。

技术参数：ϕ146 mm×2.1 m 套管斜向器。

图 3-63 导向器规格

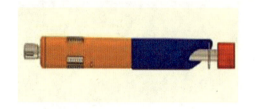

图 3-64 导向器结构

⑤ 开窗铣锥

工具原理：开窗铣锥由接头、柱状体、锥体三部分组成。钨钢颗粒及钨钢块排列合理利于磨铣，柱状体部位具有修窗功能，通过磨铣工具沿着斜向器斜面在套管壁磨铣出一个窗口进行侧钻。如图 3-65、图 3-66 所示。

技术参数：ϕ151 mm×2.1 m 铣锥，水眼 12 mm×4 个。

图 3-65 开窗铣锥规格

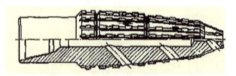

图 3-66 开窗铣锥结构

⑥ 三牙轮钻头

工具原理：牙轮钻头在钻压和钻柱旋转的作用下，压碎并吃入岩石，同时产生一定的滑动而剪切岩石。当牙轮在井底滚动时，牙轮上的钻头依次冲击、压入地层，这个作用可以将井底岩石压碎一部分，同时靠牙轮滑动带来的剪切作用削掉齿间残留的另一部分岩石，使井底岩石全面破碎，井眼得以延伸。如图 3-67、图 3-68 所示。

技术参数：ϕ149.2 mm 三牙轮钻头。

图 3-67 三牙轮钻头规格

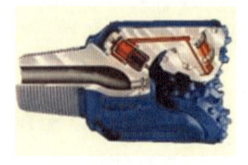

图 3-68 三牙轮钻头结构

⑦ 单弯螺杆

工具原理：单弯螺杆是一种带有弯头的井下动力钻具，是一种把液体的压力能转换为机械能的能量转换装置，当高压钻井液由钻杆进入螺杆钻后，液体的压力迫使转子旋转，从而把扭矩传递到钻头上，钻进过程中依靠弯曲螺杆的弯曲角度实现滑动钻进，达到钻井的目的。如图 3-69、图 3-70 所示。

技术参数：ϕ120 mm×6.31 m 单弯螺杆。

图 3-69　单弯螺杆规格　　　　　　　　图 3-70　单弯螺杆结构

⑧ PDC 钻头

工具原理:PDC 钻头是用聚晶金刚石复合片镶嵌于钻头钢体(或焊于钻头胎体)而制成的一种切削型钻头,它以聚晶金刚石复合片作为切削刃,以负刃前角剪切方式破碎岩石。如图 3-71、图 3-72 所示。

技术参数:ϕ149.2 mm×0.35 m PDC 钻头,头部为 6 瓣齿,水眼 15 mm×6 个。

图 3-71　PDC 钻头规格　　　　　　　　图 3-72　PDC 钻头结构

(6) 处理过程

JH107 井施工重点工序见表 3-17。

表 3-17　JH107 井施工重点工序

序号	重点施工内容	使用工具	施工趟数	施工情况	处理井段/m	现场照片
1	组下通井管柱	铣鞋	1 趟	组下铣鞋＋ϕ140 mm 套铣管＋变扣＋2 7/8″钻杆＋3 1/2″钻杆,探至井深 5 405.17 m,遇阻加压 2 t,复探 3 次,位置不变;连接方钻杆,处理井筒至井深 5 409 m,进尺 3.83 m;起钻检查,出井工具完好,合金轻微磨损	5 405.17～5 409	
2	组下挤扫管柱	大水眼磨鞋	1 趟	组下大水眼磨鞋＋3 1/2″钻杆＋311×210 配合接头＋2 7/8″钻杆＋3 1/2″钻杆;打塞管柱至管脚井深 5 351.69 m,挤堵射孔井段,起打塞钻具 3 1/2″钻杆至井深 4 929 m,关机候凝 48 h,后探底塞面 5 173.22 m,扫塞至 5 540 m;起钻检查,出井工具完好	4 929～5 540	

表 3-17（续）

序号	重点施工内容	使用工具	施工趟数	施工情况	处理井段/m	现场照片
3	组下刮削管柱	刮削器	1趟	组下刮削器＋311×210配合接头＋2 7/8″钻杆＋211×310配合接头＋3 1/2″钻杆，对井深5 100～5 520 m反复刮削3次，5 520～5 540 m井段采用开泵冲洗方式反复刮削6次；起钻检查，出井工具完好	5 100～5 540	
4	组下定向管柱	斜向器	1趟	组下斜向器＋定向接头＋3 1/2″钻杆，遇阻位置5 529 m，打压坐封，丢手成功，斜向器造斜面位置5 300 m；起钻检查，工具完好	5 529～5 530	
5	组下开窗管柱	铣锥	1趟	组下复式铣锥＋φ120 mm钻铤＋3 1/2″加重钻杆＋3 1/2″钻杆，加压1 t，遇阻深度5 525 m，起泵循环，开窗钻磨井段5 527.5～5 531.89 m，总进尺4.39 m，划眼遇阻深度5 703.74 m；起钻检查，铣锥由149 mm缩小至148 mm，钻具完好	5 527.5～5 531.89	
6	组下盲钻管柱	三牙轮钻头	1趟	组下三牙轮钻头＋120 mm钻铤1根＋浮阀＋3 1/2″加重钻杆30根＋3 1/2″钻杆，钻至井深5 546.5 m，井段5 530～5 546.5 m，进尺16.5 m；起钻检查，工具完好	5 530～5 546.5	
7	组下增斜管柱	三牙轮钻头＋单弯螺杆	1趟	组下三牙轮钻头＋φ120 mm单弯螺杆（2.25°）＋回压阀＋φ120 mm无磁钻铤＋φ120 mm无磁悬挂＋3 1/2″加重钻杆＋旁通阀＋3 1/2″加重钻杆＋3 1/2″钻杆。钻至井深5 573 m，井段5 530～5 546.5 m，进尺26.5 m；起钻检查，工具完好	5 546.5～5 573	

表 3-17(续)

序号	重点施工内容	使用工具	施工趟数	施工情况	处理井段/m	现场照片
8	组下增斜管柱	三牙轮钻头＋单弯螺杆	1趟	组下三牙轮钻头＋φ120 mm单弯螺杆(2.25°)＋回压阀＋φ120 mm无磁钻铤＋φ120 mm无磁悬挂＋3 1/2″加重钻杆＋旁通阀＋3 1/2″加重钻杆＋3 1/2″钻杆,钻至井深5 584 m,井段5 573～5 584 m,进尺11 m;起钻检查,工具完好	5 573～5 584	
9	组下增斜管柱	三牙轮钻头＋单弯螺杆	1趟	组下三牙轮钻头＋φ120 mm单弯螺杆(2.5°)＋回压阀＋φ120 mm无磁钻铤＋φ120 mm无磁悬挂＋3 1/2″加重钻杆＋旁通阀＋3 1/2″加重钻杆＋3 1/2″钻杆,钻至井深5 584 m,井段5 584～5 611 m,进尺27 m;起钻检查,工具完好	5 584～5 611	
10	组下稳斜管柱	PDC钻头＋单弯螺杆	1趟	组下PDC钻头＋φ120 mm单弯螺杆(1.5°)＋φ120 mm浮阀＋φ120 mm无磁钻铤＋φ120 mm无磁悬挂＋3 1/2″钻杆＋3 1/2″加重钻杆30根＋3 1/2″钻杆,钻至井深5 702.48 m,井段5 611～5 702.48 m,进尺91.48 m;起钻检查,工具完好	5 611～5 702.48	
11	组下盲钻管柱	PDC钻头	1趟	组下PDC钻头＋φ120 mm双母接头＋3 1/2″钻杆＋φ120 mm浮阀＋3 1/2″钻杆＋φ120 mm旁通阀＋φ88.9 mm钻杆＋3 1/2″加重钻杆＋3 1/2″钻杆,钻至井深5 729 m,井段5 702.48～5 729 m,进尺26.52 m;起钻检查,工具完好	5 702.48～5 729	
12	组下降斜管柱	PDC钻头＋单弯螺杆	1趟	组下PDC钻头＋φ120 mm单弯螺杆(1.5°)＋φ120 mm浮阀＋φ120 mm无磁钻铤＋φ120 mm悬挂＋3 1/2″加重钻杆＋3 1/2″钻杆＋3 1/2″加重钻杆＋3 1/2″钻杆,钻至井深5 896.39 m,井段5 729～5 896.39 m,进尺167.39 m;起钻检查,工具完好	5 729～5 896.39	

表 3-17(续)

序号	重点施工内容	使用工具	施工趟数	施工情况	处理井段/m	现场照片
13	组下强钻管柱	PDC 钻头	1 趟	组下 PDC 钻头＋φ120 mm 双母接头＋3 1/2″钻杆＋φ120 mm 浮阀＋3 1/2″钻杆＋φ120 mm 旁通阀＋3 1/2″钻杆＋3 1/2″加重钻杆＋3 1/2″钻杆,钻至井深 5 902.46 m 井漏失返,井段 5 896.39～5 902.46 m,进尺 6.07 m;起钻检查,工具完好	5 896.39～5 902.46	

(7) 经验认识

① 修井设备配套单弯螺杆裸眼侧钻,能够及时调整工序,最终获得成功。本井为套管开窗侧钻,通过 XJ850 修井设备升级配套,能够满足现场施工要求。在施工期间,第二趟增斜段使用 2.25°单弯螺杆,钻斜至 5 584 m,发现仪器有信号,但同步困难,地面排查无果后起钻检查,经变更设计,使用 2.5°单弯螺杆进行施工,保证了施工要求,通过单多点测斜仪测定和测井,本井累计进尺 376.3 m。

② 本井作业粗分共计采用了 2 种通井工艺、1 种打塞钻磨一体化工艺、1 种导向工艺、1 种开窗工艺和 1 种侧钻工艺,具体为:

a. 套铣鞋处理工艺:该井转层测试后长期关井,井壁内易形成结晶。通过套铣环形空间的水泥、坚硬的沉砂、石膏及碳酸钙结晶,为后续挤堵射孔井段提供了合格井筒。

b. 挤堵扫塞一体化工艺:改进大水眼空心磨鞋,该挤扫一体化磨鞋可实现挤堵和扫塞两项工序由一趟管柱完成,提高了施工效率。

c. 刮削处理工艺:通井结束后,本井使用刮削器清除井下套管内壁上的毛刺,保持套管内壁的清洁,保证后期定向器下入作业施工。

d. 套管扩张式锚定导向工艺:将扩张式锚定器连入钻具管串下入套管指定位置后,进行陀螺定方位,投球憋压,当泵压升至 20 MPa 时,液压丢手总成动作,完成锚定,送入总成与斜向器脱手。避免了因注水泥、候凝及钻塞造斜等工序带来的时间消耗和施工风险。

e. 套管开窗工艺:开窗铣锥的钨钢颗粒及钨钢块排列合理利于磨铣,且柱状体部位具有一定的修窗功能,可一次完成开窗作业,为后续侧钻施工提供了保障。

f. 单弯螺杆侧钻工艺:单弯螺杆是由壳体弯曲实现造斜。与相应尺寸扶正器配合组成滑动式导向工具,转盘与井下滑动导向工具不起钻,通过转盘开关完成定向造斜段、增斜段、稳斜段的连续钻井作业,通称为滑动导向复合钻井技术。本井通过应用 1.5°、2.25°和 2.5°三种单弯螺杆进行施工,单弯螺杆驱动功率大、扭矩大,纠斜和增斜能力强,转速低(180～200 r/min),能够适应于碳酸盐岩一开次裸眼侧钻要求,减少了因改变钻具结构而进行的起下钻作业,提高了整体钻井效率。

③ 地面循环系统升级配套和规范操作,为顺利侧钻提供了有力保障。地面循环系统由原来的单机 1300 型柱塞泵,增配为双机双泵,提高了循环能力,同时增配离心机、处泥机等固控设备,保障了泥浆的性能。钻进过程中每钻完一个单根,都要求先划眼、再测斜,并要求

大排量循环,以尽可能地将岩屑最大限度携带出来;每次起钻前泵入一定量的裸眼封闭浆,减少空井眼时井壁可能的垮塌,减轻井内沉砂在井底堆积的情况,有效地解决了更换工具下钻进入造斜点的困难问题;通过提高钻井液的防塌能力和封堵造壁能力,控制好失水,在易垮塌井段循环处理钻井液,控制好起下钻速度,控制好开泵速度,防止因压力波动造成井壁失稳,确保了井径质量。

(8) 综合评价

① 修井方案评价

a. 确定因素集 U:

$$U = \{修井成功率(x_1),修井成本(x_2),修井作业效率(x_3),修井劳动强度(x_4)\}$$

b. 确定权重集 A:

$$A = \{修井成功率(0.4),修井成本(0.3),修井作业效率(0.2),修井劳动强度(0.1)\}$$

c. 确定评语目录集 V:

$$V = \{优秀(v_1),良好(v_2),合格(v_3),不合格(v_4)\}$$

其中 v 取值 $0 \sim 1$ 之间,优秀为 $v \geq 0.8$,良好为 $0.4 \leq v < 0.8$,合格为 $0.2 < v < 0.4$,不合格为 $v \leq 0.2$。

d. 确定单因素评价矩阵 $\boldsymbol{R}$:

按照以上评价原则,由施工人员、技术人员进行评价打分,确定单因素评价矩阵 $\boldsymbol{R}$。

$$修井成功率 = \{0.4, 0.3, 0.3, 0.2\}$$
$$修井成本 = \{0.4, 0.3, 0.2, 0.2\}$$
$$修井劳动强度 = \{0.4, 0.3, 0.3, 0.2\}$$
$$修井作业效率 = \{0.4, 0.2, 0.3, 0.2\}$$

$$\boldsymbol{R} = \begin{bmatrix} 0.4 & 0.3 & 0.3 & 0.2 \\ 0.4 & 0.3 & 0.2 & 0.2 \\ 0.4 & 0.3 & 0.3 & 0.2 \\ 0.4 & 0.2 & 0.3 & 0.2 \end{bmatrix}$$

e. 综合评价计算:

$$\boldsymbol{B} = \boldsymbol{AR} = (0.4 \quad 0.3 \quad 0.2 \quad 0.1) \begin{bmatrix} 0.4 & 0.3 & 0.3 & 0.2 \\ 0.4 & 0.3 & 0.2 & 0.2 \\ 0.4 & 0.3 & 0.3 & 0.2 \\ 0.4 & 0.2 & 0.3 & 0.2 \end{bmatrix}$$

计算得: $(0.4, 0.3, 0.3, 0.3) = 1.2$

(合格,合格,不合格,合格)

用 1.2 除以各因素项归一化计算,得:

$$(0.34, 0.25, 0.23, 0.17)$$

从中可以看出,该井作业过程总体评价为合格。

② 经济效益评价

通过盈亏平衡点(BEP)分析项目成本与收益的平衡关系。计算方法如下:

$$效益盈亏平衡点 = \frac{单井次直接费用投入}{吨油价格 - 吨油增量成本}$$

$$投入产出比 = \frac{单井直接费用投入 + 增量成本}{措施累计增产油量 \times 吨油价格}$$

JH107井经济效益评价结果见表3-18。

表3-18 JH107井经济效益评价结果

直接成本					
修井费/万元	662	工艺措施费/万元	102	总计费用/万元	964
材料费/万元	113	配合劳务费/万元	87		
增量成本					
吨油运费/元	/	吨油处理费/元	105	吨油价格/元	2 107
吨油税费/元	674	原油价格/美元折算	636	增量成本合计/万元	1 755
产出情况					
日增油/t	46	有效期/d	228	累计增油/t	10 520
效益评价					
销售收入/万元	2 217	吨油措施成本/(元/t)	916	投入产出比	1∶2.01
措施收益/万元	443	盈亏平衡点产量/t	8 466	评定结果	有效

5. JH125井修井机短半径侧钻实例

(1) 基础数据

JH125井是阿克库勒凸起西南斜坡上的一口开发井,2001年7月完钻,完钻井深5 750 m,井身结构为3级,完井方式为酸压完井,未建产。2005年10月JH125井第一次侧钻,完钻井深5 732.09 m,酸压完井,评价为水层。2009年4月JH125井第二次侧钻,完钻井深5 903.56 m,酸压完井,评价为油层。初期油压17.2 MPa,日产液67 t,日产油66 t,含水1.5%。2009年8月上修转抽形成落鱼,其间间开生产,2011年6月因高含水关井。JH125井基础数据详见表3-19。

表3-19 JH125井基础数据表

井别	直井	完井层位	$O_{1-2}y$
完钻时间	2001.07.08	完井井段	5 379.44～5 675 m
固井质量	良	13 3/8″套管下深	502.12 m
完钻井深	5 750 m	9 5/8″套管下深	3 897.80 m
人工井底	5 750 m	裸眼段长	5 497.67 m

存在问题:一是JH125井上修转抽期间形成落鱼,自上而下依次为 ϕ73 mm安全丢手接头×0.13 m + ϕ127 mm PIP裸眼封隔器 + 变扣 + ϕ73 mm斜坡油管1根 + 变扣 + 73 mm带剪钉盲堵 + 引鞋,影响后期生产及作业;二是酸压没有解堵近井地层污染,生产表现供液不足。

JH125井井身结构如图3-73所示。侧钻靶点、轨道垂直投影、轨道水平投影如图3-74～图3-76所示。

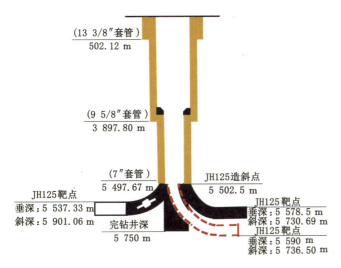

图 3-73　JH125 井井身结构示意图

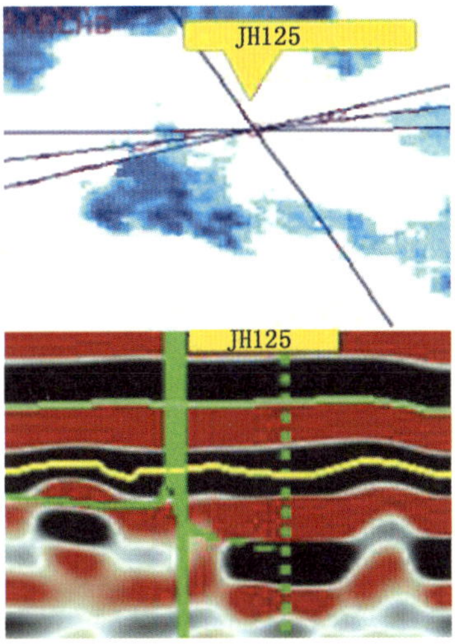

图 3-74　侧钻靶点示意图

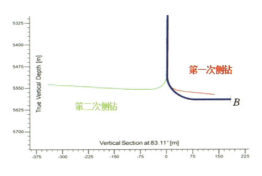

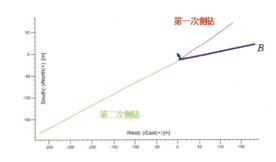

图 3-75　轨道垂直投影图

图 3-76　轨道水平投影图

(2) 侧钻目的

① 从投产情况看,钻井、测井显示原井储集体不发育,酸压未能有效沟通,生产期间供液不足。

② 该井东北方向目标体位置 T_4^7 反射波呈局部强反射及串珠状特征,且与邻井特征相似,从地震反射特征分析,认为是储层发育的部位。

③ 侧钻点与原井储集体静态分隔性明显,侧钻点受控于断裂+河道,区域油气富集,储层发育,综合分析该井侧钻未动用。

④ JH125 井第二次侧钻后,生产期间形成落鱼,影响生产及作业。

(3) 施工难点

该井深度大于 5 000 m 且为裸眼,施工难点主要有以下三点:

① 套管管鞋以下 10 m 范围内经历过 2 次侧钻,侧钻层位岩性稳定性差,开窗后进行扩划眼,由于井眼段岩性不稳定、不规则,使得磨阻增大而出现托压问题,容易发生卡钻事故。

② 奥陶系碳酸盐岩储层溶蚀孔洞、裂缝发育,常出现放空、井漏、井涌等,施工中按规范要求做好井控工作。

③ XJ850 主体设备最大钩载 2 250 kN,地面循环泵为 1300 型柱塞泵,20 MPa 条件下

排量为 6～7 L/s，因此在侧钻施工前需要进行设备的升级配套。

(4) 侧钻思路

按照"侧-增-稳"三段进行设计，选用三种单弯螺杆。钻进过程中每钻完一个单根，要求先划眼、再测斜，并要求大排量循环，以尽可能地将岩屑最大限度携带出来，降低定向存在的托压问题。

第一趟钻：造斜段 5 502.5～5 512 m，钻具组合 149.2 mm 牙轮钻头＋120 mm 单弯螺杆(3.0°)＋单流阀＋120 mm 无磁钻铤＋120 mm MWD 短节＋ϕ127 mm 陀螺定位接头＋ϕ88.9 mm 钻杆。

第二趟钻：增斜段 5 512～5 653 m，钻具组合 149.2 mm PDC 钻头＋120 mm 单弯螺杆(2.0°)＋单流阀＋120 mm 无磁钻铤＋120 mm MWD 短节＋ϕ88.9 mm 钻杆。

第三趟钻：稳斜段 5 653～5 736.5 m，钻具组合 149.2 mm PDC 钻头＋120 mm 单弯螺杆(1.50°)＋单流阀＋120 mm 无磁钻铤＋120 mm MWD 短节＋88.9 mm 钻杆。

JH125 井侧钻轨迹设计数据见表 3-20。JH125 井分段参数设计表见表 3-21。

表 3-20　JH125 井侧钻轨迹设计数据表

井底垂深/m	井底闭合距/m	井底闭合方位/(°)	造斜点井深/m	最大井斜角/(°)
5 590	183.30	83.11	5 502.5	90
方位修正角/(°)	磁倾角/(°)	磁场强度/μT	磁偏角/(°)	子午线收敛角/(°)
5.28	61.974	55.581	3.178E	－2.10

计算软件：Compass R5000.1；地磁模型：IGRF2020；参照高斯-克吕格平面直角坐标系。

表 3-21　JH125 井分段参数设计表

井深/m	段长/m	井斜/(°)	方位/(°)	垂深/m	N 坐标/m	E 坐标/m	视位移/m	闭合方位/(°)	闭合距/m	井眼曲率/[(°)/30 m]	靶点
5 502.5	.30	0.78	268.13	5 502.36	－13.21	4.16	2.54	162.52	13.85	0	
5 511.74	9.24	2	78.8	5 511.6	－13.18	4.26	2.64	162.11	13.85	9	
5 636.52	124.78	90	78.8	5 590	2.58	83.9	83.6	88.24	83.94	21.16	
5 736.5	99.98	90	78.8	5 590	22	181.98	183.3	83.11	183.3	0	B

(5) 工具选取

考虑侧钻作业井筒准备，选用了 1 种打塞钻磨一体化工艺和 1 种侧钻工艺，具体如下：

① 挤扫一体化磨鞋

工具原理：改进大水眼空心磨鞋，该挤扫钻一体化磨鞋，可实现挤堵和扫塞两项工序由一趟管柱完成，提高了施工效率。如图 3-77、图 3-78 所示。

技术参数：ϕ146 mm×0.285 m，水眼 45 mm。

② 单弯螺杆

工具原理：单弯螺杆是一种带有弯头的井下动力钻具，是一种把液体的压力能转换为机械能的能量转换装置，当高压钻井液由钻杆进入螺杆钻具后，液体的压力迫使转子旋转，从而把扭矩传递到钻头上，钻进过程中依靠弯曲螺杆的弯曲角度实现滑动钻进，达到钻井的目

图 3-77 挤扫一体化磨鞋规格

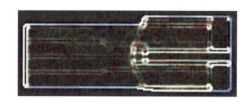

图 3-78 挤扫一体化磨鞋结构

的。如图 3-79、图 3-80 所示。

技术参数：ϕ120 mm×6.32 m 单弯螺杆。

图 3-79 单弯螺杆规格

图 3-80 单弯螺杆结构

③ 三牙轮钻头

工具原理：牙轮钻头在钻压和钻柱旋转的作用下，压碎并吃入岩石，同时产生一定的滑动而剪切岩石。当牙轮在井底滚动时，牙轮上的钻头依次冲击、压入地层，这个作用可以将井底岩石压碎一部分，同时靠牙轮滑动带来的剪切作用削掉牙齿间残留的另一部分岩石，使井底岩石全面破碎，井眼得以延伸。如图 3-81、图 3-82 所示。

技术参数：ϕ149.2 mm×0.184 m 三牙轮钻头。

图 3-81 三牙轮钻头规格

图 3-82 三牙轮钻头结构

④ PDC 钻头

工具原理：PDC 钻头是用聚晶金刚石复合片镶嵌于钻头钢体（或焊于钻头胎体）而制成的一种切削型钻头，它以聚晶金刚石复合片作为切削刃，以负刃前角剪切方式破碎岩石。如图 3-83、图 3-84 所示。

技术参数：ϕ149.2 mm×0.295 m PDC 钻头，头部为 6 瓣齿，水眼 14 mm×6 个。

图 3-83 PDC 钻头规格

图 3-84 PDC 钻头结构

(6) 处理过程

JH125 井侧钻施工重点工序见表 3-22。

表 3-22 JH125 井侧钻施工重点工序

序号	重点施工内容	使用工具	施工趟数	施工情况	处理井段 /m	现场照片
1	组下挤扫管柱	挤扫一体化磨鞋	1 趟	组下挤扫一体化磨鞋+变扣+3 1/2″正扣斜坡钻杆+3 1/2″正扣斜坡钻杆校深短节+3 1/2″正扣斜坡钻杆;在5 479.27 m 遇阻,复探3次,位置不变;连接方钻杆,加压 0.5~2 t,划眼通井至井深5 525 m;上提管脚配合挤堵作业,候凝 48 h,加压 2 t,探塞面位置 5 394.93 m,扫塞至 5 500 m,全井筒试压合格;起钻检查,工具完好	5 479.27~5 502.5	
2	组下造斜钻具	三牙轮钻+单弯螺杆	1 趟	组下三牙轮钻头+φ120 mm 单弯螺杆(3°)+单流阀+φ120 mm 无磁悬挂+φ127 mm 陀螺定位接头+φ88.9 mm 加重钻杆+φ88.9 mm 钻杆;下放钻具探底,加压 2 t,遇阻深度 5 500 m,复探 3 次,位置不变,累计进尺 12 m;起钻检查,钻具完好	5 500~5 512	
3	组下增斜钻具	PDC 钻头+单弯螺杆	1 趟	组下 PDC 钻头+φ120 mm 单弯螺杆(2°)+单流阀+φ120 mm 无磁悬挂+φ88.9 mm 正扣钻杆+φ88.9 mm 加重钻杆+φ88.9 mm 正扣斜坡钻杆;下放钻具探底,加压 2 t,遇阻深度 5 507.69 m,复探 3 次,位置不变,开钻至 5 608.7 m,累计进尺 96.7 m;起钻检查,钻具完好	5 512~5 608.7	

表 3-22(续)

序号	重点施工内容	使用工具	施工趟数	施工情况	处理井段/m	现场照片
4	组下增斜钻具	PDC钻头+单弯螺杆	1趟	组下PDC钻头+φ120 mm单弯螺杆(1.5°)+单流阀+φ120 mm无磁悬挂+φ88.9 mm正扣钻杆+φ88.9 mm加重钻杆+φ88.9 mm正扣斜坡钻杆;下放钻具探底,加压2 t,遇阻深度5 608.7 m,复探3次,位置不变,开钻至5 653 m,累计进尺44.3 m;起钻检查,钻具完好	5 608.7~5 653	
5	组下增斜钻具	PDC钻头+单弯螺杆	1趟	组下PDC钻头+φ120 mm单弯螺杆(1.5°)+单流阀+φ120 mm无磁悬挂+φ88.9 mm正扣钻杆+φ88.9 mm加重钻杆+φ88.9 mm正扣斜坡钻杆;下放钻具探底,加压2 t,遇阻深度5 653 m,复探3次,位置不变,开钻至5 680.2 m,发生溢流,正循环节流压井同时套管平推至井内平稳;起钻检查,钻具完好	5 653~5 680.2	

(7) 经验认识

① 修井设备配套单弯螺杆裸眼侧钻,能够及时调整方案,最终获得成功。本井利用JH125井直井段进行定向,裸眼一开次侧钻作业。通过XJ850修井设备升级配套,能够满足现场施工要求,配套采用1.5°、2°、3°直径为120 mm单弯螺杆钻具进行施工,施工中应用了导向钻井技术有效地控制了井眼的自然漂移,使实钻井眼轨迹达到设计的要求,采用近平衡钻井技术并以高效低摩阻钻井液体系作保障,大大提高了机械钻速,同时也最大限度地保护了油气层。在施工期间,第一段增斜段钻进使用2.0°单弯螺杆,累计进尺96.7 m。经过设计优化,第二段增斜段钻进使用1.5°单弯螺杆,累计进尺44.3 m,稳斜段钻进继续使用1.5°单弯螺杆,累计进尺27.2 m;在5 680.2 m处发生溢流,正循环节流压井困难,套管平推密重泥浆压井成功,结束侧钻施工。通过单多点测斜仪测定和测井,本井侧钻累计进尺180.2 m。

② 本井作业粗分共计采用选用了1种打塞钻磨一体化工艺和1种侧钻工艺,具体为:

a. 挤扫一体化工艺:改进大水眼空心磨鞋,该挤扫一体化磨鞋,可实现挤堵和扫塞两项工序由一趟管柱完成,提高了施工效率。

b. 套管验漏工艺:挤水泥后扫塞至5 500 m,加压2 t,复探3次,位置不变。全井筒试压,打压至20 MPa停泵,稳压30 min不降,为下一步侧钻施工做好准备。

c. 三牙轮钻磨工艺：本井使用三牙轮钻头造斜侧钻施工，实施了1趟钻，钻磨处理至设计造斜点，为后续侧钻施工创造了施工条件。

d. PDC钻头钻磨工艺：本井应用PDC钻头保障了井眼的规则，井眼的中心位置是由位于主刀翼上的PDC切削齿完成破岩的，而井眼外围部分的钻进由牙轮和刀翼上的切削齿共同完成。施工中配合导向钻井技术有效地控制了井眼的自然漂移，使实钻井眼轨迹达到设计的要求。

e. 单弯螺杆侧钻工艺：单弯螺杆是由壳体弯曲实现造斜的。与相应尺寸扶正器配合组成滑动式导向工具，转盘与井下滑动导向工具不起钻，通过转盘开关完成定向造斜段、增斜段、稳斜段的连续钻井作业，通称为滑动导向复合钻井技术。本井应用1.5°、2°和3°三种单弯螺杆进行施工，单弯螺杆驱动功率大、扭矩大，纠斜和增斜能力强，转速低（180～200 r/min），能够适应于碳酸盐岩一开次裸眼侧钻要求，减少了因改变钻具结构而进行的起下钻作业，提高了整体钻井效率。

③ 地面循环系统升级配套和规范操作，为顺利侧钻提供了有力保障。地面循环系统由原来的单机1300型柱塞泵，增配为双机双泵，提高了循环能力，同时，强化固控，视井浆性能情况开启除泥除砂一体机和离心机，降低钻井液中的有害固相含量，稳定钻井液性能，以"净化"保"优化"。钻进期间密切注意扭矩、泵压等参数的变化及接立柱上提下放情况，每钻完一柱划眼一次，钻进过程中注意观察顶驱扭矩变化，根据现场实钻情况考虑是否增加钻压和泵压等技术参数；现场录井注意捞取返出岩屑，确保轨迹一直在油层穿行；钻进结束后，循环调整钻井液性能，充分循环井眼干净后，裸眼替入保护液。

(8) 综合评价

① 修井方案评价

a. 确定因素集 U：

$$U=\{修井成功率(x_1),修井成本(x_2),修井作业效率(x_3),修井劳动强度(x_4)\}$$

b. 确定权重集 A：

$$A=\{修井成功率(0.4),修井成本(0.3),修井作业效率(0.2),修井劳动强度(0.1)\}$$

c. 确定评语目录集 V：

$$V=\{优秀(v_1),良好(v_2),合格(v_3),不合格(v_4)\}$$

其中 v 取值 $0\sim1$ 之间，优秀为 $v\geqslant0.8$，良好为 $0.4\leqslant v<0.8$，合格为 $0.2<v<0.4$，不合格为 $v\leqslant0.2$。

d. 确定单因素评价矩阵 $\boldsymbol{R}$：

按照以上评价原则，由施工人员、技术人员进行评价打分，确定单因素评价矩阵 $\boldsymbol{R}$。

$$修井成功率=\{0.4,0.3,0.3,0.1\}$$
$$修井成本=\{0.3,0.3,0.3,0.2\}$$
$$修井劳动强度=\{0.4,0.3,0.3,0.2\}$$
$$修井作业效率=\{0.3,0.3,0.3,0.1\}$$

$$\boldsymbol{R}=\begin{bmatrix}0.4 & 0.3 & 0.3 & 0.1\\ 0.3 & 0.3 & 0.2 & 0.2\\ 0.4 & 0.3 & 0.3 & 0.2\\ 0.3 & 0.3 & 0.3 & 0.2\end{bmatrix}$$

e. 综合评价计算：

$$B = AR = (0.4 \quad 0.3 \quad 0.2 \quad 0.1) \begin{bmatrix} 0.4 & 0.3 & 0.3 & 0.1 \\ 0.3 & 0.3 & 0.2 & 0.2 \\ 0.4 & 0.3 & 0.3 & 0.2 \\ 0.3 & 0.3 & 0.3 & 0.2 \end{bmatrix}$$

计算得：　　　　　　　　(0.4，0.3，0.3，0.2)=1.2

(合格,合格,合格,合格)

用1.2除以各因素项归一化计算,得：

(0.33,0.28,0.25,0.15)

从中可以看出,该井作业过程总体评价为合格。

② 经济效益评价

通过盈亏平衡点(BEP)分析项目成本与收益的平衡关系。计算方法如下：

$$效益盈亏平衡点 = \frac{单井次直接费用投入}{吨油价格 - 吨油增量成本}$$

$$投入产出比 = \frac{单井直接费用投入 + 增量成本}{措施累计增产油量 \times 吨油价格}$$

JH125井经济效益评价结果见表3-23。

表3-23 JH125井经济效益评价结果

直接成本					
修井费/万元	362	工艺措施费/万元	52	总计费用/万元	614
材料费/万元	113	配合劳务费/万元	87		
增量成本					
吨油运费/元	/	吨油处理费/元	105	吨油价格/元	2 107
吨油税费/元	674	原油价格/美元折算	636	增量成本合计/万元	1 755
产出情况					
日增油/t	46	有效期/d	228	累计增油/t	10 520
效益评价					
销售收入/万元	2 217	吨油措施成本/(元/t)	584	投入产出比	1∶1.28
措施收益/万元	783	盈亏平衡点产量/t	6 805	评定结果	有效

6. JH108井修井机短半径侧钻实例

(1) 基础数据

JH108井是库车县境内的一口开发井,2003年8月完钻,完钻井深5 700 m,井身结构为3级,酸压完井,未建产。2004年5月,JH108井第一次侧钻,完钻井深5 940 m,钻遇放空漏失后自然完井,投产初期油压15.6 MPa,日产液47 t,日产油26 t,含水44.7%。2005年8月转抽生产,阶段累计产液9 553 t,产油957 t,含水90%。2014年6月因高含水关井。JH108井基础数据详见表3-24。

表 3-24　JH108 井基础数据表

井别	直井	完井层位	$O_{1-2}y$
完钻时间	2003.08.07	完井井段	5 510.4～5 665.72 m
固井质量	良	13 3/8″套管下深	1 196.42 m
完钻井深	5 700 m	9 5/8″套管下深	5 512.76 m
人工井底	5 700 m	裸眼段长	187.24 m

存在问题：一是 JH108 井直井存在"井洞关系"不匹配的问题，导致酸压未能建产；二是 JH108 井第一次侧钻后累计采出程度较高，阶段累计产液 7.24×10^4 t，产油 3.08×10^4 t，目前高含水关井。

JH108 井井身结构如图 3-85 所示。侧钻靶点、轨道垂直投影、轨道水平投影如图 3-86～图 3-88 所示。

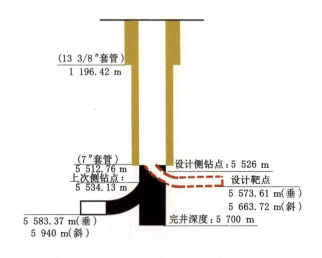

图 3-85　JH108 井井身结构示意图

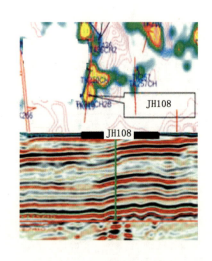

图 3-86　侧钻靶点示意图

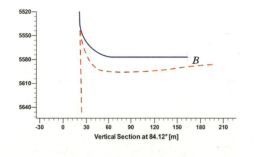

图 3-87　轨道垂直投影图

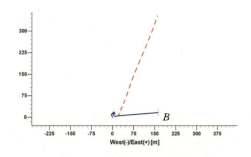

图 3-88　轨道水平投影图

(2) 侧钻目的

① JH108 原直井从投产情况看，钻井、测井显示原井储集体不发育，酸压未能有效沟

通,生产期间供液不足。

② 该井东西方向目标体位置 T_4^7 反射波呈局部强反射及串珠状特征,且与邻井特征相似,从地震反射特征分析,认为是储层发育的部位。

③ JH108 井 B 点储集体与原直井具有分隔性,部署本井目的是与未动用分隔储集体建立沟通以提高储量动用程度。

④ JH108 井第一次侧钻在一间房组顶面以下 22.15～22.4 m(垂)钻遇放空漏失后自然完井建产,累计采出程度较高。

(3) 施工难点

该井深度大于 5 000 m 且为裸眼,施工难点主要有以下三点:

① 本井为深井裸眼侧钻,老眼井深 5 534 m,经过多轮注水,地层原始结构产生一定破坏,原井注水共 $55.21×10^4$ m^3,存在井眼垮塌、造斜率达不到设计值、难以实现地质目的风险。

② 本井侧钻点窗口位置井眼 ϕ149.2 mm 变为 ϕ120.65 mm,下钻时容易发生遇阻或破坏夹壁墙现象;造斜段设计全角变化率 37.54°/30 m,钻具弯曲大,易出现因井眼曲率大导致的起下遇阻现象。

③ XJ850 主体设备最大钩载 2 250 kN,地面循环泵为 1300 型柱塞泵,20 MPa 条件下排量为 6～7 L/s,因此在侧钻施工前需要进行设备的升级配套。

(4) 侧钻思路

按照"侧-增"和"增-稳"两段进行设计,选用两种单弯螺杆。钻进过程中每钻完一个单根,要求先划眼、再测斜,并要求大排量循环,以尽可能地将岩屑最大限度携带出来,降低定向存在的托压问题。

第一趟钻:"侧-增"段 5 524～5 600 m,钻具组合 120.65 mm PDC 钻头+95 mm 单弯螺杆(3.25°)+108 mm 单流阀+ϕ105 mm 坐键接头+88.9 mm 无磁钻杆+105 mm 限流接头+211×HT310 变扣+88.9 mm 非标钻杆+310×HT311 变扣+旁通阀+88.9 mm 钻杆。

第二趟钻:"增-稳"段 5 600～5 698.9 m,钻具组合 120.65 mm PDC 钻头+95 mm 单弯螺杆(1.5°)+单流阀+定向接头+88.9 mm 无磁承压钻杆(MWD)+配合接头+73 mm 斜坡钻杆(S135)+旁通阀+73 mm 斜坡钻杆(S135)+88.9 mm 加重钻杆+88.9 mm 钻杆+114.3 mm 钻杆。

JH108 井侧钻轨迹设计数据见表 3-25。JH108 井分段参数设计见表 3-26。

表 3-25 JH108 井侧钻轨迹设计数据表

井底垂深/m	井底闭合距/m	井底闭合方位/(°)	造斜点井深/m	最大井斜角/(°)
5 574	163.12	84.12	5 529	90
方位修正角/(°)	磁倾角/(°)	磁场强度/μT	磁偏角/(°)	子午线收敛角/(°)
5.21	62.03	55.625	3.18E	−2.03

计算软件:Compass R5000.1;地磁模型:IGRF2020;参照高斯-克吕格平面直角坐标系。

表 3-26 JH108 井分段参数设计表

井深/m	井斜/(°)	方位/(°)	垂深/m	N 坐标/m	E 坐标/m	视位移/m	闭合方位/(°)	闭合距/m	井眼曲率/[(°)/30 m]	靶点
5 529	1.57	61.1	5 528.39	5.63	20.71	21.18	74.79	21.47	0	
5 533.62	6	85.53	5 532.99	5.68	21.01	21.48	74.86	21.76	30	
5 600.76	90	85.53	5 574	9.23	66.41	67.01	82.09	67.05	37.54	
5 696.9	90	85.53	5 574	16.72	162.26	163.12	84.12	163.12	0	B

(5) 工具选取

考虑侧钻作业井筒准备,选用了 1 种通井工艺、1 种打水泥塞工艺和 1 种侧钻工艺,具体如下:

① 三牙轮钻头

工具原理:牙轮钻头在钻压和钻柱旋转的作用下,压碎并吃入岩石,同时产生一定的滑动而剪切岩石。当牙轮在井底滚动时,牙轮上的钻头依次冲击、压入地层,这个作用可以将井底岩石压碎一部分,同时靠牙轮滑动带来的剪切作用削掉牙齿间残留的另一部分岩石,使井底岩石全面破碎,井眼得以延伸。如图 3-89、图 3-90 所示。

技术参数:ϕ149.2 mm×0.184 m 三牙轮钻头。

图 3-89 三牙轮钻头规格

图 3-90 三牙轮钻头结构

② 斜尖

工具原理:用高速流动的液体将井底砂堵冲散,并借用液流循环上返的循环能力,将冲散的砂子带出地面,从而清除井底的积砂。冲砂方式一般有正冲砂、反冲砂和正反冲砂三种。如图 3-91、图 3-92 所示。

技术参数:ϕ88.9×0.55 m 斜尖。

图 3-91 斜尖规格

图 3-92 斜尖结构

③ 单弯螺杆

工具原理:单弯螺杆是一种带有弯头的井下动力钻具,是一种把液体的压力能转换为机械能的能量转换装置,当高压钻井液由钻杆进入螺杆钻具后,液体的压力迫使转子旋转,从而把扭矩传递到钻头上,钻进过程中依靠弯曲螺杆的弯曲角度实现滑动钻进,达到钻井的目的。如图 3-93、图 3-94 所示。

技术参数:ϕ95 mm×6.32 m 单弯螺杆。

图 3-93　单弯螺杆规格

图 3-94　单弯螺杆规格

④ PDC 钻头

工具原理:PDC 钻头是用聚晶金刚石复合片镶嵌于钻头钢体(或焊于钻头胎体)而制成的一种切削型钻头,它以聚晶金刚石复合片作为切削刃,以负刃前角剪切方式破碎岩石。如图 3-95、图 3-96 所示。

技术参数:ϕ120.65 mm×0.295 m PDC 钻头,头部为 6 瓣齿,水眼 14 mm×6 个。

图 3-95　PDC 钻头规格

图 3-96　PDC 钻头结构

(6)处理过程

JH108 井侧钻施工重点工序见表 3-27。

表 3-27　JH108 井侧钻施工重点工序

序号	重点施工内容	使用工具	施工趟数	施工情况	处理井段/m	现场照片
1	组下通井管柱	三牙轮钻头	1趟	组下三牙轮钻头+330×310 双母变扣+单流阀+3 1/2″钻杆;通井至塞面深度 5 604.78 m,加压 2 t,复探 3 次,位置不变;起钻检查,出井工具完好	5 600~5 604.78	

表 3-27(续)

序号	重点施工内容	使用工具	施工趟数	施工情况	处理井段/m	现场照片
2	组下挤堵管柱	斜尖	1趟	组下斜尖＋3 1/2″EUE 油管＋3 1/2″正扣斜坡钻杆,管脚至5 603.5 m,正循环洗井测吸水,起打塞管柱至井深4 703.84 m,配合挤堵,关机候凝48 h,探得塞面位置5 505.7 m;起钻检查,出井工具完好	5 505.7～5 603.5	
3	组下扫塞管柱	三牙轮钻头	1趟	组下三牙轮钻头＋330×310双母变扣＋单流阀＋3 1/2″钻杆,至5 504.32 m 遇阻;接方钻杆,复探3次,位置不变;启泵扫塞至正循环扫塞至5 524 m,全井筒试压,打压15 MPa,稳压30 min 不降;起钻检查,出井工具完好	5 504.32～5 524	
4	组下侧钻管柱	PDC 钻头＋单弯螺杆	1趟	组下 PDC 钻头＋95 mm 单弯螺杆(3.25°)＋108 mm 单流阀＋φ105 mm 坐键接头＋88.9 mm 无磁钻杆＋105 mm 限流接头＋211×HT310 变扣＋88.9 mm 非标钻杆＋310×HT311 变扣＋旁通阀＋88.9 mm 钻杆;钻至井深5 582.99 m,进尺58.99 m;起钻检查,螺杆弯点本体与万向轴壳体处开扣	5 524～5 582.99	
5	组下稳斜管柱	PDC 钻头＋单弯螺杆	1趟	组下 PDC 钻头 ＋φ95 mm 单弯螺杆(1.5°)＋108 mm 单流阀＋105 mm 坐键接头＋88.9 mm 无磁钻杆＋105 mm 限流接头＋73 mm 斜坡钻杆20根＋310×211变扣＋旁通阀＋31/2钻杆;下钻到5 582.99 m,MWD 仪器信号传输不正常;起钻检查,仪器脉冲器外筒螺丝断裂	5 582.99～5 582.99	

表 3-27(续)

序号	重点施工内容	使用工具	施工趟数	施工情况	处理井段/m	现场照片
6	组下稳斜管柱	PDC钻头＋单弯螺杆	1趟	组下 PDC 钻头＋φ95 mm 单弯螺杆(1.5°)＋108 mm 单流阀＋105 mm 坐键接头＋88.9 mm 无磁钻杆＋105 mm 限流接头＋73 mm 斜坡钻杆 20 根＋310×211 变扣＋旁通阀＋3 1/2 钻杆;钻进至井深 5 665.72 m,进尺 82.73 m,发生井漏失返,提前完钻;起钻检查,工具完好	5 582.99～5 665.72	

(7) 经验认识

① 修井设备配套单弯螺杆裸眼侧钻,能够及时发现异常情况,及时起钻检查工具,保障了本次侧钻最终获得成功。本井利用 JH108 井直井段进行定向,裸眼一开次侧钻作业。通过 XJ850 修井设备升级配套,能够满足现场施工要求,配套采用 1.5°和 3.25°直径为 95 mm 单弯螺杆钻具进行施工,施工中应用了导向钻井技术使实钻井眼轨迹达到设计的要求。在施工期间,第一趟钻使用 3.25°单弯螺杆钻进,累计进尺 58.99 m,上提过程中出现憋泵现象,停止钻进,起钻检查,螺杆弯点下方 45 cm 本体与万向轴壳体相连处开扣。第二趟钻使用 1.5°单弯螺杆下钻,MWD 仪器信号传输不正常,起钻检查,仪器脉冲器外筒螺丝断裂。第三趟钻继续使用 1.5°单弯螺杆钻进,累计进尺 82.73 m,在 5 665.72 m 处发生溢流,正循环节流压井困难,套管平推密重泥浆压井成功,结束侧钻施工。通过单多点测斜仪测定和测井,本井侧钻累计进尺 141.72 m。

② 本井作业粗分共计采用了 1 种通井工艺、1 种打水泥塞工艺和 1 种侧钻工艺,具体为:

a. 三牙轮钻磨工艺:本井使用三牙轮钻头造斜侧钻施工,实施了 1 趟钻,钻磨处理至设计造斜点,为后续侧钻施工创造了施工条件。

b. 套管验漏工艺:挤水泥后扫塞至 5 524 m,加压 2 t,复探 3 次,深度不变。全井筒试压,打压至 20 MPa 停泵,稳压 30 min 不降,为下一步侧钻施工做好准备。

c. PDC 钻头钻磨工艺:本井应用 PDC 钻头保障了井眼的规则,井眼的中心位置是由位于主刀翼上的 PDC 切削齿完成破岩的,而井眼外围部分的钻进由牙轮和刀翼上的切削齿共同完成,配合导向钻井技术使实钻井眼轨迹达到设计的要求。

d. 单弯螺杆侧钻工艺:单弯螺杆是由壳体弯曲实现造斜的。与相应尺寸扶正器配合组成滑动式导向工具,转盘与井下滑动导向工具不起钻,通过转盘开关完成定向造斜段、增斜段、稳斜段的连续钻井作业,通称为滑动导向复合钻井技术。本井应用 1.5°和 3.25°两种单弯螺杆进行施工,单弯螺杆驱动功率大、扭矩大,纠斜和增斜能力强,转速低(180～200 r/min),能够适应于碳酸盐岩一开次裸眼侧钻要求,减少了因改变钻具结构而进行的起下钻作业,提高了整体钻井效率。

③ 地面循环系统升级配套和规范操作,为顺利侧钻提供了有力保障。地面循环系统由原来的单机 1300 型柱塞泵,增配为双机双泵,提高了循环能力,同时,强化固控,视井浆性能情况开启除泥除砂一体机和离心机,降低钻井液中的有害固相含量,稳定钻井液性能,以"净化"保"优化"。钻进期间密切注意扭矩、泵压等参数的变化及接立柱上提下放情况,每钻完一柱划眼一次;钻进过程中注意观察顶驱扭矩变化,根据现场实钻情况考虑是否增加钻压和泵压等技术参数;现场录井注意捞取返出岩屑,确保轨迹一直在油层穿行;钻井结束后,循环调整钻井液性能,充分循环井眼干净后,裸眼替入保护液。

(8) 综合评价

① 修井方案评价

a. 确定因素集 U:

$$U=\{修井成功率(x_1),修井成本(x_2),修井作业效率(x_3),修井劳动强度(x_4)\}$$

b. 确定权重集 A:

$$A=\{修井成功率(0.4),修井成本(0.3),修井作业效率(0.2),修井劳动强度(0.1)\}$$

c. 确定评语目录集 V:

$$V=\{优秀(v_1),良好(v_2),合格(v_3),不合格(v_4)\}$$

其中 v 取值 $0\sim1$ 之间,优秀为 $v\geqslant0.8$,良好为 $0.4\leqslant v<0.8$,合格为 $0.2<v<0.4$,不合格为 $v\leqslant0.2$。

d. 确定单因素评价矩阵 $\boldsymbol{R}$:

按照以上评价原则,由施工人员、技术人员进行评价打分,确定单因素评价矩阵 $\boldsymbol{R}$。

$$修井成功率=\{0.3,0.3,0.3,0.2\}$$
$$修井成本=\{0.3,0.3,0.3,0.2\}$$
$$修井劳动强度=\{0.4,0.3,0.3,0.2\}$$
$$修井作业效率=\{0.3,0.3,0.3,0.2\}$$

$$\boldsymbol{R}=\begin{bmatrix}0.3 & 0.3 & 0.3 & 0.2\\ 0.3 & 0.3 & 0.3 & 0.2\\ 0.4 & 0.3 & 0.3 & 0.2\\ 0.3 & 0.3 & 0.3 & 0.2\end{bmatrix}$$

e. 综合评价计算:

$$\boldsymbol{B}=\boldsymbol{AR}=(0.4\quad0.3\quad0.2\quad0.1)\begin{bmatrix}0.3 & 0.3 & 0.3 & 0.2\\ 0.3 & 0.3 & 0.3 & 0.2\\ 0.4 & 0.3 & 0.3 & 0.2\\ 0.3 & 0.3 & 0.3 & 0.2\end{bmatrix}$$

计算得:
$$(0.3,0.3,0.3,0.2)=1.1$$
$$(合格,合格,合格,合格)$$

用 1.1 除以各因素项归一化计算,得:
$$(0.29,0.28,0.25,0.18)$$

从中可以看出,该井作业过程总体评价为合格。

② 经济效益评价

通过盈亏平衡点(BEP)分析项目成本与收益的平衡关系。计算方法如下:

$$效益盈亏平衡点 = \frac{单井次直接费用投入}{吨油价格 - 吨油增量成本}$$

$$投入产出比 = \frac{单井直接费用投入 + 增量成本}{措施累计增产油量 \times 吨油价格}$$

JH108 井经济效益评价结果见表 3-28。

表 3-28 JH108 井经济效益评价结果

直接成本					
修井费/万元	462	工艺措施费/万元	52	总计费用/万元	684
材料费/万元	113	配合劳务费/万元	57		
增量成本					
吨油运费/元	/	吨油处理费/元	105	吨油价格/元	2 107
吨油税费/元	674	原油价格/美元折算	636	增量成本合计/万元	1 755
产出情况					
日增油/t	57	有效期/d	221	累计增油/t	12 520
效益评价					
销售收入/万元	2 638	吨油措施成本/(元/t)	546	投入产出比	1∶1.46
措施收益/万元	978	盈亏平衡点产量/t	6 805	评定结果	有效

7. JH005CH 井钻井机短半径侧钻实例

(1) 基础数据

JH005CH 井是阿克库勒凸起西部斜坡上的一口开发井，2013 年 7 月完钻，完钻井深 5 823 m，井身结构为 3 级，酸压完井。投产初期油压 5.6 MPa，日产液 44.1 t，日产油 21.3 t，含水 51.62%。2014 年 2 月转抽生产，阶段累计产液 1 724.3 t、产油 277.6 t，含水 84%，6 月因高含水关井。JH005CH 井基础数据详见表 3-29。

表 3-29 JH005CH 井基础数据表

井别	斜直井	完井层位	O_2y
完钻时间	2013.07.06	生产井段	5 704.78～5 770 m
固井质量	优	10 3/4″套管下深	1 203.49 m
完钻井深	5 823 m	7 5/8″套管下深	5 704.78 m
人工井底	5 823 m	裸眼段长	118.22 m

存在问题：JH005CH 井斜直井存在"井洞关系"不匹配的问题，导致酸压投产后供液不足。重复酸压后转抽生产，因高含水关井。

JH005CH 井井身结构如图 3-97 所示。侧钻靶点、轨道垂直投影、轨道水平投影如图 3-98～图 3-100 所示。

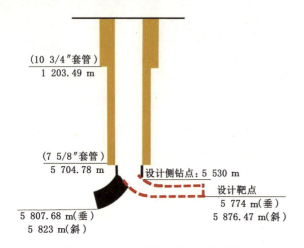
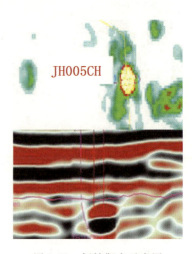

图 3-97　JH005CH 井身结构示意图　　　图 3-98　侧钻靶点示意图

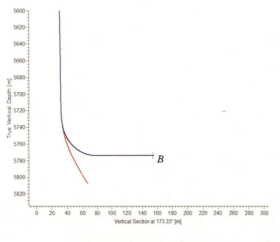
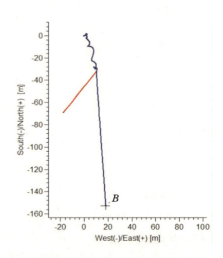

图 3-99　轨道垂直投影图　　　　　　　图 3-100　轨道水平投影图

(2) 侧钻目的

① JH005CH 井原井从投产情况看,钻井、测井显示原井储集体不发育,酸压未能有效沟通,生产期间供液不足。

② JH005CH 井 B 点储集体与原井具有分隔性,部署本井目的是与未动用分隔储集体建立沟通以提高储量动用程度。

(3) 施工难点

该井施工难点主要有以下三点：

① 本井为深井一开次裸眼侧钻,老眼井深 5 823 m 经过 2 次酸压改造,地层原始结构产生一定破坏,存在井眼垮塌、造斜率达不到设计值、难以实现地质目的风险。

② 本井侧钻点窗口位置井眼 ϕ165.1 mm 变为 ϕ120.65 mm,下钻时容易发生遇阻或破坏夹壁墙现象,易发生卡钻。

③ 本井为一级结构超短半径侧钻先导试验井,造斜段设计全角变化率 38.53°/30 m,钻具弯曲大,易出现因井眼曲率大导致的起下遇阻现象。

（4）侧钻思路

按照"侧-增-稳"三段进行设计，选用三种单弯螺杆。钻进过程中每钻完一个单根，要求先划眼、再测斜，并要求大排量循环，以尽可能地将岩屑最大限度携带出来，降低定向存在的托压问题。

第一趟钻：侧钻段 5 730～5 736.88 m，钻具组合 120.65 mm PDC 钻头＋95 mm 单弯螺杆(3.5°)＋单流阀＋88.9 mm 无磁钻杆＋105 mm MWD 短节＋88.9 mm 斜坡钻杆＋旁通阀＋88.9 mm 斜坡钻杆＋88.9 mm 加重钻杆＋88.9 mm 钻杆＋114.3 mm 钻杆。

第二趟钻：增斜段 5 736.88～5 799.94 m，钻具组合 120.65 mm PDC 钻头＋95 mm 单弯螺杆(2.75°)＋单流阀＋88.9 mm 无磁钻杆＋105 mm MWD 短节＋73 mm 斜坡钻杆(S135)＋旁通阀＋73 mm 斜坡钻杆(S135)＋88.9 mm 加重钻杆＋88.9 mm 钻杆＋114.3 mm 钻杆。

第三趟钻：稳斜段 5 799.94～5 876.47 m，钻具组合 120.65 mm PDC 钻头＋95 mm 单弯螺杆(1.5°)＋单流阀＋88.9 mm 无磁钻杆＋105 mm MWD 短节＋73 mm 斜坡钻杆(S135)＋旁通阀＋73 mm 斜坡钻杆(S135)＋88.9 mm 加重钻杆＋88.9 mm 钻杆＋114.3 mm 钻杆。

JH005CH 井侧钻轨迹设计数据见表 3-30。JH005CH 井分段参数设计见表 3-31。

表 3-30　JH005CH 井侧钻轨迹设计数据表

井底垂深/m	井底闭合距/m	井底闭合方位/(°)	造斜点井深/m	最大井斜角/(°)
5 774	153.83	173.33	5 730	90
方位修正角/(°)	磁倾角/(°)	磁场强度/μT	磁偏角/(°)	子午线收敛角/(°)
5.42	61.85	55.45	3.25E	－2.17

计算软件：Compass R5000.1；地磁模型：IGRF2015；参照高斯-克吕格平面直角坐标系。

表 3-31　JH005CH 井分段参数设计表

井深/m	井斜/(°)	方位/(°)	垂深/m	N 坐标/m	E 坐标/m	视位移/m	闭合方位/(°)	闭合距/m	井眼曲率/(°)/30 m	靶点
5 730	8.17	215.15	5 729.56	－31.51	10.51	32.52	161.56	33.21	0	
5 736.88	9	176.39	5 736.36	－32.45	10.26	33.42	162.46	34.03	25	
5 799.94	90	176.39	5 774	－76.42	13.04	77.42	170.32	77.52	38.53	
5 876.47	90	176.39	5 774	－152.79	17.86	153.83	173.33	153.83	0	B

（5）工具选取

考虑侧钻作业井筒准备，选用了 1 种通井工艺、1 种打水泥塞工艺和 1 种侧钻工艺，具体如下：

① 三牙轮钻头

工具原理：牙轮钻头在钻压和钻柱旋转的作用下，压碎并吃入岩石，同时产生一定的滑动而剪切岩石。当牙轮在井底滚动时，牙轮上的钻头依次冲击、压入地层，这个作用可以将井底岩石压碎一部分，同时靠牙轮滑动带来的剪切作用削掉齿间残留的另一部分岩石，使井底岩石全面破碎,井眼得以延伸。如图 3-101、图 3-102 所示。

技术参数:ϕ165.1 mm×0.184 m 三牙轮钻头。

 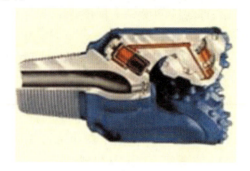

图 3-101　三牙轮钻头规格　　　　　　图 3-102　三牙轮钻头结构

② 斜尖

工具原理:用高速流动的液体将井底砂堵冲散,并借用液流循环上返的循环能力,将冲散的砂子带出地面,从而清除井底的积砂。冲砂方式一般有正冲砂、反冲砂和正反冲砂三种。如图 3-103、图 3-104 所示。

技术参数:ϕ88.9 mm×0.55 m 斜尖。

图 3-103　斜尖规格　　　　　　　　图 3-104　斜尖结构

③ 单弯螺杆

工具原理:单弯螺杆是一种带有弯头的井下动力钻具,是一种把液体的压力能转换为机械能的能量转换装置,当高压钻井液由钻杆进入螺杆钻具后,液体的压力迫使转子旋转,从而把扭矩传递到钻头上,钻进过程中依靠弯曲螺杆的弯曲角度实现滑动钻进,达到钻井的目的。如图 3-105、图 3-106 所示。

技术参数:ϕ95 mm×6.32 m 单弯螺杆。

图 3-105　单弯螺杆规格　　　　　　图 3-106　单弯螺杆结构

④ PDC 钻头

工具原理:PDC 钻头是用聚晶金刚石复合片镶嵌于钻头钢体(或焊于钻头胎体)而制成的一种切削型钻头,它以聚晶金刚石复合片作为切削刃,以负刃前角剪切方式破碎岩石。如图 3-107、图 3-108 所示。

技术参数:ϕ120.65 mm PDC 钻头×0.295 m,头部为 6 瓣齿,水眼 14 mm×6 个。

图 3-107　PDC 钻头规格

图 3-108　PDC 钻头结构

（6）处理过程

JH005CH 井侧钻施工重点工序见表 3-32。

表 3-32　JH005CH 井侧钻施工重点工序

序号	重点施工内容	使用工具	施工趟数	施工情况	处理井段/m	现场照片
1	组下通井管柱	三牙轮钻头	1 趟	组下三牙轮钻头＋双母变扣＋单流阀＋3 1/2″钻杆；通井至塞面深度 5 745 m 遇阻严重，开转盘冲划至井深 5 751 m，加压 2 t，复探 3 次，位置不变；起钻检查，出井工具完好	5 745～5 751	
2	组下挤堵管柱	斜尖	1 趟	组下斜尖＋3 1/2″EUE 油管＋3 1/2″正扣斜坡钻杆；管脚至 5 173 m，正循环洗井测吸水；起打塞管柱至井深 4 900 m，配合挤堵，关机候凝 48 h，探得塞面位置 5 597 m 遇阻；起钻检查，出井工具完好	5 173～5 597	
3	组下扫塞管柱	三牙轮钻头	1 趟	组下三牙轮钻头＋双母变扣＋单流阀＋3 1/2″钻杆，至 5 597 m 遇阻，接方钻杆，复探 3 次，位置不变，启泵扫塞，正循环扫塞至 5 728 m，全井筒试压，打压 15 MPa，稳压 30 min 不降；起钻检查，出井工具完好	5 597～5 728	
4	组下侧钻管柱	PDC 钻头＋单弯螺杆	1 趟	组下 PDC 钻头＋95 mm 单弯螺杆(3.5°)＋211×210 浮阀＋105 mm 定向接头＋88.9 mm 无磁钻杆＋106 mm 无磁短节＋88.9 mm 非标钻杆＋311×310 旁通阀＋88.9 加重钻杆＋88.9 mm 钻杆＋114.3 mm 钻杆，钻至井深 5 745.63 m，进尺 17.63 m；起钻检查，工具完好	5 728～5 745.63	

表 3-32(续)

序号	重点施工内容	使用工具	施工趟数	施工情况	处理井段/m	现场照片
5	组下稳斜管柱	PDC钻头+单弯螺杆	1趟	组下PDC钻头+95 mm单弯螺杆(2.75°)+211×210浮阀+105 mm定向接头+88.9 mm无磁钻杆+106 mm无磁短节+88.9 mm非标钻杆+311×310旁通阀+88.9加重钻杆+88.9 mm钻杆+114.3 mm钻杆;钻至井深5 787.38 m,进尺41.75 m;起钻检查,工具完好	5 745.63~5 787.38	
6	组下稳斜管柱	PDC钻头+单弯螺杆	1趟	组下PDC钻头+95 mm单弯螺杆(1.5°)+单流阀+定向接头+88.9 mm无磁钻杆+无磁短节+73 mm斜坡钻杆+旁通阀+88.9 mm加重钻杆+88.9 mm钻杆+114.3 mm钻杆;钻进至井深5 827.11 m,进尺39.73 m,发生漏失,出口失返,转完井测试;起钻检查,工具完好	5 787.38~5 827.11	

(7) 经验认识

① 钻机设备配套单弯螺杆裸眼侧钻,能够及时优化设计,及时起钻检查工具,保障了本次侧钻最终获得成功。本井利用直井段进行定向,裸眼一开次侧钻作业。配套采用1.5°、2.75°和3.5°直径为95 mm单弯螺杆钻具进行施工,施工中应用了导向钻井技术使实钻井眼轨迹达到设计的要求。在施工期间,第一趟钻使用3.5°单弯螺杆钻进,累计进尺17.63 m,钻至井深5 745.63 m,测深5 736.83 m,井斜15.36°(设计9°),方位176.77°,井眼曲率34.24°/30 m,预测下部井段井眼曲率超出设计要求,起钻换螺杆。第二趟钻使用2.75°单弯螺杆钻进,累计进尺41.75 m,根据实测轨迹数据实时调整工具面,尽量贴近设计轨迹钻进,钻至井深5 787.38 m,测深5 778.80 m,井斜71°(设计64.38°),方位177.72°,平均井眼曲率37.1°/30 m,造斜率远超预期,起钻换螺杆。第三趟钻使用1.5°单弯螺杆钻进,累计进尺39.73 m,钻进至井深5 827.11斜(5 772.27垂)发生漏失,出口失返,转完井测试。通过单多点测斜仪测定和测井,本井侧钻累计进尺99.11 m。

② 本井作业粗分共计采用了1种通井工艺、1种打水泥塞工艺和1种侧钻工艺,具体为:

a. 三牙轮钻磨工艺:本井使用三牙轮钻头造斜侧钻施工,实施了2趟钻,钻磨处理至设计造斜点,为后续侧钻施工创造了施工条件。

b. 套管验漏工艺:挤水泥后扫塞至5 704 m,加压2 t,复探3次,深度不变。全井筒试压,打压至20 MPa停泵,稳压30 min不降,为下一步侧钻施工做好准备。

c. PDC钻头钻磨工艺:本井应用PDC钻头保障了井眼的规则,井眼的中心位置是由位于主刀翼上的 PDC 切削齿完成破岩的,而井眼外围部分的钻进由牙轮和刀翼上的切削齿共同完成,配合导向钻井技术使实钻井眼轨迹达到设计的要求。

d. 单弯螺杆侧钻工艺:单弯螺杆是由壳体弯曲实现造斜的。与相应尺寸扶正器配合组成滑动式导向工具,转盘与井下滑动导向工具不起钻,通过转盘开关完成定向造斜段、增斜段、稳斜段的连续钻井作业,通称为滑动导向复合钻井技术。本井应用 1.5°、2.75°和 3.5°三种单弯螺杆进行施工,单弯螺杆驱动功率大、扭矩大,纠斜和增斜能力强,转速低(180～200 r/min),能够适应于碳酸盐岩一开次裸眼侧钻要求,减少了因改变钻具结构而进行的起下钻作业,提高了整体钻井效率。

③ 钻机配套使用 3.5°单弯螺杆进行短半径侧钻取得了新的认识。本井实钻造斜点 5 728 m,垂距 44.69 m,水平位移 109.76 m,总进尺 99.11 m,最高全角变化率 46.76°/30 m,完成了中短曲率半径 38.53°/30 m 侧钻工艺的现场应用;验证了 3.50°直径 95 mm 弯螺杆的造斜能力,实钻井眼曲率最高达到 46.76°/30 m,为短半径水平井侧钻工艺提供了新的经验参考;钻井过程中曲率半径越小,摩阻、扭矩越大,同时轨迹预测难度也会增大,因此需要进一步优化工具、工艺和泥浆体系。

(8) 综合评价

① 修井方案评价

a. 确定因素集 U:

$U=\{$修井成功率(x_1),修井成本(x_2),修井作业效率(x_3),修井劳动强度$(x_4)\}$

b. 确定权重集 A:

$A=\{$修井成功率(0.4),修井成本(0.3),修井作业效率(0.2),修井劳动强度$(0.1)\}$

c. 确定评语目录集 V:

$$V=\{优秀(v_1),良好(v_2),合格(v_3),不合格(v_4)\}$$

其中 v 取值 0～1 之间,优秀为 $v\geqslant 0.8$,良好为 $0.4\leqslant v<0.8$,合格为 $0.2<v<0.4$,不合格为 $v\leqslant 0.2$。

d. 确定单因素评价矩阵 $\boldsymbol{R}$:

按照以上评价原则,由施工人员、技术人员进行评价打分,确定单因素评价矩阵 $\boldsymbol{R}$。

$$修井成功率=\{0.4,0.3,0.3,0.2\}$$
$$修井成本=\{0.4,0.3,0.3,0.2\}$$
$$修井劳动强度=\{0.4,0.3,0.3,0.2\}$$
$$修井作业效率=\{0.3,0.3,0.3,0.2\}$$

$$\boldsymbol{R}=\begin{bmatrix}0.4 & 0.3 & 0.3 & 0.2\\ 0.4 & 0.3 & 0.3 & 0.2\\ 0.4 & 0.3 & 0.3 & 0.2\\ 0.3 & 0.3 & 0.3 & 0.2\end{bmatrix}$$

e. 综合评价计算:

$$\boldsymbol{B}=AR=(0.4\ \ 0.3\ \ 0.2\ \ 0.1)\begin{bmatrix}0.4 & 0.3 & 0.3 & 0.2\\ 0.4 & 0.3 & 0.3 & 0.2\\ 0.4 & 0.3 & 0.3 & 0.2\\ 0.3 & 0.3 & 0.3 & 0.2\end{bmatrix}$$

计算得:　　　　　　　　　(0.4,0.3,0.3,0.2)=1.2
　　　　　　　　　　　(合格,合格,合格,合格)

用1.2除以各因素项归一化计算,得:

$$(0.34,0.26,0.23,0.17)$$

从中可以看出,该井作业过程总体评价为合格。

② 经济效益评价

通过盈亏平衡点(BEP)分析项目成本与收益的平衡关系。计算方法如下:

$$效益盈亏平衡点 = \frac{单井次直接费用投入}{吨油价格 - 吨油增量成本}$$

$$投入产出比 = \frac{单井直接费用投入 + 增量成本}{措施累计增产油量 \times 吨油价格}$$

JH005CH井经济效益评价结果见表3-33。

表3-33　JH005CH井经济效益评价结果

直接成本					
修井费/万元	362	工艺措施费/万元	52	总计费用/万元	604
材料费/万元	113	配合劳务费/万元	77		
增量成本					
吨油运费/元	/	吨油处理费/元	105	吨油价格/元	2 107
吨油税费/元	674	原油价格/美元折算	636	增量成本合计/万元	1 755
产出情况					
日增油/t	43	有效期/d	221	累计增油/t	9 520
效益评价					
销售收入/万元	2 006	吨油措施成本/(元/t)	820	投入产出比	1:1.1
措施收益/万元	660	盈亏平衡点产量/t	6 387	评定结果	有效

第四章 长裸眼垮塌防治技术

一、技术概述

塔河油田以奥陶系为主要开采层段,但是奥陶系上统桑塔木组和石炭系巴楚组交界处存在小段泥岩段或者高含泥质的灰岩,泥岩中的主要矿物成分为蒙脱石、伊利石和伊蒙石混层,结构较疏松。完井方式多采用裸眼完井,其中约 2/3 的井需要酸压改造才能投产,采油生产过程中受地应力、岩石物性、压裂作业等诸多因素影响易导致井壁坍塌,造成油井垮塌砂埋。本章主要开展了三方面的研究工作,最终形成"预警-治理-防护"一体化技术。

1. 长裸眼垮塌预警方法

通过对历年裸眼段垮塌出砂情况进行统计,分析总结规律,确定了主要原因为多种因素持续累积影响导致应力难以再平衡。其中,主控因素包括地质因素、工程因素和生产因素三方面。综合考虑钻井、测井、录井、完井、大修、生产等不同环节的信息资料,提取具有代表性的 6 个出砂特征参数,通过统计影响概率确定各因素的赋值分数,详见表 4-1。

表 4-1 裸眼段垮塌预警赋分表

影响因素	历史垮塌出砂		裂缝型储层		储层改造		液面>500 m		注水>2 万 m³		泥岩段裸露	
	发生井数	赋分	发生井数	赋分	发生井数	赋分	发生井数	赋分	发生井数	赋分	发生井数	赋分
垮塌出砂	90	0.63	134	0.93	103	0.72	59	0.61	104	0.72	76	0.78
无垮塌出砂	54	0.38	10	0.07	41	0.28	37	0.39	40	0.28	22	0.22

通过决策树的方式建立了垮塌出砂的预警模型,按此方法对 144 井次的出砂井进行了期望值计算,所有出砂井计算值均大于 4,且计算值越高,砂埋程度加深的井越多,显示出明显的分类特征。裸眼段垮塌预警决策树如图 4-1 所示。裸眼段垮塌预警计算值如图 4-2 所示。

2. 长裸眼垮塌处理工艺

治理垮塌的手段主要为常规冲砂、捞砂等,由于地层漏失和冲砂期间地层存在边冲边垮的现象,导致冲砂存在效率低、风险大、有效期短的问题。当发现砂埋时,若管柱的选择不当,容易造成处理不动,这样不仅会降低效率,同时也增加了费用,常用的钻冲处理管柱工艺为三种:喇叭口/斜尖+油管组合;磨鞋/钻头+螺杆钻+油管组合;磨鞋/钻头+钻具组合。

通过对文丘里负压捞砂工具磨鞋、捞砂筒设计,文丘里负压捞砂管柱和作业参数优化,工具磨鞋、捞砂筒设计,文丘里负压捞砂管柱和作业参数优化,形成文丘里泵负压捞砂技术、气举反循环负压清砂技术和连续油管泡沫冲砂三种垮塌砂埋井处理技术,详见表 4-2。

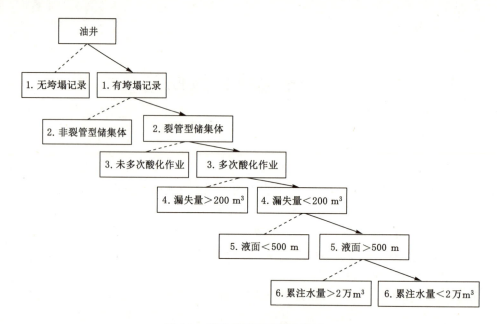

图 4-1　裸眼段垮塌预警决策树

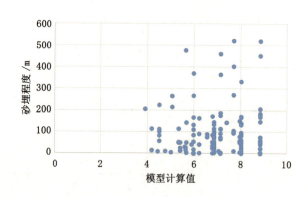

图 4-2　裸眼段垮塌预警计算值

表 4-2　裸眼段垮塌处理工艺技术

序号	工艺技术	原理	工具
1	柱塞负压泵捞砂	利用抽油泵原理,通过起下钻杆形成冲程,从而造成负压捞砂	柱塞负压捞砂泵
2	文丘里负压捞砂	利用文丘里原理,通过大排量液体循环形成负压	文丘里捞砂筒
3	氮气气举负压捞砂	氮气气举,在钻杆内形成负压	双壁钻杆、氮气车、旋转防喷器

3. 长裸眼垮塌防护工艺

对于那些频繁坍塌的油井,如果是由于上部泥岩段造成的,多次处理不仅会增加成本,而且会对油层造成比较大的损害,因此,选择合适的防塌管柱是防止坍塌的有效办法。塔河工区常用的防塌工具为尾管悬挂装置,详见表 4-3。

表 4-3 裸眼段垮塌防护工艺技术

序号	工艺技术	原理	工具
1	打孔/割封套管+丢手接头	割缝管下到预定位置后,丢手处理,对井壁实现支撑	工艺简单,可实现8~12 mm颗粒封挡,但不易钻磨
2	打孔/割封套管+液压悬挂器	割缝管下到预定位置后,对悬挂器打压坐封,对井壁实现支撑	工艺简单,可实现8~12 mm颗粒封挡,但不易钻磨
3	可钻磨筛管+液压悬挂器	可钻磨筛管下到预定位置,对悬挂器打压坐封,实现对井壁实现支撑	易钻磨材质,悬挂器密封性好,激光割封,防砂效果好

4. 垮塌井防治基本步骤

(1) 先将垮塌段处理干净,再根据试冲情况,决定是否组下管柱。

(2) 若是真实的砂埋或者稠油段塞不长,则根据井身结构选择是否选用钻头+钻具组合。

(3) 若是井内存在小物件落鱼或是封隔器胶筒,则应选择大水眼磨鞋+钻具组合,利用钻具能够传递扭矩、动力强的特点进行冲洗、钻磨。

(4) 对于频繁发生垮塌的,则针对性地选择支撑工艺进行防护。

二、应用实例

本部分介绍了塔河油田长裸眼垮塌井防治技术的7口井典型实例和在作业过程中积累的经验与技术成果。

1. JH007井负压捞砂处理实例

(1) 基础数据

JH007井是在阿克库勒凸起西北斜坡部位打的一口开发井,2008年11月完钻,完钻井深6 213.00 m,井身结构为3级,酸压完井投产。初期油压12 MPa,套压16 MPa,日产液85 t,产油82 t,含水3.7%,日掺稀油177 t。生产过程中压力、产液快速下降。2009年3月停喷,累计产液7 288 t,产油7 221 t。4月转抽120 m³电泵生产,因供液不足,经过多轮次注水补充能量,效果逐渐变差,其中第五轮次注水时发现快速起压,怀疑井底存在砂埋。JH007井基础数据详见表4-4。

表 4-4 JH007井基础数据表

井别	直井	完井层位	O_2yj
完钻时间	2008.11.02	完井井段	6 146~6 213 m
固井质量	良	10 3/8″套管下深	1 197.46 m
完钻井深	6 213 m	7″套管下深	6 092.86 m
人工井底	6 213 m	裸眼段长	120.14 m

(2) 事故经过

2017年1月上修期间,井底频繁遇阻,漏失严重,实施酸化后解堵效果不明显。JH007井井身结构如图4-3所示。上次作业冲出岩块如图4-4所示。

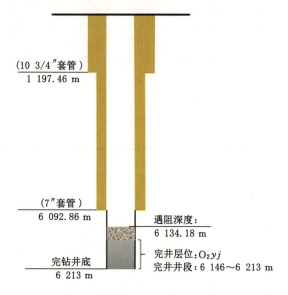
图 4-3 JH007 井井身结构示意图

图 4-4 上次作业冲出岩块

(3) 施工难点

该井属于深井冲砂井,施工难点主要有以下三点:

① 该井地层垮塌严重,冲砂过程地层漏失严重,不能建立循环,钻冲过程中会有卡钻风险。

② 受到泵压和排量等因素影响,大粒径砂砾无法返排至地面,易造成冲砂不彻底。

③ 井底垮塌段易出现局部循环,处理效率低,垮塌物粒径大,需考虑使用破碎工具进行处理。

(4) 设计思路

思路1:使用三牙轮钻头钻磨处理井底岩块,将大块的岩块破碎;下入磨鞋+负压捞砂工具进行处理,捞砂期间应根据沉砂管容积和进尺情况及时起钻检查,最终冲砂至产层段6 146 m 以下。

思路2:使用三牙轮钻头钻磨处理井底岩块,将大块的岩块破碎;下入锥形喷管进行冲砂,若进尺缓慢或返出岩屑块较大,应交替使用三牙轮钻头进行钻磨处理,最终冲砂至产层段6 146 m 以下。

经过工程人员分析、讨论,认为采取思路1更为稳妥,主要原因有以下两个方面:

① 从上次修井冲砂情况来看,井底垮塌严重,井口返出岩屑颗粒直径2～4 cm,使用常规冲砂工艺进行处理,井内液体循环携砂能力不足,易造成卡钻事故。

② 使用负压捞砂工艺实现了钻磨与捞砂一体化处理,减少了频繁起下钻趟数,同时通过钻具组合优化增加了震击器,对施工过程中出现的卡钻情况能够及时处置。

(5) 工具选取

考虑井内垮塌情况,选用了1种通井工艺、1种负压捞砂工艺、1种钻磨工艺、1种震击解卡工艺和1种冲砂洗井工艺,具体如下:

① 三牙轮钻头

工具原理：牙轮钻头在钻压和钻柱旋转的作用下，压碎并吃入岩石，同时产生一定的滑动而剪切岩石。当牙轮在井底滚动时，牙轮上的钻头依次冲击、压入地层，这个作用可以将井底岩石压碎一部分，同时靠牙轮滑动带来的剪切作用削掉齿间残留的另一部分岩石，使井底岩石全面破碎，井眼得以延伸。如图4-5、图4-6所示。

技术参数：ϕ149.2 mm 三牙轮钻头。

图4-5　三牙轮钻头规格

图4-6　三牙轮钻头结构

② 文丘里负压泵

工具原理：利用文丘里原理，通过喷射流体在工具内腔形成负压，使内腔及相邻井筒之间形成反向循环效应，将松散的砂砾及碎屑吸入沉砂筒内。该工具的应用结合了机械捞砂和水力冲砂的优点。如图4-7、图4-8所示。

技术参数：ϕ148 mm×9.5 m，产生负压能力：10～20 MPa。

图4-7　文丘里负压泵规格

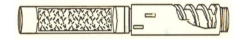
图4-8　文丘里负压泵结构

③ 大通径磨鞋

工具原理：底部及侧面铺硬质合金刃刀，耐磨性好，侧向切削性好，不易卡钻，便于排屑，既能满足对裸眼井壁的通径，又能进行遇阻井段的钻磨处理。如图4-9、图4-10所示。

技术参数：ϕ148 mm×0.61 m，水眼 60 mm。

图4-9　大通径磨鞋规格

图4-10　大通径磨鞋结构

④ 沉砂管

工具原理：底部安装单流阀，顶部安装滤砂管短节，实现从下向上进入单向通道，砂子在顶部滤砂管出隔离阻挡落入管内，压井液可通过滤砂管继续上行。如图4-11、图4-12所示。

技术参数：ϕ140 mm×9.5 m。

图 4-11 沉砂管规格

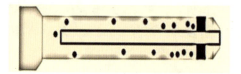

图 4-12 沉砂管结构

⑤ 机械上击器

工具原理：机械上击器是采用摩擦副工作原理的一种井下震击工具，运动部件都密封在一个油腔内，工作可靠，工作拉力可以在井内调节。利用上部钻具的弹性能进行上击，在卡瓦滑脱之后，上部钻具迅速回缩，芯轴大直径段上台肩撞击筒体上接头的下端面，形成一个强大的上击力，所以特别适宜于深井高温高压条件下的事故处理。如图 4-13、图 4-14 所示。

技术参数：ϕ121 mm×4.5 m。

图 4-13 机械上击器规格

图 4-14 机械上击器结构

⑥ 斜尖

工具原理：用高速流动的液体将井底砂堵冲散，并借用液流循环上返的循环能力将冲散的砂子带出地面，从而清除井底的积砂。冲砂方式一般有正冲砂、反冲砂和正反冲砂三种。如图 4-15、图 4-16 所示。

技术参数：ϕ88.9 mm×0.55 m 斜尖。

图 4-15 斜尖规格

图 4-16 斜尖结构

（6）捞砂过程

经过打捞 1 趟通井、4 趟负压捞砂和 1 趟洗井，处理井筒至 6 148.75 m，符合后期投产条件。JH007 井捞砂施工重点工序见表 4-5。

表 4-5 JH007 井捞砂施工重点工序

序号	重点施工内容	使用工具	施工趟数	施工情况	处理井段/m	现场照片
1	组下通井管柱	三牙轮钻头	1 趟	组下三牙轮钻头＋变扣＋2 7/8″正扣斜坡钻杆＋3 1/2″正扣斜坡钻杆，加压 2 t 探砂面；探至井深 6 119.16 m，加压 2 t，复探 3 次；连接方钻杆，处理井筒至井深 6 125.25 m，进尺 6.09 m；起钻检查，出井工具完好	6 119.16～6 125.25	

表 4-5(续)

序号	重点施工内容	使用工具	施工趟数	施工情况	处理井段/m	现场照片
2	组下捞砂管柱	负压泵 震击器 沉砂管 大通径磨鞋	1趟	组下大通径磨鞋＋4 3/4″钻铤＋2 7/8″正扣斜坡钻杆＋5 1/2″沉砂筒＋2 7/8″正扣斜坡钻杆＋4 3/4″震击器＋2 7/8″正扣斜坡钻杆＋滤砂管＋负压泵＋滤砂管＋旁通阀＋3 1/2″正扣斜坡钻杆;钻磨处理至6 137.23 m,其间分4次沉砂,累计进尺18.98 m;起钻检查,沉砂管内清理出稠油及大颗粒岩屑约729 L;磨鞋水眼全部被岩屑堵塞	6 118.25～6 137.23	
3	组下捞砂管柱	负压泵 震击器 沉砂管 大通径磨鞋	1趟	组下大通径磨鞋＋4 3/4″钻铤＋2 7/8″正扣斜坡钻杆＋5 1/2″沉砂筒＋2 7/8″正扣斜坡钻杆＋4 3/4″震击器＋2 7/8″正扣斜坡钻杆＋滤砂管＋负压泵＋滤砂管＋旁通阀＋3 1/2″正扣斜坡钻杆;钻磨处理至6 141.49 m,分4次沉砂,累计进尺2.8 m,因扭矩增大,钻磨无进尺;起钻检查,沉砂管内清理出稠油及大颗粒岩屑约228 L;磨鞋水眼全部被岩屑堵塞	6 138.69～6 141.49	
4	组下捞砂管柱	负压泵 震击器 沉砂管 大通径磨鞋	1趟	组下大通径磨鞋＋4 3/4″钻铤＋2 7/8″正扣斜坡钻杆＋5 1/2″沉砂筒＋2 7/8″正扣斜坡钻杆＋4 3/4″震击器＋2 7/8″正扣斜坡钻杆＋滤砂管＋负压泵＋滤砂管＋旁通阀＋3 1/2″正扣斜坡钻杆;钻磨处理至6 147.02 m,分3次沉砂,累计进尺7.23 m,因扭矩增大,钻磨无进尺;起钻检查,沉砂管内清理出稠油及大颗粒岩屑约506.6 L;磨鞋水眼全部被岩屑堵塞	6 139.79～6 147.02	

表 4-5(续)

序号	重点施工内容	使用工具	施工趟数	施工情况	处理井段/m	现场照片
5	组下捞砂管柱	负压泵 震击器 沉砂管 大通径磨鞋	1趟	组下大通径磨鞋＋4 3/4″钻铤＋2 7/8″正扣斜坡钻杆＋5 1/2″沉砂筒＋2 7/8″正扣斜坡钻杆＋4 3/4″震击器＋2 7/8″正扣斜坡钻杆＋滤砂管＋负压泵＋滤砂管＋旁通阀＋3 1/2″正扣斜坡钻杆；钻磨处理至6 155.35 m，分3次沉砂，累计进尺9.73 m，因扭矩增大，钻磨无进尺；起钻检查，沉砂管内清理出稠油及大颗粒岩屑约325 L；磨鞋水眼全部被岩屑堵塞	6 145.62～6 155.35	
6	组下洗井管柱	斜尖	1趟	组下钻杆斜尖＋2 7/8″正扣斜坡钻杆＋变扣＋3 1/2″正扣斜坡钻杆，探底至6 148.75 m，上提管脚位置6 072.74 m，正循环洗井，出口进循环罐，返出物为混合油5 m³；累计泵入85 m³，漏失30 m³；起出钻具，检查工具完好	6 072.74～6 148.75	

(7) 经验认识

① 使用负压捞砂工艺，实现了钻磨与捞砂一体化处理，减少了频繁起下钻趟数，同时能够及时起钻检查工具，最终获得成功。负压捞砂工艺相比传统水力冲砂效率高，捞砂粒径更大，进尺更深，尤其针对漏失井进行负压捞砂、强制排砂，同时不会出现突然失返沉砂卡钻的现象；循环工具始终在套管上部，不会造成裸眼井壁的冲刷，有利于井壁稳定性；捞砂钻磨作业采取低钻压和低转速，本井采用加压0～1 t，转速20～30 r/min，未造成憋钻，效果较好。本次施工累计捞砂进尺28.77 m，累计捞砂及原油1 787.5 L。

② 本井作业粗分共计采用了选用了1种通井工艺、1种负压捞砂工艺、1种钻磨工艺、1种震击解卡工艺和1种冲砂洗井工艺，具体为：

a. 三牙轮钻磨工艺：本井使用三牙轮钻头造斜侧钻施工，实施了1趟钻磨，钻磨处理至垮塌井段，为后续负压捞砂施工创造了施工条件。

b. 文丘里负压泵工艺：该工艺用于回收自由形态的垃圾、砂子和井里的碎片，该系统由一个喷射泵头、喷气机、冲洗喷嘴和阀座组成。当阀座被激活和流体通过喷射泵头，其产生的效果如同喷射泵、抽吸管串中的液体，而液体依靠真空效应持续不断地补充，同时砂石随流体一起上升通过浮阀经过过滤进入套铣筒后完成捞砂过程。

c. 大通径磨鞋钻磨工艺：该磨鞋体水眼为直通式，水眼直径60 mm，在底面过水槽间焊满YD合金或其他耐磨材料，在钻压的作用下吃入并磨碎落物，磨屑随循环洗井液带出地面。本井3趟钻磨都发生堵磨鞋现象，捞出的砂粒直径已经超出工具的作业范围及原油和砂的混合物是造成建立不了循环的原因。

d. 震击解卡工艺：机械式震击器集上下震击作用于一体，可接触钻进作业中遇阻、遇卡等钻井事故，当不需要震击时是钻柱的一部分，当需要震击时随时可作业，因而提高了工作效率。在本井捞砂期间施工进尺过快，出现过遇卡现象，通过上提悬重震击解卡解除了卡钻，保障了施工顺畅。

e. 冲砂洗井工艺：使用斜尖进行探底冲砂，钻杆进液套管返液，由于冲砂管直径较小，冲击力大，容易冲散砂堵。本井在捞砂施工结束后，进行冲砂洗井作业，开套管闸门出现倒吸现象，地层垮塌段已处理成功，碳酸盐岩储层通道已畅通。

（8）综合评价

① 修井方案评价

a. 确定因素集 U：

$U=\{$修井成功率(x_1)，修井成本(x_2)，修井作业效率(x_3)，修井劳动强度$(x_4)\}$

b. 确定权重集 A：

$A=\{$修井成功率(0.4)，修井成本(0.3)，修井作业效率(0.2)，修井劳动强度$(0.1)\}$

c. 确定评语目录集 V：

$V=\{$优秀(v_1)，良好(v_2)，合格(v_3)，不合格$(v_4)\}$

其中 v 取值 0~1 之间，优秀为 $v\geqslant 0.8$，良好为 $0.4\leqslant v<0.8$，合格为 $0.2<v<0.4$，不合格为 $v\leqslant 0.2$。

d. 确定单因素评价矩阵 $\boldsymbol{R}$：

按照以上评价原则，由施工人员、技术人员进行评价打分，确定单因素评价矩阵 $\boldsymbol{R}$。

$$修井成功率=\{0.4,0.3,0.3,0.2\}$$
$$修井成本=\{0.4,0.3,0.2,0.3\}$$
$$修井劳动强度=\{0.4,0.3,0.3,0.3\}$$
$$修井作业效率=\{0.4,0.3,0.3,0.2\}$$

$$\boldsymbol{R}=\begin{bmatrix}0.4 & 0.3 & 0.3 & 0.2\\ 0.4 & 0.3 & 0.2 & 0.3\\ 0.4 & 0.3 & 0.3 & 0.3\\ 0.4 & 0.3 & 0.3 & 0.2\end{bmatrix}$$

e. 综合评价计算：

$$\boldsymbol{B}=\boldsymbol{AR}=(0.4\quad 0.3\quad 0.2\quad 0.1)\begin{bmatrix}0.4 & 0.3 & 0.3 & 0.2\\ 0.4 & 0.3 & 0.2 & 0.3\\ 0.4 & 0.3 & 0.3 & 0.3\\ 0.4 & 0.3 & 0.3 & 0.2\end{bmatrix}$$

计算得：$(0.4,\ 0.3,\ 0.4,\ 0.3)=1.3$

（合格，合格，合格，合格）

用 1.3 除以各因素项归一化计算，得：

$(0.33,0.25,0.22,0.22)$

从中可以看出，该井作业过程总体评价为合格。

② 经济效益评价

通过盈亏平衡点（BEP）分析项目成本与收益的平衡关系。计算方法如下：

$$效益盈亏平衡点 = \frac{单井次直接费用投入}{吨油价格 - 吨油增量成本}$$

$$投入产出比 = \frac{单井直接费用投入 + 增量成本}{措施累计增产油量 \times 吨油价格}$$

JH007井经济效益评价结果见表4-6。

表4-6 JH007井经济效益评价结果

直接成本					
修井费/万元	262	工艺措施费/万元	52	总计费用/万元	364
材料费/万元	23	配合劳务费/万元	27		
增量成本					
吨油运费/元	/	吨油处理费/元	105	吨油价格/元	2 107
吨油税费/元	674	原油价格/美元折算	636	增量成本合计/万元	1 755
产出情况					
日增油/t	34	有效期/d	221	累计增油/t	7 520
效益评价					
销售收入/万元	1 584	吨油措施成本/(元/t)	950	投入产出比	1∶1.74
措施收益/万元	635	盈亏平衡点产量/t	4 508	评定结果	有效

2. JH006井文丘里负压捞砂处理实例

（1）基础数据

JH006井是阿克库勒凸起西南斜坡上的一口开发井，2012年4月完钻，完钻井深6 465 m，井身结构为3级，打水泥塞至6 340 m，裸眼酸压完井，投产初期4 mm油嘴生产，日产原油161.4 m³，含水2%。生产过程中压力、产液快速下降。2012年7月停喷后上修进行转抽，其间封隔器胶皮有大块脱落井内，阶段累计产液6 052 t、产油6 011 t、产水41 t。9月因供液不足实施泵加深作业，生产期间液面下降较快，怀疑井底存在砂埋。JH006井基础数据详见表4-7。

表4-7 JH006井基础数据表

井别	直井	完井层位	O_2yj
完钻时间	2012.04.01	完井井段	6 252.5～6 340 m
固井质量	优	13 3/8″套管下深	799.36 m
完钻井深	6 465 m	9 5/8″套管下深	5 068 m
人工井底	6 340 m	7″套管下深	6 190.86 m

（2）事故经过

2012年9月上修期间，探底深度6 280.67 m，砂埋段6 280.67～6 340 m，部分生产层段被埋导致机抽生产期间液面下降较快，目前该井供液严重不足。

JH006井井身结构如图4-17所示。上次作业冲出岩屑如图4-18所示。

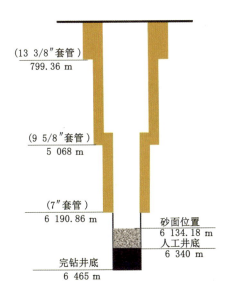

图 4-17 JH006 井井身结构示意图

图 4-18 上次作业冲出岩屑

(3) 施工难点

该井属于深井冲砂,施工难点主要有以下三点:

① 上奥陶裸露 59.33 m,处理过程中上覆泥岩重复垮塌,形成"大肚子",造成局部短循环,处理效率低。

② 该井地层垮塌严重,冲砂过程地层漏失严重,若不能建立循环,钻冲过程中会有卡钻风险。

③ 受到泵压和排量等因素影响,大粒径砂砾无法返排至地面,易造成冲砂不彻底。

(4) 设计思路

思路 1:使用大水眼磨鞋模拟通井至砂面位置;下入铣鞋+文丘里负压捞砂工艺管柱进行处理,捞砂期间应根据沉砂管容积和进尺情况及时起钻检查,处理至产层段 6 252.5 m 以下。

思路 2:使用三牙轮钻头钻磨处理井底岩块,将大块的岩块破碎;下入锥形喷管进行冲砂,过程中若进尺缓慢或返出岩屑块较大,则交替使用三牙轮钻头进行钻磨处理;处理至产层段 6 252.5 m 以下。

经过工程人员分析、讨论,认为采取思路 1 更为稳妥,主要原因有以下两个方面:

① 从上次修井冲砂情况来看,井底垮塌严重,井口返出岩屑颗粒直径约 2 cm,使用常规冲砂工艺进行处理,井内液体循环携砂能力不足,易造斜卡钻事故。

② 使用文丘里负压捞砂工艺,实现了冲砂与捞砂一体化处理,减少了频繁起下钻趟数。

(5) 工具选取

考虑井内垮塌情况,选用了 1 种通井工艺、1 种负压捞砂工艺、1 种钻磨工艺和 1 种冲砂洗井工艺,具体如下:

① 大通径磨鞋

工具原理:底部及侧面铺硬质合金刃刀,耐磨性好,侧向切削性好,不易卡钻,便于排屑,既能满足对裸眼井壁的通径,又能进行遇阻井段的钻磨处理。如图4-19、图4-20所示。

技术参数:φ146 mm×0.61 m,水眼15 mm×4个。

图4-19　大通径磨鞋规格　　　　　图4-20　大通径磨鞋结构

② 文丘里负压泵

工具原理:在受限流动通过缩小的过流断面时,流体出现流速增大的现象,其流量与过流断面成反比。由伯努利定律知,流速的增大伴随流体压力的降低,即文丘里现象。通过正循环使工具内部产生吸附效应来打捞碎屑。如图4-21、图4-22所示。

技术参数:φ120 mm×1.23 m,水眼6 mm×3个。

 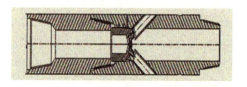

图4-21　文丘里负压泵规格　　　　图4-22　文丘里负压泵结构

③ 沉砂管

工具原理:底部安装单流阀,顶部安装滤砂管短节,实现从下向上进入单向通道,砂子在顶部滤砂管出隔离阻挡落入管内,压井液可通过滤砂管继续上行。如图4-23、图4-24所示。

技术参数:φ118 mm×9.8 m。

 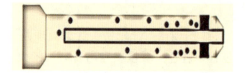

图4-23　沉砂管规格　　　　　　　图4-24　沉砂管结构

④ 套铣鞋

工具原理:套铣鞋也叫空心磨鞋或铣头,是用以清除油套管环形空间各种脏物的工具。由上接头与筒体焊接而成,其底部的管体切割成铣齿,并可在底部加焊切削合金。由于只起冲铣作用,故多用薄壁无缝钢管制作,以保证有较大的内通径及较小的外径。它主要用以冲洗盐结晶卡钻、地层出砂卡钻、压裂形成的沉砂卡钻等不需要旋转的冲铣作业。如图4-25、图4-26所示。

技术参数:φ127 mm×1.24 m。

图 4-25 套铣鞋规格

图 4-26 套铣鞋结构

⑤ 斜尖

工具原理:用高速流动的液体将井底砂堵冲散,并借用液流循环上返的循环能力,将冲散的砂子带出地面,从而清除井底的积砂。冲砂方式一般有正冲砂、反冲砂和正反冲砂三种。如图 4-27、图 4-28 所示。

技术参数:$\phi 88.9 \times 0.55$ m 斜尖。

图 4-27 斜尖规格

图 4-28 斜尖结构

(6)捞砂过程

经过 1 趟通井、3 趟负压捞砂和 1 趟洗井,处理井筒至 6 309.4 m,符合后期投产条件。JH006 井捞砂施工重点工序见表 4-8。

表 4-8 JH006 井捞砂施工重点工序

序号	重点施工内容	使用工具	施工趟数	施工情况	处理井段/m	现场照片
1	组下通井管柱	大通径磨鞋	1 趟	组下磨鞋+变丝+安全接头+4 3/4″钻铤+变丝+2 7/8″正扣钻杆+变丝+3 1/2″正扣钻杆,加压 2 t 探砂面,探至井深 6 277.67 m,加压 3 t,复探 3 次;连接方钻杆,处理井筒至井深 6 296.5 m,进尺 18.83 m,转速下降,停转盘有回劲;起钻检查,出井磨鞋轻度磨损	6 277.67~6 296.5	
2	组下捞砂管柱	铣鞋沉砂管文丘里短节	1 趟	组下铣鞋+4 1/2″短节(内有浮阀)+4 1/2″沉砂管+4 1/2″双扣驱动接头+变丝+文丘里短节+安全接头+4 3/4″钻铤+变丝+2 7/8″正扣钻杆+3 1/2″正扣钻杆;钻磨处理至 6 303.62 m,累计进尺 3.4 m,上提管柱遇卡,原悬重 128 t,上提下放活动解卡,开转盘正转 20 圈解卡成功;起钻检查,铣鞋轻度磨损,套铣管有细砂约 200 L	6 300.22~6 303.62	

表 4-8(续)

序号	重点施工内容	使用工具	施工趟数	施工情况	处理井段/m	现场照片
3	组下捞砂管柱	铣鞋沉砂管文丘里短节	1趟	组下铣鞋+4 1/2"短节(内有浮阀)+4 1/2"沉砂管+4 1/2"双扣驱动接头+变丝+文丘里短节+安全接头+4 3/4"钻铤+变丝+2 7/8"正扣钻杆+3 1/2"正扣钻杆;钻磨处理至6 312.45 m,累计进尺 11.5 m;起钻检查,铣鞋内部全部堵塞,有直径40~50 mm大颗粒砂石5块,套铣管有细砂约500 L	6 300.95~6 312.45	
4	组下捞砂管柱	铣鞋沉砂管文丘里短节	1趟	组下铣鞋+4 1/2"短节(内有浮阀)+4 1/2"沉砂管+4 1/2"双扣驱动接头+变丝+文丘里短节+安全接头+4 3/4"钻铤+变丝+2 7/8"正扣钻杆+3 1/2"正扣钻杆;钻磨处理至6 312.45 m,进尺 0.2 m;因无进尺,停转盘有回劲,上提遇卡,上下活动解卡,最大上提140 t,解卡成功;起钻检查,铣鞋内部堵塞,有部分大颗粒岩石、水泥块,其余为小颗粒碎石和细砂,套铣管有细砂约200 L	6 309.2~6 309.4	
5	组下洗井管柱	斜尖	1趟	组下钻杆斜尖+2 7/8"正扣斜坡钻杆+变扣+3 1/2"正扣斜坡钻杆,探底至6 309.4 m,上提管脚位置 6 250 m,正循环洗井,出口进循环罐,返出物为混合油 3 m³ 及累计泵入 85 m³,漏失 30 m³;起钻检查,工具完好	6 250~6 309.4	

(7) 经验认识

① 使用文丘里负压捞砂工艺,实现了钻磨与捞砂一体化处理,减少了频繁起下钻趟数,同时能够及时起钻调整工具,最终获得成功。负压捞砂工艺相比传统水力冲砂效率高,捞砂粒径更大,进尺更深,尤其针对漏失井进行负压捞砂、强制排砂,同时不会出现突然失返沉砂卡钻的现象;第一趟使用 ϕ127 mm 铣鞋尺寸过大,导致上提过程中遇卡,经过活动解卡成功,起出工具检查后发现铣鞋磨损,经讨论将前期加厚铣鞋改为外通径 ϕ120 mm 铣鞋,减少卡钻情况,保证了后续施工;针对沉砂管底部浮阀优化,浮阀尺寸由 4 cm 改为 7 cm,保障了沉砂效果。本次施工累计捞砂进尺 31.73 m、捞砂及原油 900 L。

② 本井作业粗分共计采用了1种通井工艺、1种负压捞砂工艺和1种冲砂洗井工艺，具体为：

a. 大通径磨鞋钻磨工艺：该磨鞋水眼为直通式，水眼直径60 mm，在底面过水槽间焊满YD合金或其他耐磨材料，在钻压的作用下吃入并磨碎落物，磨屑随循环洗井液带出地面。本井使用大通径磨鞋实施了1趟钻，钻磨处理至垮塌井段，为后续负压捞砂施工创造了施工条件。考虑到坍塌岩块经磨碎冲入地层，但随着后期生产会重新进入井筒，后续使用文丘里捞砂工具进行处理。

b. 文丘里负压捞砂工艺：高速流动的流体附近会产生低压，从而产生吸附作用。井筒液柱压力越低、压差越小，吸附效果越差。

c. 套铣鞋处理工艺：套铣筒是与套铣鞋联合使用的套铣工具，其功能除旋转钻进套铣之外，还可用来进行冲砂、冲盐、热洗解堵等。套铣筒直径大，与套管环形空间间隙小，若长度过大，在井下容易形成卡钻事故，因而注意在操作过程中应使工具经常处于运动状态，停泵必须提钻，还应经常使其旋转并上下活动，直至恢复循环。本井使用套铣鞋配套文丘里工作筒进行捞砂，铣鞋破碎能力不足，大块岩屑进入铣鞋内易堵塞通道。从后两次捞获情况看，施加钻压后，铣鞋内被大块岩石堵住压实。

d. 冲砂洗井工艺：使用斜尖进行探底冲砂，钻杆进液套管返液，由于冲砂管直径较小，冲击力大，容易冲散砂堵。本井在捞砂施工结束后，进行冲砂洗井作业，开套管闸门出现倒吸现象，地层垮塌段已处理成功，碳酸盐岩储层通道已畅通。

（8）综合评价

① 修井方案评价

a. 确定因素集 U：

$U=\{$修井成功率(x_1)，修井成本(x_2)，修井作业效率(x_3)，修井劳动强度$(x_4)\}$

b. 确定权重集 A：

$A=\{$修井成功率(0.4)，修井成本(0.3)，修井作业效率(0.2)，修井劳动强度$(0.1)\}$

c. 确定评语目录集 V：

$$V=\{优秀(v_1)，良好(v_2)，合格(v_3)，不合格(v_4)\}$$

其中 v 取值 $0\sim1$ 之间，优秀为 $v\geqslant0.8$，良好为 $0.4\leqslant v<0.8$，合格为 $0.2<v<0.4$，不合格为 $v\leqslant0.2$。

d. 确定单因素评价矩阵 $\boldsymbol{R}$：

按照以上评价原则，由施工人员、技术人员进行评价打分，确定单因素评价矩阵 $\boldsymbol{R}$。

$$修井成功率=\{0.3,0.3,0.3,0.2\}$$

$$修井成本=\{0.4,0.3,0.3,0.3\}$$

$$修井劳动强度=\{0.3,0.2,0.3,0.3\}$$

$$修井作业效率=\{0.4,0.3,0.3,0.2\}$$

$$\boldsymbol{R}=\begin{bmatrix}0.3 & 0.3 & 0.3 & 0.2\\0.4 & 0.3 & 0.3 & 0.3\\0.3 & 0.2 & 0.3 & 0.3\\0.4 & 0.3 & 0.3 & 0.2\end{bmatrix}$$

e. 综合评价计算：

$$B = AR = (0.4 \quad 0.3 \quad 0.2 \quad 0.1) \begin{bmatrix} 0.3 & 0.3 & 0.3 & 0.2 \\ 0.4 & 0.3 & 0.3 & 0.3 \\ 0.3 & 0.2 & 0.3 & 0.3 \\ 0.4 & 0.3 & 0.3 & 0.2 \end{bmatrix}$$

计算得： (0.3, 0.3, 0.3, 0.3)=1.2

(合格,合格,合格,合格)

用 1.2 除以各因素项归一化计算,得：

(0.29, 0.24, 0.26, 0.21)

从中可以看出,该井作业过程总体评价为合格。

② 经济效益评价

通过盈亏平衡点(BEP)分析项目成本与收益的平衡关系。计算方法如下：

$$效益盈亏平衡点 = \frac{单井次直接费用投入}{吨油价格 - 吨油增量成本}$$

$$投入产出比 = \frac{单井直接费用投入 + 增量成本}{措施累计增产油量 \times 吨油价格}$$

JH006 井经济效益评价结果见表 4-9。

表 4-9 JH006 井经济效益评价结果

直接成本					
修井费/万元	222	工艺措施费/万元	52	总计费用/万元	324
材料费/万元	23	配合劳务费/万元	27		
增量成本					
吨油运费/元	/	吨油处理费/元	105	吨油价格/元	2 107
吨油税费/元	674	原油价格/美元折算	636	增量成本合计/万元	1 755
产出情况					
日增油/t	25	有效期/d	221	累计增油/t	5 520
效益评价					
销售收入/万元	1 163	吨油措施成本/(元/t)	754	投入产出比	1∶1.26
措施收益/万元	409	盈亏平衡点产量/t	3 578	评定结果	有效

3. JH110 井文丘里捞砂处理实例

(1) 基础数据

JH110 井是塔河油田牧场北 1 号构造南西翼的一口开发井,2006 年 3 月完钻,井身结构为 3 级,完钻井深 5 690 m,完井方式为裸眼酸压,投产初期 6 mm 油嘴开井生产,套管配合掺稀,油压 7.2 MPa,日产液 65 t,日产油 65 t,不含水。截至 2016 年 7 月该井累计产液 150 254 t、产油 149 068 t、产水 1 186 t。JH110 井基础数据详见表 4-10。

表 4-10　JH110 井基础数据表

井别	直井	完井层位	$O_{1-2}y$
完钻时间	2006.03.20	完井井段	5 506.85～5 580 m
固井质量	优	10 3/4″套管下深	1 202.35 m
完钻井深	5 690 m	7″套管下深	5 506.85 m
人工井底	5 580 m	裸眼段长	75.15 m

(2) 事故经过

2016 年 7 月 3 日开始转抽施工,探得砂面 5 528.36 m,较人工井底高 51.64 m,且冲砂过程漏失量大,进尺困难,经研究采用文丘里捞砂工具处理。

JH110 井井身结构如图 4-29 所示。上次作业冲出岩屑如图 4-30 所示。

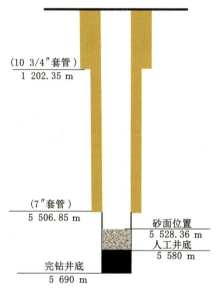

图 4-29　JH110 井井身结构示意图　　　　图 4-30　上次作业冲出岩屑

(3) 施工难点

该井属于深井冲砂,施工难点主要有以下三点:

① 该井硫化氢气体浓度大于 400 ppm,管柱入井已达 10 年,存在腐蚀断脱风险,同时施工中要综合考虑硫化氢和井控风险。

② 该井实测原油黏度 8 800 mPa·s(50 ℃),长期低压自喷,地层能量足,井筒混合油有较多,加之地层出砂颗粒较大,冲砂液携砂上返困难。

③ 该井砂面较深,地层漏失严重,难以建立起持续的循环,受到泵压和排量等因素影响,大粒径砂砾无法返排至地面,易造成冲砂不彻底。

(4) 设计思路

思路 1:使用凹底磨鞋通井至砂埋位置,钻磨破碎大块岩屑;再使用冲砂洗井管柱通井至砂面位置;下入铣鞋+文丘里负压捞砂工艺管柱进行处理,捞砂期间应根据沉砂管容积和进尺情况及时起钻检查,处理至产层段 5 530 m 以下。

思路 2:使用大通径磨鞋钻磨处理井底岩块,将大块的岩块破碎;下入锥形喷管进行冲砂,若进尺缓慢或返出岩屑块较大,则交替使用大通径磨鞋进行钻磨处理,处理至产层段 5 530 m 以下。

经过工程人员分析、讨论,认为采取思路 1 更为稳妥,主要原因有以下两个方面:

① 从上次修井冲砂情况来看,井底垮塌严重,井口返出岩屑颗粒直径约 2 cm,同时伴有稠油,使用常规冲砂工艺进行处理,井内液体循环携砂能力不足,易形成卡钻事故。

② 使用文丘里负压捞砂工艺,实现了冲砂与捞砂一体化处理,减少了频繁起下钻趟数。

(5) 工具选取

考虑井内垮塌情况,选用了 1 种通井工艺、1 种负压捞砂工艺和 1 种冲砂洗井工艺,具体如下:

① 凹底磨鞋

工具原理:磨鞋裸露的加长钨钢块磨平后,其埋焊部分继续参与磨铣,直至将落物全部磨碎,碎屑随着循环钻井液经钻具和井壁之间的环空返到地面。如图 4-31、图 4-32 所示。

技术参数:ϕ146 mm×0.61 m,水眼 20 mm×3 个。

 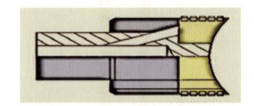

图 4-31　凹底磨鞋规格　　　　　　图 4-32　凹底磨鞋结构

② 斜尖

工具原理:用高速流动的液体将井底砂堵冲散,并借用液流循环上返的循环能力,将冲散的砂子带出地面,从而清除井底的积砂。冲砂方式一般有正冲砂、反冲砂和正反冲砂三种。如图 4-33、图 4-34 所示。

技术参数:ϕ88.9×0.58 m 斜尖。

图 4-33　斜尖规格　　　　　　图 4-34　斜尖结构

③ 文丘里负压泵

工具原理:在受限流动通过缩小的过流断面时,流体出现流速增大的现象,其流量与过流断面成反比。由伯努利定律知,流速的增大伴随流体压力的降低,即文丘里现象。通过正循环使工具内部产生吸附效应来打捞碎屑。如图 4-35、图 4-36 所示。

技术参数:ϕ146 mm×1.23 m,水眼 6 mm×3 个。

 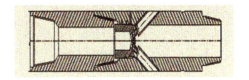

图 4-35　文丘里负压泵规格　　　　　图 4-36　文丘里负压泵结构

④ 沉砂管

工具原理：底部安装单流阀，顶部安装滤砂管短节，实现从下向上进入单向通道，砂子在顶部滤砂管出隔离阻挡落入管内，压井液可通过滤砂管继续上行。如图 4-37、图 4-38 所示。

技术参数：ϕ146 mm×9.8 m。

 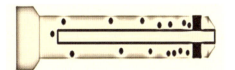

图 4-37　沉砂管规格　　　　　　　　图 4-38　沉砂管结构

⑤ 套铣鞋

工具原理：套铣鞋也叫空心磨鞋或铣头，是用以清除油套管环形空间各种脏物的工具。由上接头与筒体焊接而成，其底部的管体切割成铣齿，并可在底部加焊切削合金。由于只起冲铣作用，故多用薄壁无缝钢管制作，以保证较大的内通径及较小的外径。它主要用以冲洗盐结晶卡钻、地层出砂卡钻、压裂形成的沉砂卡钻等不需要旋转的冲铣作业。如图 4-39、图 4-40 所示。

技术参数：ϕ146 mm×1.24 m。

图 4-39　套铣鞋规格　　　　　　　　图 4-40　套铣鞋结构

(6) 捞砂过程

经过 1 趟通井、1 趟冲砂洗井和 2 趟负压捞砂，处理井筒至 5 532.79 m，符合后期投产条件。JH110 井捞砂施工重点工序见表 4-11。

表 4-11　JH110 井捞砂施工重点工序

序号	重点施工内容	使用工具	施工趟数	施工情况	处理井段/m	现场照片
1	组下通井管柱	凹底磨鞋	1 趟	组下磨鞋＋变丝＋4 3/4″钻铤＋变丝＋2 7/8″正扣钻杆＋变丝＋3 1/2″正扣钻杆，加压 2 t 探砂面，通井至 5 528.36 m，加压 2 t，复探 3 次；连接方钻杆，处理井筒至井深 6 296.5 m，进尺 11.36 m，转速下降，停转盘有回劲；起钻检查，出井磨鞋轻度磨损	5 528.36～5 539.72	

表 4-11(续)

序号	重点施工内容	使用工具	施工趟数	施工情况	处理井段/m	现场照片
2	组下洗井管柱	斜尖	1趟	组下钻杆斜尖+2 7/8″正扣斜坡钻杆+变扣+3 1/2″正扣斜坡钻杆,探底至5 529.56 m,加压2 t,复探3次;连接方钻杆,处理井筒至井深5 534.19 m,进尺5.13 m,返出盐水13 m³,漏失37 m³;起钻检查,工具完好	5 529.06~5 534.19	
3	组下捞砂管柱	铣鞋沉砂管文丘里短节	1趟	组下铣鞋+4 1/2″短节(内有浮阀)+4 1/2″沉砂管+4 1/2″双扣驱动接头+变丝+文丘里短节+安全接头+4 3/4″钻铤+变丝+2 7/8″正扣钻杆+3 1/2″正扣钻杆,钻磨处理至5 532.69 m,累计进尺2 m,泵入27.54 m³出口未返出;起钻检查,工具轻微磨损,含直径20~30 mm颗粒砂石36颗,沉砂管有细砂约50 L	5 530.69~5 532.69	
4	组下捞砂管柱	铣鞋沉砂管文丘里短节	1趟	组下铣鞋+4 1/2″短节(内有浮阀)+4 1/2″沉砂管+4 1/2″双扣驱动接头+变丝+文丘里短节+安全接头+4 3/4″钻铤+变丝+2 7/8″正扣钻杆+3 1/2″正扣钻杆,钻磨处理至5 532.79 m,累计进尺1 m,泵入52.65 m³出口未返液;起钻检查,沉砂管内有直径40~50 mm大颗粒砂石5块,套铣管有细砂约50 L	5 531.79~5 532.79	

(7) 经验认识

① 使用文丘里负压捞砂工艺,实现了钻磨与捞砂一体化处理,减少了频繁起下钻趟数,同时能够及时起钻调整工具,最终获得成功。负压捞砂工艺相比传统水力冲砂效率高,捞砂粒径更大,进尺更深,尤其针对漏失井进行负压捞砂、强制排砂,同时不会出现突然失返沉砂卡钻的现象;该井砂面较深,地层漏失严重,难以建立起持续循环,负压捞砂期间漏失80.19 m³,影响井内砂进入沉砂筒;本次施工累计捞砂进尺3 m,累计负压捞砂及原油100 L。

② 本井作业粗分共计采用了1种通井工艺、1种冲砂洗井工艺和1种负压捞砂工艺,具体为:

a. 凹底磨鞋钻磨工艺:凹底磨鞋用于磨削井下小件落物以及其他不稳定落物,如钢球、螺栓、螺母、炮垫子、钻杆、牙轮等。本井使用凹底磨鞋实施了1趟钻磨,钻磨处理至垮塌井段,为后续施工创造了施工条件。

b. 冲砂洗井工艺:使用斜尖进行探底冲砂,钻杆进液套管返液,由于冲砂管直径较小,冲击力大,容易冲散砂堵。本井在钻磨施工结束后,进行冲砂洗井作业,为负压捞砂施工创造了条件。

c. 文丘里负压捞砂工艺:高速流动的流体附近会产生低压,从而产生吸附作用,井筒液柱压力越低、压差越小,吸附效果越差。

d. 套铣鞋处理工艺:套铣筒是与套铣鞋联合使用的套铣工具,其功能除旋转钻进套铣之外,还可用来进行冲砂、冲盐、热洗解堵等。本井使用外径 146 mm、内径 109 mm 的尖齿形套铣鞋,内部装配 90°可弹回弹片的打捞篮,充分利用吸力在转动过程中让大块岩屑进入套铣鞋。

(8) 综合评价

① 修井方案评价

a. 确定因素集 U:

$U=\{$修井成功率(x_1),修井成本(x_2),修井作业效率(x_3),修井劳动强度$(x_4)\}$

b. 确定权重集 A:

$A=\{$修井成功率(0.4),修井成本(0.3),修井作业效率(0.2),修井劳动强度$(0.1)\}$

c. 确定评语目录集 V:

$$V=\{优秀(v_1),良好(v_2),合格(v_3),不合格(v_4)\}$$

其中 v 取值 0~1 之间,优秀为 $v\geqslant 0.8$,良好为 $0.4\leqslant v<0.8$,合格为 $0.2<v<0.4$,不合格为 $v\leqslant 0.2$。

d. 确定单因素评价矩阵 $\boldsymbol{R}$:

按照以上评价原则,由施工人员、技术人员进行评价打分,确定单因素评价矩阵 $\boldsymbol{R}$。

$$修井成功率=\{0.3,0.3,0.2,0.2\}$$
$$修井成本=\{0.3,0.2,0.2,0.3\}$$
$$修井劳动强度=\{0.3,0.2,0.3,0.3\}$$
$$修井作业效率=\{0.4,0.3,0.3,0.2\}$$

$$\boldsymbol{R}=\begin{bmatrix} 0.3 & 0.3 & 0.2 & 0.2 \\ 0.3 & 0.2 & 0.2 & 0.3 \\ 0.3 & 0.2 & 0.3 & 0.3 \\ 0.4 & 0.3 & 0.3 & 0.2 \end{bmatrix}$$

e. 综合评价计算:

$$\boldsymbol{B}=\boldsymbol{AR}=(0.4\ \ 0.3\ \ 0.2\ \ 0.1)\begin{bmatrix} 0.3 & 0.3 & 0.2 & 0.2 \\ 0.3 & 0.2 & 0.2 & 0.3 \\ 0.3 & 0.2 & 0.3 & 0.3 \\ 0.4 & 0.3 & 0.3 & 0.2 \end{bmatrix}$$

计算得:$(0.3,\ 0.3,\ 0.2,\ 0.3)=1.1$

(合格,合格,合格,合格)

用 1.1 除以各因素项归一化计算,得:

$(0.30,0.24,0.22,0.24)$

从中可以看出,该井作业过程总体评价为合格。

② 经济效益评价

通过盈亏平衡点(BEP)分析项目成本与收益的平衡关系。计算方法如下:

$$效益盈亏平衡点 = \frac{单井次直接费用投入}{吨油价格 - 吨油增量成本}$$

$$投入产出比 = \frac{单井直接费用投入 + 增量成本}{措施累计增产油量 \times 吨油价格}$$

JH110井经济效益评价结果见表4-12。

表4-12 JH110井经济效益评价结果

直接成本					
修井费/万元	182	工艺措施费/万元	52	总计费用/万元	284
材料费/万元	23	配合劳务费/万元	27		
增量成本					
吨油运费/元	/	吨油处理费/元	105	吨油价格/元	2 107
吨油税费/元	674	原油价格/美元折算	636	增量成本合计/万元	1 755
产出情况					
日增油/t	20	有效期/d	221	累计增油/t	4 520
效益评价					
销售收入/万元	952	吨油措施成本/(元/t)	636	投入产出比	1:1.12
措施收益/万元	316	盈亏平衡点产量/t	3 019	评定结果	有效

4. JH008井泡沫冲砂处理实例

(1)基础数据

JH008井是在阿克库勒凸起西南斜坡上的一口开发井,2013年8月完钻,井身结构为5级,完钻井深6 646 m,裸眼酸压建产,初期6 mm油嘴开井生产,油套压30 MPa,日产液202 t,日产油52 t,含水74%。2013年11月停喷转抽,累计产液5 267.9 t、产油2 988 t、产水2 279.9 t。JH008井基础数据详见表4-13。

表4-13 JH008井基础数据表

井别	直井	完井井段	6 526~6 646 m
完钻时间	2013.08.26	20″导管下深	299.23 m
固井质量	合格	13 3/8″套管下深	2 598.45 m
完钻井深	6 646 m	9 5/8″套管下深	5 716.65 m
目前井底	6 646 m	8 1/8″套管下深	5 774.64 m
完井层位	O_2yj	5 1/2″套管下深	6 520.41 m

(2) 事故经过

2016年7月转抽施工,探得砂面6 539.6 m,较人工井底高51.64 m,且冲砂过程漏失量大,进尺困难,经研究采用文丘里捞砂工具处理。

JH008井井身结构如图4-41所示。上次作业冲出岩屑如图4-42所示。

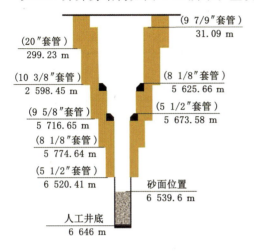

图4-41　JH008井井身结构示意图

图4-42　上次作业冲出岩屑

(3) 施工难点

该井属于深井冲砂,施工难点主要有以下三点:

① 该井砂面较深,地层漏失严重,难以建立起持续的循环,受到泵压和排量等因素影响,大粒径砂砾无法返排至地面,易造成冲砂不彻底。

② 该井原油黏度53 250 mPa·s(84.7 ℃),连续油管在油管内进行泡沫冲砂循环通道小,冲砂过程返出的砂粒及稠油易堵塞油管,易造成连续管柱卡钻。

③ 该井硫化氢气体浓度大于400 ppm,施工过程中要综合考虑硫化氢和井控风险。

(4) 设计思路

思路1:下入配合测试油管至5 1/2″套管中部;油管内下入连续油管钻磨工具进行钻磨处理,施工期间泵入氮气泡沫,根据参数和进尺情况及时起出工具进行检查,钻磨冲砂至6 530 m以下。

思路2:使用磨鞋钻磨处理井底岩块,将大块的岩块破碎;下入锥形喷管进行冲砂,过程中若进尺缓慢或返出岩屑块较大,则交替使用大通径磨鞋进行钻磨处理,处理至产层段6 530 m以下。

经过工程人员分析、讨论,认为采取思路1更为稳妥,主要原因有以下两个方面:

① 从上次修井冲砂情况来看,井底垮塌严重,井口返出岩屑颗粒直径约2 cm,同时伴有稠油,使用常规冲砂工艺进行处理,井内液体循环携砂能力不足,易形成卡钻事故。

② 使用连续油管钻磨+氮气泡沫冲砂工艺,实现了钻磨与冲砂一体化处理,减少了频繁起下钻趟数。

(5) 工具选取

考虑井内垮塌情况,选用了1种通井工艺、1种钻磨工艺和1种冲洗工艺,具体如下:

① 喇叭口

工具原理：入口处的直径要大于管道直径，喇叭口形状类似于大小头，直径较小的一端和管道直径相同。油管喇叭口有倒角，下井工具（如刮蜡片、压力计、流量计等）进入井底不易挂卡，上提时经喇叭口顺利进入油管。如图4-43、图4-44所示。

技术参数：ϕ120 mm×0.28 m，内通径76 mm。

 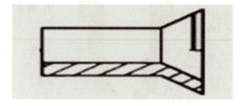

图4-43　喇叭口规格　　　　　　　　图4-44　喇叭口结构

② 磨鞋

工具原理：采用高性能切削合金颗粒，切削力更大，优化了水眼位置及尺寸，减少了涡流效果，增强了冲刷效果。水槽采用单向切削刃，进一步粉碎、切削井下碎屑，大水力槽利于碎屑返出，适用于磨铣永久式的井下工具及清理因出砂或结盐造成的井筒堵塞。如图4-45、图4-46所示。

技术参数：ϕ71 mm×0.12 m。

图4-45　磨鞋规格　　　　　　　　图4-46　磨鞋结构

③ 螺杆马达

工具原理：螺杆马达是典型的容积式钻具，根据容积式钻具工作过程中的能量守恒，在单位时间内输出机械能，应该等于螺杆马达输入的水力能。依靠修井液把液压力转换成机械力去驱动下部工具，通常用来钻进和连续油管的施工。如图4-47、图4-48所示。

技术参数：ϕ65 mm×3.2 m。

 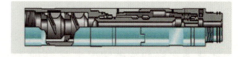

图4-47　螺杆马达规格　　　　　　　　图4-48　螺杆马达结构

④ 扩眼器

工具原理：扩眼器又称扩大器划眼钻头，是在钻头钻进的同时用来进行扩眼、修整井壁的工具。扩眼器一般用于钻井易斜、易缩径的地层。当锁定弹爪向上移动抓附在芯管外壁上槽的作用下实现刀翼从扩眼器本体伸出，顶套推动刀翼上移，进行扩眼作业。如图 4-49、图 4-50 所示。

技术参数：ϕ70 mm×0.45 m。

图 4-49　扩眼器规格

图 4-50　扩眼器结构

⑤ 双活瓣式单向阀

工具原理：双活瓣式单向阀是标准的连续管工具，可以防止紧急情况时井底压力进入连续管，引起连续管损坏或地面设备出现故障。它的两级挡板阀相互独立，橡胶材质的密封环保证低压时的挡板阀密封，当压力高时橡胶压缩，这时金属与金属密封承受高压力。如图 4-51、图 4-52 所示。

技术参数：ϕ54 mm×0.28 m。

图 4-51　双活瓣式单向阀规格

图 4-52　双活瓣式单向阀结构

⑥ 喷头

工具原理：针对砂粒不同直径、不同沉降速度、不同板结程度，开发不同形式的喷头。固定旋流喷头是冲洗工具的一种，连接在基本工具串上，冲洗时由于喷射孔的偏心，喷出的流体碰触井壁后产生旋流效果，可以实现有效清洗。如图 4-53、图 4-54 所示。

技术参数：ϕ70 mm×0.14 m。

图 4-53　喷头规格

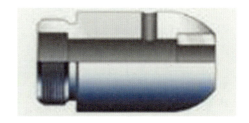

图 4-54　喷头结构

⑦ 连续油管

工具原理：连续油管是用低碳合金钢制作的管材，有很好的挠性，又称挠性油管，一卷连续油管长几千米，可以代替常规油管进行很多作业。连续油管作业设备具有带压作业、连续起下的特点，设备体积小，作业周期快。连续油管车主要由自走式底盘、车上作业机构、防喷器组等部分组成，具备结构精巧、井场移运安装方便、越野性能强、操作舒适性高、容管量大、提升力强等特点，能够满足复杂工况及道路运输条件的要求。如图 4-55、图 4-56 所示。

技术参数：ϕ50.8 mm×8 000 m。

图 4-55 连续油管规格

图 4-56 连续油管设备

(6) 捞砂过程

经过 2 趟洗井、3 趟钻磨处理和 1 趟冲洗，处理井筒至 6 530.28 m，符合后期投产条件。JH008 井氮气泡沫冲砂施工重点工序见表 4-14。

表 4-14 JH008 井氮气泡沫冲砂施工重点工序

序号	重点施工内容	使用工具	施工趟数	施工情况	处理井段/m	现场照片
1	组下配合管柱	喇叭口	1 趟	组下 3 1/2″JC 喇叭口＋3 1/2″JC 油管，下深 5 714.25 m，下油管过程中逐根过通径规；地面制氮车安装，对设备进行气密性试压，低压 5 MPa 稳压 5 min，高压 30 MPa 稳压 15 min，试压合格		
2	组下冲砂管柱	磨鞋＋扩眼器＋螺杆马达＋双活瓣式单向阀	1 趟	组下 ϕ71 mm 磨鞋＋ϕ70 mm 扩眼器＋ϕ65 mm 高温螺杆马达＋ϕ54 mm 液压丢手＋ϕ54 mm 双活瓣式单向阀＋ϕ54 mm 连接头＋ϕ50.8 mm 连续油管；下至 6 465.86 m，配泡沫液，泵入 244 m³，返出油水混合物及细粉砂，进尺 89.96 m；起钻检查，连续油管有锈蚀	6 465.86～6 543.92	
3	组下冲洗管柱	喷头	1 趟	组下 ϕ43 mm 冲管＋ϕ44.5 mm 连续油管，下至 6 535.48 m 遇阻，正冲 1.0 g/cm³ 清水 10 m³，无进尺、无返液；起钻检查，工具完好	6 465.86～6 535.48	
4	组下冲砂管柱	磨鞋＋扩眼器＋螺杆马达＋双活瓣式单向阀	1 趟	组下 ϕ71 mm 磨鞋＋ϕ70 mm 扩眼器＋ϕ65 mm 高温螺杆马达＋ϕ54 mm 液压丢手＋ϕ54 mm 双活瓣式单向阀＋ϕ54 mm 连接头＋ϕ44.45 mm 连续油管，下至 6 536.59 m 遇阻，循环无进尺，返泡沫液及少量红锈色泥砂；起钻检查，螺杆马达锈蚀	6 465.86～6 536.59	

表 4-14(续)

序号	重点施工内容	使用工具	施工趟数	施工情况	处理井段/m	现场照片
5	组下冲砂管柱	磨鞋＋扩眼器＋螺杆马达＋双活瓣式单向阀	1趟	组下 φ71 mm 磨鞋＋φ70 mm 扩眼器＋φ65 mm 高温螺杆马达＋φ54 mm 液压丢手＋φ54 mm 双活瓣式单向阀＋φ54 mm 连接头＋φ44.45 mm 连续油管下至 6 465.86 m，泵入 90.5 m³，返液及泥砂约 100 L，在 6 530.28 m 压力升高；起出螺杆马达不转，连管尾部 200 m 有腐蚀	6 465.86～6 530.28	
6	组下洗井管柱	喇叭口	1趟	组下 3 1/2″JC 喇叭口＋3 1/2″JC 油管，下深 5 850 m，正循环洗井，出口进循环罐，返出物为混合油 15 m³ 及大量气体，累计泵入 65 m³，漏失 50 m³；由于套管返出压力高且含大量气体，套管返出节流，洗井泵入缓慢，直接完井	5 850～6 530.28	

(7) 经验认识

① 使用连续油管钻磨＋氮气泡沫冲砂工艺，实现了钻磨与冲砂一体化处理，减少了频繁起下钻趟数，同时能够及时起钻调整工具，最终获得成功。连续油管钻冲工艺相比传统水力冲砂效率高，具有带压欠平衡作业、作业的快速高效、对地层的伤害低等优点和应用价值；本次施工使用密度为 0.8 g/cm³ 的泡沫液体系，在建立循环后的整个施工过程中，井口回压均控制在 3～6 MPa，并且有大量的泡沫液返出，有效解决了该井的漏失问题，从这一角度看，建立的泡沫液体系能够建立良好的循环。该井施工期间累计漏失 112.19 m³，最大进尺达 89.96 m，累计负压捞砂及原油约 200 L。

② 本井作业粗分共计采用了 1 种通井工艺、1 种冲砂洗井工艺和 1 种负压捞砂工艺，具体为：

a. 喇叭口洗井工艺：使用油管喇叭口管柱配合连续油管施工，减少了上提时工具串挂卡风险。同时，在进行冲洗井过程中，井内冲起的液体及岩屑更容易循环进入环空中。

b. 连续油管钻磨工艺：使用连续油管螺杆钻磨，扭矩随工作压差的增大而增大，转速不因负载的增大而降低。第一趟钻磨使用的 2″变径连续油管最薄壁厚为 0.190 in、最厚壁厚为 0.224 in，连续油管在下深 6 500 m 时管重接近 35 t，在 6 000 m 以下起下连续油管的过程中，注入头出现了打滑现象，存在安全隐患，并且在作业的后期打滑现象更加明显。第二和第三趟钻磨作业更换为 1.75″的连续油管来进行，保障了施工的效果。

c. 连续喷头冲洗工艺：喷头是连续油管配套的最普遍的冲洗工具，其圆头设计确保井下工具串在井内遇到台肩或缩径时很好的通过性。圆头冲洗工具可以根据水眼数量、方向、大小根据作业需求不同而进行优化。

d. 氮气泡沫冲砂工艺：泡沫流体中气体膨胀能为返排提供能量，使得返排更彻底，适用于低压井和漏失井，泡沫流体在井底建立负压，诱导近井地带污染物外排，解除产层堵塞；泡沫携砂能力强，可以把井底的砂粒和其他污染物带出井筒。本次施工期间因为制氮车制出的氮气纯度理论上最高只能达到97%，实际含氧量在3%以上，在深井高温条件下，对连续油管造成严重腐蚀，铁锈脱落堵塞螺杆马达无法工作，加剧了连续油管内外的腐蚀，致使连续油管频频被堵死，使施工无法进行。

(8) 综合评价

① 修井方案评价

a. 确定因素集 U：

$$U = \{修井成功率(x_1), 修井成本(x_2), 修井作业效率(x_3), 修井劳动强度(x_4)\}$$

b. 确定权重集 A：

$$A = \{修井成功率(0.4), 修井成本(0.3), 修井作业效率(0.2), 修井劳动强度(0.1)\}$$

c. 确定评语目录集 V：

$$V = \{优秀(v_1), 良好(v_2), 合格(v_3), 不合格(v_4)\}$$

其中 v 取值 $0\sim1$ 之间，优秀为 $v \geqslant 0.8$，良好为 $0.4 \leqslant v < 0.8$，合格为 $0.2 < v < 0.4$，不合格为 $v \leqslant 0.2$。

d. 确定单因素评价矩阵 $\boldsymbol{R}$：

按照以上评价原则，由施工人员、技术人员进行评价打分，确定单因素评价矩阵 $\boldsymbol{R}$。

$$修井成功率 = \{0.4, 0.3, 0.3, 0.2\}$$
$$修井成本 = \{0.4, 0.1, 0.2, 0.3\}$$
$$修井劳动强度 = \{0.3, 0.1, 0.3, 0.3\}$$
$$修井作业效率 = \{0.4, 0.2, 0.3, 0.2\}$$

$$\boldsymbol{R} = \begin{bmatrix} 0.4 & 0.3 & 0.3 & 0.2 \\ 0.4 & 0.1 & 0.2 & 0.3 \\ 0.3 & 0.1 & 0.3 & 0.3 \\ 0.4 & 0.2 & 0.3 & 0.2 \end{bmatrix}$$

e. 综合评价计算：

$$\boldsymbol{B} = \boldsymbol{AR} = (0.4 \quad 0.3 \quad 0.2 \quad 0.1) \begin{bmatrix} 0.4 & 0.3 & 0.3 & 0.2 \\ 0.4 & 0.1 & 0.2 & 0.3 \\ 0.3 & 0.1 & 0.3 & 0.3 \\ 0.4 & 0.2 & 0.3 & 0.2 \end{bmatrix}$$

计算得：$(0.4, 0.2, 0.3, 0.3) = 1.2$

(合格,合格,合格,合格)

用1.2除以各因素项归一化计算，得：

$$(0.35, 0.17, 0.25, 0.23)$$

从中可以看出，该井作业过程总体评价为合格。

② 经济效益评价

通过盈亏平衡点(BEP)分析项目成本与收益的平衡关系。计算方法如下：

$$效益盈亏平衡点 = \frac{单井次直接费用投入}{吨油价格 - 吨油增量成本}$$

$$投入产出比 = \frac{单井直接费用投入 + 增量成本}{措施累计增产油量 \times 吨油价格}$$

JH008 井经济效益评价结果见表 4-15。

表 4-15 JH008 井经济效益评价结果

直接成本					
修井费/万元	112	工艺措施费/万元	62	总计费用/万元	224
材料费/万元	23	配合劳务费/万元	27		
增量成本					
吨油运费/元	/	吨油处理费/元	105	吨油价格/元	2 107
吨油税费/元	674	原油价格/美元折算	636	增量成本合计/万元	1 755
产出情况					
日增油/t	16	有效期/d	221	累计增油/t	3 520
效益评价					
销售收入/万元	742	吨油措施成本/(元/t)	1 415	投入产出比	1∶1.1
措施收益/万元	243	盈亏平衡点产量/t	2 365	评定结果	有效

5. JH126-11X 井砾石充填实例分析

（1）基础数据

JH126-11X 井是库车县境内库姆格列木群构造高部位的一口评价井，2014 年 9 月完钻，井身结构为 2 级，完钻井深 3 114.00 m，完井方式射孔测试投产。初期油压 3.4 MPa，累计产液 62.2 m³、产油 6.7 m³、产水 55.5 m³，其间因地层出砂，导致测试流程计量罐进液口刺漏。10 月因井筒砂埋停喷，累计产液 108.6 t、产油 6.7 t、产水 101.9 t。JH126-11X 井基础数据见表 4-16。

表 4-16 JH126-11X 井基础数据表

井别	斜直井	完井层位	$E_{1-2}km$
完钻时间	2014.09.28	完井井段	3 086～3 087 m
固井质量	优	10 3/4″套管下深	499.72 m
完钻井深	3 112.05 m	7″套管下深	3 112.05 m
人工井底	3 102 m	造斜点	2 700 m

（2）事故经过

2015 年 5 月，上修时发现原井射孔管柱被砂埋，倒扣后打捞落鱼，捞出全部落井管柱，发现管柱内堵有大量细粉砂，探底发现砂埋 15.37 m，冲砂至井底 3 102 m，复探井底，砂面高出井底 17.07 m，反复冲砂均无效，修井期间累计带出细粉砂 14 m³。

JH126-11X 井井身结构如图 4-57 所示。上次作业冲出砂如图 4-58 所示。

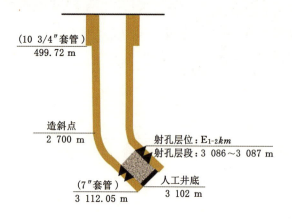

图 4-57 JH126-11X 井井身结构示意图

图 4-58 上次作业冲出砂

(3) 施工难点

该井属于深井冲砂，施工难点主要有以下三点：

① 该井生产层段为古近系库姆格列木群，该地层压实程度低，砂层胶结松散，当流体渗流至井筒内时易携带地层砂。

② 该井处于构造低部位，钻遇油层薄，生产井段离水层 4.5 m，投产后高含水，地层砂粒径中值为 0.07 mm，属于细粉砂，易伴水流入井筒内。

③ 常规井筒捞砂工艺仅能解决井筒内砂堵问题，需考虑其他工艺进行防砂处理。

(4) 设计思路

思路 1：起原井管柱后下探底冲砂管柱；根据砂埋情况冲砂处理至原人工井底；采取复合防砂工艺，先化学固砂，再机械充填防砂。

思路 2：起原井管柱后下探底冲砂管柱；根据砂埋情况冲砂处理至原人工井底；下入机械防砂筛管，再进行砾石充填防砂。

经过工程人员分析、讨论，认为采取思路 1 更为稳妥，主要原因有以下两个方面：

① 从前期修井情况来看，库姆格列木群地层出砂速度快，反复埋井筒，必须进行充填固砂，建立人工井壁。

② 砂样中粒径为 0.07 mm 的粉细砂所占比重较大，仅下入防砂筛管存在堵塞的风险。应先期充填石英砂＋覆膜砂，石英砂作为隔离带，减轻了覆膜砂与地层砂的直接混合接触，提高覆膜砂的有效利用率；覆膜砂能够有效胶结砂砾，形成支撑；之后再下入机械防砂管柱，进行砾石充填防砂。

(5) 工具选取

考虑井内出砂情况，选用了 1 种冲砂工艺、1 种填砂工艺、1 种通井工艺和 1 种防砂工艺，具体如下：

① 斜尖

工具原理：用高速流动的液体将井底砂堵冲散，并借用液流循环上返的循环能力将冲散的砂子带出地面，从而清除井底的积砂。冲砂方式一般有正冲砂、反冲砂和正反冲砂三种。如图 4-59、图 4-60 所示。

技术参数：$\phi 88.9$ mm×0.8 m。

图 4-59　斜尖规格　　　　　　　　　图 4-60　斜尖结构

② 覆膜砂填充

工具原理：通过向套管外地层中挤入一定量的化学剂与覆膜砂，达到充填、胶固地层的目的，提高地层强度，减缓出砂。覆膜砂具有很高的胶结强度，可以防止支撑剂返吐和降低支撑剂嵌入，有效地保证了支撑剂在地层中的导流能力，并且还具有很高的抗破碎能力、抵抗井下应力的周期性加载以及抗剪切力等能力。覆膜砂在很低的闭合压力下仍然可以胶结。如图 4-61、图 4-62 所示。

技术参数：颗粒直径 20/40 目，耐温 60～316 ℃，耐压 41～110 MPa。

图 4-61　覆膜砂规格　　　　　　　　图 4-62　覆膜砂结构

③ 多功能刮削器

工具原理：多功能刮削器主要有通井和刮削两大功能。其外部结构由通井筒体、刮削刀片组成，内部主要由上下接头、活塞、锁紧等结构组成。在工具筒体上装有 6 片可在活塞槽内滑动的刮削刀片及弹簧，投球后密封中心通孔，活塞下行推升刮削刀片伸出，同时推动锁套前行与筒体锁死，活塞不再相对运动，活塞下行后液体可从其旁孔进入中心通道。刮削刀片均开有槽，能轴向滑动及径向伸缩，其特殊的刀齿具有良好的刮削功能。工具与钻杆或油管连接，下入井内进行通井作业，刮削刀片卡入活塞槽内，活塞内孔通畅，不能下行，刀片外径小于筒体直径，可正反循环洗井，根据施工要求，投球后打压至 10～20 MPa，剪切销钉剪断，活塞下行，刮削片在弹簧作用下外伸，锁套在活塞的推动下进入本体内齿处，完全撑开锁套，活塞不再轴向移动。如图 4-63、图 4-64 所示。

技术参数：ϕ150 mm×2.15 m。

 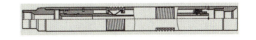

图 4-63　多功能刮削器规格　　　　　图 4-64　多功能刮削器结构

④ 防砂管

工具原理：高强度弹性筛管以单层厚壁套管为基管，将防砂过滤单元通过焊接安装在基管的阶梯孔里,形成单层的整体防砂结构。特殊弹性纤维具有自解堵功能,防砂粒径可以根据需要调整。筛管共包含6层结构(基管+复合过滤层+保护套),其中复合过滤层为4层不锈钢精密编织网(绕丝骨架+打孔网+扩散网+滤砂网)组合而成;以充填砾石最小粒径的三分之二,选择筛管缝宽。如图4-65、图4-66所示。

技术参数:φ108 mm×2 m,挡砂精度 0.15 mm。

图 4-65　防砂管规格

图 4-66　防砂管结构

⑤ 充填工具

工具原理:从油管内投入 φ35 mm 钢球,正打压坐封后继续打压至突降为零,完成坐封和开启充填通道,充填后管柱倒扣丢手。如图4-67、图4-68所示。

技术参数:φ150 mm×1 320 mm,留井部分内径 φ68 mm,坐封压力 6~14 MPa,球座击落压力 15~25 MPa。

图 4-67　充填工具规格

图 4-68　充填工具结构

(6) 捞砂过程

经过1趟冲砂洗井、1趟通刮处理和3趟填砂处理,处理井筒至3 102 m,符合后期投产条件。JH126-11X井复合防砂施工重点工序见表4-17。

表 4-17　JH126-11X 井复合防砂施工重点工序

序号	重点施工内容	使用工具	施工趟数	施工情况	处理井段 /m	现场照片
1	组下冲砂管柱	斜尖	1趟	组下斜尖+变扣+2 7/8″反扣钻杆+变扣+3 1/2″反扣钻杆,下探至3 086.63 m,加压2 t,复探3次,位置不变;接方钻杆,正循环冲砂,处理至人工井底3 102 m;打入密度为1.13 g/cm³的压井液80 m³,漏失20 m³;上提管脚至3 011.54 m,候沉4 h,加压2 t,复探3次,位置3 084.93 m;起钻检查,工具完好	3 086.63~3 102	

表 4-17(续)

序号	重点施工内容	使用工具	施工趟数	施工情况	处理井段/m	现场照片
2	组下配合填砂管柱	斜尖	1趟	组下斜尖＋变扣＋3 1/2″油管,下探至 3 075.28 m,加压 2 t,复探 3 次位置不变	3 075.28～3 102	
3	探底冲砂	斜尖	1趟	调节压井液性能,接方钻杆,正循环冲砂,处理至人工井底 3 102 m;泵入密度为 1.14 g/cm³ 的压井液 100 m³,漏失 19 m³;上提管脚至 3 011.54 m,候沉 4 h,加压 2 t,复探 3 次,位置 3 098.2 m。上提管脚至 2 904.25 m,井内斜尖＋变扣＋3 1/2″油管,配合防砂队伍安装设备,打入密度为 1.14 g/cm³ 的压井液 80 m³,漏失 2.6 m³,返出细砂 0.5 m³;探底位置 3 073 m,冲砂至人工井底 3 102 m;候沉 4 h,加压 2 t,复探 3 次,位置 3 102 m	3 073～3 102	
4	配合防砂施工	斜尖	1趟	上提管脚位置 3 027.25 m,井内斜尖＋变扣＋3 1/2″油管,配合防砂施工,正挤前置液 35 m³,正挤携砂液 19 m³,覆膜砂 1.2 m³,正挤胶 16 m³,井口候凝 48 h;探底位置 3 069.3 m,冲砂至人工井底 3 102 m;返出石英砂约 0.1 m³,返出覆膜砂约 0.1 m³,石英砂约 0.2 m³;起钻检查,工具完好	3 027.25～3 102	
5	组下通刮管柱	多功能刮削器	1趟	组下多功能刮削器＋变扣＋3 1/2″ TP-JC油管,对 3 050～3 070 m 井段反复刮削 3 次,无挂卡现象;投入钢球,打压击落球座,刮刀回缩,通井至人工井底 3 102 m,正循环洗井两周;起钻检查,刮削器本体完好,有轻微刮痕	3 050～3 102 m	

表 4-17(续)

序号	重点施工内容	使用工具	施工趟数	施工情况	处理井段/m	现场照片
6	组下防砂管柱	防砂管+充填工具	1趟	组下 3 1/2″母丝堵+变扣短节+防砂管+短节+安全接头+变扣+3 1/2″油管+变扣+防砂管+变扣短节+变扣短节+充填工具+变扣+3 1/2″油管；投球打压，完成坐封和开启充填通道，正循环，泵入 48 m³，砂比 5%，砂量 0.5 t；反循环，泵入 40 m³，漏失 13 m³，返覆膜砂约 0.1 m³，工具丢手；起钻检查，中心管完好	3 057.57~3 102	

(7) 经验认识

① 使用化学防砂+机械防砂工艺，实现了一体化防砂的目的，从源头减少了频繁出砂。本次施工修井与填砂队伍能够紧密配合，最终获得成功。化学防砂通过向套管外地层中挤入一定量的化学剂或化学剂与砂浆的混合物（覆膜砂），达到充填、胶固地层的目的，提高地层强度，减缓出砂。覆膜砂覆有惰性层，此惰性层只有在地层中一定的应力下才会破碎，避免了由于下井过程中温度过高使得覆膜产品提前固化。惰性层破碎后，内部的固化层在一定温度、压力下固化，从而保证了可以在井筒中安全稳定地泵送（地面运输中也不会结块）和顺利地向地层延伸。机械防砂在下入绕丝筛管（或其他滤管）后，再用高渗透砾石充填防砂管和井壁之间的油井环空，并部分挤入井筒周围地层，形成多级过滤屏障，阻止地层砂运移。这样就在地层和环空形成了一个既有良好渗透性，又连续、致密的稳定挡砂屏障。

② 本井作业粗分共计采用了 1 种冲砂工艺、1 种填砂工艺、1 种通井工艺和 1 种防砂工艺，具体为：

a. 斜尖洗井工艺：使用油管斜尖管柱配合施工，减少了上提时工具串挂卡风险。同时，在进行冲洗井过程中，井内冲起的液体及岩屑更容易循环进入环空中。同时，本井使用斜尖管柱完成了化学防砂，实际挤入地层石英砂 4.8 m³、覆膜砂 1.6 m³，候沉后复探至井底，井筒未再砂埋。

b. 多功能刮削器工艺：通井工序和刮削工序是两趟独立完成的工序，一般配套先通井再刮削。通过使用多功能刮削器可以将原来的两趟工序变成一趟来完成，这样既节约了作业费用，又可以缩短占井周期。

c. 防砂管工艺：高强度弹性筛管以单层厚壁 API 标准套管作基管，将防砂过滤单元通过焊接安装到基管的阶梯孔里，形成单层管的整体防砂结构。特殊弹性纤维防砂材料具有自解堵的能力，防砂粒径可以根据需要调整，能够防住较细的地层砂，最小可以防到 0.1 mm，筛管整体强度高，防砂效果好。

d. 填砂丢手工艺：防砂管柱下至预定位置，投球打压坐封并开启充填通道，然后用防砂车组利用携砂液将充填砂从油管挤入，经过防砂工具的油套转换装置，从射孔孔眼挤入油层,用高渗透砾石充填防砂管和井壁之间的油井环空,并部分挤入井筒周围地层,形成多级过滤屏障,阻止地层砂运移。

(8) 综合评价

① 修井方案评价

a. 确定因素集 U:

$U=\{$修井成功率(x_1),修井成本(x_2),修井作业效率(x_3),修井劳动强度$(x_4)\}$

b. 确定权重集 A:

$A=\{$修井成功率(0.4),修井成本(0.3),修井作业效率(0.2),修井劳动强度$(0.1)\}$

c. 确定评语目录集 V:

$V=\{$优秀(v_1),良好(v_2),合格(v_3),不合格$(v_4)\}$

其中 v 取值 0~1 之间,优秀为 $v \geq 0.8$,良好为 $0.4 \leq v < 0.8$,合格为 $0.2 < v < 0.4$,不合格为 $v \leq 0.2$。

d. 确定单因素评价矩阵 $\boldsymbol{R}$:

按照以上评价原则,由施工人员、技术人员进行评价打分,确定单因素评价矩阵 $\boldsymbol{R}$。

$$\text{修井成功率}=\{0.4,0.3,0.3,0.2\}$$
$$\text{修井成本}=\{0.4,0.3,0.2,0.1\}$$
$$\text{修井劳动强度}=\{0.4,0.3,0.3,0.3\}$$
$$\text{修井作业效率}=\{0.4,0.2,0.3,0.2\}$$

$$\boldsymbol{R}=\begin{bmatrix} 0.4 & 0.3 & 0.3 & 0.2 \\ 0.4 & 0.3 & 0.2 & 0.1 \\ 0.4 & 0.3 & 0.3 & 0.3 \\ 0.4 & 0.2 & 0.3 & 0.2 \end{bmatrix}$$

e. 综合评价计算:

$$\boldsymbol{B}=\boldsymbol{AR}=(0.4 \quad 0.3 \quad 0.2 \quad 0.1)\begin{bmatrix} 0.4 & 0.3 & 0.3 & 0.2 \\ 0.4 & 0.3 & 0.2 & 0.1 \\ 0.4 & 0.3 & 0.3 & 0.3 \\ 0.4 & 0.2 & 0.3 & 0.2 \end{bmatrix}$$

计算得:
$$(0.4, 0.3, 0.3, 0.3)=1.2$$
$$(\text{合格},\text{合格},\text{合格},\text{合格})$$

用 1.2 除以各因素项归一化计算,得:

$$(0.35, 0.25, 0.23, 0.17)$$

从中可以看出,该井作业过程总体评价为合格。

② 经济效益评价

通过盈亏平衡点(BEP)分析项目成本与收益的平衡关系。计算方法如下:

$$\text{效益盈亏平衡点}=\frac{\text{单井次直接费用投入}}{\text{吨油价格}-\text{吨油增量成本}}$$

$$\text{投入产出比}=\frac{\text{单井直接费用投入}+\text{增量成本}}{\text{措施累计增产油量}\times\text{吨油价格}}$$

JH126-11X 井经济效益评价结果见表 4-18。

表 4-18　JH126-11X 井经济效益评价结果

直接成本					
修井费/万元	212	工艺措施费/万元	62	总计费用/万元	384
材料费/万元	33	配合劳务费/万元	77		
增量成本					
吨油运费/元	/	吨油处理费/元	105	吨油价格/元	2 107
吨油税费/元	674	原油价格/美元折算	636	增量成本合计/万元	1 755
产出情况					
日增油/t	29	有效期/d	257	累计增油/t	7 520
效益评价					
销售收入/万元	1 584	吨油措施成本/(元/t)	1 290	投入产出比	1∶1.6
措施收益/万元	615	盈亏平衡点产量/t	4 603	评定结果	有效

6. JH009 井悬挂衬管工艺技术

（1）基础数据

JH009 井是阿克库勒凸起西北斜坡部位的一口开发井，2011 年 4 月完钻，完钻井深 6 217 m，完井方式裸眼酸压完井，初期 6 mm 油嘴投产，油压 7.7 MPa，日产液 41 t，日产油 12 t，含水 70%，日掺稀量 100 t，其间累计产液 11 077 t、产油 10 939 t、产水 138 t。2012 年 10 月上修探底 6 235.02 m，砂埋 75 m，冲砂至 6 307.2 m，酸化后注水生产供液不足。JH009 井基础数据详见表 4-19。

表 4-19　JH009 井基础数据表

井别	直井	完井层位	$O_{1-2}y$
完钻时间	2009.11.10	完井井段	6 217.1～6 310 m
固井质量	合格	13 3/8″套管下深	506 m
完钻井深	6 310 m	9 5/8″套管下深	4 498 m
人工井底	6 310 m	7″套管下深	6 217.7 m

（2）事故经过

2016 年 5 月上修冲砂酸化，探底 6 214.8 m，重新处理至 6 310 m，其间返出少量大体积岩块，复探底 6 229.19 m。7 月 31 日开井，初期压力 19.8 MPa，生产期间压力快速下降至 4.2 MPa，无法正常生产。

JH009 井井身结构如图 4-69 所示。上次作业冲出砂如图 4-70 所示。

（3）施工难点

该井属于深井冲砂，施工难点主要有以下三点：

① 该井出砂频繁，兼有井壁坍塌的情况，历次冲砂均有不同程度的砂埋，冲砂返出少量大岩块，施工困难，卡钻风险高。

② 该井实测原油黏度 150 000 mPa·s(60 ℃)，井底岩屑与稠油混合物对冲砂影响较大，且地层存在漏失的情况也不利于处理。

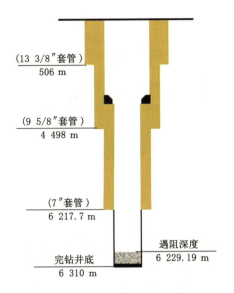

图 4-69　JH009 井井身结构示意图

图 4-70　上次作业冲出砂

③ 该井硫化氢气体浓度大于 22 000 ppm,施工中要综合考虑硫化氢风险和井控风险。

(4) 设计思路

思路 1:起原井管柱后下探底冲砂管柱,根据砂埋情况钻磨处理至原人工井底 6 310 m,组下 5″打孔套管遮挡垮塌井段,配合酸化投产。

思路 2:起原井管柱后下探底冲砂管柱,根据砂埋情况冲砂处理至原人工井底 6 310 m,直接酸化投产。

经过工程人员分析、讨论,认为采取思路 1 更为稳妥,主要原因有以下两个方面:

① 从前期修井情况来看,地层垮塌岩块较大,反复塌埋井筒,必须进行封固裸眼段进行支撑。

② 砂样中粒径为 2~4 cm 所占比重较大,最大的岩块直径约 20 cm,需先进行钻磨破碎处理,再进行冲砂作业。同时,考虑井内稠油的影响,工具选型上应使用大水眼,以满足循环携砂的需要。

(5) 工具选取

考虑井内出砂情况,选用了 3 种磨铣工艺、1 种捞砂工艺和 1 种防砂工艺,具体为:

① 三牙轮钻头

工具原理:牙轮钻头在钻压和钻柱旋转的作用下,压碎并吃入岩石,同时产生一定的滑动而剪切岩石。当牙轮在井底滚动时,牙轮上的钻头依次冲击、压入地层,这个作用可以将井底岩石压碎一部分,同时靠牙轮滑动带来的剪切作用削掉齿间残留的另一部分岩石,使井底岩石全面破碎,井眼得以延伸。如图 4-71、图 4-72 所示。

技术参数:ϕ149.2 mm×0.18 m 三牙轮钻头。

② 大水眼磨鞋

工具原理:底部及侧面铺硬质合金刃刀,耐磨性好,侧向切削性好,不易卡钻,便于排屑,既能满足对裸眼井壁的通径,又能进行遇阻井段的钻磨处理。如图 4-73、图 4-74 所示。

技术参数:ϕ148 mm×0.61 m,水眼 15 mm×4 个。

图 4-71 三牙轮钻头规格

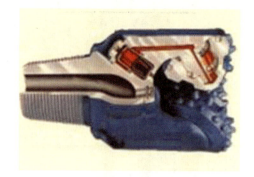

图 4-72 三牙轮钻头结构

图 4-73 大水眼磨鞋规格

图 4-74 大水眼磨鞋结构

③ 铣锥

工具原理：铣锥是大修井施工中的重要修套工具，用以解除卡阻，打开通道和扩径。利用外齿铣鞋或硬质合金块或钨钢粉堆焊的硬性，在钻柱转动旋转及钻压下切削、刮削、钻磨，逐步将套管内腔的变形、套管皮、毛刺、飞边、水锈、水垢、水泥刮铣及钻铣干净，碎屑在一定的泵压、排量下被冲洗带至地面，从而解除卡阻，打通通道，达到扩径、恢复通径尺寸的作用。如图 4-75、图 4-76 所示。

技术参数：ϕ149 mm×0.59 m 铣锥，水眼 12 mm×4 个。

图 4-75 铣锥规格

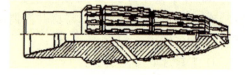

图 4-76 铣锥结构

④ 钢丝打捞筒

工具原理：套铣＋钢丝复合打捞筒，主要由套铣头、筒体、钢丝和上接头组成，底部为套铣头，筒体直径小于套管内径 6～8 mm，筒体内距底部 30～40 mm 排列钢丝，径向排列 50～60 mm，布钢丝段长度周向间距和中心距小于落物最小处 5～8 mm，布钢丝 350～450 mm。其不仅具有同时打捞多种类型小件落物的功能，还能对微卡或黏结的落物进行套铣、拨动落物引入落鱼以及局部反循环。适用于砂面或水泥塞面上小件落物最大长度小于套管内径的落物打捞。如图 4-77、图 4-78 所示。

技术参数：ϕ146 mm×0.71 m。

图 4-77　钢丝打捞筒规格

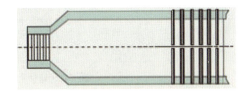
图 4-78　钢丝打捞筒结构

⑤ 丢手接头

工具原理：完井防砂用丢手接头包括上接头、防转机构、外管、悬挂活塞、剪钉、连接套、下接头。上接头上端有油管内螺纹，下端铣开有多个条体，条体下端直径大于上部直径形成台肩，上接头与外管连接，条体台肩位于外管内腔体的凹槽内，并有防转机构防止两者相对转动，外管与连接套螺纹连接。下端通过剪钉与连接套固定。用于丢开上部工作管柱，便于后期生产、作业。打丢手时先向管柱内投入钢球，待钢球落到丢手球座后，从管柱打压直至压力回零，上提管柱，拔出锁爪，起出丢手以上管柱。如图 4-79、图 4-80 所示。

技术参数：$\phi 142 \text{ mm} \times 0.67 \text{ m}$。

图 4-79　丢手接头规格

图 4-80　丢手接头结构

⑥ 打孔套管

工具原理：筛管的主要作用就是防砂，油井所处的地质环境不同（岩性不同）导致所采用的筛管的钢级和种类不同，分为钻孔筛管、复合筛管等。打孔管主要由石油套管本体加工，强度高，不易变形，适用于出砂粒径大于 0.3 mm 的出砂井防砂，且操作简单，使用方便，内通径大，易于进行管串配置。如图 4-81、图 4-82 所示。

技术参数：$\phi 127 \text{ mm} \times 11 \text{ m}$，孔径 5 mm，孔密 150 孔/m。

图 4-81　打孔套管规格

图 4-82　打孔套管结构

(6) 捞砂过程

经过 3 趟钻磨、1 趟钢丝打捞筒打捞和 1 趟丢手打孔套管，处理井筒至 6 299.56 m，符合后期投产条件。JH009 井悬挂衬管施工重点工序见表 4-20。

表 4-20 JH009 井悬挂衬管施工重点工序

序号	重点施工内容	使用工具	施工趟数	施工情况	处理井段/m	现场照片
1	组下钻磨管柱	三牙轮钻头	1趟	组下三牙轮钻头＋变扣＋2 7/8″斜坡钻杆＋变扣＋3 1/2″斜坡钻杆,探底至井深 6 268.9 m,加压 2 t,复探 3 次,位置不变,高出人工井底 41.1 m;钻磨冲砂至 6 293 m,进尺极为缓慢,上提频繁遇卡,怀疑封隔器球座在井底;起钻检查,牙轮钻头有 8 颗钻头齿崩脱,变扣接头本体上有多处横向磨痕	6 268.9～6 293	
2	组下钻磨管柱	大水眼磨鞋	1趟	组下磨鞋＋3 1/2″钻铤＋沉淀杯＋3 1/2″钻铤＋2 7/8″斜坡钻杆＋沉淀杯＋2 7/8″斜坡钻杆＋3 1/2″斜坡钻杆;遇阻深度 6 293.02 m,加压 2 t,复探 3 次,位置不变;在井深 6 293.02～6 293.32 m 用时 3 h 进尺极为缓慢,扭矩明显;起钻检查,工具、磨鞋底部合金严重磨损	6 293～6 293.32	
3	组下磨铣管柱	铣锥	1趟	组下铣锥＋3 1/2″钻铤＋2 7/8″斜坡钻杆＋变扣＋2 7/8″斜坡钻杆＋沉淀杯＋2 7/8″斜坡钻杆＋变扣＋3 1/2″斜坡钻杆;遇阻深度 6 293.32 m,加压 2 t,复探 3 次,位置不变;开泵循环,钻磨处理至 6 289.97 m,其间偶有轻微憋钻现象;起钻检查,工具、铣锥合金齿部有磨损	6 293.32～6 289.97	
4	组下打捞管柱	钢丝打捞筒	1趟	组下钢丝打捞筒＋变扣＋2 7/8″斜坡钻杆＋变扣＋3 1/2″斜坡钻杆;遇阻深度 6 289.97 m,正循环处理至 6 306.6 m,无进尺,正循环洗井返出稠油约 1 m³,上提钻具候沉,再次探底,遇阻深度 6 299.56 m,加压 2 t,复探 3 次不变;起钻检查,捞获 141 mm×28 mm×18 mm(长×宽×厚)落物,断口与铣鞋直径吻合	6 289.97～6 299.56	

表 4-20(续)

序号	重点施工内容	使用工具	施工趟数	施工情况	处理井段/m	现场照片
5	组下打孔套管	打孔套管丢手工具	1趟	组下打孔套管8根+套管1根+丢手接头+2 7/8″斜坡钻杆+变扣+3 1/2″斜坡钻杆,遇阻深度6 301 m,加压2~3 t,复探3次,位置不变;投球打压,悬重由112 t降至109.5 t,判断丢手成功;起钻检查,工具、丢手上接头完好	6 193.33~6 299.56	

(7) 经验认识

① 使用打孔套管支撑裸眼段工艺实现了防砂的目的,从源头减少了频繁垮塌出砂,本次施工在钻磨期间存在小件落物,通过使用钢丝打捞筒最终取得了成功。基于奥陶系碳酸盐岩裸眼完井方式,储层改造对围岩的破坏,再加上后期注水、注气等生产措施影响,频繁出现井底垮塌的现象。通过应用悬挂打孔套管,具有可靠的防砂效果,同时兼顾了稠油生产。由于防砂衬管悬挂于7″套管内部,可以有效防止衬管被埋卡,有利于后期油井的措施作业。

② 本井作业粗分共计采用了3种磨铣工艺、1种打捞工艺和1种防砂工艺,具体为:

a. 三牙轮钻磨工艺:利用三牙轮钻头在旋转时的冲击、压碎和剪切破碎地层岩石的作用,实现钻井井眼的延伸。在钻磨时,应合理控制钻压、钻速,防止憋压和扭矩过大。本井使用三牙轮钻头主要用于破碎大岩块,并利用循环冲洗的方式将岩屑携带出井筒。起钻检查,出现了钻头崩齿,说明井内有金属小件落物,应及时更换处理工具。

b. 大水眼磨鞋钻磨工艺:由本体和硬质合金柱构成,本体硬段的下端和本体软段的上端连接,硬质合金柱相间埋设在本体软段的底部,具有磨削效率高的优点。本井在钻磨处理期间,3 h进尺极为缓慢,扭矩明显,起钻检查,工具、磨鞋底部合金严重磨损。因此,下步更换铣锥进行磨铣。

c. 铣锥磨铣工艺:本井使用铣锥磨铣的目的是解除卡阻和打开通道。工具的主要工作面是侧面的硬质合金刃刀,在磨铣过程中能够达到扩展通道的作用,磨铣掉井内小件的落物,避免了井内落物顶住锥尖水眼部位形成支点,造成对称轴旋转,导致无效作业。起钻检查,工具底部由平底变为锥形,因此下步更换打捞工具进行处理。

d. 钢丝打捞筒处理打捞工艺:利用钢丝打捞筒下端的套铣头扫除井底岩屑障碍,同时进行小件落物的打捞。本井主要用于打捞落井的铣锥合金齿,为下步工序创造了有利条件。

e. 打孔管丢手工艺:防砂管柱下至预定位置,投球打压坐封并开启充填通道,将5″打孔套管成功下至井底,并悬挂丢手。

(8) 综合评价

① 修井方案评价

a. 确定因素集 U:

$$U = \{修井成功率(x_1), 修井成本(x_2), 修井作业效率(x_3), 修井劳动强度(x_4)\}$$

b. 确定权重集 A:

$$A = \{修井成功率(0.4), 修井成本(0.3), 修井作业效率(0.2), 修井劳动强度(0.1)\}$$

c. 确定评语目录集 V:

$$V = \{优秀(v_1), 良好(v_2), 合格(v_3), 不合格(v_4)\}$$

其中 v 取值 $0\sim1$ 之间,优秀为 $v \geqslant 0.8$,良好为 $0.4 \leqslant v < 0.8$,合格为 $0.2 < v < 0.4$,不合格为 $v \leqslant 0.2$。

d. 确定单因素评价矩阵 R:

按照以上评价原则,由施工人员、技术人员进行评价打分,确定单因素评价矩阵 R。

$$修井成功率 = \{0.3, 0.3, 0.3, 0.2\}$$
$$修井成本 = \{0.4, 0.2, 0.3, 0.3\}$$
$$修井劳动强度 = \{0.3, 0.1, 0.3, 0.3\}$$
$$修井作业效率 = \{0.4, 0.2, 0.3, 0.2\}$$

$$R = \begin{bmatrix} 0.3 & 0.3 & 0.3 & 0.2 \\ 0.4 & 0.2 & 0.3 & 0.3 \\ 0.3 & 0.1 & 0.3 & 0.3 \\ 0.4 & 0.2 & 0.3 & 0.2 \end{bmatrix}$$

e. 综合评价计算:

$$B = AR = (0.4 \quad 0.3 \quad 0.2 \quad 0.1) \begin{bmatrix} 0.3 & 0.3 & 0.3 & 0.2 \\ 0.4 & 0.2 & 0.3 & 0.3 \\ 0.3 & 0.1 & 0.3 & 0.3 \\ 0.4 & 0.2 & 0.3 & 0.2 \end{bmatrix}$$

计算得: $(0.3, 0.2, 0.3, 0.3) = 1.1$

(合格,合格,合格,合格)

用 1.1 除以各因素项归一化计算,得:

$$(0.31, 0.20, 0.27, 0.23)$$

从中可以看出,该井作业过程总体评价为合格。

② 经济效益评价

通过盈亏平衡点(BEP)分析项目成本与收益的平衡关系。计算方法如下:

$$效益盈亏平衡点 = \frac{单井次直接费用投入}{吨油价格 - 吨油增量成本}$$

$$投入产出比 = \frac{单井直接费用投入 + 增量成本}{措施累计增产油量 \times 吨油价格}$$

JH009 井经济效益评价结果见表 4-21。

表 4-21 JH009 井经济效益评价结果

直接成本					
修井费/万元	177	工艺措施费/万元	62	总计费用/万元	379
材料费/万元	63	配合劳务费/万元	77		

表 4-21(续)

增量成本					
吨油运费/元	/	吨油处理费/元	105	吨油价格/元	2 107
吨油税费/元	674	原油价格/美元折算	636	增量成本合计/万元	1 755
产出情况					
日增油/t	41	有效期/d	257	累计增油/t	10 520
效益评价					
销售收入/万元	2 217	吨油措施成本/(元/t)	1 139	投入产出比	1∶2.68
措施收益/万元	1 018	盈亏平衡点产量/t	5 689	评定结果	有效

7. JH109 井捞砂防垮实例分析

(1) 基础数据

JH109 井是阿克库勒凸起西斜坡上的一口开发井,2008 年 11 月完钻,完钻井深 6 228 m,完井方式裸眼酸压完井,初期 8 mm 油嘴开井,油压 18 MPa,自喷期间压力下降较快,逐级上调油嘴至 12 mm,排液 376.5 m³,未见油停喷。2010 年进行重复酸压,酸压总液量 2 474 m³,酸压后以 6 mm 油嘴排酸 106 m³ 后见油,酸压后累计产液 256 759 t、产油 254 094 t、产水 2 665 t。JH109 井基础数据详见表 4-22。

表 4-22 JH109 井基础数据表

井别	斜井	完井层位	O₂yj
完钻时间	2008.11.27	完井井段	6 143.8～6 228 m
固井质量	合格	10 3/4″套管下深	1 198.00 m
完钻井深	6 228 m	7″套管下深	6 143.8 m
人工井底	6 225.37 m	裸眼段长	84.2 m

(2) 事故经过

2018 年 8 月上修转抽,探底深度 5 322.56 m,高于人工井底 902.81 m,钻磨处理在 6 159.3～6 170.49 m 处出现钻具憋跳,返出大颗粒岩屑,出现重复砂埋。裸眼段挤水泥 2 m³ 稳固井壁,继续钻磨至 6 171.17 m,复探井底 6 159.05 m。分析判断水泥与井壁胶结差,钻磨冲砂作业重复垮塌严重,存在裸眼段扩径,岩屑难返出。

JH109 井井身结构如图 4-83 所示。上次作业冲出砂如图 4-84 所示。

(3) 施工难点

该井属于深井冲砂,施工难点主要有以下三点:

① 该井出砂频繁,兼有井壁坍塌的情况,垮塌形成局部小循环,处理及循环效率低,常规冲砂施工困难,卡钻风险高。

② 该井裸眼井段较长,历次储层改造规模较大,对井底碳酸盐岩存在一定破坏性,井壁径向持续坍塌会导致裸眼段掏空形成"大肚子",下入支撑管柱存在卡钻风险。

③ 该井硫化氢气体浓度为 1 616.41 mg/m³,施工中要综合考虑硫化氢风险和井控风险。

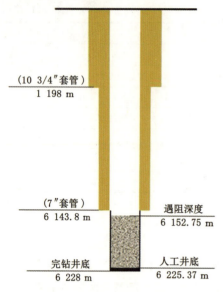

图 4-83　JH109 井井身结构示意图

图 4-84　上次作业冲出砂

(4) 设计思路

思路 1：起原井管柱后下探底冲砂管柱；使用铣鞋冲砂洗井至套管鞋以下，再使用三牙轮钻头钻磨处理至生产井段，两种工艺交替处理；若垮塌严重，则注入水泥稳固井壁，再使用 GS 负压捞砂工艺进行处理至产层段 6 210 m 以下；组下可钻磨防垮塌尾管，打压丢手悬挂。

思路 2：起原井管柱后下探底冲砂管柱；使用水力冲砂管冲砂洗井至套管鞋以下，再使用三牙轮钻头钻磨处理至生产井段，两种工艺交替处理；若垮塌严重，则注入水泥稳固井壁，继续使用三牙轮钻头钻磨处理至产层段 6 210 m 以下；组下可钻磨防垮塌尾管，打压丢手悬挂。

经过工程人员分析、讨论，认为采取思路 1 更为稳妥，主要原因有以下两个方面：

① 从前期修井情况来看，地层垮塌岩块较大，且井筒反复塌埋，必须进行封固裸眼段进行支撑。

② 砂样中粒径为 2~4 cm 所占比重较大，需先进行冲砂作业，再进行钻磨破碎处理，交替处理至产层段 6 210 m 以下。同时，考虑漏失影响，工具选型上应使用负压捞砂，以满足循环携砂需要。

(5) 工具选取

考虑井内出砂情况，选用了 3 种磨铣工艺、1 种捞砂工艺和 1 种防砂工艺，具体如下：

① 套铣鞋

工具原理：套铣鞋也叫空心磨鞋或铣头，是用以清除油套管环形空间各种脏物的工具。由上接头与筒体焊接而成，其底部管体切割成铣齿，并可在底部加焊切削合金。由于只起冲铣作用，故多用薄壁无缝钢管制作，以保证有较大的内通径及较小的外径。它主要用以冲洗盐结晶卡钻、地层出砂卡钻、压裂形成的沉砂卡钻等不需要旋转的冲铣作业。如图 4-85、图 4-86 所示。

技术参数：$\phi 135$ mm×1.24 m。

图 4-85 套铣鞋规格

图 4-86 套铣鞋结构

② 三牙轮钻头

工具原理:牙轮钻头在钻压和钻柱旋转的作用下,压碎并吃入岩石,同时产生一定的滑动而剪切岩石。当牙轮在井底滚动时,牙轮上的钻头依次冲击、压入地层,这个作用可以将井底岩石压碎一部分,同时靠牙轮滑动带来的剪切作用削掉齿间残留的另一部分岩石,使井底岩石全面破碎,井眼得以延伸。如图 4-87、图 4-88 所示。

技术参数:ϕ149.2 mm×0.18 m。

图 4-87 三牙轮钻头规格

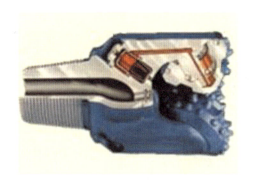

图 4-88 三牙轮钻头结构

③ PDC 钻头

工具原理:PDC 钻头是用聚晶金刚石复合片镶嵌于钻头钢体(或焊于钻头胎体)而制成的一种切削型钻头,它以聚晶金刚石复合片作为切削刃,以负刃前角剪切方式破碎岩石。如图 4-89、图 4-90 所示。

技术参数:ϕ149 mm×0.29 m PDC 钻头,头部为 6 瓣齿,水眼 10 mm×5 个。

图 4-89 PDC 钻头规格

图 4-90 PDC 钻头结构

④ 文丘里负压泵

工具原理:在受限流动通过缩小的过流断面时,流体出现流速增大的现象,其流量与过流断面成反比。由伯努利定律知,流速的增大伴随流体压力的降低,即文丘里现象。通过正循环使工具内部产生吸附效应来打捞碎屑。如图 4-91、图 4-92 所示。

技术参数:ϕ120 mm×1.23 m,水眼 6 mm×3 个。

图4-91　负压泵规格

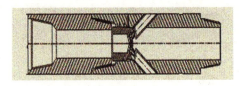
图4-92　负压泵结构

⑤ 沉砂管

工具原理：底部安装单流阀，顶部安装滤砂管短节，实现从下向上进入单向通道，砂子在顶部滤砂管出隔离阻挡落入管内，压井液可通过滤砂管继续上行。如图4-93、图4-94所示。

技术参数：ϕ118 mm×9.8 m。

图4-93　沉砂管规格

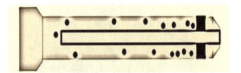
图4-94　沉砂管结构

⑥ 丢手接头

工具原理：完井防砂用丢手接头包括上接头、防转机构、外管、悬挂活塞、剪钉、连接套、下接头。上接头上端有油管内螺纹，下端铣开有多个条体，条体下端直径大于上部直径形成台肩，上接头与外管连接，条体台肩位于外管内腔体的凹槽内，并有防转机构防止两者相对转动，外管与连接套螺纹连接。下端通过剪钉与连接套固定，用于丢开上部工作管柱，便于后期生产、作业。打丢手时先向管柱内投入钢球，待钢球落到丢手球座后，从管柱打压直至压力回零，上提管柱，拔出锁爪，起出丢手以上管柱。如图4-95、图4-96所示。

技术参数：ϕ146 mm×0.89 m。

图4-95　丢手接头规格

图4-96　丢手接头结构

⑦ 铝合金可钻防垮尾管

工具原理：由铝合金丢手接头、直联铝合金（割缝）套管、铝合金导锥三部分组成，丢手接头上端设计NC31钻杆母螺纹，下端设计与套管相配合的反扣公螺纹，连接套管，同时组下割缝套管组合时一般套管扣不满，以便于铝合金管柱组下到位后加压倒扣。如图4-97、图4-98所示。

技术参数：ϕ130 mm×6 m，割缝长200 mm、缝宽2 mm，相邻割缝水平间距100 mm。

图 4-97 防垮尾管规格

图 4-98 防垮尾管结构

（6）捞砂过程

经过 1 趟冲砂处理、2 趟钻磨处理、1 趟挤堵处理、2 趟负压捞砂处理和 1 趟丢手合金尾管处理,处理井筒至 6 208.5 m,符合后期投产条件。JH109 井捞砂防垮施工重点工序见表 4-23。

表 4-23 JH109 井捞砂防垮施工重点工序

序号	重点施工内容	使用工具	施工趟数	施工情况	处理井段 /m	现场照片
1	组下冲砂管柱	铣鞋	1 趟	组下铣鞋＋2 7/8″反扣斜坡钻杆＋变扣＋3 1/2″反扣斜坡钻杆,遇阻位置 6 152.1 m,加压 2 t,复探 3 次,位置不变;循环处理至 6 170.88 m,进尺 18.78 m,返出液 280.9 m³,返出砂及铁的硫化物约 100 L,洗井候沉,复探 6 159.38 m;循环处理至 6 167.8 m,上提管脚,反循环洗井,出口逐渐变小,判断水眼堵塞;起钻检查,工具有磨损	6 152.1～6 167.8	
2	组下钻磨管柱	三牙轮钻头	1 趟	组下三牙轮钻头＋变扣＋2 7/8″反扣斜坡钻杆＋变扣＋3 1/2″反扣斜坡钻杆,遇阻位置 6 159.45 m,循环处理至 6 167 m,转盘蹩跳,进尺 7.55 m,上提管脚,正循环洗井候沉,复探 6 159.49 m,继续循环处理 6 170.49 m,进尺 11 m,上提管脚,正循环洗井候沉,复探 6 159.3 m,继续处理至 6 170.49 m,进尺 11.19 m,上提管脚,正循环洗井候沉;起钻检查,工具磨损	6 159.45～6 170.49	

表 4-23(续)

序号	重点施工内容	使用工具	施工趟数	施工情况	处理井段/m	现场照片
3	组下挤堵管柱	铣鞋	1趟	组下铣鞋＋2 7/8″反扣斜坡钻杆＋变扣＋3 1/2″反扣斜坡钻杆,遇阻位置6 159.33 m,加压2 t,复探3次,位置不变;正循环钻磨处理至6 170.52 m,进尺11.19 m,上提管脚,正循环洗井候沉,探得遇阻位置6 159.32 m;上提管脚5 841.25 m,配合挤水泥2 m³,关井候凝48 h;起钻检查,端口磨损严重	6 159.33～6 170.52	
4	组下钻磨管柱	三牙轮钻头	1趟	组下三牙轮钻头＋变扣＋2 7/8″反扣斜坡钻杆＋变扣＋3 1/2″反扣斜坡钻杆,塞面位置6 074.62 m,加压3 t,复探3次,位置不变;循环钻磨处理至6 171.17 m,进尺96.55 m,在6 159.05 m挂卡现象严重,最大挂卡8～10 t,划眼数次,正循环洗井候沉,复探位置6 159.05 m;起钻检查,工具磨损	6 074.62～6 171.17	
5	组下捞砂管柱	PDC钻头＋文丘里负压泵＋沉砂管	1趟	组下PDC钻头＋4 3/4″钻铤＋5 1/2″沉砂管＋4 1/2″驱动接头＋变丝＋文丘里短节＋安全接头＋变丝＋2 7/8″正扣钻杆＋3 1/2″正扣钻杆,遇阻位置6 144.47 m,加压2 t,复探3次,位置不变;钻磨至6 157.32 m,泵压升至16 MPa,停转盘上提钻具至6 149 m,反循环洗井返出细砂50 L;继续捞砂处理至6 166.41 m,累计进尺21.94 m,钻磨无进尺;起钻检查,工具磨损严重,捞出岩石颗粒及细砂约1 130 L	6 144.47～6 166.41	

表 4-23（续）

序号	重点施工内容	使用工具	施工趟数	施工情况	处理井段/m	现场照片
6	组下捞砂管柱	PDC钻头＋文丘里负压泵＋沉砂管	1趟	组下PDC钻头＋4 3/4″钻铤＋5 1/2″沉砂管＋4 1/2″驱动接头＋变丝＋文丘里短节＋安全接头＋变丝＋2 7/8″正扣钻杆＋3 1/2″正扣钻杆,遇阻位置6 165.81 m,加压2 t,复探3次,位置不变;钻磨处理量至6 210.09 m,进尺44.28 m,返砂约250 L;反循环洗井,泵入清水61.3 m³,漏失29.5 m³,返出地层砂约50 L;正循环压井,复探遇阻位置6 210.07 m;起钻检查,工具磨损严重,捞出岩石颗粒及细砂约460 L	6 165.81～6 210.09	
7	组下防塌尾管	防塌尾管＋丢手工具	1趟	组下可钻磨防垮塌尾管＋丢手接头＋变扣接头＋3 1/2″EUE油管＋变扣接头＋3 1/2″正扣斜坡钻杆,遇阻位置6 208.5 m,加压2 t,复探3次,位置不变,投球打压丢手;起钻检查,工具完好	6 125.64～6 208.5	

（7）经验认识

① 应用负压捞砂＋合金防塌尾管工艺,从源头减少了频繁垮塌出砂,本次施工在钻磨期间存在垮塌形成局部小循环的现象,通过优化工序最终取得了成功。基于奥陶系碳酸盐岩裸眼完井方式,储层改造对围岩的破坏,再加上后期注水、注气等生产措施影响,频繁出现井底垮塌的现象。负压捞砂工艺相比传统水力冲砂效率高,捞砂粒径更大,进尺更深,尤其针对漏失井进行负压捞砂、强制排砂,同时不会出现突然失返沉砂卡钻的现象。累计处理进尺56.4 m,捞砂量1 560 L。通过应用悬挂铝合金筛管,具有可靠的防砂效果。该铝合金材料除满足油井高温、高压、高盐、高含硫化氢的条件外,还具有质量轻、强度大、易钻磨、可溶解、耐强酸、电位高的特点。由于防砂衬管悬挂于7″套管内部,可以有效防止衬管被埋卡,有利于后期油井的措施作业。

② 本井作业粗分共计采用了3种磨铣工艺、1种捞砂工艺和1种防砂工艺,具体为:

a. 铣鞋磨铣工艺:本井自加工铣鞋,同时具备冲洗和磨铣功能。第一趟使用铣鞋进行冲砂,对套管鞋附近的沉砂及杂物进行了有效清理,进入垮塌井段时对岩块的冲洗能力不足。第二趟使用铣鞋主要是为了注入水泥封固垮塌井段。因此,本井自加工铣鞋使用取得了较好的应用效果。

b. 三牙轮钻磨工艺:利用三牙轮钻头在旋转时的冲击、压碎和剪切破碎地层岩石的作用,实现钻井井眼的延伸。本井使用三牙轮钻头主要用于破碎大岩块,并利用循环冲洗的方式将岩屑携带出井筒。起钻检查,出现了钻头崩齿,因此在钻磨时应合理控制钻压、钻速,防止憋压和扭矩过大。

c. 负压捞砂工艺:负压捞砂工艺是在文丘里捞砂工艺基础上进行工具改进,提高了适应性。其优点是可在井口带压钻进作业,捞砂环空配备有完整的防喷器、捞砂止回阀,采用PDC钻头强度高、破岩效率更高。本井在垮塌漏失段应用该工艺,相比常规正冲反洗作业,捞砂工艺砂液从钻具内运移到地面,环空无砂液,砂液井入钻具内顺畅,堵水眼、卡钻风险小,为下入可钻磨铝合金套管创造了有利条件。

d. 铝合金防塌尾管工艺:防砂管柱下至预定位置,投球打压坐封并开启充填通道,将铝合金防塌尾管成功下至井底,并悬挂丢手。新型悬挂器提高了工具密封性能,延长了使用寿命,从源头上减少了垮塌对生产的影响。

(8) 综合评价

① 修井方案评价

a. 确定因素集 U:

$U=\{$修井成功率(x_1),修井成本(x_2),修井作业效率(x_3),修井劳动强度$(x_4)\}$

b. 确定权重集 A:

$A=\{$修井成功率(0.4),修井成本(0.3),修井作业效率(0.2),修井劳动强度$(0.1)\}$

c. 确定评语目录集 V:

$V=\{$优秀(v_1),良好(v_2),合格(v_3),不合格$(v_4)\}$

其中 v 取值 $0\sim1$ 之间,优秀为 $v\geqslant0.8$,良好为 $0.4\leqslant v<0.8$,合格为 $0.2<v<0.4$,不合格为 $v\leqslant0.2$。

d. 确定单因素评价矩阵 $\boldsymbol{R}$:

按照以上评价原则,由施工人员、技术人员进行评价打分,确定单因素评价矩阵 $\boldsymbol{R}$。

修井成功率$=\{0.4,0.3,0.3,0.3\}$

修井成本$=\{0.4,0.2,0.3,0.3\}$

修井劳动强度$=\{0.4,0.3,0.3,0.3\}$

修井作业效率$=\{0.4,0.2,0.3,0.2\}$

$$\boldsymbol{R}=\begin{bmatrix}0.4 & 0.3 & 0.3 & 0.3\\0.4 & 0.2 & 0.3 & 0.3\\0.4 & 0.3 & 0.3 & 0.3\\0.4 & 0.2 & 0.3 & 0.2\end{bmatrix}$$

e. 综合评价计算:

$$\boldsymbol{B}=\boldsymbol{AR}=(0.4\ \ 0.3\ \ 0.2\ \ 0.1)\begin{bmatrix}0.4 & 0.3 & 0.3 & 0.3\\0.4 & 0.2 & 0.3 & 0.3\\0.4 & 0.3 & 0.3 & 0.3\\0.4 & 0.2 & 0.3 & 0.2\end{bmatrix}$$

计算得:　　　　　　$(0.4,\ 0.3,\ 0.3,\ 0.3)=1.3$

(合格,合格,合格,合格)

用 1.3 除以各因素项归一化计算,得:

$(0.32,0.21,0.24,0.23)$

从中可以看出,该井作业过程总体评价为合格。

② 经济效益评价

通过盈亏平衡点(BEP)分析项目成本与收益的平衡关系。计算方法如下:

$$效益盈亏平衡点=\frac{单井次直接费用投入}{吨油价格-吨油增量成本}$$

$$投入产出比=\frac{单井直接费用投入+增量成本}{措施累计增产油量\times 吨油价格}$$

JH109 井经济效益评价结果见表 4-24。

表 4-24　JH109 井经济效益评价结果

直接成本					
修井费/万元	277	工艺措施费/万元	62	总计费用/万元	499
材料费/万元	83	配合劳务费/万元	77		
增量成本					
吨油运费/元	/	吨油处理费/元	105	吨油价格/元	2 107
吨油税费/元	674	原油价格/美元折算	636	增量成本合计/万元	1 755
产出情况					
日增油/t	41	有效期/d	257	累计增油/t	10 520
效益评价					
销售收入/万元	2 217	吨油措施成本/(元/t)	1 319	投入产出比	1∶1.8
措施收益/万元	898	盈亏平衡点产量/t	6 259	评定结果	有效

第五章 超稠油堵塞处理技术

一、技术概述

塔河油田稠油油藏存在"两超、三高"(超深、超稠,密度高、黏度高、硫化氢含量高)的特点,稠油油藏埋深 5 500～6 500 m,油层中部温度 128～130 ℃(5 600 m),地温梯度 2.2 ℃/100 m,平均油藏原始地层压力 61.8 MPa(5 600 m),压力梯度系数 1.1,平均饱和压力 17.5 MPa,地层原油黏度 34.5 mPa·s,原油在储层中流动性好。奥陶系油藏原油凝固点高(−24～59 ℃),含盐量高(23 000～142 017 mg/L),密度为 0.932 7～1.078 0 g/cm^3,50 ℃时黏度为 300～325 000 mPa·s,甚至有的在 50 ℃时基本没有流动性。目前,稠油开采主要采用了掺稀油降黏采油工艺,但在掺稀过程中由于地层、采油参数不合理导致深层稠油井停产,需进行修井作业解堵恢复生产。

1. 自喷井超稠油堵塞处理工艺

对于稠油上返堵塞井筒的自喷井,根据井况不同,若能缓慢起出井内管柱,则起出井内管柱后再组下光管柱(或钻具组合)分段用稀油处理井筒稠油;若上提管柱困难,则采取油管切割、组下钻具稀油循环处理井筒稠油后对扣打捞,再进行稀油循环处理井筒稠油,在接近黏温拐点时可平推重泥浆压井,直至完成处理井筒稠油施工。

2. 机采井超稠油堵塞处理工艺

对稠油上返堵塞管柱的机采井,可以采取加装 2 台双闸板手动抽油杆防喷器,缓慢起出原井内抽油杆柱后,用连续油管作业机稀油循环冲洗油管,再用掺稀卸压降低井筒压力,最终顺利完成施工作业。

对于稠油上返堵塞管柱的电泵井,用连续油管作业机稀油循环冲洗油管,加大掺稀量掺稀卸压降低井筒压力,而后可尝试启泵生产。

3. 超稠油堵塞处理基本步骤

(1)根据井况选择合适的井筒稠油处理方法是井筒稠油处理成功的前提,原则上应先将井筒内的稠油堵塞处理干净。

(2)采取稀油循环要做好进口稀油量和出口混合油或稠油量计量工作。进出口量计量十分重要,是井筒稠油处理成功与否的关键,根据进出口液量的变化,可以了解地层的能量以及井筒稠油的上返速度。

(3)分段用稀油处理井筒稠油,逐段处理提出原井管柱,根据目前地层压力调配压井液比重,并准备好体积为井筒容积 1.5 倍的压井液。

(4)待井内稠油堵塞解除后,用压井液循环替出井内稀油,进行后续施工。

二、应用实例

本节介绍了塔河油田超稠油堵塞处理技术应用的 7 口井典型实例和在作业过程中积累的经验与技术成果。

1. JH010X 井连续油管处理实例

(1) 基础数据

JH010X 井是阿克库勒凸起西南部位的一口开发井,2006 年 11 月完井,井身结构为 3 级,完钻井深 5 710.25 m(斜)/5 701.8 m(垂),钻遇放空漏失,无法自喷转抽完井,初期日产液 38.6 t,日产油 35.1 t,含水 9.1%,生产期间液面下降较快,累计产液 3 373 t、产油 3 147 t、产水 226 t。JH010X 井基础数据详见表 5-1。

表 5-1 JH010X 井基础数据表

井别	斜井	完井层位	O_2yj
完钻时间	2008.11.27	完井井段	6 143.8～6 228 m
固井质量	合格	13 3/8″套管下深	1 197.54 m
完钻井深	5 710.25 m	9 5/8″套管下深	5 243.73 m
人工井底	5 698.35 m	裸眼段长	84.2 m

(2) 事故经过

2011 年 2 月抽油机自停,检查抽油机无异常,起抽后光杆滞后 4 m,上提光杆最高载荷 25 t,泵车正注沥青分散剂纯药剂 1 160 L,稀油 93 m³,打压 35 MPa 解堵无效,判断井内稠油堵塞严重。其间累计产液 2 792 t、产油 2 068 t、产水 724 t。

JH010X 井井身结构如图 5-1 所示。起出油管堵塞情况如图 5-2 所示。

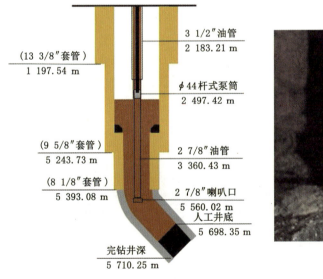

图 5-1 JH010X 井井身结构示意图　　图 5-2 起出油管堵塞情况

(3) 施工难点

该井属于深井稠油堵塞,施工难点主要有以下三点:

① 本井稠油上返堵塞油、套管,抽油杆和油管被稠油抱死,处理存在一定困难;加长尾管以下存在大段稠油,随着压井液不断补充能量和工期的延长,稠油聚集形成连续的稠油

段。作业过程中可能会存在稠油上返,增加井控风险和处理难度。

② 该井实测原油黏度 12 830 mPa·s(30 ℃),本次施工可能存在因稠油凝管起管柱困难形成落鱼的可能性,增加处理难度。

③ 该井监测硫化氢浓度 15 352.31 mg/m³,施工中注意做好硫化氢防护以及井控工作,确保安全施工。

(4) 设计思路

思路 1:提出机抽杆柱,下连续油管处理油管内堵塞;再注热稀油处理环空稠油。油套建立循环后,起出井内管柱,下入磨铣工具进行处理。

思路 2:提出机抽杆柱,下连续油管处理油管内堵塞;再注热稀油处理环空稠油。当油套建立循环后,对油套管进行掺稀卸压解堵。若连续油管循环热水效果不明显或周期太长,在机抽管柱内下矿物绝缘电缆加热环空稠油后注稀油开井。

经过技术人员分析、讨论,认为采取思路 1 更为稳妥,主要原因有以下两个方面:

① 使用连续油管作业,简单易操作,且不会造成稠油二次上返,对于机抽井具有较好的适应性。

② 该井生产期间存在供液不足的情况,液面恢复较慢,同时上次作业探底存在垮塌砂埋,本次处理稠油堵塞后须考虑处理井底。

(5) 工具选取

考虑井内堵塞情况,选用了 1 种冲洗工艺和 1 种磨铣工艺,具体如下:

① 连续油管

工具原理:连续油管是用低碳合金钢制作的管材,有很好的挠性,又称挠性油管。一卷连续油管长几千米,可以代替常规油管进行很多作业,连续油管作业设备具有带压作业、连续起下的特点,设备体积小,作业周期快。连续油管车主要由自走式底盘、车上作业机构、防喷器组等部分组成,具备结构精巧、井场移运安装方便、越野性能强、操作舒适性高、容管量大、提升力强等特点,能够满足复杂工况及道路运输条件的要求。如图 5-3、图 5-4 所示。

技术参数:$\phi 50.8 \text{ mm} \times 5\,000 \text{ m}$。

图 5-3 连续油管规格

图 5-4 连续油管设备

② 喷头

工具原理:针对砂粒不同直径、不同沉降速度、不同的板结程度,开发不同型式的喷头。固定旋流喷头是冲洗工具的一种,连接在基本工具串上,冲洗时由于喷射孔的偏心,喷出的流体碰触井壁后产生旋流效果,可以实现有效地清洗。如图 5-5、图 5-6 所示。

技术参数:$\phi 70 \text{ mm} \times 0.14 \text{ m}$。

图 5-5 喷头规格

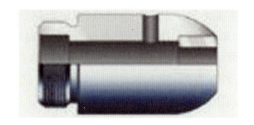
图 5-6 喷头结构

③ 三牙轮钻头

工具原理：牙轮钻头在钻压和钻柱旋转的作用下，牙齿压碎并吃入岩石，同时产生一定的滑动而剪切岩石。当牙轮在井底滚动时，牙轮上的钻头依次冲击、压入地层，这个作用可以将井底岩石压碎一部分，同时靠牙轮滑动带来的剪切作用削掉牙齿间残留的另一部分岩石，使井底岩石全面破碎，井眼得以延伸。如图 5-7、图 5-8 所示。

技术参数：ϕ149.2 mm×0.18 m。

图 5-7 三牙轮钻头规格

图 5-8 三牙轮钻头结构

④ 螺杆钻

工具原理：螺杆钻是一种以钻井液为动力，把液体压力转为机械能的容积式井下动力钻具。当泥浆泵泵出的泥浆流经旁通阀进入马达，在马达的进出口形成一定的压力差，推动转子绕定子的轴线旋转，并将转速和扭矩通过万向轴和传动轴传递给钻头，从而实现钻井作业。如图 5-9、图 5-10 所示。

技术参数：ϕ127 mm×5.65 m。

图 5-9 螺杆钻规格

图 5-10 螺杆钻结构

⑤ 加热泵车

工具原理：加热泵车，也叫蒸汽锅炉车，是装载在二类汽车底盘上的移动式蒸汽发生设备,主要由锅炉、水泵、燃烧器、发电机组、全自动燃烧器等组成。主要用于油田修井机配套,满足高温高压、高温低压、低温高压、低温低压四种作业工况,作业介质范围广泛,耐高温、腐蚀,可适用于清水和原油。如图 5-11、图 5-12 所示。

技术参数:施工压力 70 MPa,排量 400 L/min,加热介质为水或油。

图 5-11　锅炉车规格

图 5-12　稀油罐车规格

(6)处理过程

经过 5 趟冲洗、1 趟磨铣和 1 趟通井,处理井筒至 5 497.03 m,符合后期投产条件。JH010X 井稠油堵塞处理施工重点工序见表 5-2。

表 5-2　JH010X 井稠油堵塞处理施工重点工序

序号	重点施工内容	使用工具	施工趟数	施工情况	处理井段/m	现场照片
1	起原井杆柱	/	1 趟	油、套交替控制卸压,套压 0 MPa,油压 1.5～0 MPa,加入 5‰的碱式碳酸锌、密度为 1.03 g/cm³ 的压井液 1 m³,套管补液压井,开井观察,井口稳定。起出 ϕ28 mm 光杆 1 根+短节 3 根+1″抽油杆 71 根+7/8″抽油杆 85 根+6/8″抽油杆 152 根,带出 ϕ44 mm 杆式泵柱塞	0～2 488.72	
2	起原井管柱	/	1 趟	起原井管柱,3 1/2″油管 24 根,起钻补液 0.1 m³,起出油管最初 5 根挂卡严重,原悬重 60 t,上提最高吨位达到 75 t,解卡成功。油管返稠油,起第 24 根时满管带稠油堵死。停止起管柱,待连续油管车处理	0～235	

表 5-2(续)

序号	重点施工内容	使用工具	施工趟数	施工情况	处理井段/m	现场照片
3	连续油管解堵	喷头	1趟	泵车配合连续油管下至 6 m 处遇阻,加压 2 t 通过,在 51 m 处遇阻,加压 1.5 t 未通过,当加压 3 t 连续油管至 71 m 处时,上提连续油管,提升拉力为 1.5 t,反复上下活动连续油管 8 次无效,继续活动连续油管至 93 m 处,下放期间加压 2 t;起出连续油管,检查连续油管及出液口	0~93	
4	连续油管解堵	喷头	1趟	连续油管通至 1 900 m 处遇阻(连续油管自重 3.3 t,指重归零,加压 2 t 无法通过),上下活动连续油管无法通过,泵压 10 MPa,返原油 5 m³。起出连续油管,配合起 3 1/2″ 油管 196 根＋2 7/8″ 油管 31 根(油管根根黏扣),起至 2 7/8″ 油管第 28 根时见稠油,起钻补液 0.6 m³	0~1 900	
5	连续油管解堵	喷头	1趟	连续油管通井至 1 653 m 遇阻,反复活动无效,出油 6.5 m³,起出连续油管拆注入头。起 2 7/8″ 油管 222 根,其间补液 1.4 m³。当起至第 132 根时油管堵塞,起至第 152 根时油管堵实,起至 153 根以后根根堵实且起钻时返稠油及大量沥青质。继续起 2 7/8″ 油管 100 根,起钻补液 0.8 m³	0~1 653	
6	组下钻磨工具	三牙轮钻头	1趟	组下三牙轮钻头＋φ127 mm 螺杆钻＋3 1/2″ 油管,遇阻位置 5 515.69 m,加压 2 t 通过,上提管柱遇卡,上提最大吨位 73 t 解卡(原悬重 66 t);正循环洗井,泵入盐水 25 m³,泵压 0,无返液。油管注轻质油 11.5 m³,替密度盐水 22.5 m³。关井闷井 1 h;开井套管返 1 m³ 稀油及大量气体,探底 5 497.03 m;起钻检查,工具完好	5 497.03~5 515.69	

(7) 经验认识

① 本次施工对井内稠油堵塞面状况判断是清楚的,通过掺稀循环解堵、盐水压井、连续油管处理,保证了作业成功。一是本次作业应用稀油与稠油相似相溶的原理,将混合油循环出井筒,达到分段处理管脚上部稠油的目的。在稠油上返的井筒中,稠油上升到一定高度后由于温度降低而冷凝,上部混合油就只需要用正常的盐水循环出来,但本井作业期间地层倒吸,井筒无法建立循环,导致钻磨处理终止。二是对于稠油上返的井若上提管柱时负荷持续上涨至最大吨位且活动无效时,应停止起管柱,使用连续油管注入稀油进行冲洗。三是对于沥青质含量较高的稠油,应使用沥青分散剂配合注入解堵,可以提高处理效率。

② 本井作业期间粗分选用了1种冲洗工艺和1种磨铣工艺,具体为:

a. 冲洗井工艺:连续油管冲洗工艺简单易实施,配合热稀油冲洗至油管1 900 m处。该工艺适用于地层能量强、施工过程中易稠油上返井的情况,但由于工具尺寸小、效果有限,本次不能彻底清除管壁上附着的稠油。

b. 三牙轮钻磨工艺:本井使用三牙轮钻头不同于常规钻磨处理。三牙轮钻头的水眼大、通径尺寸大,有利于对稠油块进行钻磨冲洗,同时对套管壁上附着的稠油有通刮作用。

c. 螺杆钻:螺杆钻是一种井下动力钻具,是一种把液体的压力能转换为机械能的能量转换装置,当高压钻井液由钻杆进入螺杆钻具后,液体的压力迫使转子旋转,从而把扭矩传递到钻头上,实现滑动钻进,达到钻井的目的。

(8) 综合评价

① 修井方案评价

a. 确定因素集 U:

$$U=\{修井成功率(x_1),修井成本(x_2),修井作业效率(x_3),修井劳动强度(x_4)\}$$

b. 确定权重集 A:

$$A=\{修井成功率(0.4),修井成本(0.3),修井作业效率(0.2),修井劳动强度(0.1)\}$$

c. 确定评语目录集 V:

$$V=\{优秀(v_1),良好(v_2),合格(v_3),不合格(v_4)\}$$

其中 v 取值 0~1 之间,优秀为 $v \geq 0.8$,良好为 $0.4 \leq v < 0.8$,合格为 $0.2 < v < 0.4$,不合格为 $v \leq 0.2$。

d. 确定单因素评价矩阵 **R**:

按照以上评价原则,由施工人员、技术人员进行评价打分,确定单因素评价矩阵 **R**。

$$修井成功率=\{0.3,0.3,0.3,0.2\}$$
$$修井成本=\{0.4,0.2,0.3,0.3\}$$
$$修井劳动强度=\{0.3,0.1,0.3,0.3\}$$
$$修井作业效率=\{0.4,0.2,0.3,0.2\}$$

$$\boldsymbol{R}=\begin{bmatrix} 0.3 & 0.3 & 0.3 & 0.3 \\ 0.4 & 0.2 & 0.3 & 0.3 \\ 0.3 & 0.1 & 0.3 & 0.3 \\ 0.4 & 0.2 & 0.3 & 0.3 \end{bmatrix}$$

e. 综合评价计算:

$$B = AR = (0.4 \quad 0.3 \quad 0.2 \quad 0.1) \begin{bmatrix} 0.3 & 0.3 & 0.3 & 0.3 \\ 0.4 & 0.2 & 0.3 & 0.3 \\ 0.3 & 0.1 & 0.3 & 0.3 \\ 0.4 & 0.2 & 0.3 & 0.3 \end{bmatrix}$$

计算得：$(0.3, 0.2, 0.3, 0.3) = 1.1$

（合格，合格，合格，合格）

用 1.1 除以各因素项归一化计算，得：

$$(0.31, 0.20, 0.27, 0.23)$$

从中可以看出，该井作业过程总体评价为合格。

② 经济效益评价

通过盈亏平衡点（BEP）分析项目成本与收益的平衡关系。计算方法如下：

$$效益盈亏平衡点 = \frac{单井次直接费用投入}{吨油价格 - 吨油增量成本}$$

$$投入产出比 = \frac{单井直接费用投入 + 增量成本}{措施累计增产油量 \times 吨油价格}$$

JH010X 井经济效益评价结果见表 5-3。

表 5-3　JH010X 井经济效益评价结果

直接成本					
修井费/万元	107	工艺措施费/万元	62	总计费用/万元	268
材料费/万元	52	配合劳务费/万元	47		
增量成本					
吨油运费/元	/	吨油处理费/元	105	吨油价格/元	2 107
吨油税费/元	674	原油价格/美元折算	636	增量成本合计/万元	1 755
产出情况					
日增油/t	21	有效期/d	257	累计增油/t	5 520
效益评价					
销售收入/万元	1 163	吨油措施成本/(元/t)	1 264	投入产出比	1∶1.73
措施收益/万元	465	盈亏平衡点产量/t	3 313	评定结果	有效

2. JH011CX 井连续油管处理实例

（1）基础数据

JH011CX 井是阿克库勒凸起西北斜坡部位的一口开发井，2019 年 8 月完井，井身结构为 3 级，完钻井深 6 926.85 m（斜）/6 265.97 m（垂），完井方式为裸眼酸压完井，投产初期 3.5 mm 油嘴自喷生产，初期油压 29.2 MPa，日产液 9 t，日掺稀 23 t，不含水，生产期间压力快速下降。其间累计产液 1 373 t、产油 947 t、产水 4 26 t。JH011CX 井基础数据详见表 5-4。

表 5-4　JH011CX 井基础数据表

井别	水平井	完井层位	$O_{1-2}y$
完钻时间	2019.08.07	完井井段	6 725～6 926.85 m
固井质量	良	10 3/4″套管下深	1 199.39 m
完钻井深	6 926.85 m	7 5/8″套管下深	6 108.32 m
人工井底	6 926.85 m	裸眼段长	201.85 m

(2) 事故经过

2019 年 10 月上修转抽,采用 CYB70/32 型抽稠泵,泵深 1 618.16 m,日产液 30 t,日掺稀 70 t,不含水。2020 年 2 月抽油机自停,检查抽油机无异常,起抽后光杆滞后 4 m,上提光杆最高载荷 25 t,泵车正注解堵,压力 50 MPa,井内稠油堵塞严重,其间累计产液 2 792 t、产油 2 068 t、产水 724 t。

JH011CX 井井身结构如图 5-13 所示。起出抽油杆后情况如图 5-14 所示。

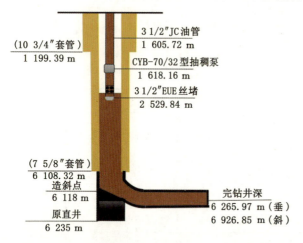

图 5-13　JH011CX 井井身结构示意图　　图 5-14　起出抽油杆后情况

(3) 施工难点

该井属于深井稠油堵塞,施工难点主要有以下三点:

① 本井稠油上返堵塞油、套管,抽油杆和油管被稠油抱死,处理存在一定困难,原井机抽管柱泵深 1 618.16 m,筛管 2 492.94 m,掺稀生产混合深度较浅,筛管以下存在大段稠油,随着压井液不断补充能量和工期的延长,稠油聚集形成连续的稠油段。作业过程中可能会存在稠油上返,增加井控风险和处理难度。

② 该井实测原油黏度 14 830 mPa·s(30 ℃),本次施工可能存在因稠油凝管起管柱困难形成落鱼的可能性,增加处理难度。

③ 该井监测硫化氢浓度为 14 351.33 mg/m³,施工中注意做好硫化氢防护以及井控工作,确保安全施工。

(4) 设计思路

思路 1:提出机抽杆柱,下连续油管处理油管内堵塞,再注热稀油处理环空稠油。当油套建立循环后,对油套管进行掺稀卸压解堵。若连续油管循环热水效果不明显或周期太长,在机抽管柱内下矿物绝缘电缆加热环空稠油后注稀油开井。

思路 2：提出机抽杆柱，下连续油管处理油管内堵塞，再注热稀油处理环空稠油。油套建立循环后，起出井内管柱，下入磨铣工具进行处理。

经过技术人员分析、讨论，认为采取思路 1 更为稳妥，主要原因有以下两个方面：

① 该井稠油黏度 554.1 mPa·s(70 ℃)，通过注热稀油进行处理，重新建立井筒温度场，能够有效解决稠油堵塞问题，减少修井作业磨铣周期。

② 使用连续油管作业，简单易操作，且不会造成稠油二次上返，对于机抽井具有较好的适应性。

（5）工具选取

考虑井内堵塞情况，选用了 1 种冲洗工艺、1 种通井工艺和 1 种电加热工艺，具体如下：

① 连续油管

工具原理：连续油管是用低碳合金钢制作的管材，有很好的挠性，又称挠性油管。一卷连续油管长几千米，可以代替常规油管进行很多作业，连续油管作业设备具有带压作业、连续起下的特点，设备体积小，作业周期快。连续油管车主要由自走式底盘、车上作业机构、防喷器组等部分组成，具备结构精巧、井场移运安装方便、越野性能强、操作舒适性高、容管量大、提升力强等特点，能够满足复杂工况及道路运输条件的要求。如图 5-15、图 5-16 所示。

技术参数：ϕ50.8 mm×5 000 m。

图 5-15　连续油管规格

图 5-16　连续油管设备

② 喷头

工具原理：针对砂粒不同直径、不同沉降速度、不同的板结程度，开发不同型式的喷头。固定旋流喷头是冲洗工具的一种，连接在基本工具串上，冲洗时由于喷射孔的偏心，喷出的流体碰触井壁后产生旋流效果，可以实现有效地清洗。如图 5-17、图 5-18 所示。

技术参数：ϕ70 mm×0.14 m。

图 5-17　喷头规格

图 5-18　喷头结构

③ 通径规

工具原理：通径规是检测油、套管，钻杆以及其他管子内通径尺寸的简单而常用的井下检测工具。用它可以检测管子的内通径是否符合工具下入，检查油管变形后能通过的最大作用尺寸,是修井、作业检测必不可少的工具,由接头与筒体两部分组成。如图 5-19、图 5-20 所示。

技术参数:$\phi 26 \text{ mm} \times 1.0 \text{ m}$。

图 5-19　通径规规格　　　　　　　　图 5-20　通径规结构

④ 矿物绝缘加热电缆

工具原理:矿物绝缘加热电缆是由连续无缝的金属管作护套、单根或多根合金电阻丝作发热源、紧密压实的高纯氧化镁作导热绝缘体,采用特殊生产工艺制造。电缆末端将三根发热线芯焊接,构成三相星形连接,并采用尾端组件进行密封和绝缘,尾端为锥形或球形导头,便于下井作业。额定使用温度(250 ℃、450 ℃、800 ℃)下不熔化、不燃烧,在低温下也不会脆断。金属外护套结构坚固,强度较高,可耐机械挤压及弯曲。如图 5-21、图 5-22 所示。

技术参数:$\phi 8 \text{ mm} \times 2\,000 \text{ m}$。

 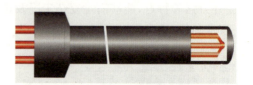

图 5-21　电缆规格　　　　　　　　图 5-22　电缆结构

⑤ 加热泵车

工具原理:加热泵车也叫蒸汽锅炉车,是装载在二类汽车底盘上的移动式蒸汽发生设备,主要由锅炉、水泵、燃烧器、发电机组、全自动燃烧器等组成。主要用于油田修井机配套,满足高温高压、高温低压、低温高压、低温低压四种作业工况,作业介质范围广泛,耐高温、腐蚀,可适用于清水和原油。如图 5-23、图 5-24 所示。

技术参数:施工压力 70 MPa,排量 400 L/min,加热介质为水或油。

图 5-23　锅炉车规格　　　　　　　　图 5-24　稀油罐车规格

(6) 处理过程

经过 3 趟打压冲洗、1 趟通井和 1 趟电加热解堵,处理井筒至 2 000 m,符合后期投产条件。JH011CX 井稠油堵塞处理施工重点工序见表 5-5。

第五章 超稠油堵塞处理技术

表 5-5 JH011CX 井稠油堵塞处理施工重点工序

序号	重点施工内容	使用工具	施工趟数	施工情况	处理井段 /m	现场照片
1	起原井杆柱	/	1 趟	上提原井光杆遇卡（原悬重 9 t），反复活动，最大上提至 20 t，解卡成功；其间多次尝试油管憋压 15 MPa 压力不降。起出原井抽油杆 ϕ38 mm 光杆＋1″抽油杆 2 根＋1″调整短节 2 根＋1″抽油杆 84 根＋7/8″×1″变扣＋7/8″抽油杆 140 根＋1″×7/8″变扣＋1″抽油杆 12 根＋CYB-70/32TH 型柱塞	0～1 618	
2	泵车稀油解堵	/	1 趟	油管正注稀油，泵压 45 MPa，油管累计泵入 15 m³，套压 10 MPa。套管反注稀油，泵压 30 MPa，套管泵入稀油 50 m³。反循环节流掺稀，泵入稀油 40 m³，返出 51 m³ 后出稠油。正循环密度为 1.24 g/cm³ 的泥浆，泵压 35 MPa，无法建立循环。上提管柱至 65 t，反复静置上提，逐渐上提至 95 t，起出油管 26 根，起至第 5 根开始稠油堵塞，返出稠油	0～260	
3	连续油管解堵	喷头	1 趟	套管打压 35 MPa，泵车配合连续油管正循环处理至井深 1 300 m，泵压 34～22 MPa，套压 35～29 MPa，泵入稀油 14.3 m³，出口返出 14.2 m³ 进污液罐。循环下放连续油管，至 1 605 m，累计注入稀油 26.3 m³、出液 26.8 m³，返混合油。泵车出现故障，停泵关井，上提至 200 m，出口见大量稠油及气体，管线出现跳动现象，立即关井	1 300～1 605	
4	连续油管解堵	喷头	1 趟	连续油管解堵至井深 1 605 m，泵压 33 MPa，油压 16 MPa，套压 50 MPa。进口温度 80～92 ℃，出口温度 35～47 ℃，累计泵入稀油 144.23 m³，返稠油 24.4 m³、混合油 40.5 m³、稀油 35.8 m³ 进污液罐，其间加热回收原油 69.4 m³。起连续油管，油管平推 1.4 g/cm³ 的泥浆，油管解堵成功，环空憋压 50 MPa 无压降，环空无法解堵	0～1 605	

表 5-5(续)

序号	重点施工内容	使用工具	施工趟数	施工情况	处理井段/m	现场照片
5	组下通井工具	通径规	1趟	组下电缆通径规,油管通井至2 000 m,其间油管补密度为1.4 g/cm³的泥浆液0.6 m³。起出通井工具,检查完好	0~2 000	
6	下矿物绝缘电缆	电缆	1趟	组下矿物绝缘加热电缆至2 000 m,井口初始温度由23 ℃升至最高达100 ℃,待井筒整体温度升高后配合掺稀生产。油套循环畅通后,利用1.25 g/cm³的压井液反循环一次压井成功	0~2 000	

(7) 经验认识

① 本次施工对井内稠油堵塞面状况判断是清楚的,通过掺稀循环解堵、重浆压井、连续油管处理,矿物质绝缘电缆加热配合掺稀,保证了作业成功。一是本次作业应用稀油与稠油相似相溶的原理,将混合油循环出井筒,达到分段处理管脚上部稠油的目的。在稠油上返的井筒中,稠油上升到一定高度后由于温度降低而冷凝,上部混合油就只需要用正常的盐水循环出来,而当继续处理下部稠油时,地层也不断出稠油,优选稀油溶解,但由于密度过低,造成压差过小,不足以压住地层,因此又用重盐水进行循环压井,实现井筒稳定。二是对于稠油上返的井若上提管柱时负荷持续上涨至最大吨位且活动无效时,要停止起管柱,使用连续油管注入热油进行冲洗。三是通过使用矿物绝缘油井加热电缆,提高油管上部温度,重新建立了井筒温度场,实现了掺稀循环生产。

② 本井作业期间粗分选用了1种冲洗工艺、1种通井工艺和1种加热工艺,具体为:

a. 冲洗井工艺:连续油管冲洗工艺简单易实施,配合热稀油冲洗至油管2 000 m处。该工艺适用于地层能量强、施工过程中易稠油上返井的情况,但由于工具尺寸小、效果有限,不能彻底清除管壁上附着的稠油。

b. 通井工艺:本井使用通径规在油管内通至2 000 m,确认油管内稠油堵塞已全部处理干净,为下步下入加热电缆创造了有利井筒条件。

c. 矿物绝缘加热电缆:矿物绝缘加热电缆为电阻性发热元件,电缆由无机材料构成,其自身的物理性能和化学性能相当稳定,金属外护套结构坚固、强度较高,可耐机械挤压及弯曲。由于氧化镁的导热性非常好、发热均匀、内外温差极小,可以最大限度转化为热能,本井使用效果明显,组下矿物绝缘加热电缆至2 000 m,井口初始温度由23 ℃升至最高达100 ℃。

(8) 综合评价

① 修井方案评价

a. 确定因素集 U:

$$U = \{修井成功率(x_1), 修井成本(x_2), 修井作业效率(x_3), 修井劳动强度(x_4)\}$$

b. 确定权重集 A：

$$A = \{修井成功率(0.4), 修井成本(0.3), 修井作业效率(0.2), 修井劳动强度(0.1)\}$$

c. 确定评语目录集 V：

$$V = \{优秀(v_1), 良好(v_2), 合格(v_3), 不合格(v_4)\}$$

其中 v 取值 $0\sim1$ 之间,优秀为 $v \geqslant 0.8$,良好为 $0.4 \leqslant v < 0.8$,合格为 $0.2 < v < 0.4$,不合格为 $v \leqslant 0.2$。

d. 确定单因素评价矩阵 R：

按照以上评价原则,由施工人员、技术人员进行评价打分,确定单因素评价矩阵 R。

$$修井成功率 = \{0.4, 0.3, 0.3, 0.3\}$$
$$修井成本 = \{0.4, 0.2, 0.3, 0.3\}$$
$$修井劳动强度 = \{0.4, 0.3, 0.3, 0.3\}$$
$$修井作业效率 = \{0.4, 0.2, 0.3, 0.3\}$$

$$R = \begin{bmatrix} 0.4 & 0.3 & 0.3 & 0.3 \\ 0.4 & 0.2 & 0.3 & 0.3 \\ 0.4 & 0.3 & 0.3 & 0.3 \\ 0.4 & 0.2 & 0.3 & 0.3 \end{bmatrix}$$

e. 综合评价计算：

$$B = AR = (0.4 \quad 0.3 \quad 0.2 \quad 0.1) \begin{bmatrix} 0.4 & 0.3 & 0.3 & 0.3 \\ 0.4 & 0.2 & 0.3 & 0.3 \\ 0.4 & 0.3 & 0.3 & 0.3 \\ 0.4 & 0.2 & 0.3 & 0.3 \end{bmatrix}$$

计算得： $(0.4, 0.3, 0.3, 0.3) = 1.3$

（合格,合格,合格,合格）

用 1.3 除以各因素项归一化计算,得：

$$(0.32, 0.21, 0.24, 0.24)$$

从中可以看出,该井作业过程总体评价为合格。

② 经济效益评价

通过盈亏平衡点（BEP）分析项目成本与收益的平衡关系。计算方法如下：

$$效益盈亏平衡点 = \frac{单井次直接费用投入}{吨油价格 - 吨油增量成本}$$

$$投入产出比 = \frac{单井直接费用投入 + 增量成本}{措施累计增产油量 \times 吨油价格}$$

JH011CX 井经济效益评价结果见表 5-6。

表 5-6　JH011CX 井经济效益评价结果

直接成本					
修井费/万元	77	工艺措施费/万元	62	总计费用/万元	249
材料费/万元	63	配合劳务费/万元	47		

表 5-6(续)

增量成本					
吨油运费/元	/	吨油处理费/元	105	吨油价格/元	2 107
吨油税费/元	674	原油价格/美元折算	636	增量成本合计/万元	1 755
产出情况					
日增油/t	21	有效期/d	257	累计增油/t	5 520
效益评价					
销售收入/万元	1 163	吨油措施成本/(元/t)	1 230	投入产出比	1∶1.94
措施收益/万元	484	盈亏平衡点产量/t	3 233	评定结果	有效

3. JH127 井分段掺稀处理实例

(1) 基础数据

JH127 井是阿克库勒凸起西北斜坡上的一口开发井,井身结构为 3 级,完钻井深为 6 750 m,2008 年 5 月钻进至 6 721 m 时发现漏失,常规完井。投产初期 6 mm 油嘴反掺稀生产,初期油压 8.6 MPa,日产油 58 t,日掺稀油 158 t,不含水,生产期间压力、产液下降较快。2008 年 9 月因地层基本不出液而关井。2009 年 3 月上修转抽后,启抽无产出,光杆滞后严重关井。JH127 井基础数据详见表 5-7。

表 5-7　JH127 井基础数据表

井别	直井	完井层位	$O_{1-2}y$
完钻时间	2008.05.03	完井井段	6 590.89~6 640 m
固井质量	良	13 3/8″套管下深	504.26 m
完钻井深	6 750 m	9 5/8″套管下深	4 496.76 m
人工井底	6 639.64 m	7″套管下深	6 590.89 m

(2) 事故经过

2009 年 4 月上修期间,起原井管柱发现 1 240.38~3 415.27 m 处油管被稠油堵塞,循环稀油处理至 5 495.10 m,解堵未能成功。分析认为油管以下稠油形成稠油塞,解堵困难。下光管柱,注入稀油后完井待大修。

JH127 井井身结构如图 5-25 所示。出井油管堵塞情况图 5-26 所示。

(3) 施工难点

该井属于深井稠油堵塞,施工难点主要有以下三点:

① 结合前期处理稠油的过程,本次施工作业过程中可能会存在稠油上返的情况,增加井控风险和处理难度。

② 该井实测原油黏度 120 000 mPa·s(60 ℃),本次施工可能存在因稠油凝管起管柱困难形成落鱼的可能性,增加处理难度。

③ 该井监测硫化氢浓度为 31 898.36 mg/m³,施工中注意做好硫化氢防护以及井控工作,确保安全施工。

(4) 设计思路

第五章 超稠油堵塞处理技术

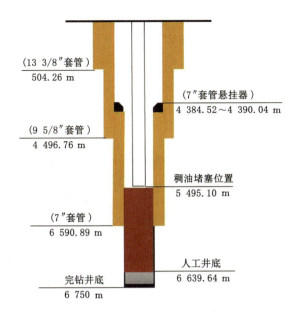

图 5-25 JH127 井井身结构示意图

图 5-26 出井油管堵塞情况

思路1：试提井内管柱，若无法提出，则配合进行油管切割；组下冲洗管柱至鱼顶附近，进行打捞；冲洗处理至原人工井底，刮削套管通井至井底，下入油管配合投产。

思路2：试提井内管柱，若无法提出，则配合连续油管冲洗上部稠油；再使用重泥浆平推压井，冲洗至原人工井底。

经过技术人员分析、讨论，认为采取思路1更为稳妥，主要原因有以下两个方面：

① 从上次修井情况来看，井内油管环空被稠油堵塞，采取分段式处理实施难度小，且油管切割后易于打捞。

② 若使用重泥浆处理，油、套管憋压较高，且处理周期较长，不易于现场操作施工。

（5）工具选取

考虑井内堵塞情况，选用了1种油管切割工艺、1种冲洗工艺、1种刮削工艺、1种钻磨工艺和1种冲砂洗井工艺，具体如下：

① 油管切割枪

工具原理：利用炸药装药一端的空穴提高局部破坏作用的效应称为聚能效应。若在锥形空穴处敷以金属罩，其在炸药爆轰作用下所形成的高速金属射流具有极高的侵彻能力。通过装药结构的改变，射流的形状可以是各种不同样式的平面结构（切割器），像刀一样，从而达到了切割的目的。如图5-27、图5-28所示。

技术参数：$\phi 68.6 \text{ mm} \times 0.61 \text{ m}$。

图 5-27 油管切割枪规格

图 5-28 油管切割枪结构

② 三牙轮钻头

工具原理：牙轮钻头在钻压和钻柱旋转的作用下，轮齿压碎并吃入岩石，同时产生一定的滑动而剪切岩石。当牙轮在井底滚动时，牙轮上的轮齿依次冲击、压入地层，这个作用可以将井底岩石压碎一部分，同时靠牙轮滑动带来的剪切作用削掉轮齿间残留的另一部分岩石，使井底岩石全面破碎，井眼得以延伸。如图5-29、图5-30所示。

技术参数：ϕ214 mm×0.35 m。

 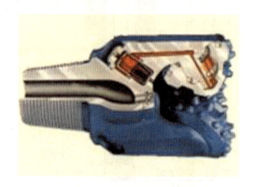

图5-29　三牙轮钻头规格　　　　　图5-30　三牙轮钻头结构

③ 双滑块捞矛

工具原理：当工具进入落鱼后，卡瓦依靠自重向下滑动，与矛杆发生相对位移，与矛杆中心线距离增大，直至与落鱼内壁接触，上提管柱，斜面向上运动产生的径向力迫使卡瓦吃入落物，实现打捞。如图5-31、图5-32所示。

技术参数：外径ϕ72 mm×1.5 m，打捞范围72～89 mm。

图5-31　双滑块捞矛规格　　　　　图5-32　双滑块捞矛结构

④ 斜尖

工具原理：用高速流动的液体将井底砂堵冲散，并借用液流循环上返的循环能力，将冲散的砂子带出地面，从而清除井底的积砂。冲洗方式一般有正冲、反冲和正反冲三种，处理稠油过程中可实现正反循环。如图5-33、图5-34所示。

技术参数：ϕ88.9 mm×0.70 m。

图5-33　斜尖规格　　　　　图5-34　斜尖结构

⑤ 刮削器

工具原理：弹簧式套管刮削器主要由壳体、刀板、刀板座、固定块、螺旋弹簧、内六角螺钉等零件组成。可用于清除残留在套管内壁上的水泥块、水泥环、硬蜡、各种盐类结晶或沉积物、射孔毛刺以及套管锈蚀后所产生的氧化铁等，以便畅通无阻地下入各种井下工具。使用刮削器能提高工具下入和完成作业的成功率。刮削器工作在固定尺寸的套管空间内，在稠油处理中对比这一尺寸小的内径上的黏附物均可刮削。这种刮削作用如同机械加工中的圆柱形绞刀,用坚韧的刀刃切除被切材料和修光被切后的表面。如图5-35、图5-36所示。

技术参数:φ142 mm×0.70 m。

图5-35 弹簧式刮削器结构

图5-36 弹簧式刮削器规格

(6)处理过程

经过打捞1趟油管切割、2趟磨铣、1趟刮削和1趟洗井,处理井筒至6 639.64 m,符合后期投产条件。JH127井稠油堵塞处理施工重点工序见表5-8。

表5-8 JH127井稠油堵塞处理施工重点工序

序号	重点施工内容	使用工具	施工趟数	施工情况	处理井段/m	现场照片
1	下入切割工具	切割枪	1趟	提原井管柱悬重为90 t,悬吊观察40 min,下降至80 t,反复上提悬吊解卡无效,下放油管座吊卡最低悬重65 t。3 1/2″油管内下入切割射孔枪,油管切割深度2 415 m。井下落鱼3 1/2″切割下部油管+3 1/2″油管48根+变丝+2 7/8″油管228根	0~2 415	
2	组下磨铣管柱	三牙轮钻头	1趟	组下三牙轮钻头+2 7/8″钻杆+3 1/2″斜坡钻。管脚下至1 672.38 m,用密度为1.28 g/cm³的泥浆60 m³正循环替混合油,出口返出混合油60 m³。正循环钻磨,钻磨至3 974.87 m,进尺2 302.49 m,返出重稠油和泥浆混合物约279 m³;起钻检查,工具被稠油包裹	1 672.38~2 302.49	
3	组下打捞管柱	双滑块捞矛	1趟	组下双滑块捞矛+变扣+2 7/8″斜坡钻杆+变扣+3 1/2″斜坡钻杆。探得鱼顶3 974.87 m,加压2 t,复探3次,位置不变。循环加压5 t,上提管柱悬重由65 t升至105 t,判断已捞获;起钻检查,捞获3 1/2″切割下部油管+3 1/2″油管48根+变丝+2 7/8″油管228根。经检查,油管内被稠油堵死,油管外壁附有大量稠油	0~3 974.87	

表 5-8(续)

序号	重点施工内容	使用工具	施工趟数	施工情况	处理井段 /m	现场照片
4	组下磨铣管柱	三牙轮钻头	1趟	组下三牙轮钻头＋钻杆变丝＋2 7/8″钻杆＋3 1/2″钻杆。探得遇阻深度 3 974.87 m,加压 2 t,实探 3 次,位置不变。正循环钻磨处理稠油,钻磨至 6 639.64 m,进尺 2 664.77 m,返出稠油和泥浆混合物约 161.5 m³;起钻检查,工具完好	3 974.87～6 639.64	
5	组下刮削管柱	刮削器	1趟	组下刮削器＋2 7/8″反扣钻杆＋3 1/2″钻杆。对 5 500～6 590 m 套管进行刮削处理,用大排量正循环洗井泵入 140 m³,泵压 7 MPa,排量 20～30 m³/h,返出混合油 60 m³;起钻检查,工具完好	5 500～6 590	
6	组下冲洗管柱	斜尖	1趟	组下斜尖＋3 1/2″油管。探底 6 639.64 m,加压 2 t,复探 3 次,位置不变。盐水循环洗井 2 周,返出稠油泥浆混合物约 2 m³;起钻检查,工具完好	0～6 639.64	

(7) 经验认识

① 本次施工对井内稠油堵塞面状况判断是清楚的,按照分段处理的设计思路,最终获得成功。本井井身为 3 级简化结构,7″套管未回接至井口,对井内油管进行切割后,便于对上部 9 5/8″套管内的稠油进行冲洗处理;在处理至 7″套管内部进行打捞时,切割鱼头切口规则,使用内捞工具一次打捞成功;再使用三牙轮钻头循环钻磨起到了很好的效果,成功处理至原人工井底 16 639.64 m。本次施工累计处理出稠油混合物 562.5 m³。

② 本井作业粗分采用了选用了 1 种通井工艺、1 种负压捞砂工艺、1 种钻磨工艺、1 种震击解卡工艺和 1 种冲砂洗井工艺,其中:

a. 油管切割工艺:油管切割技术是一项成熟的工艺技术,是深井事故处理最有效的方式之一,能够满足塔河油田超高温、超高压作业的需要,适用范围广,操作简便,安全可靠,施工效率高。油管切割技术的应用大大加快了打捞处理的进度,预防或减少长期铣磨而导致套管偏磨,切割后的鱼头形状规则,有利于下步施工作业。

b. 三牙轮钻磨工艺:本井使用三牙轮钻头不同于常规钻磨处理。三牙轮钻头的水眼大、通径尺寸大,有利于对稠油块进行钻磨冲洗,同时对套管壁上附着的稠油有通刮作用。

c. 滑块捞矛打捞工艺：该工具由上接头、矛杆、卡瓦、锁块及螺钉组成，属于内捞工具，可以打捞钻杆、油管、套铣管、封隔器等有内孔落物，又可对遇卡管柱进行倒扣。本井落物为切割后的油管，由于切口规则，使用滑块捞矛一次打捞出全部井内油管。

d. 刮削器：刮削器用于清除套管内壁上的水泥块、水泥环、硬蜡、各种盐类结晶和沉积物、射孔毛刺以及套管锈蚀后所产生的氧化铁等，以便畅通无阻地下入各种井下工具。本次使用 $7''$ 管刮削器，是为保证封隔器坐封成功率，对封隔器坐封位置套管壁结垢进行刮削。

e. 冲洗井工艺：斜尖冲洗工艺简单易实施，配合盐水循环替浆，冲洗处理至原人工井底。该工艺适用于地层能量强、施工过程中易稠油上返井的情况，但由于工具尺寸小、效果有限，不能彻底清除套管壁附着的稠油。

（8）综合评价

① 修井方案评价

a. 确定因素集 U：

$U=\{$修井成功率(x_1)，修井成本(x_2)，修井作业效率(x_3)，修井劳动强度$(x_4)\}$

b. 确定权重集 A：

$A=\{$修井成功率(0.4)，修井成本(0.3)，修井作业效率(0.2)，修井劳动强度$(0.1)\}$

c. 确定评语目录集 V：

$$V=\{优秀(v_1)，良好(v_2)，合格(v_3)，不合格(v_4)\}$$

其中 v 取值 $0\sim1$ 之间，优秀为 $v\geqslant0.8$，良好为 $0.4\leqslant v<0.8$，合格为 $0.2<v<0.4$，不合格为 $v\leqslant0.2$。

d. 确定单因素评价矩阵 $\boldsymbol{R}$：

按照以上评价原则，由施工人员、技术人员进行评价打分，确定单因素评价矩阵 $\boldsymbol{R}$。

$$修井成功率=\{0.4,0.3,0.3,0.2\}$$
$$修井成本=\{0.4,0.2,0.3,0.3\}$$
$$修井劳动强度=\{0.4,0.3,0.3,0.2\}$$
$$修井作业效率=\{0.4,0.2,0.3,0.2\}$$

$$\boldsymbol{R}=\begin{bmatrix}0.4 & 0.3 & 0.3 & 0.2\\0.4 & 0.2 & 0.3 & 0.3\\0.4 & 0.3 & 0.3 & 0.2\\0.4 & 0.2 & 0.3 & 0.2\end{bmatrix}$$

e. 综合评价计算：

$$\boldsymbol{B}=\boldsymbol{AR}=(0.4\ \ 0.3\ \ 0.2\ \ 0.1)\begin{bmatrix}0.4 & 0.3 & 0.3 & 0.2\\0.4 & 0.2 & 0.3 & 0.3\\0.4 & 0.3 & 0.3 & 0.2\\0.4 & 0.2 & 0.3 & 0.2\end{bmatrix}$$

计算得： $(0.4,\ 0.3,\ 0.3,\ 0.2)=1.2$

（合格，合格，合格，合格）

用 1.2 除以各因素项归一化计算，得：

$(0.34,0.22,0.25,0.19)$

从中可以看出,该井作业过程总体评价为合格。

② 经济效益评价

通过盈亏平衡点(BEP)分析项目成本与收益的平衡关系。计算方法如下:

$$效益盈亏平衡点 = \frac{单井次直接费用投入}{吨油价格 - 吨油增量成本}$$

$$投入产出比 = \frac{单井直接费用投入 + 增量成本}{措施累计增产油量 \times 吨油价格}$$

JH127井经济效益评价结果见表5-9。

表5-9 JH127井经济效益评价结果

直接成本					
修井费/万元	157	工艺措施费/万元	62	总计费用/万元	379
材料费/万元	83	配合劳务费/万元	77		
增量成本					
吨油运费/元	/	吨油处理费/元	105	吨油价格/元	2 107
吨油税费/元	674	原油价格/美元折算	636	增量成本合计/万元	1 755
产出情况					
日增油/t	26	有效期/d	287	累计增油/t	7 520
效益评价					
销售收入/万元	1 584	吨油措施成本/(元/t)	1 283	投入产出比	1:1.63
措施收益/万元	620	盈亏平衡点产量/t	4 580	评定结果	有效

4. JH012井过油管射孔处理实例

(1) 基础数据

JH012井是阿克库勒凸起西北斜坡构造位置的一口开发井,2009年8月完井,井身结构为3级,完钻井深5 960 m,完井方式为裸眼酸压完井。投产初期6 mm油嘴反掺稀生产,初期油压5.6 MPa,日产油28 t,日掺稀油88 t,不含水。生产期间压力、产液下降较快,因地层基本不出液而关井。JH012井基础数据详见表5-10。

表5-10 JH012井基础数据表

井别	直井	完井层位	$O_2 yj$
完钻时间	2009.08.20	完井井段	5 925～5 960 m
固井质量	合格	10 3/4″套管下深	1 196.64 m
完钻井深	5 960 m	7″套管下深	5 847.51 m
人工井底	5 960 m	裸眼段长	112.49 m

(2) 事故过程

2009年9月上修前,油管补液压井,压力迅速上涨,卸压返出少量水后突然喷出2 m长稠油柱。正注压液井,油压、套压持续升高,其间关井套压不降,配合泵车正注稀油解堵,泵车套注泵压由0 MPa最高升至45 MPa,解堵失败,关井待大修。如图5-37、图5-38所示。

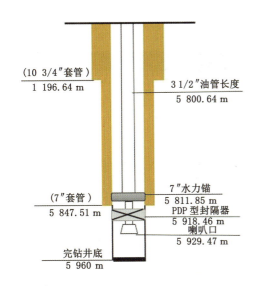

图 5-37　JH012 井井身结构示意图

图 5-38　洗出的稠油块情况

（3）施工难点

该井属于深井稠油堵塞，施工难点主要有以下三点：

① 结合压井施工过程分析，本次施工在作业过程中可能会存在稠油上返的情况，增加井控风险和处理难度。

② 该井实测原油黏度 131 000 mPa·s（90 ℃），本次施工可能存在因稠油凝管起管柱困难形成落鱼的可能性，增加处理难度。

③ 该井监测硫化氢浓度为 12 731.73 mg/m³，施工中注意做好硫化氢防护以及井控工作，确保安全施工。

（4）设计思路

思路 1：试提井内管柱，若无法提出，则配合进行油管切割；组下冲洗管柱至鱼顶附近，进行打捞；冲洗处理至原人工井底，刮削套管通井至井底。

思路 2：试提井内管柱，若无法提出，则配合连续油管冲洗上部稠油；再使用重泥浆平推压井后，冲洗至原人工井底。

经过技术人员分析、讨论，认为采取思路 1 更为稳妥，主要原因有以下两个方面：

① 从上次修井情况来看，井内油管环空被稠油堵塞，采取分段式处理实施工程难度小，且油管切割后易于打捞处理。

② 若使用重泥浆处理，油、套管憋压较高，且处理周期较长，不易于现场操作施工。

（5）工具选取

考虑井内堵塞情况，选用了 1 种通井工艺、1 种油管切割工艺、1 种冲洗工艺、1 种刮削工艺、1 种钻磨工艺和 1 种冲砂洗井工艺，具体如下：

① 通径规

工具原理：通径规是检测油管内通径尺寸的薄壁筒状工具，由接头与筒体两部分组成。将通径规接在下井电缆，逐步加深工具，下入至井底或设计深度。如图 5-39、图 5-40 所示。

技术参数：$\phi 68.6\ mm \times 0.65\ m$。

图 5-39　通径规规格　　　　　　　　图 5-40　通径规结构

② 油管切割枪

工具原理：利用炸药装药一端的空穴提高局部破坏作用的效应称为聚能效应。若在锥形空穴处敷以金属罩，其在炸药爆轰作用下所形成的高速金属射流具有极高的侵彻能力。通过装药结构的改变，射流的形状可以是各种不同样式的平面结构（切割器），像刀一样，从而达到了切割的目的。如图 5-41、图 5-42 所示。

技术参数：$\phi 68.6\ mm \times 0.61\ m$。

图 5-41　油管切割枪规格　　　　　　图 5-42　油管切割枪结构

③ 三刮刀钻头

工具原理：刮刀钻头由刮刀片、上钻头体、下钻头体和喷嘴组成。其结构简单，制造方便。在软地层中，可以得到高的机械钻速和钻头进尺。在较硬地层中，钻头吃入困难，钻井效率低。刀片在钻压的作用下吃入地层，与此同时刀刃前面的岩石在扭转力的作用下不断产生塑性流动，井底岩石被层层剥起。本井使用该工具，在钻压作用下钻头尖部吃入稠油，再通过旋转，使吃入部分在圆周方向进行切削，逐步将被钻物钻去。如图 5-43、图 5-44 所示。

技术参数：$\phi 146\ mm \times 0.60\ m$。

 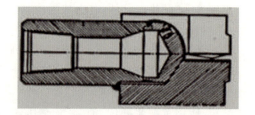

图 5-43　刮刀钻头规格　　　　　　　图 5-44　刮刀钻头结构

④ 双滑块捞矛

工具原理：当工具进入落鱼后，卡瓦依靠自重向下滑动，与矛杆发生相对位移，与矛杆中心线距离增大，直至与落鱼内壁接触，上提管柱，斜面向上运动产生的径向力迫使卡瓦吃入落物，实现打捞。如图 5-45、图 5-46 所示。

技术参数：外径 $\phi 72\ mm \times 1.5\ m$，打捞范围 72~89 mm。

图 5-45　双滑块捞矛规格

图 5-46　双滑块捞矛结构

⑤ 对扣接头

工具原理：钻杆带对扣接头探鱼，公扣端丝扣与落鱼鱼顶母扣进行旋转对接，上紧扣后上提打捞落鱼。如图 5-47、图 5-48 所示。

技术参数：上接头 ϕ88.9 mm×127 mm，下接头 ϕ76 mm×0.30 m。

图 5-47　对扣接头规格

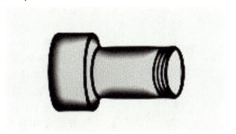

图 5-48　对扣接头结构

⑥ 刮削器

工具原理：弹簧式套管刮削器主要由壳体、刀板、刀板座、固定块、螺旋弹簧、内六角螺钉等零件组成。可用于清除残留在套管内壁上的水泥块、水泥环、硬蜡、各种盐类结晶或沉积物、射孔毛刺以及套管锈蚀后所产生的氧化铁等，以便畅通无阻地下入各种井下工具。使用刮削器能提高工具下入和完成作业的成功率。刮削器工作在固定尺寸的套管空间内，在稠油处理中对比这一尺寸小的内径上的黏附物均可刮削。这种刮削作用如同机械加工中的圆柱形绞刀，用坚韧的刀刃切除被切材料和修光被切后的表面。如图 5-49、图 5-50 所示。

技术参数：ϕ142 mm×0.70 m。

图 5-49　弹簧式刮削器结构

图 5-50　弹簧式刮削器规格

⑦ 斜尖

工具原理：用高速流动的液体将井底砂堵冲散，并借用液流循环上返的循环能力，将冲散的砂子带出地面，从而清除井底的积砂。冲洗方式一般有正冲、反冲和正反冲三种，处理稠油过程中可实现正反循环。如图 5-51、图 5-52 所示。

技术参数：ϕ88.9 mm×0.70 m。

图 5-51　斜尖规格

图 5-52　斜尖结构

（6）处理过程

经过1趟通井、1趟油管切割、1趟磨铣、1趟刮削和1趟洗井，处理井筒至5 960 m，符合后期投产条件。JH012井稠油堵塞处理施工重点工序见表5-11。

表5-11　JH012井稠油堵塞处理施工重点工序

序号	重点施工内容	使用工具	施工趟数	施工情况	处理井段/m	现场照片
1	下入通井工具	通径规	1趟	提原井管柱悬重至90 t，悬吊观察30 min，下降至80 t，反复上提悬吊解卡无效。配合泵车实施解堵，油套交替注入，泵压高，泵入困难，累计注入23 m³。停泵观察压降缓慢，解堵失败。油管正注稀油，累计注入20.88 m³，返出油水混合物6 m³，下入通径规，下至1 133 m遇阻。再次油管正注稀油21.12 m³，下至2 148 m遇阻	0～2 148	
2	下入切割工具	射孔枪	1趟	提原井管柱悬重至90 t，悬吊观察40 min，下降至80 t，反复上提悬吊解卡无效。3 1/2″油管内下入切割射孔枪，油管切割深度2 418 m。井下落鱼3 1/2″切割下部油管+3 1/2″油管384根+7″水力锚+变丝+2 7/8″油管11根+5″PDP封隔器+变丝+2 7/8″油管1根+节流器+喇叭口	0～2 418	
3	组下磨铣管柱	三刮刀钻头	1趟	组下三刮刀钻头+3 1/2″正扣钻杆。管脚下至1 672.38 m，用密度为1.17 g/cm³的泥浆65 m³正循环替混合油，正循环钻磨，钻磨至2 163.48，进尺2 158.08 m，返出稠油和泥浆混合物约75.5 m³；起钻检查，工具完好	4.5～2 163.48	
4	组下打捞管柱	双滑块捞矛	1趟	组下双滑块捞矛+3 1/2″斜坡钻杆。探得落鱼深度2 163.48 m，加压2 t，复探3次，位置不变。循环加压6 t，上提管柱悬重由41 t升至48 t，判断落鱼已捞获；起钻检查，捞获落鱼3 1/2″切割下部油管+3 1/2″油管107根。井内落鱼：3 1/2″油管277根+7″水力锚+变丝+2 7/8″油管11根+5″PDP封隔器+变丝+2 7/8″油管1根+节流器+喇叭口	0～2 163.48	

表 5-11(续)

序号	重点施工内容	使用工具	施工趟数	施工情况	处理井段/m	现场照片
5	组下对扣管柱	对扣接头	1趟	组下对扣接头＋变丝＋2 7/8″钻杆＋3 1/2″钻杆。探得遇阻深度3 193.06 m。加压1 t对扣,正转39圈回32圈;上提悬重由54 t提高至60 t,对扣成功。反打压25 MPa后再次在悬重60～115 t反复活动,解封成功,悬重82 t;起钻检查,捞获3 1/2″油管277根＋7″水力锚＋变丝＋2 7/8″油管11根＋5″PDP封隔器＋变丝＋2 7/8″油管1根＋节流器＋喇叭口	0～3 193.06	
6	组下刮削管柱	刮削器	1趟	组下刮削器＋2 7/8″钻杆＋3 1/2″钻杆。对3 193～5 847 m套管进行刮削处理,用大排量正循环洗井,泵入180 m³,泵压7 MPa,排量20～25 m³/h,返出油水混合油10 m³;起钻检查,工具完好	3 193～5 847	
7	组下冲洗管柱	斜尖	1趟	组下斜尖＋3 1/2″油管。探底5 960 m,压2 t,复探3次位置不变。盐水循环洗井2周,返出稠油泥浆混合物约2 m³;起钻检查,工具完好	0～5 960	

(7) 经验认识

① 本次施工对井内稠油堵塞面状况判断是清楚的,按照分段处理的设计思路,最终获得成功。本井井身为3级结构,7″套管回接至井口,对井内油管进行切割后,便于对上部套管内的稠油进行冲洗处理;在处理鱼顶进行打捞时,切割鱼头切口规则,使用内捞工具一次打捞成功;再使用三刮刀钻头循环钻磨起到了很好的效果;使用双滑块捞矛进行倒扣,捞获油管107根;再使用对扣接头打捞出封隔器,获得了成功。本次施工累计处理出稠油混合物83.5 m³。

② 本井作业粗分共计采用了1种通井工艺、1种油管切割工艺、1种冲洗工艺、1种刮削工艺、1种钻磨工艺和1种冲洗井工艺,具体为:

a. 通井工艺:通径规是检测套管、油管、钻杆以及其他管子内通径尺寸的简单而常用的工具。用它可以检查各种管子的内通径是否符合标准,检查其变形后能通过的最大几何尺寸,是修井、作业检测必不可少的工具之一。本井在射孔施工前进行通井作业,落实了油管内稠油堵塞位置,为下一步油管切割做好了准备工作。

b. 油管切割工艺：油管切割技术是一项成熟的工艺技术，是深井事故处理最有效的方式之一。能够满足塔河油田超高温、超高压作业的需要，适用范围广，操作简便，安全可靠，施工效率高。油管切割技术的应用大大加快了打捞处理的进度，预防或减少了长期铣磨而导致的套管偏磨，切割后的鱼头形状规则，有利于下步施工作业。

c. 三刮刀钻头钻磨工艺：本井使用三刮刀钻头不同于常规钻磨处理。三刮刀钻头的水眼大，通径尺寸大，形状呈倒梯形，有利于对稠油块进行钻磨冲洗，同时对套管壁上附着的稠油有通刮作用。

b. 滑块捞矛打捞工艺：该工具由上接头、矛杆、卡瓦、锁块及螺钉组成，属于内捞工具，可以打捞钻杆、油管、套铣管、封隔器等有内孔落物，又可对遇卡管柱进行倒扣。本井落物为切割后的油管，由于切口规则，使用滑块捞矛一次倒扣出107根油管。

e. 对扣接头打捞工艺：该工具是一种连接油管与钻杆的变口接头，工具简单，配合钻杆组合使用可提高解封吨位，本次施工对扣后过提20 t未解封，随后配合环空打压，再次上提成功解封。

f. 刮削器：刮削器用于清除套管内壁上的水泥块、水泥环、硬蜡、各种盐类结晶和沉积物、射孔毛刺以及套管锈蚀后所产生的氧化铁等，以便畅通无阻地下入各种井下工具。本次使用7″管刮削器，是为保证封隔器坐封成功率，对封隔器坐封位置套管壁结垢进行刮削。

g. 冲洗井工艺：斜尖冲洗工艺简单易实施，配合盐水循环替浆，冲洗处理至原人工井底。该工艺适用于地层能量强、施工过程中易稠油上返井的情况，但由于工具尺寸小、效果有限，不能彻底清除套管壁附着稠油。

(8) 综合评价

① 修井方案评价

a. 确定因素集 U：

$$U=\{修井成功率(x_1),修井成本(x_2),修井作业效率(x_3),修井劳动强度(x_4)\}$$

b. 确定权重集 A：

$$A=\{修井成功率(0.4),修井成本(0.3),修井作业效率(0.2),修井劳动强度(0.1)\}$$

c. 确定评语目录集 V：

$$V=\{优秀(v_1),良好(v_2),合格(v_3),不合格(v_4)\}$$

其中 v 取值 0～1 之间，优秀为 $v \geqslant 0.8$，良好为 $0.4 \leqslant v < 0.8$，合格为 $0.2 < v < 0.4$，不合格为 $v \leqslant 0.2$。

d. 确定单因素评价矩阵 R：

按照以上评价原则，由施工人员、技术人员进行评价打分，确定单因素评价矩阵 R。

$$修井成功率 = \{0.4, 0.3, 0.3, 0.2\}$$

$$修井成本 = \{0.4, 0.2, 0.3, 0.3\}$$

$$修井劳动强度 = \{0.3, 0.1, 0.3, 0.3\}$$

$$修井作业效率 = \{0.4, 0.2, 0.3, 0.2\}$$

$$R = \begin{bmatrix} 0.4 & 0.3 & 0.3 & 0.2 \\ 0.4 & 0.2 & 0.3 & 0.3 \\ 0.3 & 0.1 & 0.3 & 0.3 \\ 0.4 & 0.2 & 0.3 & 0.2 \end{bmatrix}$$

e. 综合评价计算：

$$B = AR = (0.4 \quad 0.3 \quad 0.2 \quad 0.1) \begin{bmatrix} 0.4 & 0.3 & 0.3 & 0.2 \\ 0.4 & 0.2 & 0.3 & 0.3 \\ 0.3 & 0.1 & 0.3 & 0.3 \\ 0.4 & 0.2 & 0.3 & 0.2 \end{bmatrix}$$

计算得：　　　　　　　　$(0.4，0.2，0.3，0.3)=1.2$

（合格,合格,合格,合格）

用 1.2 除以各因素项归一化计算,得：

$$(0.33, 0.29, 0.26, 0.22)$$

从中可以看出,该井作业过程总体评价为合格。

② 经济效益评价

通过盈亏平衡点(BEP)分析项目成本与收益的平衡关系。计算方法如下：

$$效益盈亏平衡点 = \frac{单井次直接费用投入}{吨油价格 - 吨油增量成本}$$

$$投入产出比 = \frac{单井直接费用投入 + 增量成本}{措施累计增产油量 \times 吨油价格}$$

JH012 井经济效益评价结果见表 5-12。

表 5-12　JH012 井经济效益评价结果

直接成本					
修井费/万元	187	工艺措施费/万元	62	总计费用/万元	396
材料费/万元	69	配合劳务费/万元	77		
增量成本					
吨油运费/元	/	吨油处理费/元	105	吨油价格/元	2 107
吨油税费/元	674	原油价格/美元折算	636	增量成本合计/万元	1 755
产出情况					
日增油/t	25	有效期/d	257	累计增油/t	6 520
效益评价					
销售收入/万元	1 374	吨油措施成本/(元/t)	1 385	投入产出比	1∶1.19
措施收益/万元	471	盈亏平衡点产量/t	4 286	评定结果	有效

5. JH013 井过油管射孔处理实例

(1) 基础数据

JH013 井是阿克库勒凸起西北斜坡构造位置的一口开发井,2009 年 9 月完井,井身结构为 5 级,完钻井深 6 534 m,完井方式为裸眼酸压完井,投产初期 6 mm 油嘴反掺稀生产,初期油压 5.6 MPa,日产油 28 t,日掺稀油 88 t,不含水。其间累计产液 12 086 t、产油 12 050 t、产水 36 t。JH013 井基础数据详见表 5-13。

表 5-13　JH013 井基础数据表

井别	直井	完井井段	6 453.19～6 534 m
完钻时间	2009.09.25	13 3/8″套管下深	505.27 m
固井质量	合格	9 5/8″套管下深	4 498 m
完钻井深	6 534 m	7″套管下深	6 453.19 m
人工井底	6 520.53 m	5″套管下深	6 517 m
完井层位	$O_{1-2}y$	4″筛管下深	6 392.22 m

（2）事故经过

2010 年 10 月停喷转电泵，采用 QYDB150/3500 型电泵，泵深 3 000 m，尾管下深 5 110 m，日液产 20 t，不含水，日掺稀油 67 t。2011 年 9 月显示 EOC 停机，测绝缘为 0，启泵后过载停机，三相不平衡，上修检泵，起原井管柱阻力大，起出尾管有少量结晶体和稠油，组下处理井筒管柱至 4 008.68 m，泵入沥青分散剂 400 L 循环洗井，配合软探井底在 3 112 m 遇阻。因小修设备不具备提升和循环能力，下防喷油管，关井待大修。

JH013 井井身结构如图 5-53 所示。起出的电泵管柱情况如图 5-54 所示。

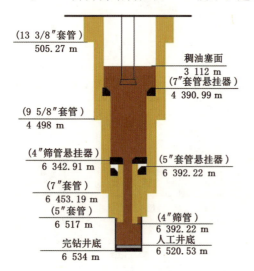

图 5-53　JH013 井井身结构示意图

图 5-54　起出的电泵管柱情况

（3）施工难点

该井属于深井稠油堵塞，施工难点主要有以下三点：

① 本井井身结构特殊，7″套管未回接至井口，且 5″套管内悬挂了 4″筛管，因此环空容积呈"上大下小"，循环处理存在困难。本次施工在作业过程中可能会存在稠油上返的情况，增加井控风险和处理难度。

② 该井实测原油黏度 65 630 mPa·s(90 ℃)，本次施工可能存在因稠油凝管起管柱困难形成落鱼的可能性，增加处理难度。

③ 该井监测硫化氢浓度为 69 981.79 mg/m³，施工中注意做好硫化氢防护以及井控工作，确保安全施工。

(4) 设计思路

思路 1:起井内管柱,组下冲洗管柱至 4″筛管悬挂器以上;冲洗处理至 4″筛管悬挂器,刮削套管通井后,平推压井将井内稠油挤入地层。

思路 2:试提井内管柱,若无法提出,则配合连续油管冲洗上部稠油;再使用重泥浆平推压井后,冲洗至 4″筛管悬挂器。

经过技术人员分析、讨论,认为采取思路 1 更为稳妥,主要原因有以下两个方面:

① 从上次修井情况来看,井内油管环空被稠油堵塞,采取分段式处理实施工程难度小,工序简单易操作,不会造成稠油持续上返。

② 若直接使用重泥浆处理,油、套管憋压较高,且处理周期较长,不易于现场操作施工。

(5) 工具选取

考虑井内堵塞情况,选用了 1 种磨铣工艺、1 种冲洗工艺和 1 种刮削工艺,具体为:

① 喇叭口

工具原理:入口处的直径要大于管道直径,像喇叭形状,类似于大小头,直径较小的一端和管道直径相同。油管喇叭口有倒角,下井工具(如刮蜡片、压力计、流量计等)在进入到井底不易挂卡,上提时经喇叭口顺利进入油管。如图 5-55、图 5-56 所示。

技术参数:ϕ120 mm×0.28 m,内通径 76 mm。

图 5-55 喇叭口规格

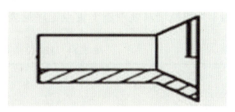

图 5-56 喇叭口结构

② 三刮刀钻头

工具原理:刮刀钻头由刮刀片、上钻头体、下钻头体和喷嘴组成。其结构简单,制造方便。在软地层中,可以得到高的机械钻速和钻头进尺。在较硬地层中,钻头吃入困难,钻井效率低。刀片在钻压的作用下吃入地层,与此同时刀刃前面的岩石在扭转力的作用下不断产生塑性流动,井底岩石被层层刮起。本井使用该工具,在钻压作用下,钻头尖部吃入稠油,再通过旋转,使吃入部分在圆周方向进行切削,逐步将被钻物钻去。如图 5-57、图 5-58 所示。

技术参数:ϕ146 mm×0.60 m。

图 5-57 刮刀钻头规格

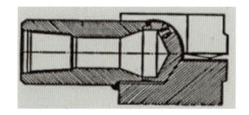

图 5-58 刮刀钻头结构

③ 刮削器

工具原理：弹簧式套管刮削器主要由壳体、刀板、刀板座、固定块、螺旋弹簧、内六角螺钉等零件组成。可用于清除残留在套管内壁上的水泥块、水泥环、硬蜡、各种盐类结晶或沉积物、射孔毛刺以及套管锈蚀后所产生的氧化铁等，以便畅通无阻地下入各种井下工具。使用刮削器能提高工具下入和完成作业的成功率。刮削器工作在固定尺寸的套管空间内，在稠油处理中对比这一尺寸小的内径上的黏附物均可刮削。这种刮削作用如同机械加工中的圆柱形绞刀，用坚韧的刀刃切除被切材料和修光被切后的表面。如图 5-59、图 5-60 所示。

技术参数：ϕ142 mm×0.70 m。

图 5-59　弹簧式套管刮削器结构　　　　图 5-60　弹簧式套管刮削器规格

（6）处理过程

经过 1 趟磨铣、4 趟冲洗和 1 趟刮削，处理井筒至 5 805.15 m，符合后期投产条件。JH013 井稠油堵塞处理施工重点工序见表 5-14。

表 5-14　JH013 井稠油堵塞处理施工重点工序

序号	重点施工内容	使用工具	施工趟数	施工情况	处理井段/m	现场照片
1	起原井管柱	喇叭口	1 趟	缓慢上提管柱悬重 53 t，上提下放 9 t 磨阻，套管返出混合油，观察 30 min 返出 0.6 m³，关井。用密度为 1.25 g/cm³ 的盐水反循环洗井，泵入盐水 125 m³，返出 118 m³，混合油 7 m³，出口进罐，混合油块状偏稠。停泵观察，油套稳定无返出。累计起 3 1/2″JC 油管 444 根＋喇叭口	0～4 008	
2	组下磨铣管柱	三刮刀钻头	1 趟	组下三刮刀钻头＋3 1/2″钻杆。下钻磨阻 12 t，管脚位置 3 425.48 m，循环正注稀油，泵入稀油 22 m³，返出盐水 21 m³，混合油 1 m³。用盐水正循环洗井，循环泵入盐水 140 m³，返出 97 m³，混合油 43 m³；起钻检查，工具完好，带出稠油块累计约 4 m³	0～3 425.48	

表 5-14(续)

序号	重点施工内容	使用工具	施工趟数	施工情况	处理井段/m	现场照片
3	组下冲洗管柱	喇叭口	1趟	组下喇叭口＋3 1/2″油管。下钻磨阻5 t,下至918.06 m,正循环洗井,循环泵入80 m³,返出盐水73 m³、稠油7 m³;续下管柱,下钻磨阻6 t,管脚位置1 372.9 m,循环泵入稀油35 m³,返出盐水30 m³、稠油5 m³。关井闷井,连接管线反循环洗井,泵入盐水60 m³,出口返出稀油25 m³、混合油35 m³(偏稠)	918.06～1 372.9	
4	组下冲洗管柱	喇叭口	1趟	组下喇叭口＋3 1/2″油管。下钻磨阻约8 t,下至2 824.12 m,正循环洗井,泵入稀油35 m³及盐水10 m³,返出盐水40 m³及稠油5 m³;关井闷井,泵入110 m³,返出盐水70 m³、混合油40 m³。续下管柱,下钻磨阻10 t,管脚3 186.4 m,泵稀油90 m³,返出盐水75 m³、稠油15 m³。关井闷井,洗井泵入盐水100 m³,返出稀油80 m³、混合油20 m³	2 824.12～3 186.4	
5	组下冲洗管柱	喇叭口	1趟	组下喇叭口＋3 1/2″油管。下钻磨阻约3～6 t,管脚位置3 504.01 m,套管平推,泵压由0 MPa缓慢涨至28 MPa停泵,待泵压降至18 MPa,继续打压至28 MPa,反复打压泵入35 m³,后压力下降至12 MPa,大排量泵入压井液80 m³,停泵压力落零	3 186.4～3 504.01	
6	组下冲洗管柱	喇叭口	1趟	组下喇叭口＋3 1/2″油管。下钻磨阻约3 t,管脚位置5 805.15 m,压井液油管平推15 m³,套管平推20 m³;起钻检查,工具完好,带出稠油1.5 m³	3 504.01～5 805.15	

表 5-14(续)

序号	重点施工内容	使用工具	施工趟数	施工情况	处理井段/m	现场照片
7	组下刮削管柱	刮削器	1趟	组下刮削器+2 7/8″钻杆+3 1/2″钻杆。对1 372.9~5 805.15 m套管进行刮削处理,用大排量正循环洗井泵入180 m³,返出混合油10 m³;起钻检查,工具完好	1 372.9~5 805.15	

(7) 经验认识

① 本次施工对井内稠油堵塞面状况判断是清楚的,按照分段处理的设计思路,最终获得成功。本次作业应用稀油与稠油相似相溶的原理,将混合油循环出井筒,达到分段处理管脚上部稠油的目的。在稠油上返的井筒中,稠油上升到一定高度后由于温度降低而冷凝,上部混合油就只需要用正常的盐水循环出来,而当继续处理下部稠油时,地层也不断出稠油,优选稀油溶解,但由于密度过低,造成压差过小,不足以压住地层,因此又用重盐水进行循环压井,实现井筒稳定。同时,通过配套地面稠油回收装置包括导流槽、人梯、滤网、输送滑道和电磁加热罐等设备,为高效处理提供了有力保障。

② 本井作业期间粗分选用了1种磨铣工艺、1种冲洗工艺和1种刮削工艺,具体为:

a. 冲洗井工艺:喇叭口冲洗工艺简单易实施,配合盐水循环替浆,冲洗处理至原人工井底。该工艺适用于地层能量强、施工过程中易稠油上返井的情况,但由于工具尺寸小、效果有限,不能彻底清除套管壁上附着的稠油。

b. 三刮刀钻头钻磨工艺:本井使用三刮刀钻头不同于常规钻磨处理。三刮刀钻头的水眼大、通径尺寸大,形状呈倒梯形,有利于对稠油块进行钻磨冲洗,同时对套管壁上附着的稠油有通刮作用。

c. 刮削器:用于清除套管内壁上的水泥块、水泥环、硬蜡、各种盐类结晶和沉积物、射孔毛刺以及套管锈蚀后所产生的氧化铁等,以便畅通无阻地下入各种井下工具。本次使用7″管刮削器,是为保证封隔器坐封成功率,对封隔器坐封位置套管壁结垢进行刮削。

(8) 综合评价

① 修井方案评价

a. 确定因素集 U:

$$U=\{修井成功率(x_1),修井成本(x_2),修井作业效率(x_3),修井劳动强度(x_4)\}$$

b. 确定权重集 A:

$$A=\{修井成功率(0.4),修井成本(0.3),修井作业效率(0.2),修井劳动强度(0.1)\}$$

c. 确定评语目录集 V:

$$V=\{优秀(v_1),良好(v_2),合格(v_3),不合格(v_4)\}$$

其中 v 取值 0~1 之间,优秀为 $v\geqslant 0.8$,良好为 $0.4\leqslant v<0.8$,合格为 $0.2<v<0.4$,不

合格为 $v \leqslant 0.2$。

d. 确定单因素评价矩阵 **R**：

按照以上评价原则，由施工人员、技术人员进行评价打分，确定单因素评价矩阵 **R**。

$$修井成功率 = \{0.4, 0.3, 0.3, 0.2\}$$
$$修井成本 = \{0.4, 0.2, 0.3, 0.3\}$$
$$修井劳动强度 = \{0.3, 0.2, 0.3, 0.3\}$$
$$修井作业效率 = \{0.4, 0.2, 0.3, 0.2\}$$

$$\mathbf{R} = \begin{bmatrix} 0.4 & 0.3 & 0.3 & 0.2 \\ 0.4 & 0.2 & 0.3 & 0.3 \\ 0.3 & 0.2 & 0.3 & 0.3 \\ 0.4 & 0.2 & 0.3 & 0.2 \end{bmatrix}$$

e. 综合评价计算：

$$\mathbf{B} = \mathbf{AR} = (0.4 \quad 0.3 \quad 0.2 \quad 0.1) \begin{bmatrix} 0.4 & 0.3 & 0.3 & 0.2 \\ 0.4 & 0.2 & 0.3 & 0.3 \\ 0.3 & 0.2 & 0.3 & 0.3 \\ 0.4 & 0.2 & 0.3 & 0.2 \end{bmatrix}$$

计算得： $(0.4, 0.2, 0.3, 0.3) = 1.2$

（合格，合格，合格，合格）

用 1.2 除以各因素项归一化计算，得：

$$(0.32, 0.21, 0.26, 0.21)$$

从中可以看出，该井作业过程总体评价为合格。

② 经济效益评价

通过盈亏平衡点(BEP)分析项目成本与收益的平衡关系。计算方法如下：

$$效益盈亏平衡点 = \frac{单井次直接费用投入}{吨油价格 - 吨油增量成本}$$

$$投入产出比 = \frac{单井直接费用投入 + 增量成本}{措施累计增产油量 \times 吨油价格}$$

JH013 井经济效益评价结果见表 5-15。

表 5-15　JH013 井经济效益评价结果

直接成本					
修井费/万元	159	工艺措施费/万元	62	总计费用/万元	376
材料费/万元	63	配合劳务费/万元	92		
增量成本					
吨油运费/元	/	吨油处理费/元	105	吨油价格/元	2 107
吨油税费/元	674	原油价格/美元折算	636	增量成本合计/万元	1 755
产出情况					
日增油/t	49	有效期/d	257	累计增油/t	12 520

表 5-15(续)

效益评价					
销售收入/万元	2 638	吨油措施成本/(元/t)	1 080	投入产出比	1 : 3.42
措施收益/万元	1 286	盈亏平衡点产量/t	6 415	评定结果	有效

6. JH014X 井稠油堵塞处理实例

（1）基础数据

JH014X 井是阿克库勒凸起西北斜坡上的一口开发井，2013 年 7 月完井，井身结构为 4 级，完钻斜深 6 718 m，垂深 6 678 m，完井方式为裸眼酸压完井，未建产。2014 年 2 月打塞至 6 605 m，上返酸压，投产初期 6 mm 油嘴自喷生产，油压 23 MPa，日产液 55 t，日产油 55 t，不含水，其间累计产液 4.75×10^4 t，产油 4.74×10^4 t。JH014X 井基础数据详见表 5-16。

表 5-16 JH014X 井基础数据表

井别	斜直井	完井层位	$O_{1-2}y$
完钻时间	2013.07.21	完井井段	6 522.67～6 605 m
固井质量	合格	13 3/8″套管下深	503.28 m
完钻井深	6 718 m	9 5/8″套管下深	4 500 m
人工井底	6 605.09 m	7″套管下深	6 522.67 m

（2）事故经过

2014 年 7 月停喷转电泵，采用 QYDB150/3500 型电泵，泵深 3 000 m，日产液 60 t，不含水。2017 年 9 月 EOC 停机，测得绝缘为 0，启泵后过载停机，三相不平衡，上修检泵。起原井电泵管柱，起出电泵及尾管被稠油堵死，测吸水效果差，怀疑井筒稠油堵塞或砂埋，组下斜尖+3 1/2″油管，遇阻深度 2 754.42 m。因小修设备不具备循环能力且设备提升能力有限，下防喷油管，关井待大修。

JH014X 井井身结构如图 5-61 所示。起出的电泵管柱情况如图 5-62 所示。

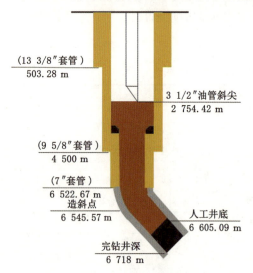

图 5-61 JH014X 井井身结构示意图

图 5-62 起出的电泵管柱情况

(3) 施工难点

该井属于深井稠油堵塞,施工难点主要有以下三点:

① 本井井身结构为简化 3 级结构,7″套管未回接至井口,环空容积呈"上大下小",循环处理存在一定困难。本次施工在作业过程中可能会存在稠油上返的情况,增加井控风险和处理难度。

② 该井实测原油黏度 78 520 mPa·s(90 ℃),本次施工可能存在因稠油凝管起管柱困难形成落鱼的可能性,增加处理难度。

③ 该井监测硫化氢浓度为 37 524.74 mg/m³,施工中注意做好硫化氢防护以及井控工作,确保安全施工。

(4) 设计思路

思路 1:起井内管柱,先处理上部 9 5/8″套管内的稠油,冲洗至 7″套管悬挂器附近;磨铣处理至原人工井底,刮削套管通井后,循环冲洗井。

思路 2:试提井内管柱,若无法提出,则配合连续油管冲洗上部稠油;再使用重泥浆平推压井后,冲洗至 7″套管脚。

经过技术人员分析、讨论,认为采取思路 1 更为稳妥,主要原因有以下两个方面:

① 从上次修井情况来看,井内油管环空被稠油堵塞,采取分段式处理实施工程难度小,工序简单易操作,不会造成稠油持续上返。

② 若直接使用重泥浆处理,油、套管憋压较高,且处理周期较长,不易于现场操作施工。

(5) 工具选取

考虑井内堵塞情况,选用了 1 种磨铣工艺、1 种冲洗工艺和 1 种刮削工艺,具体如下:

① 三牙轮钻头

工具原理:牙轮钻头在钻压和钻柱旋转的作用下,轮齿压碎并吃入岩石,同时产生一定的滑动而剪切岩石。当牙轮在井底滚动时,牙轮上的轮齿依次冲击、压入地层,这个作用可以将井底岩石压碎一部分,同时靠牙轮滑动带来的剪切作用削掉轮齿间残留的另一部分岩石,使井底岩石全面破碎,井眼得以延伸。如图 5-63、图 5-64 所示。

技术参数:ϕ149.2 mm×0.18 m。

图 5-63 三牙轮钻头规格

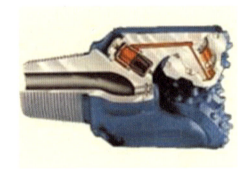

图 5-64 三牙轮钻头结构

② 喇叭口

工具原理:入口处的直径要大于管道直径,像喇叭形状,类似于大小头,直径较小的一端和管道直径相同。油管喇叭口有倒角,下井工具(如刮蜡片、压力计、流量计等)在进入到井底不易挂卡,上提时经喇叭口顺利进入油管。如图 5-65、图 5-66 所示。

技术参数:φ120 mm×0.28 m,内通径 76 mm。

 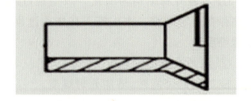

图 5-65　喇叭口规格　　　　　　　　图 5-66　喇叭口结构

③ 刮削器

工具原理:弹簧式套管刮削器主要由壳体、刀板、刀板座、固定块、螺旋弹簧、内六角螺钉等零件组成。可用于清除残留在套管内壁上的水泥块、水泥环、硬蜡、各种盐类结晶或沉积物、射孔毛刺以及套管锈蚀后所产生的氧化铁等,以便畅通无阻地下入各种井下工具。使用刮削器能提高工具下入和完成作业的成功率。刮削器工作在固定尺寸的套管空间内,在稠油处理中对比这一尺寸小的内径上的黏附物均可刮削。这种刮削作用如同机械加工中的圆柱形绞刀,用坚韧的刀刃切除被切材料和修光被切后的表面。如图 5-67、图 5-68 所示。

技术参数:φ142 mm×0.70 m。

图 5-67　弹簧式套管刮削器结构　　　　图 5-68　弹簧式套管刮削器规格

(6) 处理过程

经过 1 趟磨铣、4 趟冲洗和 1 趟刮削,处理井筒至 5 805.15 m,符合后期投产条件。JH014X 井稠油堵塞处理施工重点工序见表 5-17。

表 5-17　JH014X 井稠油堵塞处理施工重点工序

序号	重点施工内容	使用工具	施工趟数	施工情况	处理井段/m	现场照片
1	起原井管柱	斜尖	1 趟	缓慢上提管柱悬重 53 t,起钻时磨阻 17 t(原悬重 35 t),下放悬重可落零,油管根根均被稠油堵死,其间通过反复憋压打通油套管,泵入密度盐水 151 m³,环空返出盐水 121 m³、稠油 30 m³;起斜尖+3 1/2″油管 606 根,出井油管外壁附着稠油	0～2 754.42	

表 5-17(续)

序号	重点施工内容	使用工具	施工趟数	施工情况	处理井段/m	现场照片
2	组下磨铣管柱	三牙轮钻头	1趟	组下三牙轮钻头+变扣+2 7/8″钻杆+安全接头+2 7/8″钻杆+变扣+3 1/2″钻杆。下钻磨阻1~3 t,管脚位置2 754.42 m,其间用盐水正循环大排量洗井,加压7~12 t,出口明显稠油块减少,上提下放磨阻消除后继续下钻,遇阻则开钻盘处理。累计返出稠油块+混合油 215 m³;起钻检查,钻具水眼内有大量稠油	2 754.42~5 421.7	
3	组下磨铣管柱	三牙轮钻头	1趟	组下三牙轮钻头+变扣+2 7/8″钻杆+安全接头+2 7/8″钻杆+变扣+3 1/2″钻杆。下钻磨阻2 t,管脚位置5 420 m,其间用泥浆正循环大排量洗井,遇阻则开钻盘处理。累计泵入 200 m³,环空返出盐水 200 m³。加深钻具至6 133.2 m,正循环处理井筒稠油,泵入 288 m³,环空返出盐水 280 m³、混合油 8 m³;起钻检查,工具完好	5 420~6 133.2	
4	组下磨铣管柱	三牙轮钻头	1趟	组下三牙轮钻头+变扣+2 7/8″钻杆+安全接头+2 7/8″钻杆+变扣+3 1/2″钻杆。下钻磨阻2 t,管脚位置6 133 m,其间用泥浆正循环大排量洗井,遇阻位置6 534.69 m,磨铣至6 587.66 m,进尺52.97 m。正循环洗井,泵入 270 m³,环空返出盐水 270 m³(含少量稠油),返出约 90 L 地层细砂;起钻检查,工具完好	6 133~6 587.66	
5	组下刮削管柱	刮削器	1趟	组下刮削器+2 7/8″钻杆+3 1/2″钻杆。对5 805.15~6 522 m套管进行刮削处理,用大排量正循环洗井泵入 180 m³,泵压 7 MPa,排量 20~25 m³/h,返出混合油 170 m³;起钻检查,工具完好	5 805.15~6 522	

表 5-17(续)

序号	重点施工内容	使用工具	施工趟数	施工情况	处理井段/m	现场照片
6	组下冲洗管柱	喇叭口	1趟	组下喇叭口＋变扣＋3 1/2″油管。遇阻位置6 582.68 m,加压2 t,复探3次,位置不变。正循环冲砂至6 604.93 m,进尺22.25 m,泵入336 m³,返出盐水331 m³(含少量稠油),漏失5 m³。上提管柱至6 496.24 m,反循环洗井,泵入288 m³,返盐水281 m³(含少量稠油),返出130 L地层砂及小石子,漏失7 m³	6 582.68～6 604.93	

(7) 经验认识

① 本次施工对井内稠油堵塞面状况判断是清楚的,按照分段处理的设计思路,最终获得成功。本次处理通过前期分析以及起钻过程中磨阻判定稠油虽上返至9 5/8″套管内,但是后期已经打通油套管,说明稠油凝管程度不高,通过149.2 mm 三牙轮＋钻具的组合方式是可以处理干净上部套管的。在后期稠油处理过程时,要结合稠油上返高度、管柱下放磨阻和油套连通等情况综合判断是否分段处理。

② 本井作业期间粗分选用了1种磨铣工艺、1种冲洗工艺和1种刮削工艺,具体为:

a. 三牙轮钻磨工艺:本井使用三牙轮钻头不同于常规钻磨处理。三牙轮钻头的水眼大、通径尺寸大,有利于对稠油块进行钻磨冲洗,同时对套管壁上附着的稠油有通刮作用。

b. 冲洗井工艺:喇叭口冲洗工艺简单易实施,配合盐水循环替浆,冲洗处理至原人工井底。该工艺适用于地层能量强、施工过程中易稠油上返井的情况,但由于工具尺寸小、效果有限,不能彻底清除套管壁附着的稠油。

c. 刮削器:用于清除套管内壁上的水泥块、水泥环、硬蜡、各种盐类结晶和沉积物、射孔毛刺以及套管锈蚀后所产生的氧化铁等,以便畅通无阻地下入各种井下工具。为下步施工创造了有利条件。

(8) 综合评价

① 修井方案评价

a. 确定因素集 U:

$$U=\{修井成功率(x_1),修井成本(x_2),修井作业效率(x_3),修井劳动强度(x_4)\}$$

b. 确定权重集 A:

$$A=\{修井成功率(0.4),修井成本(0.3),修井作业效率(0.2),修井劳动强度(0.1)\}$$

c. 确定评语目录集 V:

$$V=\{优秀(v_1),良好(v_2),合格(v_3),不合格(v_4)\}$$

其中 v 取值 0～1 之间,优秀为 $v\geq 0.8$,良好为 $0.4\leq v<0.8$,合格为 $0.2<v<0.4$,不合格为 $v\leq 0.2$。

d. 确定单因素评价矩阵 R:

按照以上评价原则,由施工人员、技术人员进行评价打分,确定单因素评价矩阵 R。

$$修井成功率=\{0.3,0.3,0.3,0.2\}$$
$$修井成本=\{0.4,0.2,0.3,0.3\}$$
$$修井劳动强度=\{0.3,0.1,0.3,0.3\}$$
$$修井作业效率=\{0.4,0.2,0.3,0.2\}$$

$$R=\begin{bmatrix} 0.3 & 0.3 & 0.3 & 0.2 \\ 0.4 & 0.2 & 0.3 & 0.3 \\ 0.3 & 0.1 & 0.3 & 0.3 \\ 0.4 & 0.2 & 0.3 & 0.2 \end{bmatrix}$$

e. 综合评价计算：

$$B=AR=(0.4\quad 0.3\quad 0.2\quad 0.1)\begin{bmatrix} 0.3 & 0.3 & 0.3 & 0.2 \\ 0.4 & 0.2 & 0.3 & 0.3 \\ 0.3 & 0.1 & 0.3 & 0.3 \\ 0.4 & 0.2 & 0.3 & 0.2 \end{bmatrix}$$

计算得： $(0.4,0.2,0.3,0.3)=1.1$

（合格,合格,合格,合格）

用1.1除以各因素项归一化计算，得：

$$(0.31,0.20,0.27,0.23)$$

从中可以看出，该井作业过程总体评价为合格。

② 经济效益评价

通过盈亏平衡点（BEP）分析项目成本与收益的平衡关系。计算方法如下：

$$效益盈亏平衡点=\frac{单井次直接费用投入}{吨油价格-吨油增量成本}$$

$$投入产出比=\frac{单井直接费用投入+增量成本}{措施累计增产油量\times吨油价格}$$

JH014X井经济效益评价结果见表5-18。

表5-18 JH014X井经济效益评价结果

直接成本					
修井费/万元	137	工艺措施费/万元	62	总计费用/万元	309
材料费/万元	63	配合劳务费/万元	47		
增量成本					
吨油运费/元	/	吨油处理费/元	105	吨油价格/元	2 107
吨油税费/元	674	原油价格/美元折算	636	增量成本合计/万元	1 755
产出情况					
日增油/t	21	有效期/d	257	累计增油/t	5 520
效益评价					
销售收入/万元	1 163	吨油措施成本/(元/t)	1 338	投入产出比	1∶1.37
措施收益/万元	424	盈亏平衡点产量/t	3 508	评定结果	有效

7. JH015 井过油管射孔处理实例

(1) 基础数据

JH015 井是阿克库勒凸起西部斜坡上的一口开发井,2014 年 12 月完井,井身结构为 4 级,完钻斜深 6 694.00 m,完井方式为裸眼酸压完井,投产初期 6 mm 油嘴自喷生产,油压 23 MPa,日产油 23 t,不含水,日掺稀 68 t,生产期间压力快速下降,其间累计产液 6 837 t、产油 6 556 t、产水 281 t。JH015 井基础数据详见表 5-19。

表 5-19 JH015 井基础数据表

井别	直井	完井层位	$O_{1-2}y$
完钻时间	2014.12.10	完井井段	6 544.40~6 600 m
固井质量	合格	13 3/8″套管下深	802.55 m
完钻井深	6 694 m	9 5/8″套管下深	5 199.15 m
人工井底	6 694 m	7″套管下深	6 544.40 m

(2) 事故经过

2015 年 7 月停喷转电泵,采用 QYDB-150/3500 型电泵,泵深 3 000 m,日产液 30 t,日掺稀 90 t,不含水。2017 年 9 月 EOC 停机,测得绝缘为 0,启泵后过载停机,三相不平衡,上修检泵。起原井电泵管柱,起出电泵及尾管被稠油堵死,测吸水效果差,怀疑井筒稠油堵塞或砂埋,组下斜尖+3 1/2″油管,遇阻深度 2 073.65 m。因小修设备不具备提升和循环能力,下防喷油管,关井待大修。

JH015 井井身结构如图 5-69 所示。起出的电泵管柱情况如图 5-70 所示。

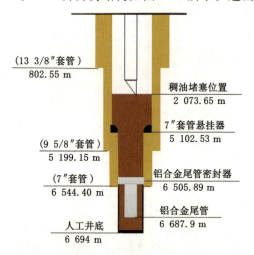

图 5-69 JH015 井井身结构示意图

图 5-70 起出的电泵管柱情况

(3) 施工难点

该井属于深井稠油堵塞,施工难点主要有以下三点:

① 本井井身结构为简化 3 级结构,7″套管未回接至井口,环空容积呈"上大下小",循环处理存在一定困难。本次施工在作业过程中可能会存在稠油上返的情况,增加井控风险和处理难度。

② 该井实测原油黏度 88 520 mPa·s(90 ℃)，本次施工可能存在因稠油凝管起管柱困难形成落鱼的可能性，增加处理难度。

③ 该井监测硫化氢浓度为 47 524.74 mg/m³，施工中注意做好硫化氢防护以及井控工作，确保安全施工。

（4）设计思路

思路 1：起井内管柱，先处理上部 9 5/8″套管内的稠油，冲洗至 7″套管悬挂器附近；再冲洗处理至铝合金尾管密封器附近，刮削套管通井后，循环冲洗井。

思路 2：试提井内管柱，若无法提出，则配合连续油管冲洗上部稠油；再使用重泥浆平推压井后，冲洗至铝合金尾管密封器附近。

经过技术人员分析、讨论，认为采取思路 1 更为稳妥，主要原因有以下两个方面：

① 从上次修井情况来看，井内油管环空被稠油堵塞，采取分段式处理实施工程难度小，工序简单易操作，不会造成稠油持续上返。

② 若直接使用重泥浆处理，油、套管憋压较高，且处理周期较长，不易于现场操作施工。

（5）工具选取

考虑井内堵塞情况，选用了 1 种冲洗工艺、1 种磨铣工艺和 1 种刮削工艺，具体如下：

① 斜尖

工具原理：用高速流动的液体将井底砂堵冲散，并借用液流循环上返的循环能力，将冲散的砂子带出地面，从而清除井底的积砂。冲洗方式一般有正冲、反冲和正反冲三种，处理稠油过程中可实现正反循环。如图 5-71、图 5-72 所示。

技术参数：ϕ60.3 mm×1 m，内径 ϕ49 mm。

图 5-71　斜尖规格

图 5-72　斜尖结构

② PDC 钻头

工具原理：PDC 钻头是用聚晶金刚石复合片镶嵌于钻头钢体（或焊于钻头胎体）而制成的一种切削型钻头，它以聚晶金刚石复合片作为切削刃，以负刃前角剪切方式破碎岩石。如图 5-73、图 5-74 所示。

技术参数：ϕ215.9 mm×0.36 m，水眼 10 mm×6 个。

图 5-73　PDC 钻头规格

图 5-74　PDC 钻头结构

③ 刮削器

工具原理:弹簧式套管刮削器主要由壳体、刀板、刀板座、固定块、螺旋弹簧、内六角螺钉等零件组成。可用于清除残留在套管内壁上的水泥块、水泥环、硬蜡、各种盐类结晶或沉积物、射孔毛刺以及套管锈蚀后所产生的氧化铁等,以便畅通无阻地下入各种井下工具。使用刮削器能提高工具下入和完成作业的成功率。刮削器工作在固定尺寸的套管空间内,在稠油处理中对比这一尺寸小的内径上的黏附物均可刮削。这种刮削作用如同机械加工中的圆柱形绞刀,用坚韧的刀刃切除被切材料和修光被切后的表面。如图 5-75、图 5-76 所示。

技术参数:$\phi 142$ mm×0.70 m。

图 5-75 弹簧式套管刮削器结构　　　　图 5-76 弹簧式套管刮削器规格

(6) 处理过程

经过1趟磨铣、5趟冲洗和1趟刮削,处理井筒至 5 805.15 m,符合后期投产条件。JH015X 井稠油堵塞处理施工重点工序见表 5-20。

表 5-20 JH015X 井稠油堵塞处理施工重点工序

序号	重点施工内容	使用工具	施工趟数	施工情况	处理井段/m	现场照片
1	起原井管柱	斜尖	1趟	缓慢上提管柱悬重53 t。起钻时磨阻18 t(原悬重35 t),下放悬重可落零,油管根根均被稠油堵死,其间反复憋压打通油、套管,泵入稀油和沥青分散剂混合物闷井2 h。用密度为 1.22 g/cm³ 的盐水正循环处理井筒,泵入34 m³,返出28.5 m³,漏失5.5 m³。起井内管柱,管柱附着大量稠油	0~2 073.65	
2	组下冲洗管柱	斜尖	1趟	组下斜尖+2 3/8″油管+变扣+3 1/2″油管+变扣+3 1/2″钻杆。下钻摩阻5~6 t,管脚位置 2 708.17 m,用稀油及盐水正循环洗井,泵入稀油31 m³、密度盐水81 m³,返出混合油48 m³、盐水49.2 m³ 及沥青质稠油块约1 m³,漏失13.8 m³;起钻检查,管柱附着大量稠油	0~2 708.17	

表 5-20(续)

序号	重点施工内容	使用工具	施工趟数	施工情况	处理井段/m	现场照片
3	组下冲洗管柱	斜尖	1趟	组下斜尖＋2 3/8″油管＋变扣＋3 1/2″油管＋变扣＋3 1/2″钻杆。下钻摩阻 5~6 t，管脚位置 3 197.89 m，泵入稀油 20 m³、盐水 117 m³，返出混合油 8 m³、沥青质稠油块约 1.1 m³ 及盐水 61.3 m³，漏失 6.6 m³；起钻检查，管柱附着大量稠油	2 708.17~3 197.89	
4	组下冲洗管柱	斜尖	1趟	组下斜尖＋2 3/8″油管＋变扣＋3 1/2″油管＋变扣＋3 1/2″钻杆。下钻摩阻 5~6 t，管脚位置 3 730.5 m，泵入稀油 28.8 m³，返出盐水(含沥青质稠油块)26.8 m³，漏失 2 m³，停泵闷井 2 h。正循环盐水处理井筒，泵入 119 m³，返沥青质稠油块约 3 m³ 及盐水 110.8 m³、混合油 30 m³，漏失 2 m³；起钻检查，管柱附着大量稠油	3 197.89~3 730.5	
5	组下冲洗管柱	斜尖	1趟	组下斜尖＋2 3/8″油管＋变扣＋3 1/2″油管＋变扣＋3 1/2″钻杆。管脚位置 4 364.56 m，上提下放管柱，摩阻 1~2 t。用稀油及盐水正循环处理井筒，泵入稀油 20 m³、盐水 152 m³，累计返出盐水(含沥青质稠油块颗粒)146.4 m³、混合油 21 m³、沥青质稠油块约 2 m³，漏失 2.6 m³；起钻检查，管柱附着大量稠油	3 730.5~4 364.56	
6	组下冲洗管柱	斜尖	1趟	组下斜尖＋2 3/8″油管＋变扣＋3 1/2″油管＋变扣＋3 1/2″钻杆。管脚位置 5 126.88 m，下钻摩阻 1~2 t。正循环间断泵入盐水 148 m³，返出盐水 133.5 m³，顶出沥青质稠油块约 2 m³，漏失 12.5 m³。注稀油及沥青分散剂 20 m³ 反循环处理，闷井 2 h。正注盐水 95 m³，返出盐水 85 m³、混合油约 30 m³；起钻检查，管柱附着大量稠油	4 364.56~5 126.88	

表 5-20(续)

序号	重点施工内容	使用工具	施工趟数	施工情况	处理井段/m	现场照片
7	组下磨铣管柱	PDC钻头	1趟	组下PDC钻头＋变扣＋2 7/8″钻杆＋变扣＋3 1/2″钻杆。加压0.2～0.5 t,盐水循环处理至4 626.36 m,其间反复上提下放,累计返出沥青质稠油约62.5 m³,漏失103.3 m³;起钻检查,工具完好,无明显磨损及变形	0～4 626.36	
8	组下刮削管柱	刮削器	1趟	组下刮削器＋2 7/8″钻杆＋3 1/2″钻杆。对5 100～6 490 m套管进行刮削处理,用大排量正循环洗井泵入泥浆180 m³,泵压7 MPa,排量20～25 m³/h,返出混合油170 m³。起钻检查,工具完好	5 100～6 490	
9	组下冲洗管柱	斜尖	1趟	组下油管斜尖＋3 1/2″油管。管脚位置6 490.75 m,泥浆正循环处理井筒稠油,其间反复上提下放。本次处理井筒无漏失,累计返出稠油块约5.6 m³。正循环大排量盐水正替井内泥浆	0～6 490.75	

(7) 经验认识

① 本次施工对井内稠油堵塞面状况判断是清楚的,按照分段处理的设计思路,最终获得成功。一是本次作业应用稀油与稠油相似相溶的原理,将混合油循环出井筒,达到分段处理管脚上部稠油的目的。在稠油上返的井筒中,稠油上升到一定高度后由于温度降低而冷凝,上部混合油就只需要用正常的盐水循环出来,而当继续处理下部稠油时,地层也不断出稠油,优选稀油溶解,但由于密度过低,造成压差过小,不足以压住地层,因此又用重盐水进行循环压井,实现井筒稳定。二是对于稠油上返的井若上提管柱时负荷持续上涨至最大吨位且活动无效时,要停止起管柱,先用高比重压井液正循环冲洗,再用稀油和沥青分散剂混合,正循环处理井筒。三是通过配套地面稠油回收装置包括导流槽、人梯、滤网、输送滑道和电磁加热罐等设备,为高效处理提供了有力保障。

② 本井作业期间粗分选用了1种冲洗工艺、1种磨铣工艺和1种刮削工艺,具体为:

a. 冲洗井工艺:斜尖冲洗工艺简单易实施,配合盐水循环替浆,冲洗至铝合金尾管密封器附近。该工艺适用于地层能量强、施工过程中易稠油上返井的情况,但由于工具尺寸小、效果有限,不能彻底清除套管壁附着稠油,对于９５/8″套管壁上附着的稠油要用大直径的钻头处理干净。

b. PDC钻磨工艺:本井使用PDC钻头不同于常规钻磨处理。PDC钻头的水眼大、通径尺寸大,有利于对稠油块进行钻磨冲洗,同时对套管壁上附着的稠油有通刮作用。

c. 刮削器:用于清除套管内壁上的水泥块、水泥环、硬蜡、各种盐类结晶和沉积物、射孔毛刺以及套管锈蚀后所产生的氧化铁等,以便畅通无阻地下入各种井下工具,为下步施工创造了有利条件。

(8) 综合评价

① 修井方案评价

a. 确定因素集 U:

U={修井成功率(x_1),修井成本(x_2),修井作业效率(x_3),修井劳动强度(x_4)}

b. 确定权重集 A:

A={修井成功率(0.4),修井成本(0.3),修井作业效率(0.2),修井劳动强度(0.1)}

c. 确定评语目录集 V:

V={优秀(v_1),良好(v_2),合格(v_3),不合格(v_4)}

其中 v 取值 0~1 之间,优秀为 $v \geq 0.8$,良好为 $0.4 \leq v < 0.8$,合格为 $0.2 < v < 0.4$,不合格为 $v \leq 0.2$。

d. 确定单因素评价矩阵 $\boldsymbol{R}$:

按照以上评价原则,由施工人员、技术人员进行评价打分,确定单因素评价矩阵 $\boldsymbol{R}$。

修井成功率={0.4,0.3,0.3,0.2}

修井成本={0.3,0.2,0.3,0.3}

修井劳动强度={0.3,0.2,0.3,0.3}

修井作业效率={0.4,0.3,0.3,0.2}

$$\boldsymbol{R} = \begin{bmatrix} 0.4 & 0.3 & 0.3 & 0.2 \\ 0.3 & 0.2 & 0.3 & 0.3 \\ 0.3 & 0.2 & 0.3 & 0.3 \\ 0.4 & 0.3 & 0.3 & 0.2 \end{bmatrix}$$

e. 综合评价计算:

$$\boldsymbol{B} = \boldsymbol{AR} = (0.4 \quad 0.3 \quad 0.2 \quad 0.1) \begin{bmatrix} 0.4 & 0.3 & 0.3 & 0.2 \\ 0.3 & 0.2 & 0.3 & 0.3 \\ 0.3 & 0.2 & 0.3 & 0.3 \\ 0.4 & 0.3 & 0.3 & 0.2 \end{bmatrix}$$

计算得: (0.4, 0.2, 0.3, 0.3)=1.2

(合格,合格,合格,合格)

用1.2除以各因素项归一化计算,得:

(0.30,0.22,0.26,0.22)

从中可以看出,该井作业过程总体评价为合格。

② 经济效益评价

通过盈亏平衡点(BEP)分析项目成本与收益的平衡关系。计算方法如下:

$$效益盈亏平衡点 = \frac{单井次直接费用投入}{吨油价格 - 吨油增量成本}$$

$$投入产出比 = \frac{单井直接费用投入 + 增量成本}{措施累计增产油量 \times 吨油价格}$$

JH015X井经济效益评价结果见表5-21。

表5-21 JH015X井经济效益评价结果

直接成本					
修井费/万元	237	工艺措施费/万元	62	总计费用/万元	449
材料费/万元	73	配合劳务费/万元	77		
增量成本					
吨油运费/元	/	吨油处理费/元	105	吨油价格/元	2 107
吨油税费/元	674	原油价格/美元折算	636	增量成本合计/万元	1 755
产出情况					
日增油/t	34	有效期/d	277	累计增油/t	9 520
效益评价					
销售收入/万元	2 006	吨油措施成本/(元/t)	1 250	投入产出比	1∶1.81
措施收益/万元	815	盈亏平衡点产量/t	5 652	评定结果	有效

第六章　水平井二次完井处理技术

一、技术概述

一般来说，水平井适用于薄的油气层或裂缝性油气藏，目的在于增大油气层的裸露面积。横贯油层的水平井可以为评价油层提供更多的资料，对认识油藏有极大的价值。水平井主要适用的地质条件如下：

（1）薄层油藏。如果油藏厚度薄，同时渗透率又低，通过横贯油层的水平井增加了井眼和油藏的渗流接触面积，弥补油层薄的缺陷，可以大大提高薄层油藏的产率比。一般认为油层厚度不超过 20 m，从经济方面考虑才适宜采用水平完井。

（2）高垂向渗透性油藏。多数油层的垂向渗透率低于水平向渗透率，对于水平井来说，产油能力的大小部分地取决于垂向渗透率的高低。一般认为，垂向渗透率接近水平渗透率时，从经济方面考虑才适宜采用水平完井。

（3）纵向裂缝油藏。水平井提供了连通天然垂直裂缝的手段。即使油层的裂缝发育连通性较差，只要水平井眼和这些裂缝相交，也能显著提高油井的产能。

（4）非均质油藏。当油层在水平方向上存在非均质时，横贯非均质油层的水平井为钻遇孤立的富油区提供了手段。

（5）有气顶或底水接触面问题的油藏。和垂直井相比，水平井与油层接触面积大。由于水平井眼附近油层的压力降落缓慢，有利于延长水侵入井眼，可望提高油井采收率。

水平井完井是指水平裸眼井钻达设计井深后，井底和油层以一定结构连通起来的工艺。常用的完井方式主要有裸眼完井、割缝衬管完井、尾管射孔完井、管外封隔器完井、砾石充填完井以及以上完井方式的组合。

水平井二次完井是指投产后因高含水或其他原因停产，采用大修的方式调整水平段产液剖面，恢复油气生产的工艺。

目前，塔河油田常用的主要有 AICD 调流控水技术、套管内智能开关技术、套管内智能开关分段开采、低渗段深穿透射孔、柔性分支管钻孔酸化等五种技术。

（一）AICD 调流控水技术

1. 基本原理

利用了系统设计的流径和通道来控制流体流动。更确切地说，包括三个独立的动态流体组件——一个黏度选择器、一个流量开关和一个限流器，共同发挥作用，使流体受限或不受限制地流动。调流控水筛管根据产出、注入状况自动调节附加压降，均衡流入、流出剖面，达到限流、控水及提高采收率的目的。

2. 结构介绍

自适应控水筛管包括筛管接箍、筛管、对接插头、自适应调流控水装置等四部分，自适应控水装置采用插接方式与精密复合筛管连接，从而实现现场简单易用。其结构如图 6-1 所示。

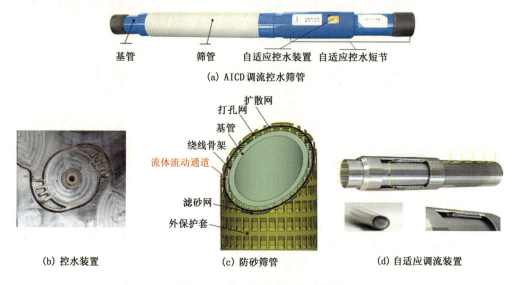

图 6-1 AICD 调流控水装置结构

(二) 套管内智能开关技术

智能完井也可称作是井下永久监测控制系统,这个系统不仅能够实现多层同采,而且能够单独开采其中的某一层。

1. 基本原理

智能完井是一种多功能的系统完井方式,它允许操作者通过远程操作的完井系统来监测、控制和生产原油,这种操作系统在不起出油管的情况下,仅需一台地面调制解调器和一台个人专用计算机就能随时重新配置井身结构,它还可以进行连续、实时的油层管理,采集实时的井下压力和温度等参数。

2. 结构介绍

智能完井包括井下信息收集传感系统、井下生产控制系统、井下数据传输系统和地面数据收集、分析及反馈控制系统。通过在井口环空打压→卸压→打压的方式,产生一种特定的压力脉冲指令信号,通过对指令进行编码,使每条指令均包含层位和动作信息,这种信号通过井筒传递到井下,使智能开关器按要求打开或关闭层位,实现开关选层生产。其结构如图 6-2 所示。

(三) 深穿透射孔技术

复合射孔技术是近几年兴起的一项集射孔与高能气体压裂于一体的高效射孔技术,能够一次完成射孔和高能气体压裂两道工序,做到在射孔的同时对近井地层进行高能气体压裂,改善近井地层导流能力,提高射孔完井效果。

1. 基本原理

利用电缆或者油管等工具将射孔枪及其外套的推进剂筒输送到井下射孔层段,射孔枪起爆后,射流引燃外套的推进剂筒,推进剂高速燃烧产生高能气体,高能气体进入射孔孔道并在射孔孔眼周围形成多条径向裂缝,从而沟通了地层的天然裂缝,起到了小型压裂的效果,能够有效降低或减少钻井(固井)污染,改善了油气流动通道,提高了油气井的产出和注入能力。

(a) 压控开关结构

(b) 内置电机

(c) 内置芯片

(d) 压力传感装置

图 6-2　套管内智能开关结构

2. 结构介绍

该工艺采用多级复合深穿透射孔工艺,射孔管柱主要由射孔枪和压裂枪组成。多级复合深穿透射孔技术的弹药组合主要由射孔弹、一级火药、二级火药组成。其结构如图 6-3 所示。

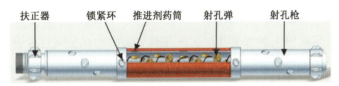

(a) 深穿透射孔枪身

(b) 超二代射孔弹

(c) 一级火药

(d) 二级火药

图 6-3　深穿透射孔装置结构

(四) 柔性分支管钻孔酸化技术

按照鱼刺形水平分支井(二维反相四水平分支井)的设计思路,在水平井眼的不同位置下入短节,利用短节上的 4 个柔性分支管泵入液体进行储层改造完井,因其改造后的形状像鱼刺,所以又叫鱼刺形钻孔酸化技术。

1. 基本原理

针对碳酸盐岩、缝洞型储层的裸眼完井管柱连接多个工具短节,每个短节包含 4 个柔性分支管,管内泵送流体。在水力牵引及酸蚀作用下所有柔性分支管扎入近井周储集体内,油、气通过分支管以及短节上的单向阀流入完井管柱内,极大地增加了储层泄油的面积。

2. 结构介绍

柔性分支管钻孔酸化应用的工具主要包括插管封隔器、鱼骨短节、背骨短节、酸释阀4种。插管封隔器主要是完井管柱送入、悬挂以及顶部环空封隔作用；鱼骨短节、4支分支管提供支撑，提供生产通道；背骨短节为工艺管柱提供裸眼锚定；酸释阀、常开阀遇酸关闭（10 min 内），提供循环通道。其结构如图6-4所示。

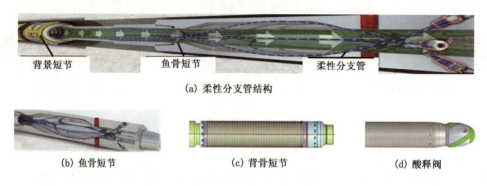

(a) 柔性分支管结构

(b) 鱼骨短节　　(c) 背骨短节　　(d) 酸释阀

图6-4　柔性分支管钻孔酸化装置结构

二、应用实例

本部分介绍了塔河油田4种水平井二次完井典型实例和在实践过程中积累的经验与研究成果。

1. JH111H 井 AICD 调流控水二次完井实例

（1）基础数据

JH111H 井是阿克库勒凸起南斜坡高部位的一口开发水平井，井身结构为3级，完井方式为套管完井，投产初期10 mm 油嘴生产，日产原油 55 m³，日产气 3 100 m³，含水2.5%。JH111H 井基础数据详见表6-1。JH111H 井井身结构如图6-5所示。

表6-1　JH111H 井基础数据表

井别	水平井	完井层位	T_2a
完钻时间	2009.07.22	完井井段	4 796～4 953 m
完钻垂深	4 545.02 m	13 3/8″套管下深	504.41 m
完钻斜深	4 970.15 m	9 5/8″套管下深	3 298.75 m
造斜点	4 347 m	7″套管下深	4 629.27 m
A 点斜深	4 607.07 m	5 1/2″套管下深	4 953.45 m
B 点斜深	4 970.15 m	人工井底	4 958 m

（2）作业原因

① 该井油层厚度9.0 m，避水高度8.4 m，单井控制储量16.1万t，累计产油3.92万t，采出程度24.3%，采出程度较低，有大量剩余油。

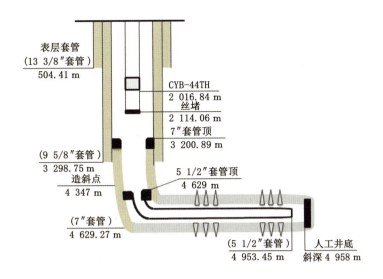

图 6-5　JH111H 井井身结构示意图

② 该井水平生产井段为 4 670.0～4 770.0 m、4 796.0～4 953.0 m，前段平均渗透率 150 md，后段高渗段（40 m）平均渗透率 700 md，水平段级差较大，非均质性严重。该井为点状水淹，主要出水段为水平段的 B 端，可通过措施对高渗段产液进行抑制，低渗段产液得以加强，以达到控水、增油效果。

（3）施工难点

该井属于水平井措施作业，施工难点主要有以下三点：

① 造斜段起下管柱磨阻大，钟摆力对管柱和工具磨损严重，力和扭矩损耗大且不易传递；在水平段管柱重量的轴向分量为零，必须借助上部钻柱的"推动"才能向前移动，易造成工具遇卡。

② 本井内有 7″和 5 1/2″套管悬挂器，起下工具管柱时，存在卡钻风险。

③ 填充封隔器第一次在深井水平井使用，工具性能有待评价。

（4）设计思路

思路 1：先下入 7″通井管柱，再依次下入 7″和 5 1/2″套管刮管管柱，保证后期完井通道顺畅，下 AICD 管柱到位后进行填充。

思路 2：先下入 5 1/2″套管刮管管柱，再下入 5 1/2″模拟管串通井，下 AICD 管柱到位后进行填充。

经过技术人员分析、讨论，认为采取思路 1 作业风险和难度较小，主要原因有：从大到小的顺序下入工具管柱，使用 7″通井和刮管管柱清理的杂物落入井内后，再使用 5 1/2″刮管管柱确保井壁干净。

（5）工具选取

本次施工选用了 2 种通井工具，具体如下：

① 通径规

工具原理：用油管或钻杆连接将通径规下入套管内，依靠通径规的标准外径尺寸通过与否和对下井通径规的描述，检查验证套管内径的完好情况。如图 6-6、图 6-7 所示。

技术参数:φ150 mm×1.2 m通径规,前端为φ146 mm导锥。

图 6-6　通径规规格

图 6-7　导锥

② 刮削器

工具原理:刀片紧贴套管内壁,使套管每个方向上都能进行刮削,当旋转或上下活动管柱时,达到清除套管内壁障碍物的目的,在通过大排量洗井后,脏物洗出地面,保证套管内壁畅通无阻。如图 6-8、图 6-9 所示

技术参数:φ170 mm×1.6 m 刮削器。

图 6-8　刮削器规格

图 6-9　刀片

③ 封隔体颗粒

工具原理:封隔体颗粒是一种超轻、有机材料。封隔体稳定性强,通过静压、耐矿化度、高温挤压实验,分别以油、水为介质,经过材料轴向、径向阻力测量实验证实,能够实现抑制流体轴向流动的目的,满足塔河油田碎屑岩油藏温度、压力及高矿化度环境使用要求。封隔颗粒设计参数见表 6-2。

表 6-2　封隔颗粒设计参数表

名称	属性	名称	属性
封隔颗粒	超轻介质	耐静压/耐挤压	60/10 MPa
标准筛目	40/70 目	破碎率	≤0.6%
真实密度	1.01 g/cm^3	酸溶解度	≤2.3%
耐温	120 ℃	本井设计用量	3.5 m^3

④ 调流控水筛管

工具原理:根据本井 2012 年 10 月 18 日稳定生产状态下的数据,前后生产压差约 2 MPa,产液量 40 m^3/d,考虑在控水筛管中下入 HE 型控流装置(中等控流能力)。设计参数见表 6-3。

表 6-3　单节筛管设计参数表

名称	属性	名称	属性
规格型号	2 7/8″	内径	62 mm
单根长度	10 m 左右	过滤精度	150 μm
总长	338 m	控流装置规格型号	HE(中等控流能力)
外径	102 mm	材质	N80

（6）施工过程

本井经过通井、刮管、测吸水、组下完井管柱、正循环充填封隔颗粒，顺利完成二次完井作业。JH111H 井重点施工工序见表 6-4。

表 6-4　JH111H 井重点施工工序

序号	重点内容	使用工具	起下趟数	具体情况	工具照片
1	通井、循环、起钻	通径规	1 趟	组下 7″通井管柱，冲洗通井，井段 4 606.50～4 623.85 m，起通井管柱	
2	下钻、刮管、起钻	刮削器	1 趟	组下 7″刮管管柱，循环洗井，起刮管管柱	
3	下钻、刮管、测吸水	刮削器	1 趟	组下 5 1/2″刮管管柱，冲洗通井，起通井管柱	
4	组下二次完井管柱	填充封隔器	1 趟	组下调流控水二次完井管柱，封隔器打压坐封，管串丢手成功	
5	充填封隔体	充填前充填管柱	1 趟	正循环充填封隔体施工，加充填颗粒 2.2 m³；反洗井返出充填 0.5 m³	

（7）经验认识

① 二次完井工具评价

套管内 AICD 调流控水二次完井工艺操作简单，避免了后期重复实施控水措施。具体认识有：一是充填封隔器首次在塔河油田应用，工具性能可靠，施工过程顺利。二是封隔体充填颗粒量 1.71 m³（理论充填量 1.814 m³），实际充填率为 94.2%，满足控水作业要求。三是充填后控水筛管起到了抑制高渗段的吸水指数、封隔体起到了轴向封隔的作用。由充填作业前后两次反测地层吸入量可以看出，抑制系数随压力上升而大幅增加。

② 生产情况分析评价

二次完井前：日产液 35.1 t，日产油 2.5 t，含水 93.7%。

二次完井后:初期高含水,提高产液量后含水呈下降趋势。截至 2016 年 5 月底,日产液 17.3 t,日产油 3.77 t,含水 78.2%,累计增油 419 天。

(8) 综合评价

通过盈亏平衡点(BEP)分析项目成本与收益的平衡关系。计算方法如下:

$$效益盈亏平衡点 = \frac{单井次直接费用投入}{吨油价格-吨油增量成本}$$

$$投入产出比 = \frac{单井直接费用投入+增量成本}{措施累计增产油量×吨油价格}$$

JH111H 井经济效益评价结果见表 6-5。

表 6-5　JH111H 井经济效益评价结果

直接成本					
修井费/万元	80	工艺措施费/万元	/	总计费用/万元	260
材料费/万元	170	配合劳务费/万元	10		
增量成本					
吨油运费/元	/	吨油处理费/元	105	吨油价格/元	3 907
吨油税费/元	674	原油价格/美元折算	636	增量成本合计/万元	117
产出情况					
日增油/t	4	有效期/d	300	累计增油/t	1 500
效益评价					
销售收入/万元	586	吨油措施成本/(元/t)	1 733	投入产出比	1:2.2
措施收益/万元	209	盈亏平衡点产量/t	831	评定结果	有效

套管内 AICD 调流控水二次完井技术在塔河油田碎屑岩高含水水平井实施,可降低含水率,增加产油量,提高单井采收率,有效进行剩余油挖潜,取得了良好的经济与社会效益。

2. JH112H 井水平井裸眼段 AICD 调流控水完井实例

(1) 基础数据

JH112H 井是阿克库勒凸起东南斜坡上的一口开发水平井,井身结构为 3 级,完井方式为套管完井,投产初期 3 mm 油嘴自喷生产,油压 10.9 MPa,日产液 28.6 t,不含水,微量气。JH112H 井基础数据详见表 6-6。JH112H 井井身结构如图 6-10 所示。

表 6-6　JH112H 井基础数据表

井别	水平井	完井层位	T_2al
完钻时间	2015.03.25	完井井段	4 726.16～4 878 m
完钻垂深	4 599.23 m	20″套管下深	50 m
完钻斜深	4 877.27 m	10 3/4″套管下深	799 m
造斜点	4 320 m	7 5/8″套管下深	4 726.16 m
A 点斜深	4 767.25 m	4 1/2″套管下深	4 870 m
B 点斜深	4 877.27 m	人工井底	4 878 m

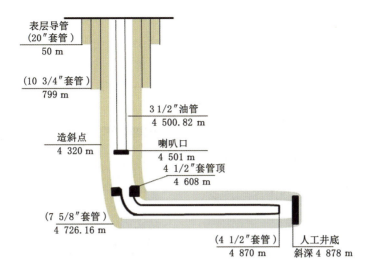

图 6-10　JH112H 井井身结构示意图

（2）作业原因

① 从区块实测的原始地层压力来看，地层能量充足；从生产情况看，投产井含水上升较快、采油量下降较快；邻井生产状况均处于高含水期。目前区块内生产井产液量在 16~160 t/d 范围内，平均含水 82% 左右。

② 该井水平生产井段为 4 726.16~4 878.00 m，根据测井曲线和电测解释成果，将水平段划分为三个单元。前段（45 m）平均渗透率为 248.8 md，中段（50 m）平均渗透率为 45.4 md，后段（30 m）平均渗透率为 118.7 md，水平段级差较大，非均质性严重。为充分发挥水平井的优势，使水平井水平段流量均衡，减少储层污染，抑制高渗段底水快速脊进，增加无水采油期，增加低渗段的动用程度。

（3）施工难点

该井属于水平井修井作业，施工难点主要有以下三点：

① 造斜段起下管柱磨阻大，钟摆力对管柱和工具磨损严重，力和扭矩损耗大且不易传递，易造成工具遇卡。

② 完井井段为 151.84 m 裸眼井段，在水平段管柱重量的轴向分量为零，必须借助上部钻柱的"推动"才能向前移动，井壁不规则，存在卡钻风险。

③ 本井地层压力 49.13 MPa，地层温度 114.53 ℃，井下工具设计要满足地层压力和温度的需要。

（4）设计思路

思路 1：下 7 5/8″套管到位进行固井，再下 4 1/2″完井管柱悬挂，最后下生产管柱投产。

思路 2：下 7 5/8″套管和 4 1/2″完井管柱组合到位后，再实施 7 5/8″套管固井，最后扫掉盲板下生产管柱投产。

经过技术人员分析、讨论，认为采取思路 1 作业风险和难度较小，主要原因有：思路 2 管柱全部下到位后进行固井，管柱整体过长且通径大小不一致，在裸眼段存在卡钻的风险。

（5）工具选取

本次施工选用了 3 种刮管通井工具和 2 种完井工具，具体如下：

① 刮削器

工具原理：刀片紧贴套管内壁，使套管每个方向上都能进行刮削，当旋转或上下活动管柱时，达到清除套管内壁障碍物的目的，在通过大排量洗井后，脏物洗出地面，保证套管内壁畅通无阻。如图6-11、图6-12所示。

技术参数：ϕ186 mm×1.65 m 刮削器。

图6-11　刮削器规格

图6-12　刀片

② 西瓜皮铣柱

工具原理：用于修复套管、扩孔、打通通道，通常在开出窗口或钻头之后使用。铣柱的切削棱与井壁接触，每个棱末端设计成锥形能够从顶部起加长窗口，并能清除初始切削时留下的管壁结垢和毛刺。如图6-13、图6-14所示。

技术参数：本体 ϕ88.9 mm×1.28 m，磨铣带 ϕ162 mm×0.6 m。

图6-13　西瓜皮铣柱规格

图6-14　合金磨铣带

③ 刚性扶正器

工具原理：用于定向井使井内管柱居中的装置，带有螺旋槽或直条的不具有弹性的扶正器。如图6-15、图6-16所示。

技术参数：ϕ162 mm×4.66 m。

图6-15　刚性扶正器规格

图6-16　扶正条

④ 遇油膨胀封隔器

工具原理：该类封隔器是一种新型的封隔器，可根据地层不同的油气含量、井筒条件、作业要求,胶筒遇油自主膨胀来封隔地层。如图6-17、图6-18所示。

技术参数：ϕ150 mm×4.66 m,胶筒 ϕ150 mm×2.03 m。

图6-17 遇油膨胀封隔器规格

图6-18 遇油膨胀封隔器结构

⑤调流控水筛管

工具原理：根据流动单元的划分结果、各个流动单元的物性、含油饱和度等参数设计筛管数量10根,产液量20 m³/d,考虑控水筛管中下入HE型控流装置(中等控流能力)。设计参数见表6-7。

表6-7 单节筛管设计参数表

名称	属性	名称	属性
规格型号	4 1/2″	内径	101.6 mm
单根长度	10 m左右	过滤精度	150 μm
总长	107 m	控流装置规格型号	HE(中等控流能力)
外径	148 mm	材质	N80

（6）施工过程

本井经过刮管、通井、组下完井管柱,顺利完成完井作业。JH112H井重点施工工序见表6-8。

表6-8 JH112H井重点施工工序

序号	重点内容	使用工具	起下趟数	具体情况	工具照片
1	下钻、刮管、起钻	刮削器	1趟	组下7 5/8″刮管器对井段4 558.00～4 710.00 m反复刮削	
2	下钻、通井、起钻	三牙轮钻头	1趟	组下模拟通井管柱至4 878.00 m,加压3 t,复探3次,位置不变	
3	下钻、通井、起钻	西瓜皮铣柱	1趟	组下铣柱通井管柱至4 878.00 m,加压3 t,复探3次,位置不变	
4	下钻、通井、洗井	刚性扶正器	1趟	组下通井管柱至4 878.00 m,上提管柱2 m,正循环洗井至进出口液性一致	
5	下分段调流完井管柱	遇油膨胀封隔器	1趟	组下调流控水二次完井管柱,封隔器打压坐封,管串丢手成功	

(7) 经验认识

① 完井工具评价

水平井裸眼段 AICD 调流控水完井技术具有完井作业周期短、利于储层保护的特点。同时可以延缓底水脊进提高采收率,针对弱能量碎屑岩区块,除节省投资外也利于后期均匀注水。具体认识有:一是遇油膨胀封隔器是完井工艺的关键工具之一,与自适应调流控水装置配合使用,从而使各个井段具有不同的压力系统。二是水平井裸眼段 AICD 调流控水完井与射孔完井相比,主要减少了储层固井、扫塞、射孔等工序,减少了储层污染。

② 生产情况分析评价

邻井生产情况:水平段射孔完井的 3 口邻井,平均日产液 12.3 t,日产油 0.1 t,含水 98.8%,平均无水采油期为 64 天。

本井生产情况:初期日产液 28.6 t,不含水;截至目前,日产液 22.4 t,不含水,无水采油期 328 天,无水采油量 7 063 t。

(8) 综合评价

通过盈亏平衡点(BEP)分析项目成本与收益的平衡关系。计算方法如下:

$$效益盈亏平衡点 = \frac{单井次直接费用投入}{吨油价格 - 吨油增量成本}$$

$$投入产出比 = \frac{单井直接费用投入 + 增量成本}{措施累计增产油量 \times 吨油价格}$$

JH112H 井经济效益评价结果见表 6-9。

表 6-9 JH112H 井经济效益评价结果

直接成本					
修井费/万元	92	工艺措施费/万元	/	总计费用/万元	322
材料费/万元	220	配合劳务费/万元	10		
增量成本					
吨油运费/元	/	吨油处理费/元	105	吨油价格/元	3 907
吨油税费/元	674	原油价格/美元折算	636	增量成本合计/万元	550
产出情况					
日增油/t	22.4	有效期/d	328	累计增油/t	7 063
效益评价					
销售收入/万元	2 760	吨油措施成本/(元/t)	456	投入产出比	1:3.3
措施收益/万元	1 887	盈亏平衡点产量/t	1 029	评定结果	有效

水平井裸眼段 AICD 调流控水完井技术在塔河油田碎屑岩水平井成功实施,可降低含水率,增加产油量,提高单井采收率,有效进行剩余油挖潜,取得了良好的经济与社会效益。

3. JH113H 井套管内智能开关分段开采二次完井实例

(1) 基础数据

JH113H 井是阿克库勒凸起东南斜坡上的一口开发水平井,井身结构为 4 级,完井方式为套管射孔完井,初期油嘴 4 mm 自喷,油压 14.1 MPa,套压 13.5 MPa,日产液 64 t,日产油 63 t,含水 1%。JH113H 井基础数据详见表 6-10。JH113H 井井身结构如图 6-19 所示。

表 6-10　JH113H 井基础数据表

井别	水平井	完井层位	T_2al
完钻时间	2009.05.07	完井井段	4 706～4 807 m 4 820～4 918 m
完钻垂深	4 596.91 m	13 3/8″套管下深	492.91 m
完钻斜深	4 932.00 m	9 5/8″套管下深	3 296.91 m
造斜点	4 397 m	7″套管下深	4 629.68 m
A 点斜深	4 725.00 m	5 1/2″套管下深	4 930.81 m
B 点斜深	4 931.45 m	人工井底	4 920 m

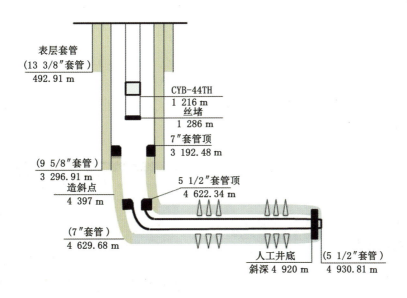

图 6-19　JH113H 井井身结构示意图

(2) 作业原因

① 本井水平段油层厚度 12 m,避水高度 9.6 m,单井控制储量 19.6 万 t,累计产油 1.91 万 t,采出程度仅 9.74%,采出程度较低,有大量剩余油。

② 本井射孔井段测井解释为油气层(4 706～4 866 m)、差油气层(4 866～4 898 m)和潜力层(4 898～4 920 m);射孔段非均质性严重,最大渗透率 230 md,最小渗透率 0.1 md;高渗段位于射孔段跟端(4 706～4 760 m),平均渗透率 102 md;低渗段位于射孔段指端(4 760～4 918 m),平均渗透率 40 md;渗透率非均质性强,易底水突进;跟端渗透率高,易水淹。

(3) 施工难点

该井属于水平井修井作业,施工难点主要有以下三点:

① 本井井眼曲率较大(最大 15.99°/30 m),存在套管变形缩径、阻卡二次完井管柱的

风险。

② 本井采用射孔完井,已生产 5 年,在水平段管柱重量的轴向分量为零,必须借助上部钻柱的"推动"才能向前移动,存在卡钻风险。

③ 本井前期多次实施化学堵水,水平段可能存在积砂的情况;且水平段长达 278 m,循环洗井时盐水携带能力差,9 5/8″环空较大,井内岩屑和铁屑不易返出,易造成在上提钻具过程中遇卡。

(4) 设计思路

思路 1:分段管柱与机抽生产管柱整体下入井内进行完井生产。

思路 2:先下入分段管柱,悬挂于 7″套管内;再下入独立的机抽生产管柱。

经过技术人员分析、讨论,认为采取思路 2 作业风险和难度较小,主要原因有:思路 1 整体式管柱优点在于减少一趟起下钻作业工序,后期提管柱时避免打捞作业,但考虑机抽过程中油管轴向力随泵座往复变化,存在封隔器胶筒与卡瓦长期蠕动导致失效的风险。

(5) 工具选取

根据施工情况,本次施工选用了 3 种刮管通井工具、1 种打捞工具和 4 种完井工具,具体如下:

① 刮削器

工具原理:刀片紧贴套管内壁,使套管每个方向上都能进行刮削,当旋转或上下活动管柱时,可以达到清除套管内壁障碍物的目的,在通过大排量洗井后,脏物洗出地面,保证套管内壁畅通无阻。如图 6-20、图 6-21 所示。

技术参数:ϕ186 mm×1.65 m。

图 6-20 刮削器规格　　　　　　　　　图 6-21 刀片

② 复式铣锥

工具原理:利用外齿铣鞋或硬质合金块或钨钢粉堆焊的硬性,在钻柱转动旋转及钻压下,逐步将套管内腔的变形、套管皮、毛刺、飞边、水锈、水垢、水泥刮铣及钻铣干净,碎屑在施加一定泵压、排量被冲洗带至地面,从而解除卡阻,打通通道,达到扩径、恢复通径尺寸的作用。如图 6-22、图 6-23 所示。

技术参数:ϕ113 mm×0.9 m。

③ 篮式卡瓦打捞筒

工具原理:当可退式卡瓦打捞筒捞获落鱼后,上提钻具,卡瓦外螺旋锯齿形锥面与筒体内相应的齿面有相对位移而将落鱼卡紧捞出。如图 6-24、图 6-25 所示。

技术参数:本体 ϕ144 mm×0.99 m,引筒 ϕ200 mm×0.22 m。

图 6-22 复式铣锥规格

图 6-23 两级螺旋切削锥体

图 6-24 篮式卡瓦打捞筒规格

图 6-25 篮式卡瓦打捞筒结构

④ 滚轮刚性扶正器

工具原理：钻杆柱在孔内高速回转时，保持细长钻杆平稳运转，使钻头轴线尽可能接近钻孔中心线的一种器具。稳定作用主要是减轻管柱弹性系统在孔内的径向和轴向的剧烈振动，减少管柱偏磨。如图 6-26、图 6-27 所示。

技术参数：ϕ112.5 mm×2.0 m。

图 6-26 滚轮刚性扶正器规格

图 6-27 肋骨片部分构成

⑤ Y341 封隔器

工具原理：水注入油管的压力经内中心管压力孔推动上下活塞，当推力达到一定值时，坐封剪钉被剪断，活塞继续上行推动压缩胶筒封隔油套管环行空间，与此同时上行的锁套被由卡瓦座、卡瓦牙组成的锁紧机构锁定使胶筒保持压缩状态，密封油套管空间。如图 6-28、图 6-29 所示。

技术参数：ϕ110 mm×1.42 m。

图 6-28 Y341 封隔器规格

图 6-29 Y341 封隔器结构

⑥ MCHR 封隔器

工具原理：地面打压推动剪切接头，当推力达到一定值时，坐封剪钉被剪断，胶筒芯轴和楔形块下移，卡瓦牙张开卡在套管壁上，继续下移挤压胶筒封隔器坐封，同时剪切接头内受压的弹簧片推动内锁卡瓦下移锁紧。该封隔器纯粹依靠液压坐封，胶筒扩张后密封油套管空间。可一个或多个一起下入井中，适合于斜井。如图 6-30、图 6-31 所示。

技术参数：ϕ146 mm×1.32 m。

图 6-30　MCHR 封隔器规格　　　　　图 6-31　MCHR 封隔器结构

⑦ 智能开关器

工具原理：智能开关器设计为一体式桥式结构，内含微处理器控制的阀门机构。开关内部包含直通、旁通两条通道。直通通道用于生产下部井段，处于常开状态；旁通通道用于开关其所在井段的生产，是智能开关主要控制的通道。旁通孔中有单流阀，不允许流体从此通道向管外流动，即多个智能开关串联，且没有其他循环工具时，管柱整体为单流设计，可正注憋压。智能开关器设计参数见表 6-11。

表 6-11　智能开关器设计参数表

名称	属性	名称	属性
装置外径	110 mm	单根长度	1.7 m 左右
最高工作温度	135 ℃	总长	107 m
最高工作压力	90 MPa	有效工作时间	18 个月
最大分段数	4 段	材质	N80

（6）施工过程

本井在通井过程中上提钻具遇卡，长时间活动解卡致使钻具疲劳，且钻具腐蚀及氢脆，导致钻具断裂形成事故。后经过了打捞、冲砂、模拟通井等工序，顺利完成本次作业。JH113H 井重点施工工序见表 6-12。

表 6-12　JH113H 井重点施工工序

序号	重点内容	使用工具	起下趟数	具体情况	工具照片
1	下钻、刮管、起钻	刮削器	1 趟	组下 7″刮管器对井段 4 275～4 375 m 反复刮削	
2	下钻、模拟通井、起钻	通径规	1 趟	组下 5 1/2″通径规至深度 4 686.03 m 遇阻	
3	下钻、刮管、起钻	复式铣锥	1 趟	组下 ϕ113 mm 复式铣锥至深度 4 686.03 m 遇阻，上下划眼直至下放钻具处理至 4 900 m	
4	洗井、起钻遇卡、解卡	/	3 趟	多次活动解卡无效，钻具从第 71 根 2 7/8″钻杆 5.08 m 处断裂，断面较整齐	
5	打捞处理	篮式卡瓦打捞筒	1 趟	组下打捞钻具，探到鱼顶深度 2 530 m，加压 2 t，上提管柱，捞获全部落鱼	
6	冲砂洗井	/	1 趟	组下冲砂管柱，正循环洗井，返出泥砂 1.5 m³	

表 6-12(续)

序号	重点内容	使用工具	起下趟数	具体情况	工具照片
7	模拟通井	滚轮扶正器	3趟	组下 5 1/2″刮削管柱和模拟通井管柱至 4 840 m	
8	下二次完井管柱	/	1趟	组下调流控水二次完井管柱,封隔器打压坐封,管串丢手成功	

(7) 经验认识

① 完井工具评价

智能开关二次完井技术在塔河油田 4 500 m 以上深井中的应用尚属首次。施工过程中具体认识有:一是本井前期多次实施化学堵水,水平段可能存在积砂的情况,设计时应考虑在刮削、通井工序之前增加循环洗井工序。二是智能开关工具的耐高温适应性是工艺成败的制约因素。在智能分采期间出现井下供液不足这一问题,主要原因是智能开关器控制电路在高温环境下不能按照指令要求正常动作。三是验证了直井和水平段使用的 2 种封隔器工具性能可靠。该井在生产低渗段时,在动液面保持 1 500 m,始终供液不足,含水率不变,表明直井段的 MCHR 封隔器与水平段的 Y341 封隔器密封较好。

② 生产情况分析评价

施工前生产情况:多次堵水后,CYB-56TH 管式泵机抽生产,日产液 39.5 t,日产油 1.6 t,含水 95.8%,液面 550 m。

施工后生产情况:单采第一段(4 820~4 918 m)。初期产液 18 t/d,含水 100%,产气 82 m³/d,显示供液不足。调整工作制度后,日产液 9.8 t,日产油 0.8 t,含水 92.3%,日产气 103 m³,累计产液 341.9 t、产油 1.7 t、产气 0.2 万 m³。

合采第一、二段(4 820~4 918 m、4 760~4 807 m):日产液 4.8 t,日产油 0.4 t,含水 91.4%,日产气 125 m³,累计产液 479.5 t、产油 20.4 t、产气 0.57 万 m³。

单采第二段(4 760~4 807 m):日产液 2.0 t,日产油 0.2 t,含水 90.2%,日产气 104 m³,累计产液 464.5 t、产油 18.6 t、产气 0.45 万 m³。

关闭第二段,单采第三段(4 706~4 760 m):日产液 2.4 t,日产油 0.2 t,含水 89.7%,日产气 237 m³,累计产液 470.8 t、产油 19.4 t、产气 0.45 万 m³。

对该井实施地面调层措施,将 1#、2#、3# 智能开关器发送全开指令,实施全井合采,地面调层后仍供液不足,智能开关工具已失效。

(8) 综合评价

通过盈亏平衡点(BEP)分析项目成本与收益的平衡关系。计算方法如下:

$$效益盈亏平衡点 = \frac{单井次直接费用投入}{吨油价格 - 吨油增量成本}$$

$$投入产出比 = \frac{单井直接费用投入 + 增量成本}{措施累计增产油量 \times 吨油价格}$$

JH113H 井经济效益评价结果见表 6-13。

表 6-13 JH113H 井经济效益评价结果

直接成本					
修井费/万元	186.1	工艺措施费/万元	/	总计费用/万元	283
材料费/万元	86.9	配合劳务费/万元	10		
增量成本					
吨油运费/元	/	吨油处理费/元	105	吨油价格/元	3 907
吨油税费/元	674	原油价格/美元折算	636	增量成本合计/万元	0
产出情况					
日增油/t	0	有效期/d	0	累计增油/t	0
效益评价					
销售收入/万元	/	吨油措施成本/(元/t)	/	投入产出比	/
措施收益/万元	−283	盈亏平衡点产量/t	905	评定结果	无效

水平井智能开关二次完井技术未能取得增油效果,针对非均质底水油藏,智能开关控水增油挖潜技术仍具有应用价值和应用前景,下步将针对工具耐温不够失效的问题研发耐温175 ℃的开关工具,并考虑在直井中进行试验。

4. JH128H 井深穿透复合射孔二次完井实例

（1）基础数据

JH128H 井是阿克库勒凸起东南斜坡上的一口开发水平井,井身结构为 4 级,完井方式为裸眼射孔完井,初期无油嘴开井,油、套压均为 0 MPa,诱喷未能自喷,后转 CYB-44TH 管式泵机抽投产,初期日产液 24.9 t,日产油 22.5 t,含水 9.6％。JH128H 井基础数据详见表 6-14。JH128H 井井身结构如图 6-32 所示。

表 6-14 JH128H 井基础数据表

井别	水平井	完井层位	T_2al
完钻时间	2009.01.10	完井井段	4 870～4 930 m
完钻垂深	4 600.78 m	13 3/8″套管下深	503.08 m
完钻斜深	4 692 m	9 5/8″套管下深	3 329.94 m
造斜点	4 392 m	7″套管下深	4 641.96 m
A 点斜深	4 761.93 m	5 1/2″套管下深	4 959.18 m
B 点斜深	4 962 m	人工井底	4 949.18 m

（2）作业原因

① 本井油层厚度 12 m,避水高度 11.3 m,单井控制储量 9.42×10^4 t,累计产油 1.53×10^4 t,采出程度仅 15.6％,采出程度较低,有大量剩余油。

② 本井跟端底水推进造成产液高含水,趾端部位原射孔完井沟通地层效果差,动用泥质夹层下部的剩余油,必须突破泥质夹层,沟通夹层下部的高渗透储层,同时抑制跟端产出。

③ 本井水平段 4 835 m 以下地层为低渗含泥质夹层(岩性泥质含量较高),采用常规 102 射孔枪、1 m 射孔弹完井,由于常规射孔有效穿深小于 750 mm,在泥质夹层段难以实现

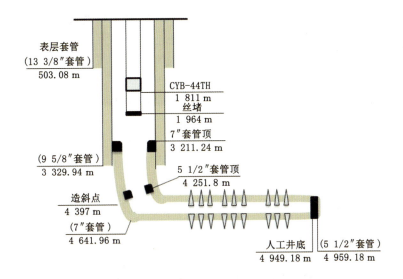

图 6-32　JH128H 井井身结构示意图

井筒与砂岩储层的有效沟通。

（3）施工难点

该井属于水平井修井作业，施工难点主要有以下两点：

① 本井采用射孔完井，已生产 5 年，在水平段管柱重量的轴向分量为零，必须借助上部钻柱的"推动"才能向前移动，存在卡钻风险。

② 本井前期实施化学堵水，水平段可能存在积砂的情况，且水平段长达 200 m，循环洗井时盐水携带能力差，9 5/8″环空较大，井内岩屑和铁屑不易返出，易造成在上提钻具过程中遇卡。

（4）设计思路

思路 1：射孔-机抽联做，射孔管柱与机抽生产管柱整体下入井内进行完井生产。

思路 2：先下入射孔管柱，下入卡封管柱悬挂于 7″套管内，再下入独立的机抽生产管柱。

经过技术人员分析、讨论，认为采取思路 2 作业风险和难度较小，主要原因有：射孔-机抽联做优点在于减少两趟起下钻作业工序，后期提管柱时避免打捞作业，但考虑机抽过程中油管轴向力随泵座往复变化，存在封隔器胶筒与卡瓦长期蠕动、导致失效的风险，同时未能实现抑制根端产出的目的。

（5）工具选取

根据施工情况，本次施工选用了 2 种刮管通井工具、深穿透射孔枪和 2 种完井工具，具体如下：

① 刮削器

工具原理：刀片紧贴套管内壁，使套管每个方向上都能进行刮削，当旋转或上下活动管柱时，达到清除套管内壁障碍物的目的，在通过大排量洗井后，脏物洗出地面，保证套管内壁畅通无阻。如图 6-33、图 6-34 所示。

技术参数：$\phi 148$ mm×0.95 m。

图 6-33 刮削器规格

图 6-34 刀片

② 单式铣锥

工具原理：用于套管的开窗侧钻或修磨轻度变形内径专用而有效的工具。铣锥是用于清除不规则的边缘或毛刺，也用于磨掉套管上任何凸出的部分。如图 6-35、图 6-36 所示。

技术参数：$\phi 114$ mm×0.5 m。

图 6-35 单式铣锥规格

图 6-36 单式铣锥结构

③ 复式铣锥

工具原理：利用外齿铣鞋或硬质合金块或钨钢粉堆焊的硬性，在钻柱转动旋转及钻压下，逐步将套管内腔的变形、套管皮、毛刺、飞边、水锈、水垢、水泥刮铣及钻铣干净，碎屑在施加一定泵压、排量被冲洗带至地面，从而解除卡阻，打通通道，达到扩径、恢复通径尺寸的作用。如图 6-37、图 6-38 所示。

技术参数：$\phi 116$ mm×0.61 m。

图 6-37 复式铣锥规格

图 6-38 两级螺旋切削锥体

④ SHP 封隔器

工具原理：该封隔器主要作用是悬挂尾管，配合隔离封隔器使用，实现卡封地层的作用。地面打压推动剪切接头，当推力达到一定值时，坐封剪钉被剪断，胶筒芯轴和楔形块下移，卡瓦牙张开卡在套管壁上，继续下移挤压胶筒封隔器坐封，同时剪切接头内受压的弹簧片推动内锁卡瓦下移锁紧。如图 6-39、图 6-40 所示。

技术参数：$\phi 148$ mm×1.35 m。

图 6-39 SHP 封隔器规格

图 6-40 SHP 封隔器结构

⑤ SPHP 封隔器

工具原理:该封隔器纯粹依靠液压坐封,胶筒扩张后密封油套管空间,可一个或多个一起下入井中,适合于斜井,达到分层目的。如图 6-41、图 6-42 所示。

技术参数:ϕ114 mm×1.43 m。

图 6-41　SPHP 封隔器规格

图 6-42　SPHP 封隔器结构

⑥ 复合透射孔枪

工具原理:采用枪内装一级火药、枪外装二级火药的装药结构形式。当聚能射孔弹射孔形成孔道的同时,两级火药分步激发燃烧,在井筒中产生高温高压气体,并直接进入射孔孔道,对地层进行有效的气体压裂,形成孔缝结合型的深穿透,在近井地带形成裂缝网络,提高近井地带的导流能力。

为保证射孔后在垂直方向上的避水高度一致,相位优化采取垂直向下单相位和垂直向下±15°两相位组合;同时考虑地层破裂压力 78.5 MPa、地层温度 112.77 ℃等条件,对射孔枪进行参数优化,设计单根枪体内装药 390 g/m,单根枪体外装药 3.4 kg。复合透射孔枪设计参数见表 6-15。

表 6-15　复合透射孔枪设计参数表

名称	属性	名称	属性
装置外径	96 mm	单根长度	4.75 m 左右
最高工作温度	163 ℃	射孔段长	67 m
最高工作压力	105 MPa	射孔密度	13 s/m
设计孔径	11.1 mm	设计穿深	2.5 m

(6) 施工过程

本井前期实施化学堵水,水平段可能存在积砂的情况。在 5 1/2″套管通井过程中遇阻,因此增加了套铣工序进行处理,顺利完成本次作业。JH128H 井重点施工工序见表 6-16。

表 6-16　JH128H 井重点施工工序

序号	重点内容	使用工具	起下趟数	具体情况	工具照片
1	下钻、刮管、起钻	刮削器	1 趟	组下 7″刮削器对井段 4 220~4 270 m 反复刮削	
2	下钻、通井、起钻	通径规	1 趟	组下 5 1/2″通径规至深度 4 940 m 遇阻	

表 6-16(续)

序号	重点内容	使用工具	起下趟数	具体情况	工具照片
3	下钻、刮管、起钻	铣锥	1 趟	组下 φ114 mm 铣锥至深度 4 890.55 m 遇阻,上下划眼直至下放钻具处理至 4 945 m	
4	下钻、刮管、起钻	刮削器	1 趟	组下 5 1/2″刮削器对井段 4 890.55～4 943.52 m 反复刮削	
5	校深、下射孔管柱、射孔	复合射孔枪	1 趟	组下射孔管柱对井段 4 880～4 930 m 射孔	
6	下钻、刮管、起钻	复式铣锥	1 趟	组下 φ116 mm 复式铣锥处理井筒,至深度 4 890.58 m 遇阻,上下划眼	
7	组下卡封管柱	SHP 封隔器 SPHP 封隔器	1 趟	组下卡堵水管柱,打压坐封,试压合格,丢手后起钻	

(7) 经验认识

① 完井工艺评价

二次完井深穿透复合射孔技术在射孔穿深和耐温等性能方面具有较好的表现。施工过程中具体认识有:一是本井前期多次实施化学堵水,水平段可能存在积砂的情况,设计时应考虑在刮削、通井工序之前充分循环洗井。二是水平井作业起下管柱遇阻时要结合前期作业分析,针对性地选择磨铣工艺进行处理,严禁加压强行通过。三是利用实际生产参数进行射孔优化软件数值模拟,验证了深穿透射孔的地下实际穿深能力(1.8 m),为后期选井提供了参考。四是使用封隔器组合能够对水平井段根端实现卡封的目的,工艺上采用 7″悬挂封隔器和 5 1/2″隔离封隔器组合使得炮眼段能够有效密封,且工艺结构简单、性能可靠。

② 生产情况分析评价

施工前生产情况:多次堵水后,CYB-44TH 管式泵机抽生产,日产液 29.2 t,日产油 0.4 t,含水 98.5%,液面 1 730 m。

施工后生产情况:CYB-44TH 管式泵机抽生产,日产液 7.8 t,日产油 7.2 t,含水 7.7%,液面 2 219 m。

(8) 综合评价

通过盈亏平衡点(BEP)分析项目成本与收益的平衡关系。计算方法如下:

$$效益盈亏平衡点 = \frac{单井次直接费用投入}{吨油价格 - 吨油增量成本}$$

$$投入产出比 = \frac{单井直接费用投入 + 增量成本}{措施累计增产油量 \times 吨油价格}$$

JH128H 井经济效益评价结果见表 6-17。

表 6-17 JH128H 井经济效益评价结果

直接成本					
修井费/万元	134.7	工艺措施费/万元	/	总计费用/万元	248.2
材料费/万元	93.5	配合劳务费/万元	20		
增量成本					
吨油运费/元	/	吨油处理费/元	105	吨油价格/元	3 907
吨油税费/元	674	原油价格/美元折算	636	增量成本合计/万元	283
产出情况					
日增油/t	6.3	有效期/d	575	累计增油/t	3 636
效益评价					
销售收入/万元	1 421	吨油措施成本/(元/t)	683	投入产出比	1∶3.5
措施收益/万元	889	盈亏平衡点产量/t	793	评定结果	有效

二次完井深穿透复合射孔技术能够有效突破泥质夹层(1.8 m)，从而沟通夹层下部的高渗透储层，实现了无水增油，具有良好的经济效益与社会效益。

第七章　井下作业管理模式探索与实践

西北油田分公司是在充分吸收和借鉴国内外油藏经营管理先进经验的基础上,结合自身实际,大胆探索,不断创新管理理念和管控方式,建立的石油公司运营管理模式,按照"市场化运行、项目化管理、社会化服务"的方针,以甲乙方合同制为主线,实现开发行为市场化,通过市场运作降低开发成本,提高施工效率和管理效益的油田企业。石油公司模式具有"三新三高"的特点,即新理念、新体制、新机制和高效率、高水平、高效益。

西北油田分公司井下作业市场是以"契约精神"为基础,实行甲方负责提供方案设计、修井承包商负责现场实施的管控模式。在修井承包商引进的同时也引进了一系列大修技术。通过作业队伍自身发展和分公司管理模式的创新,共同促进了大修技术的发展。纵观分公司井下作业发展历程,大致可以划分为"一井一招""整体承包""优质优价"三个阶段。

井下作业系统以工程质量为核心,充分发挥石油公司模式下的有利条件,利用信息化技术手段不断完善管控体系,为井下作业实现高质量发展奠定了基础。

第一节　信息化系统研发与应用

按照精细化管理的要求,为实现井下作业业务流程标准化、数据采集规范化、数据信息集成化、数据应用最大化的整体目标,提高井下作业综合管控水平,通过实施井下作业一体化管理,将方案、计划、预算、招标、合同、设计、运行、结算、评价等各环节相关的数据进行指标化,将核心数据进行规范采集、统一入库,为科学决策提供依据。

一、系统建设情况

信息化系统按照"简单、实用、利旧、融合"的原则进行建设,以最直观简便的方式为管理决策人员和生产人员提供高效实用的业务操作应用。在建设实施过程中,实现与现有管理体系的高度融合,充分考虑未来信息化发展的方向,同时为自动化的发展奠定基础。

（一）业务流程

现行的井下作业管理涉及的部门包括采油气工程处、财务处、工程院、采油厂相关科室,所有的作业从方案到最终的结算和效果跟踪都在这几个部门之间流转,如图7-1所示。

通过建立一体化的流转审批和全流程资料管理,细化关键环节的管理,深化查询应用、加强井下作业的后期效果分析与效益评价,打造井下作业流程化管理、方案优化的流转运行平台,打造成井下作业效果评价、成本分析的决策平台,如图7-2所示。

（二）系统模块简介

以业务管理流程为主线,设计了方案审批、单井预算、信息采集、完工总结、效果跟踪和综合查询六大功能模块,满足了各个管理层级的实际需要。

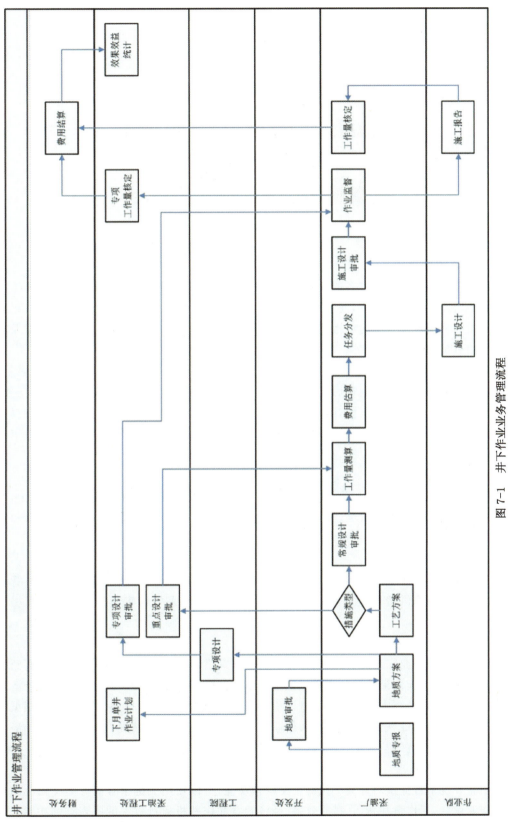

图 7-1 井下作业业务管理流程

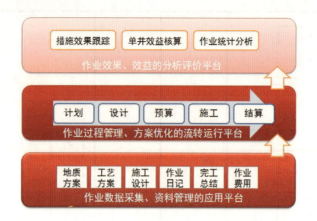

图 7-2　井下作业信息化系统平台框架

1. 方案审批模块

油气井措施井下作业方案的上报和审批在采油厂内部进行,油研所根据业务需要编写并上报地质方案和工艺方案,油气井措施作业方案系统自动计算经济效益,油研所人员根据具体方案的情况定义方案的审批流程,启动流程进行逐级签章审批,系统自动记录方案及经济效益的审批情况。

2. 单井预算模块

油气井措施方案审批通过后,流程节点到达作业任务发起节点,井下项目部发起任务,委托作业队施工方编写施工设计,井下项目部上传施工设计,继而激活单井作业费用预算流程,提交主管部门审核。系统自动判别作业类别、修井日费和费用总额度,为管理人员审核时给予提示。

3. 信息采集模块

油气井措施作业过程中,要在系统中每天录入上一天 9 点至当天 9 点的作业日记,系统对上传作业日记的作业日期、开工日期、完工日期、施工内容、修井机型号、停待时间和停待原因进行自动校验,给予用户提示,并自动关联作业日记和方案信息。

4. 完工总结模块

油气井措施作业结束后,上传完工总结报告,激活井下作业费用结算流程,由业务管理人员审核。系统提供费用预算和结算的对比,为工程院和采油处审核作业费用结算提供依据。

5. 效果跟踪模块

油气井措施作业完工后,系统根据算法自动跟踪措施增油效果,每天进行处理,直到措施无效为止,为措施效果统计分析提供依据。油气井措施作业前后分别对作业进行经济效益评估和评价,在系统中建立经济效益评价算法模型。油气井措施作业方案发起后,根据录入的方案信息自动计算预估经济效益;作业完工后,系统根据增油情况自动计算实际的经济效益,并与预估经济效益对比,为统计分析提供依据。

6. 综合查询模块

信息系统平台提供对方案文档的全文检索功能,可以使用关键字查询方案文档。同时提供作业信息、工作量和费用、措施效果、经济效益和修井机运行效率的图表查询功能。全部报表可以导出生成 Excel 表格，以便打印和存档。

二、系统应用情况

井下作业信息化平台的研发和应用完善了井下作业管理体系，规范了全业务流程，实现了井下作业统一采集入库，为科学决策提供了必要的基础数据支持，如图 7-3 所示。

图 7-3　井下作业信息化系统应用

（一）应用效果

通过措施前后评价，构建措施效益评价闭式循环链，对比措施前和措施后经济效益验证符合率，促进方案优选，并指导后期措施的选择和实施，如图 7-4 所示。

1. 措施前管理

应用边际效益理论为指导，开展措施前管理工作。边际效益理论是一个经济学概念，其主要含义为：一个市场中的经济实体为追求利润最大化，多次进行扩大生产，每一次投资所产生的效益与上一次投资产生效益的差值，叫作边际效益。如果边际效益呈现增长的趋势，那么投资获得的效益一次比一次大，则投资成功，反之则失败，如图 7-5 所示。

措施产量数据取值是借鉴历史措施数据为基础，保证了评价效果的准确性。这种方法偏重于措施产量的数据校正，缺乏变量成本预测。是以区块平均水平、同类型措施的平均水

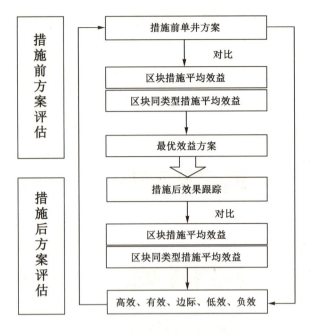

图 7-4 设计方案决策

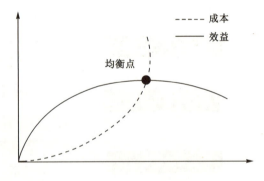

图 7-5 边际效益理论图版

平预测产量,适合措施前评估。方案发起时以区块历史平均水平、同类型措施的历史平均水平、历史平均有效期预计累增油和预计产出(使用年初预算原油价格);根据工艺方案概算直接投入作业费成本;依据财务提供的平均增量成本(运费、处理费和税费)计算预估的经济效益。

2. 措施后管理

应用盈亏平衡理论指导措施后管理工作。通过盈亏平衡点(BEP)分析项目成本与收益的平衡关系。各种不确定因素(如投资、成本、销售量、产品价格、项目寿命期等)的变化会影响投资方案的经济效果,当这些因素的变化达到某一临界值时,就会影响方案的取舍。盈亏平衡分析的目的就是找出这种临界值,即盈亏平衡点,判断投资方案对不确定因素变化的承受能力,为决策提供依据,如图 7-6 所示。

成本投入和措施产量数据取值是动态变化的,保证了评价效果的准确性和完整性。这种方法偏重于成本投入的数据校正,缺乏产量预测数据,是以措施后实际产量为跟踪刻画

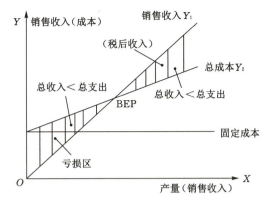

图 7-6　盈亏平衡理论图版

的,适合措施后效益评估。实际经济效益评价根据措施增油算法跟踪累增油计算实际产出(使用年初预算原油价格,可修改);使用编制的实际结算作为直接投入作业费用成本;依据财务提供的平均增量成本(运费、处理费和税费)计算实际经济效益。

3. 管理成效

依据措施评估管理流程,对所有措施作业进行分类综合评估。按照"三优先、一暂缓、一叫停"的运行方式(即优先高效措施、有效措施和边际措施,暂缓低效措施,叫停负效措施),实现措施作业成本的管控,见表 7-1。建立以自我诊断式管理为核心的措施评估流程,树立以效益为导向的管理理念,通过以下三个方面提高措施收益:

(1) 在挖潜增效上追求"增产是好的、工期是短的、成本是低的"的新思维,不仅要寻求产量最大化,更要追求效益最大化。

(2) 筛选生产浪费要素,减少措施项目无效产出。把施工过程作为一项复杂动态系统,通过减少不确定的和无序因素,使用缓冲策略的方法,对措施作业施工过程和步骤进行合理划分,减少错误信息的来源,增加有序的系统程序。

(3) 加强团队协作管理。把每项工作任务和责任成本最大限度地转移到直接为工程项目增值的员工身上,使每一成员按其角色分配在价值链结构中,然后赋予相应的成本决策权,提供员工持续改进相关工作成本的机会。

表 7-1　2010—2012 年管理成效

措施分级	吨油成本/元·t	2012 年工作量比例	2011 年工作量比例	2010 年工作量比例
高效措施	<800	37%	28%	25%
有效措施	800~1 000	15%	11%	9%
边际措施	1 000~2 000	30%	39%	28%
低效措施	2 000~4 000	10%	12%	23%
负效措施	>4 000	8%	10%	15%

(二) 取得的认识

1. 实现全业务流程管控

实现了 8 个单位 49 个岗位的业务联动和高效协作,通过对井下作业生产各节点业务流程的梳理,进一步明晰了各相关业务部门的职责,责任到人,提高了整体作业运行效率;解决了跨地域的作业审批管理问题,提高了作业编审效率;实时跟踪作业施工进度,掌握了作业时效。

2. 精细化管理奠定了基础

打造了作业管理的信息集成平台,实现了作业全过程的动态掌握。将计划、设计、运行、完工、结算等节点动态进行信息化管理,为预算管理、生产经营、作业效果效益评价奠定了基础。

3. 提高了业务流转效率

通过流程化的网上编审运行,实现了井下作业的精细化管理,将井下作业生产过程与成本管理进行有效结合,细化到单井的增油效果与施工费用核算,提升了油田井下作业的精细化管理水平。

4. 实现了融合式发展

跨系统、跨业务的集成与整合,有助于全面的油气生产决策分析。根据井下作业管理需要,与ERP系统、财务管理系统进行业务集成,与开发库、产运销系统进行数据集成,满足作业工作量、成本管理、增油效果以及经济活动分析的需要。将设计优化、施工监督、后期分析三个作业环节有机结合,有利于决策分析的全面考虑。

第二节 现场风险管控体系建设

根据石油公司市场化运行特点,按照"管业务、管安全"的原则,落实"关注承包商就是关注我们自己"的管理理念,聚焦井下作业安全管控工作难点和重点,将石油公司井下作业安全生产管理与承包商自主管理融合统一,以业务链条为主线,利用安德森模型开展井下作业系统安全状态诊断,创新构建了"12345"井下作业安全管理体系,全面提升了安全生产管理水平,为公司管理体制和机制不断完善提供了有力支撑。

一、现场风险分析

(1)现场安全风险客观存在。施工区域跨度大,作业场所不固定,点多、线长、面广;施工作业量大,检维修及每天在作业井60口;作业风险大,多为特殊作业和高风险作业;安全监管难度大,场所流动、作业分散。

(2)培训不到位,人员技能生疏。从业人员不足,技能素质下滑;现场施工人员平均年龄40岁,身体状况、文化程度、工作经历等从业条件已经弱化。

(3)设备更新度低,安全性能下降。目前有系统内作业主体设备29台,其中15年以上17台,占60%。防喷器的品牌多达14个,管汇等井控设备的品牌多达26个,个别生产厂已不存在,检验、检修管理难度大,给统一检维修带来困难。

(4)承包商自主管理能力不足。目前工区共有井下承包商19家(队伍62支),来自中石化、中石油、民营企业各承包商,安全管理力量、安全投入、设备管理均存在较大差异,增加了安全管理难度。

二、现场风险管控模型建立

1. 风险诊断模型

通过开展立项研究,优选了安德森模型进行井下作业系统安全状态诊断,对涉及的危险线索的来源及可察觉性、运行系统内的拨动（机械运行过程及环境状况的不稳定性），以及控制和减少这些拨动使之与人的行为过程相一致性进行分析，并提出相应的改进提升措施，如图 7-7 所示。

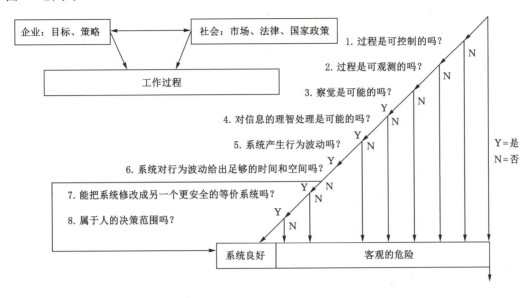

图 7-7　安德森分析诊断模型

2. 风险评估结果

将井下作业面临的四个方面的安全风险问题带入模型进行解析，目前油田企业面临的井下作业安全风险主要有四个方面，见表 7-2。

表 7-2　安全管理要素分析指标

分类	指标名称	现状	风险级别
环境	开工验收一次通过率	75%	低
	施工视频远传覆盖率	96%	
	数据监控实时传输率	73%	
人员	实操验证考核通过率	73%	高
	岗位人员考试合格率	76%	
	现场人员配置达标率	81%	
设备	主体设备检测及时率	98%	高
	设备维护保养及时率	89%	
	设备故障维修停工率	3%	
管理	标准化现场的达标率	87%	中
	后勤管理保障及时率	70%	
	操作人员培训及时率	81%	

三、风险管控模型建立

将井下作业面临的四个方面的安全风险问题带入模型进行解析,逆向思考并建立了井下作业安全管理体系模型。根据井下作业市场化运行特点,以网格化管控思路细化每个节点的工作内容和工作标准,落实"关注承包商就是关注我们自己"的管理理念,突出问题导向,严把市场准入,加强教育培训,强化监管责任,从严问责考核,强化落实各油气生产单位的管理主体责任,持续提升井下作业承包商自主管理能力,确保实现油田企业井下作业安全生产"零事故"目标,不断完善管理系统,从而形成石油公司模式下的井下作业承包商安全管理长效机制,如图 7-8 所示。

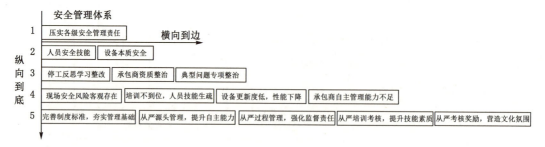

图 7-8　井下作业安全管理体系模型

四、风险管控体系建设

贯彻落实国家"安全第一、预防为主、综合治理"的安全生产方针,严格执行《中华人民共和国安全生产法》,以井下作业安全管理模型为指导,从五个方面开展管理工作,充分发挥人在井下作业安全生产的主导地位和能动性,确保各项安全措施的落实,并自觉遵守执行。

1. 完善制度标准,夯实管理基础

一是完善"零容忍"机制。按照零容忍的要求,制定"低老坏"和违章必停的"十停工""十不准"清单,赋予现场监督和检查人员停工整改权利,同时将违反"十停工""十不准"条款的纳入 HSSE 业绩考核。二是完善井下作业实施细则制度。修订井控管理实施细则,建立现场施工人员技能实操考核标准,完善井下作业承包商员工动态管理制度,完善设备更新淘汰管理标准,重点是制定人员休假管理制度、主体设备降级标准和井控设备淘汰标准,努力实现标准、制度全覆盖。三是进一步完善标准化设计,在施工分类井控专篇和 QHSSE 专篇基础上,重点开展单井作业井况分析和风险评价,提升单井专篇的针对性和适用性。逐步建立设计、方案问题追究和考核机制。四是提升标准化现场建设。作业现场管理从平面布置、设备设施摆放、警示标识、能量隔离等方面进一步规范。五是进一步提升作业现场信息系统的远程实时传输和异常报警远程决策处理的功能,提升监控和管理手段。

2. 从严源头管理,提升自主能力

一是推行井下作业安全网格化管理,层层压实安全管理责任。公司对各井下作业承包商基层队伍安全管理体系的建设进行指导、监督、检查。二是督促井下作业承包商完善安全生产组织机构,配齐配强专业技术和安全管理人员,完善各级全员安全生产责任制,明确主要负责人、业务负责人等主要管理人员安全职责,建立项目部负责人检查、带班、驻井等安全工作清单,强化安全引领力。三是强化井下作业承包商风险管控能力,组织井下作业承包商对照作业清单开展风险辨识工作,重点对高压气井作业、解卡作业、射孔作业、穿换井口作业、吊装作业等高风险作业进行 JSA 分析,形成风险清单,落实管控措施和责任,针对较大及以上风险,必须采取工程措施,降低风险等级。四是开展井下作业承包商帮扶管理。针对下达督察令、业绩排名靠后的承包商,进行督导和帮扶,通过标准解读、现场诊断、业务指导和经验交流等方式,帮助承包商提升 HSSE 管理水平。五是抓实设备检测,持续保障本质安全,超过 15 年修井机降级使用或更换,防喷器和节流管汇按照大厂家优先原则,逐步淘汰不合格厂家。

3. 从严过程管理,强化监督责任

一是强化地质设计、工程设计、施工设计的分级审批制度落实,加强设计变更安全管理,严格井下作业承包商施工设计审查,高压气井作业、检维修试压等复杂作业必须提供高风险作业清单及管控措施,解卡作业、射孔作业、穿换井口等特殊作业必须明确作业工序、JSA 分析、设备性能、人员资格和应急措施,从设计源头确保本质安全。二是建立重点高风险工程设计联合审查机制,邀请井下作业承包商专家参与分公司设计审查,以上工作由油气开发管理部牵头,各油气生产单位负责。三是从严开工验收管理,建立开工验收问责倒追机制,凡是发现属于开工验收问题的按照"谁签字谁负责"的原则严肃追责。四是严格技术交底和现场检查,做到"六不开工",即,施工环境、条件、工序、危险因素、控制措施、操作规程和应急措施交接不清不开工,无视频监控或监控覆盖不全不开工,不设警戒隔离、防护设施不到位、现场杂乱不开工,存在可燃有毒气体的区域以及存在窒息风险的作业无环境气体实时检测不开工,安全帽、安全带、空气呼吸器等个体防护用品配备不全、不能正确使用不开工。五是从严落实井下作业监督责任,落实现场监督安全责任,完善监督手册、工作清单和考核标准,同时完善关键环节监督清单,实行驻厂旁站监督,确保井控设备检维修、工具入井和试压等关键环节监督到位。六是完善承包商安全检查表,明确"低老坏"、重复性、严重性问题扣分标准,加大视频回放检查抽查力度,加强检查发现问题隐患的闭环管理,从严日常检查、季度检查、专项检查考核扣分管理,并按照"四不两直"的要求对井下作业承包商开展检查。

4. 从严培训考核,提升技能素质

一是建立完善安全培训机制,加强对公司职工的安全技能和安全知识的系统培训。针对当前安全生产任务繁重、职工人员紧张的实际,公司采取以会带训、半脱产培训等简单实用、灵活方便的学习形式进行安全教育。在技术培训上,本着"干什么学什么、缺什么补什么"的原则,落实具体的培训计划。一般工种侧重于岗位技能的应知应会培训;安全管理人员及要害岗位工种侧重于安全法律法规、操作技能和安全专业知识的培训,提高他们对事故的处理能力和对突发事故的应变能力,切实增强培训学习的针对性、主动性和实效性。对薄弱人员及时开展安全预防性教育,有重点、有步骤地进行培训和帮教,从而使职工能够干标准活、干放心活。二是推进岗位人员实操验证考核,通过对"应知应会"内容进行考核认证达到线上岗位操作要求,提升人员个人综合操作水平,加强人员对业务、流程及设备的掌握程度。三是从严井下作业承包商关键岗位人员季度考核,进一步完善考试题库,每季度对项目部负责人、安全负责人、关键技术岗位等人员进行考试,考核不合格的离岗培训。

5. 从严考核奖励,营造文化氛围

一是建立可行的目标考核机制,让各级人员始终保持一种丝毫不放松、不麻痹的思想状态和责任感。公司要制定安全考核目标,井下作业承包商也要根据自身特点下达相应的安全考核目标。同时,要把能否实现安全目标与班组和个人工资、奖金挂钩考核,作为班组和个人评选先进的先决条件,真正实现严格考核,避免形式化。二是把"人本"管理以及精神文明建设作为安全工作的灵魂主线,推行人性化安全管理,从抓思想、提认识、转观念入手,突出"安全"主题,不断丰富和提升安全文化,建立以"抓安全就是抓效益""安全只有起点、没有终点"等为内容的安全文化体系,不断提高干部职工的安全意识。三是充分利用各种会议及网络、宣传栏、安全知识竞赛、技术比武、劳动竞赛、安全座谈以及征集安全漫画、安全警句格言等活动,营造浓厚的安全氛围,促使员工积极学业务、练本领、掌握安全技能,使"我要安全"变成员工的共识和自觉行为,有效地提升整体安全文化水平。

五、管理体系应用效果

1. 管理成效

通过井下作业安全管理模型的研究与应用,全面提升了井下作业系统管理水平,从"环境、人员、设备、管理"4个维度的12项指标全面提升至95%以上,安全风险再评价级别均评定为低,详见表7-3。

表7-3 安全管理要素指标再评价

分类	指标名称	之前	风险级别	目前	风险再评级
环境	开工验收一次通过率	75%	低	95%	低
	施工视频远传覆盖率	96%		100%	
	数据监控实时传输率	73%		100%	
人员	实操验证考核通过率	73%	高	100%	低
	岗位人员考试合格率	76%		100%	
	现场人员配置达标率	81%		100%	
设备	主体设备检测及时率	98%	高	100%	低
	设备维护保养及时率	89%		100%	
	设备故障维修停工率	3%		100%	
管理	标准化现场的达标率	87%	中	100%	低
	后勤管理保障及时率	70%		95%	
	操作人员培训及时率	81%		100%	

2. 取得的认识

(1)通过井下作业安全管理模型的研究与应用,能够有效控制井下作业安全风险和减少事故隐患,全面提升安全生产管理水平,为公司管理体制和机制不断完善提供了有力支撑。

(2)利用安德森模型开展井下作业系统安全状态诊断,能够直观反映主要矛盾,为改善安全管理指明方向,通过逆向创新构建"12345"井下作业安全管理体系,全面开展管理提升工作,能够指导安全管理体系持续完善。

(3)井下作业安全管理模型的研究与应用是管理方法的一项变革,任何新事物的出现都需要一个从建立→完善→推广的过程,只有通过实际应用查找不足,才能从提高理论依据和推广适应范围的角度,不断丰富该方法的内涵。

(4)建议油田企业通过持续开展井下作业安全管理模型的研究与应用,依托计算机软件实现信息自动化、程序化和标准化,为促进井下作业工程领域的安全发展提供有力支持。

第三节　未来技术发展方向展望

一、修井装置技术现状

国内井下作业一直以来采用双吊卡起下、4人协同、轮流交换的作业方式。起下作业过程中起升油管工艺流程为:① 游车带动大钩使吊卡拖动油管向上移动,当第二根油管露出井口时,钳工将另一个吊卡搬至井口台面上,与油管对正并关闭吊卡;② 下放油管至井口台面的吊卡拖住第二根油管接箍位置,该吊卡承受油管重量;③ 钳工将液压钳推到井口位置,液压钳夹紧油管,将液压钳调到低速挡对油管冲扣,卸松后挂高速挡至油管螺纹全部卸开,将液压钳移出井口位置;④ 钳工将卸下的第一根油管拉至滑道,由排管工将油管沿滑道拖到管桥的另一端,钳工将吊环挂在井口台面上吊卡中,锁上吊卡销,进行下一根油管的起升操作。下放油管的工艺流程与起升油管的工艺流程正好相反。

二、自动化装置简介

传统石油石化行业正面临着一场深刻变革,信息自动化技术引领和创新驱动已经成为企业发展重要的战略支撑。先期各大油田企业开展了井下作业设备自动化装置示范区建设,包含地面管柱输送、钻台管柱处理、二层台管柱排放和智能集中控制四大系统,见表7-4。

表7-4　自动化修井装置构成

四大系统	实现功能及目标	成套设备组成
地面系统	实现地面与钻台面之间的管柱自动输送	动力钻杆盒
		液压动力猫道
		集成液压站
钻台面系统	实现钻台和井口之间的钻杆自动抓取、排放、清洗及涂抹丝扣油、自动旋扣、卸扣等	钻台机械手
		自动丝扣油装置
		气动卡瓦
		铁钻工
二层台系统	实现井眼中心到二层台指梁之间立根及钻铤的自动排放	智能排管机械手
		二层台及自动指梁
		液压吊卡
智能集中控制系统	实现三大系统与钻机的协同作业	井场数据采集
		司钻集成控制

1. 地面系统

修井作业过程中，工人需要将管柱在操作平台和管排架之间移送、排放等，操作频繁，劳动强度大，消耗时间多。因此，要实现井口机械自动化，必须解决管柱排放的自动化问题。如图7-9、图7-10所示。

图7-9　地面系统

图7-10　自动排管机

实现功能：动力猫道替代老式猫道，配备动力钻杆盒，自动将管柱从地面输送至钻台，或从钻台安全输送回地面，取消人工作业。

设备组成：液压站、动力猫道、排管架、坡道、小车、液控系统、翻转机构、动力钻杆盒等。

2. 钻台面系统

该系统在地面用大臂机械手直接抓取管柱，通过液压缸推动大臂旋转起升至井架中心位置，将管柱送给井架中心位置的顶驱或自动吊卡，完成接送管柱任务。因大臂的长度与操作平台有关，所以要求井架的一侧有一定高度的开口，以保证大臂和管柱顺利地旋转到预定位置。如图7-11、图7-12所示。

图7-11　全液压铁钻工

图7-12　钻台面机械手

实现功能：铁钻工替代液压大钳，钻台机械手替代人工扶管，司钻集中控制自动化设备协同作业，自动完成钻杆、油管及套管的上、卸、快速旋扣，自动扶送管柱往返于井眼、鼠洞与立根盒之间，并自动完成清洗与涂抹丝扣油作业。

设备组成：铁钻工、钻台机械手、自动丝扣油装置、集成控制系统。

3. 二层台系统

拨管机构用于将管柱由管排架输送至传送举升槽中；传送举升机构用于接收管柱，在支撑液压缸的作用下举升并沿底座导轨滑动，将管柱输送至操作台；自动翻转机构在起升管柱时，将传送举升槽中的管柱翻转到管排架上。它主要完成管柱上下操作台的一系列操作过程的实时控制，并确保传送过程快速、安全、平稳，不仅缩短了钻井周期，而且也减轻了钻井工人的劳动强度，减少了操作工人数。如图7-13、图7-14所示。

第七章 井下作业管理模式探索与实践

图 7-13 智能排管机械手

图 7-14 液压吊卡

实现功能：用高空智能排管系统替代现有二层台和井架工，通过司钻房远程控制机械手、动力吊卡和卡瓦的协同作业，完成管柱从二层台指梁到井口中心的往复移动，消除安全隐患，提升作业效率，实现二层台作业无人化。

设备组成：专用二层台、机械手、自动指梁、动力吊卡、控制系统等。

4. 智能集中控制系统

系统集成化是为了能够更好地实现自动化控制，保证每个系统准确地到达预订位置，实现各个动作的衔接，便于下一动作顺利进行。该系统通过液压系统实现自动化控制，由液压缸运动带动执行部件，使之执行预期的工作，通过机械限位机构或传感器终止该运动，运动位置准确，工作可靠。如图 7-15、图 7-16 所示。

图 7-15 司钻集成操作台

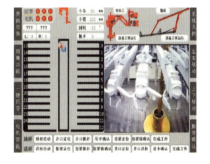

图 7-16 系统集成控制界面

实现功能：改造现有司钻房控制系统及操控面板，优化传统作业流程，集成控制井场设备与自动化系统，实现远程控制、一键操作与协同作业，提高作业效率及安全性。

设备组成：智能管理平台、数据采集及视频监控、显示面板、智能网关、工业控制模块与通信网络。

5. 自动机装置试点情况

现场配备成套自动化设备后，可实现正常打钻和起、下钻具作业人数不大于 4 人/班（省 8~9 人/班），年节省费用超过 324 万/队，同时会避免危险区域作业造成的伤亡赔偿。自动化修井装置试点效果见表 7-5。

表 7-5 自动化修井装置试点效果

改造系统	自动化设备	改造前人数/人（三班/天）	改造后人数/人（三班/天）	改造前费用/万元（年12万/人）	改造后费用/万元（年12万/人）	年节约费用/万元	作业工种	备注
二层台系统	二层台排管机械手	6	0	72	0	72	井架工	省2人/班
	液压吊卡	0	0	0	0	0	内、外钳工	
钻台系统	全液压铁钻工	0	0	0	0	0	内、外钳工	省4~5人/班
	气动卡瓦	0	0	0	0	0	井架工	
	钻台机械手	3	0	36	0	36	内、外钳工	
	自动丝扣油装置	3	0	36	0	36	内、外钳工	
地面系统	液压动力猫道	6	3	72	36	36	场地工	省1人/班
	自动钻杆架	3	0	36	0	36	场地工	
智能控制系统	司钻集成控制	6	6	72	72	0	正、副司钻	省1人/班
	井场数据采集	3	0	36	0	36	机房、固控	
合计		36	9	432	108	324	4人/班	省8~9人/班

三、未来发展方向

自动化、智能化是油田装备技术发展的方向和趋势，可以进一步加快推进井下作业装置升级换代工作，确保安全、清洁、高效生产的总体目标，未来一定会引起油田井下作业发生深刻的变革，主要表现在以下四个方面：

（1）基于现有设备改造，实现少人化、无人化的成套井口自动化系统，从工艺的角度分析，能够对管柱进行上卸扣、起升、下放、对中、卡紧、移送运输等操作。修井作业未来可以通过更改管柱的形式，如连续油管的出现，免去了上卸扣操作，有利于简化工艺流程，提高劳动效率。此外，优化安排修井作业的时序流程，如游车的升降与上卸扣、油管排放同时进行，可有效缩短起下时间。

（2）基于安全、智能、环保、高效、低成本、易移运的多功能智能修井机，从技术装备角度分析，能够实现井口操作机械化。修井起下作业的机械化、自动化要求各子系统能够协同工作，完成起下作业。在保证安全可靠的前提下，采用模块化设计，将实现相关动作的工具集成为一个独立的模块，然后按照工艺流程将所有工具集成为一个大的系统，合理设计液压系统，既可以进行单独控制，又可以协同操作。

（3）实现现有设备的智能联网、监控及数据并行处理与存储。自动化、智能化是油田装备技术发展的方向和趋势，是企业降本增效、安全生产和核心竞争力提升的重要手段。如在井口作业装置上设置集成触发系统、视觉识别与定位系统，有利于实现智能化、自动化控制。

（4）基于设备数据进行的参数收集、远程监控、大数据及专家系统，坚持科技创新，未来油田钻采作业无人化技术持续发展必将大有可为。

第八章 大修评价体系建设

井下作业工程是维持油田正常生产的必要措施,同时也往往是一些耗资巨大且投资风险很大的工程措施。因此,运用一定的工程建设项目技术经济评价方法,对井下作业工程的经济效果进行预测和评价,考察井下作业工程的经济可行性,是石油工业发展形势的需要,也是提高井下作业工程综合效益的重要途径。

第一节 井下作业评价现状

一、评价对象及指标

井下作业工程是指以实现增产增注,增加或恢复可采储量、水驱储量,取得新的地质成果为目标的措施作业。根据作业对象不同可分为油井、气井及水井措施作业三类。按作业具体内容又可分为大修、补孔改层、侧钻、压裂(包括二次酸压和转层酸压)、酸化、下电泵、下水力泵、气举、转抽、稠油热采、泵升级、泵加深、机械堵水、化学堵水、防砂、调剖、封堵、分注、转注等。

(一)作业前指标

在实施措施作业之前,需要从措施可行性和经济有效性方面进行论证,确定作业类型和施工队伍,确保预期效果得以实现。

1. 效果预测

无论采取何种评价方法和评价指标,措施后累计增油量的预测是非常有必要的,这样才能为估算增产措施带来的销售收入提供依据。

措施前油井已进入产量递减阶段,而措施后的产量也会不断递减,且递减速度比措施前还要大些。目前油藏工程计算方法中对递减阶段产量变化规律的描述主要有三种递减类型:指数递减、双曲线递减和调和递减,表达式为:

$$Q = \frac{Q_i}{\left(1 + \frac{D_i}{N} t\right)^N} \tag{8-1}$$

式中,Q_i 为措施后的初始产量;D_i 为与初始产量相应的初始递减率;N 为递减指数,用于判断递减类型,$1 \leqslant N \leqslant \infty$。

判断递减类型的方法有多种,这里选用著名油藏工程专家陈元千同志提出的一种新方法:首先根据递减阶段取得的有限开发数据利用二元回归分析法回归出二元方程 $G_p = B_0 + B_1 Q + B_2 Q \times t$,其中 B_0、B_1 和 B_2 为系数,G_p 为累计产量。然后根据以下关系式,分别确定 Q_i、D_i 和 N 值的大小:

$$Q_i = -\frac{B_0}{B_1}, \quad D_i = \frac{(B_2 - 1)}{B_1}, \quad N = \frac{(B_2 - 1)}{B_2} \tag{8-2}$$

由措施后产量递减曲线可以计算出累计增油量(图 8-1)为：

$$Q_{累增} = Q_{累计} - Q_{基值} \times t_{有效} = \int_0^{t_{有效}} Q \mathrm{d}t - Q_{基值} \times t_{有效} \qquad (8\text{-}3)$$

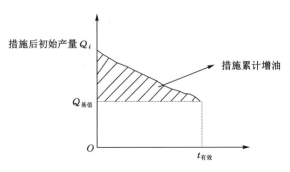

图 8-1　措施累计增油量示意图

2. 风险评价

风险评价包括作业风险和投资风险的评价。

作业风险主要来自该井井筒复杂情况,例如井内有无落鱼、裸眼坍塌、封隔器能否顺利解封、稠油上返等,工艺可否满足修井难度及工程中可能出现的其他问题必须事先考虑到,并做好相应的应对措施。

投资风险主要来自增油量是否达到预期及原油价格等,在增产措施的经济评价中表现为措施经济极限产量的计算。经济极限产量即措施井在有效期内的累计增产值等于经营成本之和时的累计增产量。当预测增油量大于极限产量时,进行措施作业盈利可能性较大。经济极限产量公式为：

$$经济极限产量 = \frac{措施直接费用}{原油税后价格 - 吨油生产成本} \qquad (8\text{-}4)$$

3. 方案编制

经过论证增产措施的可行性之后,根据地质方案目的编写措施施工设计。设计的编写应该严格按照分公司制定的企业标准,要求满足地质方案目的,可以清晰指导现场,包括对潜在风险和特殊井况的提示,涵盖对质量、健康、安全和环保的控制等施工。

目前分公司还没有明确对修井施工设计的规范,随着管理逐步严谨科学,相应的设计准入标准需要建立起来,以便统一设计格式,排查设计中的错误和漏洞,防止不合理的设计对现场施工的误导。

4. 费用预算

按照编制好的修井设计,可以提取相应的施工工序,运用石油工程造价管理系统软件可以对待修作业井进行费用预算。

5. 作业周期

作业周期跟待修井故障复杂程度和作业队伍素质有很大关系,目前石油工程造价系统中在预算费用时一并形成的作业周期与实际往往相差甚大,在没有其他新标准出台之前,沿用工时计算方法。

6. 作业队伍

修井作业队伍的人员素质和装备条件对施工效果有很大影响,不具备岗位资质的操作工或额定载荷受限的修井机可能造成人为因素的事故,不但延误工期,还可能导致无法完成预期作业目的。因此,需要将施工队资质纳入井下作业评估体系中,建立管理评价指标,严格考核制度,避免人为事故的发生(图8-2)。

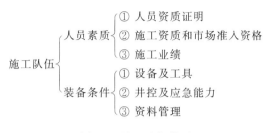

图 8-2 施工队伍体系

7. 后勤保障

修井作业属于野外施工,生产过程受车辆配合、措施制定、工农关系等因素制约,加上油区环境及天气的影响,对作业质量和周期提出很大挑战。措施的顺利施工,除了需要修井队进行操作之外,还要有各个协作方的相互配合,否则会造成施工暂停,不仅会增加作业成本,而且会延误修井进度。

将作业周期 t 定义为 $t=t_0+t_1+t_2+t_3+\cdots+t_n$,$t_0$ 表示修井直接耗时,$t_1 \sim t_n$ 表示不同协同方用时情况,在任何一个环节出现不连贯都会影响整个作业进程,建立后勤保障的效率评价体系,有利于发现问题,在以后施工中加以预防,实现"快修井、修好井"的目标。

(二)作业后指标

油井增产措施评价体系必须能够全面反映措施开发效果、措施作业情况和经济效益,即大修措施完井后增产效果指标主要包括措施有效标准、措施有效期、措施增油(注水)量、措施工作量和措施有效率五个方面。

1. 措施有效标准

(1)常规措施有效性判断标准:措施作业达到地质和工艺方案要求,且措施后油井日产油量较措施前有所提高,或者水井措施后日均注水量较措施前有所提高,注水效果得以改善,则视为措施有效,否则视为措施无效。

(2)堵水作业有效标准:

① 碎屑岩油藏堵水作业有效标准。凡符合下列情况之一者为有效:

a. 堵后日均产液量上升,堵后日均产油量上升,堵后平均含水率下降 5 个百分点及以上。

b. 堵后日均产液量下降,堵后日均产油量上升或稳定,堵后平均含水率下降 5 个百分点及以上。

c. 堵后日均产液量下降,堵后日均产油量下降,堵后平均含水率下降 8 个百分点及以上。

② 碳酸盐岩油藏堵水作业有效标准。凡符合下列情况之一者为有效:

a. 堵后累计增油量大于 100 t。

b. 堵后累计降水量大于 1 000 t。

2. 措施有效期

措施有效周期指作业后日产油(注水)量连续大于作业前日产油(注水)量的天数,取整数值,单位:d。

需要说明的是:① 在第一次作业有效期内进行第二次作业时,第一次作业有效期截止到第二次作业时为止;② 若措施后经历过地质目的关井,且再次开井后措施继续有效,则措施有效期应扣除关井的天数;③ 若措施后由于生产制度等调整,出现日产油(注水)量小于作业前,但按调整前工作制度折算仍有效的情况,则继续有效期的统计。

3. 措施增油(注水)量

(1) 日增油(注水)量:在判定措施有效前提下,措施后某日产油(注水)量与措施前日均产油(注水)量基值之差,单位:t/d。

需要说明的是:若少数几天产量波动低于措施前的基值,则日增油(注水)量计为 0。

(2) 累计增油(注水)量:指在措施有效期内日增油(注水)量的累加值,也等于措施后累计产油(注水)量减去作业前日均产油(注水)量基值与有效期的乘积,单位:t。

需要说明的是:对于当年年末措施仍然继续有效的,年度累计增油统计截止到当年日历最末一天,但该井单井措施累计增油可一直统计到措施失效为止。

(3) 日均增油(注水)量:等于措施累计增油(注水)量除以有效期,单位:t/d。

$$Q_{日增油量} = \frac{Q_{累计增油量}}{t} - Q_{基值} \tag{8-5}$$

式中,$Q_{基值}$ 为措施前日产油量,t/d。

4. 措施工作量

措施工作量指统计阶段内完工的有着独立工艺目的作业项目总数,单位:井次。

需要说明的是:若在一次措施作业过程中实施了其他措施,则分别统计工作量,但措施有效性的界定以其中主导措施为准。

5. 措施有效率

措施有效率指统计阶段内完工的有效措施井次占措施总井次的百分比,单位:%。

二、现状评价认识

在现行的生产为主导的管理模式下井下作业评价方法是以统计为主,关注重点为措施后增产量和措施有效率指标,尚未形成完整的评价管理体系。对于井下作业工程的总体评价方法具有局限性,不能客观反映井下作业的效果全貌。

1. 现状分析

井下作业工程评估是在现行管理模式下不受重视而又较为重要的一个环节。目前评估工作主要表现为增油量的简单预测和统计,工艺指标与经济指标存在很多不足和空白,主要表现为:

(1) 现行评估标准主要是对增油量的统计,作业前没有可行性分析规程,作业后没有经济效益考核。

(2) 一些参数存在录入口径不一致且重复统计的问题,比如复合作业的大修井,增油效果会在大修和配合作业中重复统计,导致增油总量与各类型措施增油之和不符。

(3) 按照现行工作量统计标准,效果本身的划分并不十分严格,具有简单、粗糙的缺陷,无法清晰界定井下作业有效果、没有效果或效果不明显,同时也存在不同人员统计结果不同的问题。

(4)对措施无效或工艺失败原因缺乏深入剖析和思考,未能总结形成指导以后工作和规避风险的宝贵经验。

在石油工程系统领域中,井下作业大修措施如套管修复、打捞等高风险大修作业,其投入费用占据了油田开发成本中相当大的份额,因此,建立合理的井下作业评估体系并建立相应考核标准,将很大程度上促进作业水平的提高。

2. 评价结果

现行统计方法评价结果——增产即有效,这样不能客观反映措施评价的科学性和完整性,从历年变化趋势看,现行统计方法呈现逐年提高的趋势,历年平均87%(图8-3)。

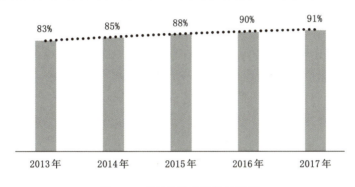

图 8-3 现行统计方法统计结果

第二节 井下作业评价方法研究

一、经济评价研究

随着我国社会主义市场经济体制的建立和完善,工程建设项目经济可行性论证及工程建设方案的技术经济评价工作越来越受到企业经营和管理者们的重视。所谓工程建设项目技术经济评价,是指根据现行的财税政策和建设项目的工程技术特点,建立适宜的评价指标体系,以此考察项目建设的效益和费用情况,考察项目建设的经济可行性并对建设方案进行经济优选。

提高措施作业效果的基础是建立与实施具有塔河油田特点的井下作业评估体系。首先,从设计的提出、作业实施到作业后评估,要建立与完善相应的管理制度;其次,将这些制度变为可操作的运行程序与量化标准;最后,在不同措施作业类型和不同油区、层系的实施过程中加以完善,建立起相应的图版,如井下作业设计的提出准入标准、经济增油量图版等,用以进一步指导井下作业实践,使提高井下作业效果的途径建立在科学指导基础之上。

(一)经济评价方法

井下作业措施属于改(扩)建或更新改造类工程建设项目,此类项目的经济评价宜采用"有无对比法",即计算措施前后的增量效益和增量费用,从而计算措施效果评价指标。另外,由于各类措施的投资规模及有效期长短都有较大差异,因而必须针对不同的措施建立相应的评价方法,同时还可根据措施特点采用一些特殊的评价指标,以便于进行采油工程措施的经济评价与投资决策。

1. 压裂和酸化

压裂和酸化同属于较大型的增产措施,施工作业费用高,措施增产效果明显,而且两者的有效期基本相当,因而可采用同样的评价方法和指标。

评价酸化、压裂的经济效果时,可将预计的措施有效期作为评价期,分别计算措施前后的产油量、产水量、生产成本、利润额、利税额、净现值以及措施的增量费用、累计增产量、投入产出比、极限经济增油量及极限措施费用和措施的损益情况等,从而对措施的经济效果进行预测和评价,为该措施的投资决策提供指导。

2. 更换举升方式

自喷井转抽或者有杆泵、螺杆泵、电潜泵等举升方式间的更换,涉及新增设备和投资,而且对地层产液的影响比较大,应在一段相对较长的时期内考察其综合经济效果。可取 5 年或 10 年为计算评价期,计算新增设备投资、井下作业费用、生产成本、净现值、内部收益率、投资回收期、利润额、利税额、差额投资内部收益率等指标,对举升方式更换的经济效果进行评价。

3. 堵水

堵水作业将封堵油井的高含水层,以降低产液含水率并改善油层的驱替效果,其主要经济效果由产油量增加及生产成本降低两方面来体现。

可参照压裂、酸化措施的评价方法,以估算的措施有效期为评价期,计算措施费用、累计增油量、累计降水量、利润额、利税额、生产成本降低额、投入产出比等指标,对堵水作业的经济效果进行评估。

4. 防砂、防气措施

实施防砂、防气等措施需追加部分井下设备费及井下作业费,而其效果则主要体现在提高泵效和延长检泵周期上。可以 5 年为评价期,计算措施设备费、井下作业费用、生产成本、净现值、内部收益率、累计增油、利润额、利税额等指标,对防砂、防气等措施的经济效果进行评价。

(二)经济评价指标

经济有效性评价也是井下作业评价体系中不可忽视的一个环节,其对应的经济指标主要包括措施经济效益、措施投入产出比、措施投入回收期、措施经济有效率、措施吨油成本等。

(1)措施经济效益:指措施增油量所带来的增量产值与措施投入经济成本之差,单位:元或万元。公式为:

$$E = Q_{累增} \times P - Q_{累增} \times C - I \tag{8-6}$$

式中,E 为措施经济效益,元;P 为税后油价,元/t;C 为吨油生产成本,元/t;I 为措施投入费用,元;其余符号同前。

(2)措施投入产出比:措施投入经济成本与措施增量效益的比值,其中措施投入包括措施投资和增量成本。公式为:

$$\lambda = \frac{Q_{累增} \times C + I}{Q_{累增} \times P} \tag{8-7}$$

（3）措施投入回收期：以措施收益抵偿措施投入所需时间，单位：d。公式为：

$$t = \frac{I}{Q_{日增} \times (P-C)} \tag{8-8}$$

（4）措施经济有效率：措施经济有效井次占措施总井次比例，%。公式为：

$$措施经济有效率 = \frac{措施经济有效井次}{措施总井次} \times 100\% \tag{8-9}$$

（5）措施吨油成本：指措施有效期内单位增油量所耗费的经济成本，等于措施投入经济成本与措施累计增油量的比值，单位：元/t。

根据以上经济指标，可以定义大修措施作业经济有效是指措施经济收益大于0，那么对应的 Q 的最低下限值是收益为0时的增油量，标记为 Q_0。措施投资盈亏情况可如图8-4所示。

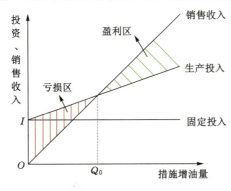

图8-4　措施投资盈亏情况

二、评价体系的研究方向

通过开展井下作业评价方法的立项研究，目前需要攻关研究的问题主要有以下五个方面：

（1）加强大修作业管理研究，建立分析评价体系和考核标准

由于大修作业尚无系统的效益评价标准，油田现行的措施作业管理较为粗放，措施方案设计论证基础工作较为薄弱，效果评价仅停留于增油量的统计，而对措施作业整个过程缺乏控制，经济指标分析基本缺失。建议措施方案技术论证、技术经济指标预测及措施后评价纳入系统管理，并建立相应的考核标准。

（2）建立独立针对大修作业井的组织实施程序

复杂井大修程序同一般维护性作业井实施程序区分开来。复杂井的上修分析论证，修井措施的讨论制定，修井队伍的优选，修井设计的编写、审核，修井过程中异常情况的处理等都需要形成一套完整的组织实施程序和评价标准。复杂井修井设计的编写应对施工中可能出现的情况及风险进行分析，并制定好防范和应对措施；成立修井技术专家团队，处理修井过程中遇到的技术难题，确定修井技术发展方向及新技术推广工作。

（3）修井施工队伍实行分类分级认证管理

修井施工队伍按照以往施工范围，可以分为日常维护修井队伍和复杂井处理修井队伍两大类，再根据往年的施工业绩、人员素质和装备条件等划分为不同级别，定期进行认证考核，没有取得复杂井处理资质的修井队伍不可以从事复杂井处理施工。

(4) 大修施工过程严格把控，事故责任到人

根据评估体系对大修作业的整体评价结果，针对造成作业质量问题或延误施工进度的原因深入分析，按照施工前、施工中对应各环节的不同指标，深究管理上、设计上和人为原因，事故责任到人，以便不断改进管理漏洞和个人因素导致的施工问题。

(5) 加强措施前潜力论证，平衡效果与效益关系

效果是开发地质概念，效益是经济概念，有效果的作业不一定有效益，有效益的作业一定有效果。大修作业投入费用巨大，在进行作业前要加强措施效果分析预测，建立具体的"经济增油量"等图版，明确投资风险概率，用以指导大修井的决策。

第三节 井下作业综合评价体系构建

一、井下作业工程领域

按照工程领域分析方法，对井下作业工程领域可细化为动作概念和实体概念两个大类。动作概念是对领域中一个动作的描述，如施工、管理、经营等；实体概念则是对领域中某一个实体进行描述，如设计、人员、设备、增产等。这些概念相互交织、相互联系，共同构筑了井下作业工程领域(图8-5)。

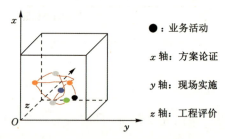

图8-5 井下作业工程领域分析方法

描述一个空间单元与其领域的相似程度，能够表示每个局部点服从全局总趋势的程度(包括方向和量级)，反映了空间异质性，说明空间依赖是如何随位置变化的。全局莫兰指数 I 的计算公式为：

$$I = \frac{n}{S_0} \frac{\sum_{i=1}^{n}\sum_{j=1}^{n} w_{ij}(x_i - \bar{x})(x_j - \bar{x})}{\sum_{i=1}^{n}} \\ = \frac{n}{S_0} \frac{\sum_{i=1}^{n}\sum_{j=1}^{n} w_{ij} z_i z_j}{\sum_{i=1}^{n} z_i^2} = \frac{n}{S_0} \frac{z^T W z}{z^T z} \tag{8-10}$$

按照工程领域分析方法，可以将井下作业工程领域以三条边际线构建成为一个三角形空间，所有的井下作业业务活动全部在此空间内。再将这个空间投影到平面上，得出的就是井下作业业务管控体系，如图8-6、图8-7所示。

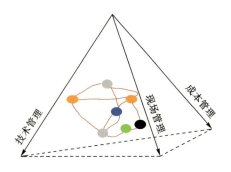

图 8-6　井下作业工程领域

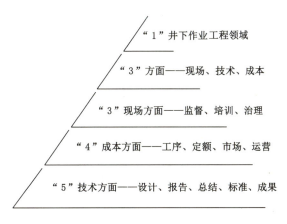

图 8-7　井下作业业务管控体系

二、井下作业综合评价体系

KPI(Key Performance Indication,即关键业绩指标)作为一项重要的绩效管理工具被企业广泛运用。开展井下作业工程领域分析研究,树立以"油藏、工程、管理"三位一体的管理理念,按照"效益为核心,增产增注为目的,以生产管理和技术创新为抓手"的管理思路,在井下作业工程领域内优选了 4 大类 9 项指标建立井下作业工程 KPI 体系,把战略目标分解为具体可操作的工作目标(表 8-1)。通过 KPI 指标分解,明确衡量指标,为管理提供客观公正的考评依据。

表 8-1　井下作业工程 KPI 指标表

KPI 指标	细类指标统计	满分值/分	精确性
效益指标	① 产出投入比	4	计算得出
	小计:1 项	4	
增产指标	② 作业前后 15 天平均日产差值	1	计算得出
	③ 预测 6 个月增产差值	1.5	
	④ 预测全周期增产差值	0.5	
	小计:3 项	3	

表 8-1(续)

KPI指标	细类指标统计	满分值/分	精确性
管理指标	⑤ 全生命周期增产符合率	1	计算得出
	⑥ 成本符合率	0.8	
	⑦ 运行效率符合率	0.2	
	小计:3项	2	
技术指标	⑧ 作业难度系数	0.5	计算评判
	⑨ 新技术推广应用	0.5	
	小计:2项	1	
合计:4大类	总计9项指标	10	

1. 效益指标计算及考评方法

指标①:
$$K=\frac{Q\times y}{Y_1+Y_2}$$

式中,Q 为措施全生命周期增产量,单井本次措施作业后直至不增产为止,累计增产油量;y 为原油价格,按照总部预算下达的销售原油价执行;Y_1 为措施直接成本,依据井下作业统一定额计算,包含工程劳务、材料、间接费用等;Y_2 为措施间接成本,主要包括吨油税费、吨油提升成本、吨油处理成本等。

评分标准:满分值为4分(表8-2)。比值越大,效益越好,得分越高;反之,则越差。

表 8-2 效益指标评分表

效益	产出投入比	
	区间标准	评价分值
1	$K=0$	0分
2	$0<K\leqslant1$	2.4分
3	$1<K<2$	3分
4	$K\leqslant2$	4分

2. 增产指标计算及考评方法

$$评价值=实际增产量-预测产量(以地质方案审查为准)$$

指标②: $q_1=q_后-q_前$

指标③: $q_2=q_1\times(1-d\%)\times 180$

指标④: $q_3=q_1\times(1-d\%)\times t$

式中,$d\%$ 为阶段区块折算递减率;t 为全生命周期增产天数。

评分标准:满分值为3分(表8-3)。差值越大,效益越好,得分越高;反之,则越差。

3. 管理指标计算及考评方法

指标⑤: $f_1=\dfrac{Q_{预测}}{Q_{实际}}$

指标⑥: $f_2=\dfrac{M_{实际}}{M_{预测}}$

第八章 大修评价体系建设

表 8-3 增产指标评分表

增产	措施前后15天日产差值		预测6个月增产差值		预测全周期增产差值	
	区间标准	评价分值	区间标准	评价分值	区间标准	评价分值
1	差值<0	0分	差值<0	0分	差值<0	0分
2	0≤差值<1	0.2分	0≤差值<200	0.6分	0≤差值<500	0.3分
3	1≤差值<5	0.6分	200≤差值<500	0.9分	500≤差值<850	0.4分
4	差值≥5	1分	差值≥500	1.5分	差值≥850	0.5分

指标⑦：
$$f_3 = \frac{T_{实际}}{T_{预测}}$$

式中，Q 为全生命周期措施实际累增产量；M 为作业直接成本；T 为作业总作业时间。

评分标准：满分值为2分(表8-4)。符合率大于0，越接近1得分越高；反之，则越差。

表 8-4 管理指标评分表

管理	全周期增产符合率		直接成本符合率		运行效率符合率	
	区间标准	评价分值	区间标准	评价分值	区间标准	评价分值
1	实际增产=0	0分	比值=0	0分	比值=0	0分
2	0<比值≤1	1分	0<比值≤1	0.8分	0<比值≤1	0.2分
3	1<比值<2	0.6分	1<比值<2	0.48分	1<比值<2	0.12分
4	比值≥2	0.2分	比值≥2	0.2分	比值≥2	0.1分

4．技术指标计算方法

技术指标总分值1分，其中作业难度系数和新技术应用各占0.5分。

指标⑧：作业难度系数反映了不同条件、不同类型措施作业的施工难易程度。

指标⑨：新技术应用是一项长期过程，一旦出现见效的状况，有专门的科技奖励。

评分标准：难度系数累加项分(表8-5)，如叠加因素时分值超过0.5，则按照满分0.5分计算；新技术应用直接计分，即新技术、新工艺有一项就计满分0.5分，无则计为0分；如转抽则难度系数和新技术赋值均为0分。

表 8-5 技术难度系数评分表

难度	项目	难度	井深≥6 000 m	井深<6 000 m	稀油	稠油	直井	水平井
简单	泵升级	0	0	0	0	0	0	0
	泵加深	0	0	0	0	0	0	0
	转抽	0	0	0	0	0	0	0
中等	机械堵水	0.1	0	0	0.1	0.1	0.1	0.1
	补孔改层	0.1	0	0	0.1	0.1	0.1	0.1

表 8-5(续)

难度	项目	难度	井深≥6 000 m	井深<6 000 m	稀油	稠油	直井	水平井
较难	压裂	0.2	0	0	0.2	0.2	0.1	0.1
	酸化	0.2	0	0	0.2	0.2	0.1	0.1
	化学堵水	0.2	0	0	0.2	0.2	0.3	0.3
困难	大修	0.3	0.1	0.1	0.3	0.3	0.3	0.3

三、井下作业综合评价模型

1. 矩阵评价模型

为体现井下作业工程综合评价结果的通用性和准确性，排除人为因素的干扰，将 KPI 指标体系和受影响的环境特征组成一个矩阵，在建立起直接的因果关系后，定量或半定量地对环境的影响的方法进行校核。

按照效益、设计要求以及管理需要建立权重因素集合 A；由地质研究人员、设计编写人员、现场管理人员、财务人员组成评议小组，对四类指标进行计算，建立指标因素评价矩阵 R；建立数学矩阵模型 B，将不同维度事件计算归一化。计算公式为：

$$B = AR = \begin{bmatrix} r_{11} & r_{12} & r_{13} & r_{14} \\ r_{21} & r_{22} & r_{23} & r_{24} \\ r_{31} & r_{32} & r_{33} & r_{34} \\ r_{41} & r_{42} & r_{43} & r_{44} \end{bmatrix} \begin{matrix} \text{第 1 人打分结果} \\ \text{第 2 人打分结果} \\ \text{第 3 人打分结果} \\ \text{第 4 人打分结果} \end{matrix} \quad (8\text{-}11)$$

（效益 增产 管理 技术）

2. 评价有效标准值测算

从多维问题的事件中找出成对的因素排列成矩阵。为了体现单井措施评价的完整性，从多维度因素进行量化评价。应用矩阵评价方法进行解析计算，将近 5 年 1 534 口作业井历史数据通过在模型输入端、输出端的关键参数进行设置、取样、计算、分析，最终确定 5.7 分作为井下作业工程有效的标准分值(图 8-8)。

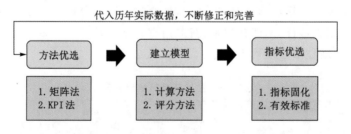

图 8-8 矩阵模型标准分值测算流程

3. 井下作业评价方法应用

按照自下而上的顺序，从"单井、分类型、分单位"三个维度开展井下作业工程评价，检验评价方法和评价标准的准确度。通过大量数据的实际测算，认为该方法能够满足各层级的管理需求，为查找问题、制定改进措施提供依据。

第八章　大修评价体系建设

（1）单井质量评价

通过计算打分后,该井综合得分 6.2 分(＞5.7 分),评定该井有效。归一化查找原因,效益因素占 60％,增产和管理因素各占比 20％,技术因素占比 0％(表 8-6、表 8-7)。

表 8-6　技术难度系数评分表

井号	类型	实际产出投入比	措施前15天增产	措施后15天增产	预测措施180天累产	实际措施180天累产	预测全生命周期增产量	实际全生命周期增产量
A 井	转抽	4.52∶1	3	4	2 800	2 293.8	3 000	2 293.8
			预算直接成本	实际直接成本	预算总工期天数	实际总工期天数	技术难度	新技术
			45.6	38.9	9	3	0	0

表 8-7　单井工程评价结果

井号	类型	评价计算值				归一值
		效益	增产	管理	技术	
A 井	转抽	4	1	1.2	0	6.2

（2）分类型综合评价

分类型开展评价,现行统计方法趋于平均化,而综合评价方法趋于差异化。有效率较高的工作量以提液类为主,酸化、酸压、堵水等措施有效率偏低。其中,泵升级完成 6 口,有效率 83.3％;转抽完成 47 口,有效率 53.2％(表 8-8)。

表 8-8　分类型综合评价结果

作业类型	作业量	有效量	有效率
泵升级	6	5	83.3％
转抽	47	25	53.2％
泵加深	6	3	50.0％
大修	7	3	42.9％
酸压	3	1	33.3％
酸化	9	2	22.2％
堵水	15	3	20.0％
补孔改层	9	1	11.1％

通过对井下作业工程技术指标考评(表 8-9),能够客观反映出各单位作业难易程度以及在推进新工艺技术进步方面工作的努力程度。

表 8-9　技术指标分析对比

单位	满分权重	作业难度系数	新技术应用	合计:2项
A厂	1	0.09	0.17	0.26
B厂		0.06	0.04	0.10
C厂		0.10	0.00	0.10
D厂		0.05	0	0.05
合计		0.08	0.08	0.16

(3) 分单位综合评价

各单位平均有效率46.4%。其中,A厂完成41口,有效率34.1%;B厂完成50口,有效率54%;C厂完成17口,有效率47.1%;D厂完成2口,有效率100%(表8-10)。

表 8-10　有效率指标对比

单位	工作量	现行方法		综合评价		差值	
		有效量	有效率	有效量	有效率	有效量	有效率
A厂	41	30	73.2%	14	34.1%	−16	−39.1%
B厂	50	50	100.0%	27	54.0%	−23	−46.0%
C厂	17	17	100.0%	8	47.1%	−9	−52.9%
D厂	2	2	100.0%	2	100.0%	0	0.0%
合计	110	99	90.0%	51	46.4%	−48	−43.6%

分单位对井下作业工程管理考评,能够体现"产量、成本、运行"三位一体的管理理念,能够量化考评综合管控能力(表8-11)。

表 8-11　管理指标分析对比

单位	满分权重	全周期增产符合率	成本符合率	运行效率符合率	合计:3项
A厂	2	0.28	0.63	0.20	1.12
B厂		0.48	0.77	0.18	1.43
C厂		0.48	0.53	0.20	1.21
D厂		1.00	0.64	0.16	1.80
合计		0.42	0.68	0.19	1.29

4. 评价体系建设认识

按照KPI指标管理法构建综合评价体系,较现行统计方法评价结果差别较大。

(1) 井下作业工程评价方法的核心目标更加明晰,约束与激励并重,能够使"油藏、工程、管理"不同维度的管理目标聚焦到"井下作业工程有效率"一个指标上,对井下作业工程管理具有重大的现实意义。

(2) 横向上,通过质量综合评价分析能够直观反映主要矛盾,为突出下步工作重点、提升管理和技术水平指明方向。纵向上,针对某一类型作业(如大修作业)评价分值很低,但有效率可达43%,达到平均水平,能够体现该作业的技术难度和管控水平。

(3) 井下作业工程质量评价方法是管理方法的一项变革,任何新事物的出现都需要一个从建立→完善→推广的过程,只有通过实际应用查找不足,才能从提高理论依据和推广适应范围的角度不断丰富该质量评价方法的内涵。

(4) 油田企业通过持续开展井下作业工程质量评价的研究和应用,依托计算机软件实现信息自动化、程序化和标准化,为促进井下作业工程高质量发展提供有力支持。

参 考 文 献

[1] 陈生瑁.水平井完井与测试技术[M].北京:科学技术文献出版社,1991.
[2] 阚庆山,刘汝东,苏娟.套损井修复技术在中原油田的应用[J].断块油气田,2009,16(3):121-122.
[3] 李晓胜,宋萍萍.超深井封隔器解封失效原因分析及打捞实践[J].石化技术,2016,23(2):199-200.
[4] 吕保国,李占彬.管理模式探索与实践[M].北京:石油工业出版社,2017.
[5] 宋绍龙,陈文明.深井打捞技术研究[J].内蒙古石油化工,2012,38(10):75-76.
[6] 田疆,邓洪军,武鹏,等.边际效益管理法用于措施作业生产[J].油气田地面工程,2014,33(4):70-71.
[7] 田疆,杨喆,方吉超,等.塔河油田高温高盐苛刻油藏高效起泡剂优选与性能评价[J].科技导报,2015,33(4):66-71.
[8] 王世洁,林江,梁尚斌.塔河油田碳酸盐岩深层稠油油藏开发实践[M].北京:中国石化出版社,2005.
[9] 魏文忠,赵金海,范兆祥,等.胜利油田深井技术套管损坏原因分析及对策研究[J].石油钻探技术,2005,33(4):1-3.
[10] 魏新勇.深井钻井事故处理与案例分析[M].北京:石油工业出版社,2009.
[11] 张继国,李安夏,李兆敏.超稠油油藏 HDCS 强化采油技术[M].东营:中国石油大学出版社,2009.
[12] 张炜,方全堂,朱春林.水平井割缝筛管完井参数优化模型[J].油气田地面工程,2014,33(2):10-11.
[13] 张炜,贺松,祁世文,等.深抽杆式泵在塔河油田托甫台地区的应用与探索[J].中国石油和化工标准与质量,2014,34(12):77-78.